謹獻給全球世世代代的工廠勞工，
尤其是多年前曾在工廠勞碌的家母莎拉・梅西・史萊克（Sarah Macy Slack）。
至今我仍能想像在星空中瞥見她製造的飛機信號燈。

這是貝賽特家具員工第一張已知的照片，攝於1902年。照片中，WM．貝賽特（編號17）是個大眼的8歲孩子，坐在散落的木板上（第一排最左邊）。他的父親JD．貝賽特是編號13，和他一起創辦公司的弟弟CC．貝賽特是編號11，CC的大腿上坐著女兒梅柏。（貝賽特歷史中心）

致富之前：大約1910年，JD先生和女兒安在貝賽特鎮的家族農場上。（貝賽特歷史中心）

JD先生說服鐵路公司讓鐵道橫越他的土地後（目的是賣木材給鐵路公司當枕木），1914年他把前院改變成家具廠，運用自家遼闊土地上的木材，以及藍嶺山區渴望加入現金經濟的廉價勞工，包括從黑奴轉為佃農的人。（貝賽特歷史中心）

貝賽特家族致富以後，1918年的流感蔓延期，他們開始到佛羅里達州過冬。這是1920年代的照片，JD先生和CC先生偕同妻子波卡杭特絲和羅希（兩人是姊妹）在佛羅里達礁島群（Florida Keys）。（貝賽特歷史中心）

JD和波卡杭特絲的維多利亞式豪宅，跟他弟弟的房子一樣。波卡杭特絲坐在行李箱上，兩名女傭坐在旁邊的草地上。根據1930年美國人口普查記載的入住女傭資料，那兩人應該是瑪麗．亨特和葛蕾希．韋德。（貝賽特歷史中心）

「我的一切，都是黑人造就的。」JD先生如此描述他創立公司時就雇用黑人的前衛做法，而且相當精明。當時南方的競爭對手只讓黑人做鋸木工作或當佃農。黑人勞工的薪資比白人少，直到1970年代，他們仍在隔離的部門工作，通常是負責最髒污的任務。例如，這張1920年代的相片是在史丹利家具的塗裝間拍攝。（喬治．浩爾斯克羅集錦，由科伊．洋提供）

JBIII在1937年的大洪患期間出生，暴風雨帶來嚴重的災情，紅十字會在山上搭帳篷，居民坐在列車頂部看著淹水持續上漲，淤泥衝入了公司的員工宿舍。這張照片裡，四人站在貝賽特鎮的鬧區，其中兩人穿著吊帶工作服，那是典型的工廠勞工制服，最左邊是貝賽特鎮的珠寶商史塔福（C.M. Stafford）。（貝賽特歷史中心）

在這張1945年的相片裡，多數製造家具的宗親都齊聚在加萊克鎮，未來的親密愛人派翠莎和JBIII在最前排的兩端。前排左起：派翠莎、史丹．雀坦（Stan Chatham）、波卡杭特絲、JD先生、JBIII。這些親戚分別代表貝賽特家具、藍恩家具、逢恩家具、逢恩－貝賽特家具、史丹利家具。珍．貝賽特為第二排左四。瑪麗．伊麗莎白．莫頓是第五個。（JBIII、派翠莎、史丹．雀坦提供）

貝賽特鎮在二次大戰後蓬勃發展，商店、理髮店、電影院、煙囪（右邊老鎮）林立，這些建築現在幾乎都不見了。經濟大蕭條時期，公司調降薪資和工時，而不是裁員。（貝賽特歷史中心）

接待英國女王：1957年，英國女王伊麗莎白二世和菲利普親王造訪維吉尼亞州，參加詹姆斯鎮建立350週年的紀念活動，由維吉尼亞州長及貝賽特家族的姻親湯瑪斯．邦森．史丹利接待。照片左起：伊麗莎白女王、史丹利的孫子修．雀坦（Hugh Chatham Jr.）、史丹利州長、孫子史丹、克羅克特（Crockett）、羅伯．雀坦（Rob Chatham）、安．波卡杭特絲、貝賽特、史丹利（穿著毛皮）、菲利普親王。（貝賽特歷史中心的安．史丹利．雀坦集錦，由史丹．雀坦提供）。

JD先生和長年的司機皮特・韋德，以及在佛羅里達州霍布海灣家族度假區附近捕到的魚。兒子取笑他從來不學開車時，JD先生回嗆：「我付韋德25美分的時薪，讓我在後座思考如何賺更多的錢。」皮特的妻子是貝賽特家族的幫傭葛蕾希・韋德。1982年發生家族糾紛後，JBIII離開貝賽特公司和貝賽特鎮，當時葛蕾希是唯一提出異議的人。（貝賽特歷史中心的安・史丹利・雀坦集錦，由史丹・雀坦提供）。

貝賽特家具的執行長WM先生站在同名的工廠內。數十年後，這間工廠成了另一起家族爭奪戰的目標。一位業務員回憶道：「WM先生是最優秀的廠主，毫不自大。」（瑪麗・伊麗莎白・貝賽特・莫頓提供）

早期，白人勞工住在史密斯河岸附近，他們四、五人一組，合力造船，以便划過史密斯河上工。後來，公司搭了吊橋讓他們走路上班。（史蒂夫·艾格斯頓提供，©1969年）

1970年代，派翠莎和約翰·貝賽特夫婦是全國飛靶射擊冠軍。夫妻倆常在河岸住家舉辦盛大派對，一些勞工說他們夫妻讓人想起甘迺迪夫婦。（派翠莎和約翰·貝賽特提供）

懷亞特·貝賽特後來成為父親反中國傾銷申訴裡的關鍵人物。1970年代，他跟著父親去狩獵松雞。「他其實不喜歡獵鳥。」他的母親說，「他只是一直很想取悅老爸。」（派翠莎提供）

長期擔任貝賽特家具執行長的史皮曼，他的妻子珍幫他取了綽號SOB——代表「親愛老鮑」(Sweet Ole Bob)，但簡寫SOB和「混帳」一樣。他是讓JBIII離開同名城鎮、前往加萊克鎮，長期以來覺得自己是家族異類的主因。(泰勒．達布尼攝影，《維吉尼亞商業》雜誌提供)

JBIII和姊夫兼老闆史皮曼起衝突後，離開貝賽特，到妻子娘家的家具公司工作。這幾十年來，只有長期在貝賽特家族內工作的女傭葛蕾希．韋德公開表示異議。她每年基於傳統，都幫貝賽特家族準備聖誕大餐，直到九十多歲。JBIII離開那年，她一邊上菜，一邊喃喃自語：「那是不對的。」(派特．羅斯提供)

台商莫若愚是第一批善用進口新局勢的亞洲家具商。(《華頓雜誌》)

約翰・貝賽特三世(JBIII),約2013年。(大衛・亨蓋拍攝)

羅伯是JBIII的外甥,亦即珍和史皮曼的兒子,現為貝賽特家具實業的執行長。艾德先生的照片掛在企業總部(又稱泰姬瑪哈陵)的牆上。(傑瑞德・索雷斯攝影)

對抗中國的逢恩—貝賽特團隊，左起：道革・貝賽特、JBIII、台灣口譯員兼顧問石玫瑰、公司的主計長布蘭納、懷亞特・貝賽特、副總裁希拉。（大衛・亨蓋攝影）

後記：貿易調整協助方案（TAA）的人員幫失業的亨利鎮勞工法朗西斯．齊昔填寫文件。齊昔在十八年間，因關廠失去六次工作，最近一次發生在2012年，她原本在馬汀維爾的電話客服中心工作，但電話中心後來移到菲律賓。（傑瑞德．索雷斯攝影）

後記：CC．貝賽特的山上豪宅一度宏偉氣派，如今跟整個城鎮的多數地方一樣年久失修。目前的屋主卡洛琳．布朗（Carolyn Brown）説：「那是錢坑。」冬天這裡難以獲得暖氣。貝賽特家具的鼎盛時期，艾德先生住在這裡。當他的混血弟弟出現在後門時，他的妻子露比從來不會拒絕給他食物或金錢。（貝絲．梅西攝影）

喬尼爾・湯馬斯在貝賽特鏡子公司工作，他的妻子瑪麗在貝賽特－沃克針織廠工作，也當管家和保姆。2013年11月瑪麗過世以前，他們一起住在社區的拖車裡，早期家具廠的黑人勞工大多住在那區，那區曾有多種名稱，包括沙蚤嶺、鼻屎坑、卡弗巷、卡森道。「他們擁有的，都是我們造就的。」喬尼爾說，「我們造就了他們的財富。」（貝絲・梅西攝影）

後記：2010年，史丹利家具關閉史丹利鎮的工廠時，汪達・波度失業了。後續幾年，她一直找不到正職，即使是拿到副學士學位以後也遍尋不著。她請筆者去亞洲採訪取代她的勞工，說明「為什麼我們不能繼續在這裡做那件事？」（凱爾・葛林攝影，《羅安諾克時報》提供）

後記：全球化讓這個地區近半數的勞工失業，亨利鎮的救濟食品發放站在開門前幾個小時就開始大排長龍。廢棄紡織廠的輸送帶是用來移動裝在箱裡的食物。(傑瑞德．索雷斯攝影)

後記：哈利．弗格森說：「十年前，如果你告訴貝賽特鎮的人，我今天會來這裡掩埋這家工廠，他們會說你瘋了。」2012年，貝賽特優越線因祝融而焚燬，他受雇到這裡掩埋殘跡。這裡曾是全球獲利最好的家具廠，2007年關廠。貝賽特家具的執行長羅伯說，以前這裡專門生產「很陽春的家具，現在消費者已經不想要了」。當初整個工廠設計得相當龐大，專為二戰返鄉的美國大兵提供家具，不是賣亞洲廉價製造的手工雕刻家具。(貝絲．梅西攝影)

工 廠 人

一個家具工廠如何力抗中國廉價傾銷，
挽救地方小鎮的命運

Factory Man

How One Furniture Maker Battled Offshoring, Stayed Local - and Helped Save an American Town

貝絲・梅西 Beth Macy——著　洪慧芳——譯

目次

不管黑貓白貓，能抓到老鼠就是好貓。

——鄧小平

Prologue

The Dusty Road to Dalian

通往大連的滾滾塵路

約翰・貝賽特三世（John D. Bassett III）在中國北方灰濛濛的鄉野道路間穿梭，展開為期三天的真相探查之旅。時序是二〇〇二年，這位維吉尼亞州家具商的第三代傳人，為了讓自家工廠繼續營運下去，正為一場即將展開的大戰收集戰備物資。這裡的地理位置接近中國與北韓的邊界，他正在找一種十九世紀法國宮廷風格的收納櫃。他只要能找到仿製路易腓力（Louis Philippe）風格家具的人，也許就能拯救他的事業。

他在美國加萊克鎮（Galax）的逢恩－貝賽特家具公司（Vaughan-Bassett），已經叫工廠勞工徹底拆解那個收納櫃，並證明中國廠商以一百美元的批發價販售那種櫃子，售價遠低於材料成本，根本就違反世界貿易組織（WTO）的規定。那個收納櫃背後，標籤印著中國大連，所以他遠從八千哩外的藍嶺山脈（Blue Ridge Mountains）趕來這裡，試圖找出這種廉價櫃子的製造源頭。

這時是十一月，下著大雪，車子每次經過結冰的坑窪就咯吱作響。

幾個月前，他從某位友善的口譯人員口中得知：大連市一百哩外的內地有個廠主，誇下海口要讓貝賽特家族的家具事業關門大吉。

貝賽特告訴兒子懷亞特（Wyatt），假如要開戰，家族就要謹記拿破崙的箴言——摸清敵人。

今天，算是貝賽特這輩子以來第一次靜靜地坐著，車子不斷地往北顛簸前進，深入遼寧省的偏遠地帶。

◆

貝賽特第一次造訪亞洲的工廠是在一九八四年，在酒足飯飽及太多酒精的催化下，一位年事已高的台灣工廠老闆才透露他對美國企業領導者的真正看法。那人講得實在太坦白，以至於一開始他的隨行口譯還愣在現場，不願翻譯。

這位台灣企業家和許多歐洲及南美的業者談過生意，但他從來沒見過像美國業者這樣的生意人。

「什麼意思？」貝賽特追問。

「我摸清你們了。」譯者終於幫他傳譯。

哦？說來聽聽。

只要價格好，你們什麼事都做得出來，我們從來沒見過有人那麼貪心——或那麼天真。

美國人不只搶著進口最便宜的家具以擊敗彼此，還教亞洲的競爭者製造家具的一切細節，完全不管那樣做也是在自毀美國本土的工廠。

那個人說，等我們青出於藍，就別冀望我們還傻傻地為你們代工，繼續做當初你們傻傻地教我們的事。

貝賽特後來又去了幾趟亞洲，才總算明白台灣老闆那番話是什麼意思。那段期間發生了兩件事，讓中國確實有可能在這一行超越美國：中國加入ＷＴＯ；一億六千萬中國人從鄉下湧入城市（堪稱人類史上最大規模的遷徙）。[1]

貝賽特直到看見那個售價一百美元的收納櫃，並見到那櫃子背後的製造商後，才完全瞭解他究竟要打什麼仗。戰爭的規則已經變了，徹底變了，牛仔式資本主義（cowboy capitalism）*似乎是國際貿易的唯一規則。

◆

二〇〇二年十一月，貝賽特終於在中國北方見到那位業者。地點是在他的工廠，裡頭很冷，工人的呼氣都成了白煙。何雲峰是家具業者，也是中國共產黨的幹部。貝賽特記得何雲峰正眼盯著他，說了一些話，他聽得寒毛直豎。

何雲峰很樂意以低於製造成本的價格，為貝賽特供應那個收納櫃。貝賽特很清楚，他們之所以能那樣搞，肯定是拿了中國政府的補貼。何雲峰說，貝賽特只需要把自家的工廠關掉就行了。

關廠？貝賽特想到勤奮耕耘事業的列祖列宗集體從墳墓裡翻身而起，想到旗下一千七百三十位員工排隊領失業救濟，而不是在工廠的裝配線上（那些勞工都是直腸子的老實人，很多都是跟著父母和祖父母的腳步踏進這一行），想到印著家族姓氏長達一世紀的煙囪，也想到他打算留給孩子的事業。

而在美國本土，他在業界感到孤立無援，只有兩個兒子當助手以及幾間勉強湊合營運的小廠。他是最

---

*譯註——意指發生經濟爭端時，雙方只能像美國早期西部那樣（例如發生偷牛爭端），以槍戰來解決。

後一個願意把事情鬧大，讓大家瞭解真相的美國家具商。如果他能證明，中國家具商販售的產品低於材料成本，證明他們的工廠獲得共產黨政府的補貼，目的是以違法傾銷讓美國的企業關門大吉，那麼他的公司也許還能生存下來。如果他能說服大部分的同業，跟他一起說服美國的商務部和國貿委員會相信真相，也許整個產業都能存活下來。

但是，那些都是很大的假設，潛藏著很大的陷阱。他肯定會遭到長期客戶和競爭對手的鄙視，遭到掌控業界五百億美元產值的幾個家族所嘲諷，還有幾位忙著關廠變現的親戚所恥笑，他們都已經顧不得世代相傳的家業了。

為了阻止美國家具業的就業機會大舉流失，並對抗那些打算把所有工廠都外移到亞洲、使藍嶺地區陷入沒落的富豪，他可能因此遭到排擠。

從維吉尼亞的餐廳到華盛頓特區的政治核心，從美國工廠的廠房到中國遼寧的鄉野小路，貝賽特將揭發全球化核心的最大謊言，他要開戰了。

Part 1

Chapter 1

The Tipoff

警訊

今天那些矮個兒來我們工廠做什麼？

——貝賽特的勞工問起廠內突然冒出台灣廠長是怎麼回事

◆

做記者這一行，要是夠幸運的話，在職業生涯中會遇到像約翰．貝賽特三世那樣的人。他這個人相當勵志，但個性也很急躁。他出身維吉尼亞鄉間的家具世家，勇於突破常規，十幾年來幾乎可說是一人力抗家具業的就業機會流失。

他的競爭對手聽到我在寫一本談全球化的書，並以他為主角時，不止一人對我說：「他是個混蛋！」在為本書收集資料的過程中，以及聆聽他的多場演講，聽他一再以同樣的說法閃避我的問題時，偶爾我也認同他們的評語。

我第一次聽到他的故事，是在維吉尼亞州的落磯山鎮（Rocky Mount），離我住的羅安諾克市（Roanoke）有半小時的車程，當時我和鄰居兼好友喬爾．雪佛（Joel

Shepherd）共進早餐。雪佛在落磯山鎮開了一家家具行，名叫「維吉尼亞家具市場」。那家店大約在美國進口大增的同時，開始蓬勃發展。現在我撰寫本書之際，是坐在一張有佩斯利（paisley）渦漩紋的躺椅上，外子常和我搶坐這張椅子，因為這是我們這棟一九二六年美式住宅內最舒服的座位。我還記得雪佛當初在店裡介紹我這張椅子時，坐在上面來回搖擺。儘管我聽了不少中國家具的傳聞，但他告訴我，即使一群高中的摔跤手堆疊在上面，也不會壓垮那張椅子。於是在好友折扣下，我以一百六十美元買下了那張椅子。

那天我邀請雪佛共進早餐，是想跟他討教一下。當時我正為《羅安諾克時報》（*Roanoke Times*）撰寫一系列的報導，探討全球化對維吉尼亞州西南部的企業鎮所造成的衝擊，那系列報導的靈感是來自自由攝影師傑瑞德．索雷斯（Jared Soares）的作品，他每週從羅安諾克走到馬汀維爾（Martinsville）三次，已經持續走了一年多。他的相片透露出堅韌的勇氣，畫面動人。例如教會的禮拜和紋身藝術家；一家紡織工廠的輸送帶改裝後，讓救濟食品發放站使用；名叫李奧納（Leonard）的身障牧師下午在廚房裡消磨時間。[2]索雷斯告訴我，馬汀維爾和亨利郡（Henry County）的人都很願意跟外人談論他們的情況，他一直很納悶，《羅安諾克時報》為什麼不多報導一些全球化對這個山區的衝擊。

其他的媒體也沒好到哪去。二〇〇九年的皮尤研究中心（Pew Research Center）調查顯示，媒體報導經濟大蕭條以來最嚴重的經濟危機時，大都是從上而下探討，主要是從大企業和歐巴馬政府的觀點分析。至於以老百姓和失業勞工為主角的經濟報導，比例占多少？只有二%。[3]如果要讓外界知道亨利郡居民的故事，我和索雷斯都必須出力幫忙。

當紡織廠和家具廠接連關閉，轉往墨西哥、中國、越南等地設廠，利用當地的廉價勞工時，美國就只能靠我們這樣的寫手和攝影師，勾勒出事情的大局。光是亨利郡一帶，就有約兩萬人失業。

在一九六〇年代初期，馬汀維爾是維吉尼亞州的製造重鎮，是全國百萬富翁密度最高的地方。[4]但是到了二〇〇九年，全鎮有五分之一的勞力失業，許多百萬富翁早就遷居到更好的地帶。亨利郡是目前長期失業的冠軍，過去十一年間，有九年是維吉尼亞州失業率最高的地方。[5]

我和雪佛共進早餐的前一週，一間空蕩蕩的貝賽特家具廠慘遭回祿，付之一炬。警方逮捕了三十四歲的亨利郡人西拉斯．克蘭（Silas Crane）。[6]他試圖撿廠內遺留的銅線到黑市變賣，不幸導致電線走火。從他在警局內留下的檔案照片，可以看到他臉上還有明顯的燒傷。我聽過很多類似的故事，他們都是在失業後鋌而走險，淪為罪犯。[7]一個陌生人在CVS藥房外接近我認識的一位女性，說只要她願意幫忙買感冒藥「偽麻黃鹼」（製造安非他命的主要成分），他就給她一百美元。

不過，多數人是以合法的方式勉強度日，例如當保母，自己栽種食物，到沃爾瑪（Walmart）兼差。某個救濟食品發放站的負責人告訴我，他可以從身體的缺陷，判斷那些來領救濟品的人以前從事的工作。整天埋首在裁縫機前縫製運動衫的婦女大都駝著背，手指殘缺的男子大都是伐木為生，他說：「對那些排隊領糧的人來說，我們這裡是逼不得已的最後選擇。」

但雪佛說，距離落磯山鎮約七十哩的加萊克鎮，有個好強的老人，他設法逆轉了趨勢。他的家族曾經營全球最大的家具事業——貝賽特家具實業公司（Bassett Furniture Industries）。他名叫約翰．貝賽特三世。沒錯，他就是來自那個貝賽特家族。很多美國人的床頭板和收納櫃後方都刻著那個名字。在益智節目《咱們來交易》（*Let's Make a Deal*）裡，第三扇門後方所擺放的床具組，通常也是印著那個名字。他對抗全球化趨勢的故事，充滿了法律攻防和政治陰謀，此外，聽雪佛描述貝賽特的亞洲競爭對手，感覺他的故事還帶點牛仔不願服輸的氣息。

那天早上，雪佛一邊享用比司吉夾臘腸配肉汁，一邊模仿約翰．貝賽特的宏亮嗓音，以及令人畏縮的氣勢：「老子才不聽『他媽的中國佬』叫他怎麼做家具！」

不過，這個故事還有另一個更八卦的元素。約翰．貝賽特已經不住在同名的貝賽特鎮了，他被霸道的親戚趕出家族事業。家族紛爭演變成企業爭權，三十年後的今天，當地人仍在講幾十年前客廳裡發生扭打（有人說發生在門廊），呼叫救護車，以及我最喜歡的細節——約翰．貝賽特塞給救護車司機一百美元，要求他不要告訴任何人，他叫救護車送走被毆傷的姊夫。那整個過程簡直跟《朝代》（*Dynasty*）影集沒什麼兩樣。

但這些傳聞都是真的嗎？家族內鬥和約翰．貝賽特不想靠海外代工輕鬆獲利有什麼關係？

事實上，關係可大了。但是揭開這一切真相，並層層地抽絲剝繭，花了我一年多的時間。我在美國五十八號國道上奔波的次數多到難以計數（那條路在維吉尼亞州和北卡羅來納州的交界以北，是條蜿蜒的山路，貫穿以前的企業鎮），到最後我終於明白為什麼亨利郡人會有「五八病毒」（58 virus）*這個說法。

為了探索整個故事的始末，我越過藍嶺，來到加萊克鎮，找到約翰．貝賽特那個持續冒出滾滾煙霧的煙囪；到北卡羅來納州高點市（High Point）的國際家具市場（International Home Furnishings

---

*譯註——意指國道五十八號沿線的城鎮都因為紡織和家具廠關閉而陷入蕭條。

Market），和一群西裝筆挺、戴著醒目眼鏡的年輕MBA及行銷高管見面；並在遭到資遣的史丹利家具（Stanley Furniture）勞工汪達．波度（Wanda Perdue）的建議下，飛到目前全球木製臥房家具的大本營——印尼泗水。

我第一次見到波度，是二〇一二年初在社區大學的電腦室外，她去那裡接受定期的數學輔導。現年五十八歲的她，靠著在沃爾瑪兼差，勉強度日，她希望在取得辦公行政的副學士學位後，能盡快找到正職。目前她唯一的奢侈享受是買Luck牌的墨西哥花豆罐頭，那是她唯一允許自己購買的品牌商品。

她這一生離家最遠的旅程，是三年前去南卡羅來納州的默特爾海灘（Myrtle Beach），那也是她這輩子第一次看到大海——當時她已經五十五歲了。

「我希望妳去印尼一趟，回來告訴我，為什麼我們不能繼續在這裡做同樣的事情？」她說。

我心想，嗯，有道理。

◆

雪佛和我坐在一片土地上，放眼望去盡是生鏽的筒倉和閒置的廠房。停車場空空蕩蕩，地面的裂縫冒出了雜草。我們的對面就是藍恩家具公司（Lane Furniture）的廠址，那也是停業的家具製造商，就像史丹利家具一樣，跟貝賽特有家族關係。一九二〇年代，愛德華．藍恩（Edward Lane）推廣一個概念：每個美國少女都需要在杉木做成的嫁妝箱裡儲存嫁妝，那是她找到夢中情人以前，幫她保存希望和家居飾品的安全所在。[8]二次大戰結束後，美國大兵返鄉，杉木櫃已成為郊區住宅的必備基本家具，隨處可見。一九四八年有一支廣告請來奧迪．墨菲（Audie Murphy）當主角，墨菲是授勳的美國士兵，戰後成為電影明星，他在廣告中宣稱：美國最浪漫的甜心說：「這是真愛獻禮。」[9]

雪佛指向一群絲綢廠，他的姑媽曾在裡面工作，那些工廠都關了，它們都是經濟學家所謂「創造性破壞」的受害者。[10]那個理論說，一九九四年的北美自由貿易協定，以及二〇〇一年中國加入ＷＴＯ，勢必會造成就業機會和產業的消失。隨著時間的推移，社會將會變得更富有，更有生產力，世界各地的人民都會因為生活水準的提高而受惠。

湯馬斯·佛里曼（Thomas L. Friedman）在厚達六百三十九頁的著作《世界是平的》（*The World Is Flat*）中，幾乎所有的篇幅都在談全球化的好處：他指出全球化幫美國消費者省下約六千億美元，讓企業獲得更多資本，可以投入新的創新發明，也幫聯準會維持低利率，讓美國人有機會購買或再融資添購新屋。[11]

或者，就像雪佛對我那張一百六十美元的躺椅所提出的說法：「我們都獲得了價格下跌的好處，現代人用同樣的家具預算，可以買到比三十年前更多的價值。」更何況全球化也改善了中國、越南、印尼等地工廠勞工的生活水準，他們以前只能在稻田和農場上辛苦工作。

汽車使馬車製造者失業，就像網路影響郵件快遞者的生意，以及報社許多同仁的生存一樣——這也是我們這個報社縮小報導範圍、不再報導亨利郡地方新聞的原因之一。

但是身為失業勞工之女，我一直很想知道，那些被全球化浪潮淹沒的小船怎麼了。我質疑為什麼失業報導中鮮少引用失業勞工的說法，也沒提到許多在企業工作的人後來從廠長改行當全球採購經理。他們都還在，都還有光鮮亮麗的工作，有些人的年薪甚至高達七位數。那些高高在上的大人物沒繞著地球跑時，他們的汽車是少數仍停在公司停車場的車子。

在美國各地的小鎮，新聞的頭版報導毒品犯罪增加及考試成績低落，似乎和第三版提到的偏遠地區成衣廠關閉有關。但是那個關聯很難界定，更難以報導，因為那涉及了環環相扣的複雜供應鏈，再加上管理當局監管不力，執行長也迴避媒體。

似乎沒有人注意，在這個新開張的全球商店背後，究竟發生了什麼事。

我最早的記憶：我和姊姊一起騎車去俄亥俄州厄巴納市（Urbana）的飛機燈製造廠葛來姆斯公司（Grimes）接母親下班。[12]經濟好的時候，家母是去工廠做大夜班。經濟不好的時候，她就去餐廳當服務生（她自己說做得很差）及幫別人帶小孩。在葛來姆斯，她和其他女工都是待在照明很差的大房間裡，坐在長桌邊，縮在一排半圓筒形的架子前面，焊接飛機的閃光燈。她下班後，曾給我二十五美分，要我幫她按摩痠痛的脖子。

我記得我曾經指著頭頂上的飛機，對朋友說：「看到那個燈了嗎？那是我媽做的。」當時我沒想過她焊接的燈可能是裝在軍用運輸機上，而不是客機上。總之，她的手工棒極了，你可以看到那些燈在天上，就在星辰附近。

越戰結束後，厄巴納市的經濟長期停滯不前。直到二〇一一年，飛機燈的勞工才再度因一筆訂單受惠。這次是為黑鷹直升機製作探照燈，合約總價是一千三百萬美元，但發明家華倫．葛來姆斯（Warren Grimes）的繼承人早在十五年前就已經變賣家業。現在是漢威聯合（Honeywell International）在現代化的設施裡，經營厄巴納的航太照明事業，他們雇用的裝配線勞工只有過去的一半。以前葛來姆斯公司是當地的大金主，巔峰時期雇用的居民約一千三百人，現在僅雇用約六百五十人。如今多數生產是由電路卡和高科技機械完成，而不是手工製造。我高中的好友就在那裡工作，他透過視訊會議，管理遠在印度班加羅爾的外包工程師，當地的薪資只有美國工程師的四分之一。

我童年時期，家父都在美國退伍軍人協會裡，調養二次大戰帶給他的心理創傷。他以粉刷房屋為業，但我總是羞於承認他老是喝得爛醉，和無業遊民無異。他從未參加我的樂隊音樂會或壘球賽，甚至沒來參加我的高中畢業典禮——現在我自己有了孩子，覺得那種疏忽簡直罪無可赦。但以前他老是那個樣子，我又懵懵懂懂，並未為此夜不能寐。他帶給我最好的禮物，是個溺愛兒孫的祖母。她就住在我們隔壁，在我四歲時教我閱讀，讓我有棲身之處（我們的住家是她的）。

◆

我們不是全球化的受害者，但是就像我在貝賽特和加萊克鎮採訪的那些藍領勞工一樣，他們都是跟著父母和祖父母的腳步，加入裝配線的工作，我們高中畢業時也沒有很多選擇。我之所以能設法擠進大學，是因為有恩師和朋友（以及朋友的家長）的鼓勵、聯邦政府資助的佩爾助學金（Pell Grants）、工讀機會和獎學金。我大哥是靠著毅力和智慧，奮力擠進中產階級。他讀高中時，因中度癲癇而輟學，先做了幾份乘車安全方面的工作，後來擠進俄亥俄州雷蒙市（Raymond）的某大汽車研發中心，負責設計碰撞測試的裝置。我大學畢業後，在報社找到第一份工作，當時他的薪水已是我的兩倍。

幾年前，維吉尼亞大學的研究人員邀請他去分享工作細節。我大哥只有高中學歷的同等文憑，上過一些社區大學的課程，卻受邀去湯瑪斯．哲斐遜（Thomas Jefferson）創立的大學，對一群博士生演講他憑著經驗和苦勞所累積出來的成果。不久前，他的公司發放獎金，獎勵他發明了一套新的流程，幫公司省下數千美元。他很幸運能在欠缺正式文憑下，依舊運用天賦。當我吹噓他不只會製造或修理汽車，而是什麼都會時，他告訴我：「那沒那麼了不起，那些都只是常識罷了。」

◆

當我聽到一家公司的業主獨自槓上大企業以及中國時，當下我就覺得，我一定要去瞭解約翰．貝賽特這號人物。他不僅讓自己的小工廠維持運作，還設法把它變成美國最大的木製臥房家具廠。

我開車上高速公路，前往加萊克鎮的逢恩—貝賽特公司，去見這位當時七十四歲的南方顯貴。在那之前，我已經先去羅安諾克市圖書館的維吉尼亞廳，釐清他那錯綜複雜的族譜，打電話四處探查他們家族長年恩怨的內幕，也訪問了幾位亨利郡紡織廠和家具廠的勞工。那些勞工在台灣籍經理人突然出現在工廠內，拍下工廠組裝線的照片以便回家仿造後，就遭到資遣了。

一位女性提到，她的母親某天下班後蹣跚回家（膝蓋因數十年站在水泥地上工作而耗損），納悶地說：「今天那些矮個兒來我們工廠裡做什麼？」

我已經知道約翰．貝賽特三世正在栽培兩位中年的兒子懷亞特和道革（Doug）接掌家業。他們兩個都在讀完商學院後，回家幫忙拯救家族事業。我也聽說景氣不好時，他砍了兒子的薪水，而不是資遣更多的生產線勞工。而他自己在生意最清淡的那幾年，則是完全停止支薪。

某個陰雨的下午，柯林斯威爾市（Collinsville）的家具店老闆德拉諾．托馬森（Delano Thomasson）告訴我，全球化如何奪走他那家店的七成業務，本來那家店是亨利郡紡織廠和家具廠勞工常去光顧的地方。他的父親曾在附近史丹利鎮（Stanleytown）的貝賽特關係企業史丹利家具公司工作過。他的母親曾在菲葵紡織廠（Fieldcrest）工作，菲葵紡織廠是芝加哥老牌百貨公司菲爾茲（Marshall Field's）創立的龐大紡織廠，如今那片土地成了救濟食品發放站每週發糧的地點（在當地退休族常光顧的簡餐店菲戴爾餐廳〔Fieldale Café〕裡，女廁的牆上掛著一幅裱框的照片，相片裡是讓那個城鎮出名的東西：一疊菲葵紡織廠製造的毛巾）。

為了避免沙發和床具組被淋溼，托馬森放了桶子接收雨水，雨水滴進桶內時叮噹作響。托馬森以南方口音解釋，貝賽特家具已經不在貝賽特鎮製造了。「以約翰・貝賽特的決心，要是當初他保住了家業，現在一些貝賽特家具廠也許還在營運。」

我第一次聽到那番說法時，應該要馬上速記下來才對，但我忘了。後來我訪問了上百人，幾乎每個人都說了同樣的話。

托馬森完全知道約翰・貝賽特大老遠跑去中國大連的秘密任務。關於貝賽特的邪惡姊夫，他也有一套自己的說法。約翰・貝賽特從小就被當成家族企業的接班人培養，但是姊夫一手把他推離執行長的大位。貝賽特家族願意對我透露這些事情嗎？既然約翰・貝賽特抱著如此深仇大恨，他願意透露自己遭到家族放逐的感覺嗎？他願意告訴我他對抗中國人的真相嗎？萬一他不願意，那些靠他的家族企業成長的人敢揭露秘密嗎？

「妳根本不知道妳踩進了什麼蜘蛛網？」一位長年在貝賽特家具擔任管理者的人這麼說。他曾在約翰・貝賽特的姊夫兼勁敵鮑勃・史皮曼（Bob Spilman）手下工作多年，「《戰爭與和平》跟妳踏進的蜘蛛網相比，根本是廉價小說。不過，妳運氣不錯，毒蠍子已經死了。」他指的是貝賽特家具的執行長史皮曼，他既精明又兇狠。

約翰・貝賽特出生於家大業大的豪門，祖先曾簽署過大憲章。他們有個代代相傳、但心照不宣的家規：無論如何，絕對不能對外透露家族秘密。我身為廠工之女，他願意對我透露什麼秘密？

我跟奧克塔薇雅・魏雀（Octavia Witcher）、瑪麗・瑞德（Mary Redd）那樣的人比較有共鳴。魏雀是史丹利家具廠資遣的勞工，現年五十五歲，她把年邁母親的電話號碼留給我，因為她自己的電話號碼快被停機了。瑞德是獨力扶養十四歲女兒的離婚婦女，曾在圖塔克斯公司（Tultex）擔任每週工作三十小時的接待員，沒有員工福利，她說那是她唯一能找到的工作。當她告訴我那些往事時，我回想起當初我是拿全額補助上大學的，因為當時守寡的家母每年的收入僅八千美元，工作內容是為本田公司的包商試駕汽車。

瑞德提到，有一次她去馬汀維爾市，到某位上流人士的家中幫忙準備宴客的餐點，巧遇圖塔克斯公司的前執行長，她對他說的話令我大吃一驚：「要是圖塔克斯今天重新開業，而我必須像蛇一樣爬行才能進去的話，我無論如何也會爬進去。」

◆

約翰．貝賽特從小到大都有司機接送，有度假別墅可以散心，念的是貴族學校。我則是來自下層階級的劣勢族群，但無論他是否準備好對記者透露這一切，對我和他來說，這都是一個幸運的機會。運氣好的話，他將會為我說明這段迂迴的美國歷史，從美國的硬木林區到董事會議，從手鋸和刨刀到智慧型手機和 Skype，從維吉尼亞州的諾福克港（Norfolk）出口到亞洲的橡木，幾個月後變成收納櫃和床組，再運回美國的種種歷程。

Chapter 2

The Original Outsourcer

最原始的外包者

總有一天，我會買來賣給你。

——老約翰．貝賽特對他的父親說。

◆

要瞭解約翰．貝賽特三世（後面簡稱 JBIII），必須先瞭解他的出生背景。他出生的地方，舉目所及都可以看見他的姓氏：在「歡迎光臨貝賽特」的招牌上，在銀行裡、圖書館裡，以及鎮上許多高聳的煙囪上，隨處可見「貝賽特」的影子。他的家族世世代代個性暴躁，但工作勤奮，為了賺錢，從來不怕吃苦。約翰．貝賽特三世是承襲祖父老約翰．大衛．貝賽特（John David Bassett Sr.，後面簡稱ＪＤ）的名字，ＪＤ是貝賽特鎮的創始人，也是家族的大家長。如果你和多數人一樣在他的旗下工作，你會稱他「ＪＤ先生」。

但是在貝賽特公司創立以前，就有一個地方叫貝賽特，而那個地方在命名之前，只是一片紅土和山麓，是個名不見經傳的地方。古人看當地有什麼，就以什麼命名。

所以，這個故事是從馬場（Horsepasture）開始的。[13]

對馬場一帶的住家來說，史密斯河（Smith River）主宰了一切。居民以小舟運送菸草到市場販售，河水氾濫帶來了肥沃的淤泥，讓當地居民在河岸低地栽種穀物，收割豐富的玉米和菸草。史密斯河因平坦水淺，流速看似緩慢，成了維吉尼亞州最出名的捕鱒溪流之一。冬季凍結，夏季涼爽，但不久之後，它就發威了。

在JBIII誕生那天，史密斯河幾乎摧毀了一切。

◆

JBIII誕生的時候，正值一九三七年的大洪患。從該郡往北流的鎮溪（Town Creek）氾濫成災，史密斯河也跟著漫溢四處。那年夏天本來一切順遂，洋基隊的未來明星菲爾・里祖托（Phil Rizzuto）剛擊出八十八支安打，也累積了幾乎一樣多的雙殺，帶領他的小聯盟球隊「貝賽特家具人」問鼎雙州聯賽的冠軍。大家都很喜歡這個繁華的企業小鎮，JD先生更是引以為豪，他喜歡在棒球賽上請孩子們吃冰淇淋和花生，[14]他也有雄厚的財力可以那麼大方，畢竟他開了六家工廠，生產的貝賽特家具行銷全國。

然而，一夕間，一切都變了。連續下了幾小時豪雨後，JD先生看到河水氾濫。司機載著他在城裡到處跑，發號施令，提醒大家往高處逃難。[15]在那場世紀洪患中，史密斯河淹沒了整個鐵軌，把柴火沖到鎮上的吊橋之外（吊橋和鎮上的東西大都是貝賽特家具公司所有）。

大水淹到鎮上濱河旅館（Riverside Hotel）的一樓窗戶那麼高，電話線和公路都泡在水裡，變得一無是處。[16]貝賽特家具廠的勞工爬上山丘，眼看著沒綁緊的東西隨著洪水漂離，牛隻也在其中。

JBIII就是在那樣誇張的時空背景下，來到這個世界——那是一場宛如創世紀洪患的天災。數十年後，大家不免納悶，那場洪水是否預言了他將會離開這個城鎮。他上面已經有三個姊姊，全家都期待這次誕生的是男孩，以便將來繼承這個日益蓬勃的家具王朝。

JBIII出生的前幾天，家裡的另一個私人司機載著他母親南下六十哩，到北卡羅來納州溫斯頓—塞勒姆（Winston-Salem）的一家醫院待產。上一胎陣痛沒多久，孩子就在家裡出生了。這一胎為了慎重起見，再加上河水持續上漲，所以提早出發。

水患的災情慘重，紅十字會甚至在山上搭起了帳篷。當地居民坐在火車的車頂上，看著河水上漲，淤泥湧進了公司配給員工的宿舍。不過，貝賽特家族的另一個司機被派去接JD先生的兒子：小約翰・貝賽特（John D. Bassett Jr.），人稱道格先生（Mr. Doug），以便他的太太在外地生產時，他還可以去檢查淹水的工廠。儘管災情慘重（工廠設備隔了幾天才乾透），第三代繼承人的降臨至少為JD先生帶來了一些慰藉。

史密斯河就像JD先生一樣，主宰著貝賽特鎮，或者至少主宰了河流穿過的十哩土地。史密斯河把這個煙霧騰騰的非正式城鎮一分為二。在一張水患來襲的模糊照片裡，四個年輕人站在及膝的水中拍照，其中兩人穿著吊帶褲，那是典型的廠工制服。其中三個白人神情悠閒，顯然正享受著難得的停工。另一個黑人獨自站得稍遠一些，雙手抱在胸前，一手抓著帽子，直挺挺地站著。他很可能是亨利郡黑奴的後裔，當地的多數黑人都有那樣的背景。[17]

「種族和這裡的一切息息相關。」[18]當我開始研究JBIII幼年所在的亨利郡時，羅安諾克的歷史學家及種族學家一再提醒我這點。

「妳會意外發現一些毫無掩飾的真相。」維吉尼亞州的民俗學者喬・威爾森（Joe Wilson）這麼說（國會圖書館曾因他對阿帕拉契歷史和文化的研究，而稱他是「當代傳奇」）。威爾森提醒我，種族之間的關係，以及一個種族淩駕另一個種族的複雜發展，一直是美國歷史演化四百多年來的一部分，至今仍未停歇。

在這個以菸草業出名的郡裡，整個產業是由近五千名黑奴撐起的。據說，你從丹維爾（Danville）走往馬汀維爾的三十哩路中，路邊的菸田都是薩繆爾．海爾斯頓（Samuel Hairston）家族所有。目前馬汀維爾—亨利郡電話簿裡收錄的海爾斯頓後代就有四百八十六人，幾乎全是黑人。黑人葛拉狄絲．海爾斯頓（Gladys Hairston）笑著告訴我，同樣姓「海爾斯頓」的白人，是把那個字發音為「哈爾斯頓」。[19]

當地出現家具製造商時，奴隸制度已經是很久以前的往事了，但種族隔離的陳規陋習仍在。菸草種植時期的心態，在工廠內及豪門世家裡依舊顯而易見，那也是貝賽特家具公司發展的關鍵。

經營家具店的雪佛把家族的授地憑證裱框起來，掛在落磯山的住家牆上，旁邊掛的是住屋原始擁有者的最後遺囑，上面指明哪個家族成員繼承哪些奴隸。他家後院有個家族墓地和花崗岩的墓碑，最邊緣有一塊家族奴隸的墓地，以長春花和粗石塊標示。

◆

亨利郡的位置就在越過下一個山脊的地方，那裡是以美國獨立戰爭的演說家派屈克．亨利（Patrick Henry）命名，[20]美國獨立革命成功後，他是維吉尼亞州的首任州長，也是亨利郡革木園（Leatherwood）的擁有者。革木園是占地一萬英畝的菸草園，西以藍嶺山脈為界，南臨北卡羅來納州的山麓。定居該區的人都是早期的拓荒者和富裕的大地主，他們當初大都是拿著英王喬治三世的補助，往西方開墾，搜括土地。當地的紅黏土正適合栽種菸草，尤其他們家裡又有奴隸，正適合採集這種勞力密集的作物。

地貌決定了當地的人口特質：菸草只栽種到山腳下為止，所以黑人移民的分布大致上也到這裡而已。至於我現在居住的羅安諾克，那是位於山區的年輕市鎮，離當地約一小時的車程，如今黑人約占總人口的二八%。但是在亨利郡的首府馬汀維爾，黑人的比例近五〇%。[21]

當大遷徙（Great Migration）使六百萬名南方黑人移向東北部、中西部、西部的城市尋找工作時，維吉尼亞州的皮得蒙區（Piedmont）有很多人選擇不跟著遷徙。南部一些工業鎮因為有貝賽特家族那樣的人設廠，仍有很多工作機會。維吉尼亞州和北卡羅來納州的皮得蒙區有不少菸草廠、紡織廠和家具廠，幫黑奴的後代避免淪入南方盛行的佃農制而難以脫身。當時就像現在一樣，在這些南方的「工作權州」*，鮮少有工會保障他們的權利，但至少他們終於擁有支薪的工作了。

早在JD先生建立家具王國以前，他就知道致富的機會不在家族農場上，那些農場必須雇用長工或自己動手栽種。他生於一八六六年，亦即內戰結束的隔年，家世顯赫。一六二一年，威廉·貝賽特（William Bassett）從英國的懷特島（Isle of Wight）登上「財富號（Fortune）」遠行，在詹姆斯鎮（Jamestown）建立要塞，裡面放滿了他從英國住家帶來的書籍。他的後代包括美國獨立革命裡的領導者，以及西進的拓荒先驅。

◆

*譯註——支持「工作權法」，打擊工會集體協商能力。

第一位在亨利郡定居並宣告所有權的是納桑尼爾・貝賽特（Nathaniel Bassett），他是獨立革命時期的領導，有幸於一七七三年從喬治三世手中獲得七百九十一英畝的土地，那片土地創造了更多的財富和財產。[22]他的兒子伯韋爾（Burwell）又向戰爭英雄喬治・海爾斯頓上校（George Hairston）買地，海爾斯頓上校不僅是伯韋爾之妻的伯父，也來自郡裡最顯赫的家族，在維吉尼亞州擁有最多的奴隸（維吉尼亞州是聯邦政府中蓄奴最多的州）。[23]

在家族的正史中，家具廠的創辦人宣稱，他的父親約翰・亨利・貝賽特（John Henry Bassett）在戰前擁有八十八名奴隸，他「過著少爺的生活，就像那年代的富家公子一樣，跟著鄰居串串門子」，一九三九年JD先生受訪時那麼說。但一八六〇年的人口普查記錄並非如此，那資料顯示納桑尼爾的孫子，亦即約翰・亨利的父親亞歷山大・貝賽特（Alexander Bassett）是菸農，擁有房地產和個人財產，價值約一萬四千三百美元，但他只有二十個奴隸，年齡介於六個月到三十九歲之間。

「連他們有多少奴隸的傳說都不對！」歷史學家約翰・克恩（John Kern）大罵。他告誡我，一定要再三查證我從家族與企業檔案中得到的資料。

亞歷山大的長子伍德森（Woodson）有九個奴隸，JD先生的父親只分到兩個黑人男孩，[24]一個十四歲，另一個八歲。他主要是依賴家人的幫忙，名下擁有兩匹馬、五頭乳牛、三隻羊、七隻豬，以及大量的小麥、黑麥、燕麥、玉米和菸草庫存。[25]

一般認為JD的母親南希・史班塞・貝賽特（Nancy Spencer Bassett）聰慧能幹，JD的父親約翰・亨利原本是內戰老兵，後來轉為鄉紳。史班塞・莫頓（Spencer Morten）是一九四九年成為貝賽特家族的姻親，後來擔任公司的高階管理者，他說約翰・亨利「常跟大夥兒圍桌而坐，笑逐顏開」。莫頓當過記者，我第一次見到他時，他已經高齡八十九歲，但記憶仍相當敏銳。他跟在貝賽特家族的身邊數十年，早就準備好描述他在公司的高層會議、工廠，以及家族聚餐的背後，所目擊的一切戲劇性發展。

南北戰爭後，約翰．亨利並沒有為南方重建時期（Reconstruction）做好準備，他對農務有大致的瞭解，也騎著馬匹巡視地產，但是他把社交生活看得比學習炒地皮還要重要。那時他常徒步造訪住在八哩外的兄長。妻子過世後，他又徒步去追求住在兩哩外的一個女人。當時他已經八十五歲，女兒們都無法認同他的舉動，常拜託親友把他拉回家。[26]

在這個家族史中，你會一再看到類似的故事重演。每一代都以嚴苛的眼光，看待家人的潛在配偶——那也是貴族用來保護家產的第一個工具。女性也許對事業或土地毫無擁有權，但她們在施展權力方面，有其他細膩的手法。

內戰結束後，南方多數地區都是一片混亂。戰前的富裕之家到了戰後仍有很多土地，但現金拮据。約翰．亨利的幾個兒子別無選擇，只能出去工作。他們畜養牛馬，砍伐木材，收割作物，在農工（昔日的奴隸）的協助下，把那些東西送到市場販售。身為長子的ＪＤ很快就成為眾人的領導者。[27]

多年後ＪＤ先生的孫女不禁讚嘆：「那些逆境該不會就是讓他產生遠大志向，希望有一天出人頭地的原因吧？」[28]

◆

ＪＤ從事的第一個非農場工作，是做投機菸草的生意。他向農夫直接購買作物，送到馬汀維爾拍賣。馬汀維爾那時正迅速崛起，成為口嚼菸葉的全球之都，[29]菸草的獲利僅次於私釀酒（美國另一個獲利豐厚的事業）。[30]

他每天工作十二個小時，擅長人際往來。到了適婚年齡，他沒去追有錢地主的女兒，而是追求他以前的老師。老師只大他三歲，跟他一樣勤奮。他和妻子波卡杭特絲（Pocahontas）一起在史密斯河岸的家族農場上開設小雜貨店。

每隻雞賣八美分，每雙鞋賣五十美分。人稱波姬小姐（Miss Pokey）的波卡杭特絲負責顧店，JD則是駕著騾子拖運的車子，沿街販售雜貨。當地本來只有貝賽特家族的住屋，雜貨店是最早搭起的建築，不久郵局也到這裡設立第一個據點。JD回憶，當時郵局需要郵戳，「政府單位來問我們，這個郵局要叫什麼名字。」他也不跟政府客氣了，直接告訴對方：「敝姓貝賽特，這裡就叫貝賽特吧。」[31]

那個地點很適合擴張，再加上湍急的史密斯河很適合發電，更不用說JD還繼承了沿著藍嶺山麓的一些土地。戰後，貝賽特大家族在亨利郡總共擁有二萬一千一百九十七英畝的土地，多數的土地上都種滿了胡桃木、橡木、楓木、胡桃木，以及其他珍木。

成立不久的諾福克與西部鐵路公司（Norfolk & Western Railway）正在興建新的線路，稱為南瓜藤（Punkin Vine），從北卡羅來納州的溫斯頓—塞勒姆，延伸到維吉尼亞州的羅安諾克。JD亟欲幫家族恢復往昔的財富，夢想在新的鐵道興建到亨利郡以前，設立鋸木廠並開始營運（亨利鎮正好位於鐵路起訖站的中點）。於是，他開始斡旋交易：說服鐵路公司讓鐵道穿過貝賽特鎮，而不是原訂的鐵峰（Ferrum Summit），JD願意為此出讓通過其私人土地的路權。有人說他偷偷騎馬去見鐵路公司的總裁，以說服他改道。另一個傳奇化的版本是出現在貝賽特公司三十週年的宣傳上，他們製作了一幅木刻版畫，描繪當年二十一歲的JD穿著整齊利落的三件式西裝，去拜會鐵道公司的總裁。

我們確切知道的細節是，他答應以低價出租商店後方的屋舍，給興建鐵道的工人居住。那種商業模式後來也成為家族理念的一部分：只要你能獲得更大的報酬，提供誘因吸引對方是不錯的計策。

年輕時的JD身高一八八公分，體重九十公斤，看起來相當魁梧。他喜歡一手拿著雪茄，或是把手插進西裝的口袋，希望這樣能讓自己看起來老成一點。[32]閒暇時，他總是在思考如何從新的交通熱潮中受惠。他把雜貨店改變成大家聚集的地方，店裡除了販售農家和鎮民的日用品以外，也販售鐵道工人、工程師和勞工常用的東西，以方便他們到店裡交易。他把雜貨店變成他們的商店，把他們的錢變成他的財富，即使是在一八九三年的經濟恐慌時期也不例外。平日到了深夜，都還有顧客上門，JD通常是鎮上最後一個就寢的人。

JD手頭上的現金，比馬場一帶的多數人還多。身為店主，他也知悉附近鄰居的財務狀況。他要是多加注意，也會知道他們的私事。所以JD年輕時就是上百人的朋友、顧問、債主兼物資補給長，這上百人中也包括鐵路從業人員。

但他不想老是當小店主做小生意，他想賣木材給諾福克與西部鐵路公司，讓他們拿去搭建木橋及製作鐵道枕木。為了跨入鋸木業，他需要的不只是勇氣。在成為大家尊稱的JD先生以前，他最需要的是資金。

◆

我第一次見到莫頓先生，是在貝賽特歷史中心（Bassett Historical Center）。他帶來一份泛黃的剪報，說明那筆關鍵資金的來龍去脈。那份剪報提到，JD的父親拒絕給他創業貸款時，是比利舅舅救了他。幾年前，JD在馬汀維爾做菸草投機生意時，合作夥伴騙了他的錢。他們一起賺了四百五十美元（當時是為數不小的金額），但ＪＤ去銀行提領他應得的部分時，發現夥伴已捲款潛逃。他因此欠了旅館老闆六美元的食宿費，落魄地回去跟老爸借錢。

約翰·亨利拒絕借錢給他，堅持兒子必須去挖當季的馬鈴薯，拿到市場上販售後償債。

這次為了開鋸木廠，他再次跟老爸借錢遭拒後，父子關係陷入僵局。

「總有一天，我會買來賣給你。」ＪＤ怒嗆。

俗話說血濃於水，貝賽特家族的血液也許比史密斯河的河水還濃，但也沒有濃太多。ＪＤ前往附近的派翠克郡（Patrick County），向富有的威廉·勞（William J. Law）舅舅借錢。

不久前，貝賽特家族的富三代表親齊聚於佛羅里達州朱庇特島（Jupiter Island）的霍布海灣（Hobe Sound），貝賽特家族的人（包括JBIII）常在附近的度假屋避寒。當時莫頓提議大家為比利·勞（比利是威廉的暱稱）敬酒，現場鮮少人聽過比利舅舅這號人物，也沒有人在乎他對家族財富扮演的關鍵要角。莫頓後來氣呼呼地對太太說：「真是一群嬌生慣養的兔崽子！」

◆

一八九二年，南瓜藤的火車從貝賽特商號（Bassett Mercantile）的前面呼嘯而過時，ＪＤ已經連本帶利償還舅舅借給他開鋸木廠的資金了。火車行經貝賽特這個新興小鎮時，就是開往貝賽特鋸木廠供應的橡木製枕木上。ＪＤ後來又說服鐵路公司在他的商店對面，隔著鐵道興建車站。

鎮上有些人刻意壓低音量告訴我（彷彿在保守上百年的秘密似的），ＪＤ賣木材給鐵路公司的採購人員後，隔天又把同一批貨再賣一次給對方。採購後的木材都會在尾端漆上白色塗料，ＪＤ直接把塗上白漆的部分鋸掉，隔天又端出來再賣一次。如果採購者真的親自下馬車檢查木材，可能會發現騙局。一個世紀後，JBIII 依舊遵守貝賽特家具廠的老原則：送到工廠的每塊木頭，一定要由貯木場的員工點收。

JD 也許是在私塾受教育的鄉下孩子，但他知道娶個聰慧的老婆可以當得力助手。當 JD 第一個鋸木廠的合夥人像那個菸草合夥人一樣捲款潛逃時，他乾脆把帳務全交給波姬小姐處理。他也因此立誓：貝賽特公司從此以後純屬家族事業。這個誓言同時壯大了整個家族，也讓後來的發展變得更加複雜。

許多照片顯示，JD 先生的穿著比較正式，蓄著鬍子，打著領結，戴著圓頂禮帽，但波姬小姐鮮少脫下圍裙。她的圍裙口袋裡總是裝著鐵錘和釘子，她從不介意親自丈量木材或是固定鬆動的地板。當時的貝賽特鎮不過就是一棟建築、一條河流、一段沿著泥土路修築的鐵軌構成的。大家主要是以馬車當交通工具，當豪雨導致史密斯河滿出河堤時，馬車常深陷泥濘中，需要靠騾子拖拉出來。

鐵路建成後，JD 駕著馬車上路去招攬新的客戶，推銷木材給棺材公司和小型的家具廠，從北卡羅來納州的高點市推銷到維吉尼亞州的林奇堡（Lynchburg）。有段時間，他和弟弟 CC 還自製自銷棺材。[33]一九五八年受訪時，他說他每天都會劈四百根橫木；[34]生意清淡時，他也不介意擦鞋營生，或是為教會製作聖餐酒。

當時家具製造業的大廠仍位於擁有大量移民的城鎮，例如密西根州的大急流城（Grand Rapids）、紐約州的詹姆斯鎮。剛移民過來的工匠承襲薛萊頓（Sheraton）和鄧肯懷夫（Duncan Phyfe）的傳統風格，推出設計精美的家具。JD 常跑北方的幾個城市，一去就是好幾週，除了向家具製造廠推銷亨利鎮的硬木以外，也順道參觀工廠。

至於接下來的發展，貝賽特家具公司印製的官方版歷史寫道，JD 先生於一九〇二年超越了大急流城的家具廠，使美國家具製造業的重心南移。但是多數人說，那個計畫其實是他的妻子想出來的，「波姬小姐很有生意頭腦，她會告訴JD先生該買什麼，不該買什麼。」貝賽特家族的圖書館員派特・羅斯（Pat Ross）這麼說。羅斯的祖母和波姬小姐相當熟稔。[35]

據說，貝賽特夫婦搭火車去密西根州的一家工廠，JD在那裡努力地推銷木材，波姬小姐則是靦腆地要求秘書帶她參觀工廠。她一邊參觀，一邊在腦中記下許多細節，「我覺得我們可以自己做。」她在回程的火車上對丈夫這麼說。

當時，南方經濟在內戰受創後尚未完全恢復，貝賽特對家具製造的瞭解甚少。不過，光是省下的運費，他們就比北方的家具廠更有優勢。貝賽特的自家土地上，就有大量的亨利鎮木材，還有很多的小農家、佃農、非法釀酒者亟欲離開山地，擺脫貧困。所以，何不乾脆在鋸木廠裡製造家具呢？

家具業已經從新英格蘭地區移到密西根州，現在又往南移，主要是移到維吉尼亞州、北卡羅來納州、田納西州的小鎮。在第一個家具貨櫃從中國運到美國的一百年前，JD加入了創業家的行列，希望能善用當地貧困的廉價勞工以及滿山遍野的林木，大發利市。

北卡羅來納州的勒努瓦（Lenoir）和高點市的幾家鋸木廠已經證明，這種作法是可行的，[36] JD回憶：「那個年代有許多高級木材。」但沒有道路運送木材，「任何距離都要靠馬匹載運」。[37]

有一張照片顯示，JD騎著馬在老家前面拍照，那間屋子看起來異常破舊，是以隔板搭建而成，歪斜的柱子支撐著前廊，前廊上擺著一張看似搖晃不穩的椅子。JD穿著皺巴巴的西服，打著領帶，十幾歲的女兒安（Anne）也騎著馬，在旁邊跟他一起合照。

在那張褐色照片的背景中，硬木點綴著山麓丘陵——不過，有些樹木已經砍伐，零散地橫倒於地。在鏡頭外的山腳下，家族財富的種子已經落地生根。

JD已在前院搭建了工廠。

他先根據那些北方工廠的模式畫了草圖，圖中顯示工廠的完整流程（從丈量木材和裁切的備料間，到最後修飾拋光的塗裝間），接著再把鋸木廠的合夥人——胞弟CC和山姆，以及妹婿瑞德．史東（Reed Stone）——都找來開會。他告訴他們，鍋爐煙囪會冒出裊裊炊煙，通風口會發出嘶嘶蒸汽，想像寧靜的荒野充滿著皮帶繞著飛輪運轉的聲音，以及鋸木的尖銳聲響。[38]

細心管理很重要，推銷也非常重要，所以他會親自負責推銷。他要求兄弟和妹婿「別再做砍伐良木、運往北方銷售的傻事」，而是想像火車裝滿貝賽特的床具和收納櫃。

從一開始，他就以家具事業的首腦自居，有一次他還命令妹婿「跑個腿」幫他去拿東西。

「喔，拜託，JD，我走過去就好了，不需要用跑的。」史東回應，後來貝賽特家族經常拿這句話來回嘴。[39]

◆

當時是一九〇二年，古巴才脫離西班牙獨立不久。老羅斯福成為第一個搭汽車的美國總統，JD正要創立一家公司，也連帶創立了一個城鎮。

他們四人連求帶借，總共湊了兩萬七千五百美元。第一家貝賽特工廠就設在郵局附近，是一座搭在河邊的兩樓半木棚，如今貝賽特人仍稱當地為老鎮（Old Town）。工業革命的到來，開始塑造這個狹窄的濱河小鎮，現在馬場變成遠在另一頭——亨利郡的山麓。

一開始他們雇用五十名勞工，包括蘇格蘭—愛爾蘭籍的山胞、黑人佃農、粗壯的農民和非法釀酒者，他們都很樂意以五美分的時薪工作。這些第一代的南方廠工就像多數的難民，以耐心著稱。[40]他們亟欲養家糊口，都帶有小農場上遺世獨立的生活所培養出來的孤立特質——那種特質讓他們任由業主擺布，尤其是工會組織者來到小鎮的時候（他們可能不喜歡老闆，但他們對老闆的信任多於對外來者的信任）。

他們原本離群索居，遠離現金經濟。現在他們徒步到工廠工作，黎明前就提著燈籠出發，有些人甚至住在離工廠八哩遠的地方。JD以一百美元雇用他在大急流城認識的自由家具設計師來設計藍圖，他們先從床具著手，因為那最容易製作。「亨利鎮橡木床」是以一．五美元的價格批發出售，[41]採用維多利亞式的設計。後來以「貝賽特家具公司」之名生產的第一件家具是五斗櫃，櫃上有華麗的弧形支架框著雕花立鏡，售價是四．七五美元。[42]

JD向來不是藏才不露的人，他開始想像有一天搶走大急流城的「家具城」美譽，他常跟妻子談論這個夢想。

◆

隨著大家逐漸搬離大家族一起生活的農場，遷往市鎮居住，量產家具的需求也跟著大增。[43]一九〇五年，貝賽特家具公司才成立三年，就已經還清所有貸款，部分原因在於JD每個月只支領七十五美元的薪資。一九〇七年，貝賽特鎮已經充滿新來的移民，於是他順勢開了一家銀行。

一九一八年，他的家具已經銷往全美各地及加拿大，他擁有一家銀行，也握有其他家具廠的股份（從維吉尼亞州的加萊克到北卡羅來納州的萊星頓（Lexington）都有）。莫頓說，這些事業的蓬勃發展，讓他得以為每個孩子留下一百萬美元，相當於現在的一千五百萬美元。[44]

大急流城可以對外宣稱他們有從德國、波蘭、立陶宛等地移民而來的工匠，維吉尼亞州並沒有。但JD旗下的勤奮勞工願意研究，如何以最少的雕刻和鑲邊來製作基本款式。[45]需要特殊的專業知識時，JD覺得去競爭對手的工廠把工頭挖角過來也不為過。既然他已經偷了他們的點子，乾脆連人才也一起挖了吧。一九二四年，他旗下有五百名員工，其中有很多人是來自北卡羅來納州。[46]

他的目標不外乎是把南方打造成美國家具製造業的重鎮。[47]如果家族裡的人都能和樂融融，很難想像這家公司會發展到什麼程度。

◆

當大家完全放棄馬車、改開汽車時，JD先生開始雇用私人司機——先是皮特．韋德（Pete Wade），後來是詹姆斯．湯普森（James Thompson）——開著凱迪拉克載送他。後來兒子成年後，取笑他從來不去學開車，他不以為然地反駁：「我付韋德二十五美分的時薪，請他載著我到處跑，我可以在後座思考如何賺更多的錢。你們這些小子要我付二十五美分載著我到處跑也可以啊。」[48]

數十年後，JBIII認為祖父的作法是經營貝賽特事業的入門之道：現金就是力量；除非必要，否則絕不舉債；採購最好的機器並充分利用；雇用想法跟你類似（但不要太像）的聰明人；獎勵最好的員工並充分利用；付錢請人幫你處理電郵或iPad之類的瑣事，讓你把心力放在賺錢這件要事上。

最重要的是，看到蛇冒出頭，就搥下去。他非常喜歡這句解決問題的口號，所以有人把這句話做成十字繡時，他還把它裱起來，掛在辦公室的牆上。

◆

不過，對當時剛出生的繼承人來說，這些經商策略沒有多大的意義，那時他還在外州，遠離工廠內因洪水而暫時停息的嘈雜刨床和嘶嘶蒸汽。不久，史密斯河就會恢復正常水位，司機將會載著他們母子，返回坐落於山丘上、四周環繞橡樹的磚砌豪宅。他將會見到父親、姊姊，以及住在車庫上方的忠實家僕威利（Willie Green）和奧古斯塔（Augusta）。

姊姊們在家裡很得寵，她們自己也都知道這點。不過，小約翰出生時，那是他父親這輩子最開心的一天。小王子終於降臨了，道格打電話給 JD 先生大聲報告：「爸爸，我有兒子了！」[49] JD 先生聞之大悅，當場表示願意支付全部的住院費用。他寄出一千美元的支票，並以貝賽特家具實業公司的信紙寫了以下的信，一併寄出：[50]

寶貝孫子：

祖父寫這封信，是希望你長大後能看到。我可能無法看著你成年，但我想告訴你，我希望你將來做大事，承襲祖父和父親的衣缽。我們對你的期待，遠比我們自己能做到的還多，因為你是活在更進步的年代……我希望你知道，我愛你，直到永遠，我期待你將來成就非凡。

祖父 J．D．貝賽特筆

後來，那封信連同支票，都裱框起來了。當這個孩子成年、進入家族事業後，他把它掛在辦公室牆上的正前方。

Chapter 3

The Town the Daddy Rabbits Built

兔爸爸打造的城鎮

我含著金湯匙出生，一點都不想把湯匙拿出口。

——約翰．貝賽特三世

◆

JBIII童年的第一個記憶：一九四三年某週六上午，父親道格帶他去幾家貝賽特工廠視察。伯父WM（暱稱比爾）當時是負責監督貝賽特家具，他和道格一起想出了「外包」概念：把木造車體外包給黃色計程車與公車公司（Yellow Cab and Coach Company）製造，那些卡車的車體是用來幫武裝部隊運送武器的。[51]貝賽特旗下的工廠安然度過了經濟大蕭條，未資遣任何員工，但薪資和工時都大幅削減了。有一年，諾福克與西部鐵路公司的列車載來公司送給員工的是維吉尼亞火腿，而不是年終獎金。[52]JD先生親自詢問員工，一一計數每位員工有多少家屬，並根據那些資訊為員工排班，以確保每個員工都獲得足夠的工時，足以養家。[53]

不過，小約翰（全鎮的人都這樣叫他）第一次造訪工廠時，貝賽特已恢復往日榮景，當時他六歲，頂著一頭淡黃色的頭髮，馬上就迷失在轟隆隆的刨槽機和帶鋸機組成的迷陣間。幼年的他，還沒有廠主那種自信威風的步伐，廠內的隆隆噪音再加上找不到父親的身影，把他嚇得半死。小約翰當場哭了起來，後來大家終於找到他時，他已經哭慘了，司機只好載他回山上的住家。

他可能過了幾年以後，才克服對機械巨大聲響的恐懼，不過含著金湯匙出身的他，倒是一開始就把金湯匙咬得緊緊的。里奇蒙市（Richmond）的律師湯姆．沃德（Tom Word）回憶，十二歲時在童子軍大會上認識同年的JBIII，「他就是那種富家子弟，大家都愛談論的對象，驕縱的程度令人難以置信。」JBIII舉手投足都展現了十足的自信，一看就知道貝賽特鎮是以他的姓氏命名，整個城鎮都是由他的家族企業管理。而且，小約翰又和祖父同名，他的祖父ＪＤ掌控了方圓數哩內的一切事物，包括警力、政治人物、工廠勞工，以及家務幫傭。

貝賽特家族以及馬汀維爾市裡擁有紡織廠的家族都是所謂的「權貴世家」，他們掌控了一切，影響力不僅直達維吉尼亞州的首府里奇蒙市，更擴及其他地方。由於ＪＤ先生擁有貝賽特鎮的土地，他選擇不讓貝賽特鎮變成正式的市鎮，因為那樣一來就不會有市議會了。

貝賽特家具實業公司直接管理貝賽特鎮，就那麼簡單，也那麼複雜。

ＪＤ先生甚至還擁有部分的史丹利鎮，史丹利鎮也是非正式的城鎮，就在貝賽特鎮的南部，是史丹利家具公司的所在。史丹利家具公司是一九二四年由ＪＤ先生出資創立。貝賽特家族的族譜和美國南方的家具製造史可說是密不可分，兩者之間的交疊如下：湯瑪斯．邦森．史丹利（Thomas Bahnson Stanley，簡稱ＴＢ）是貝賽特家具公司的早期管理者，他娶了ＪＤ先生的女兒安．波卡杭特絲．貝賽特（Anne Pocahontas Bassett）。史丹利本來是銀行的出納員，他的人生目標就是娶個富家女，從日益成長的家具事業中分一杯羹，然後從政。他本來是追CC・貝賽特的女兒艾薇絲（Avis），但苦追不成後，把目標轉向她的堂妹安。

此外，掌控貝賽特家具公司的人畢竟是JD先生，而不是他的弟弟CC。CC比較喜歡待在家裡、店裡和農場上，他們兄弟倆的分工早在一九二六年就劃分清楚了。我在貝賽特歷史中心裡發現一份社交俱樂部的章程，CC把自己的職業寫為「務農」，雖然他明明是家具事業的共同擁有者。相反的，JD先生對外展現的權力則廣泛許多，他是以資本家自居。

「史丹利完全是從政的料。」姻親莫頓回憶。一九二九年，史丹利在山坡上興建一座龐大的都鐸式豪宅，俯瞰他的家具廠，那是方圓數哩內最氣派的建築。他稱之為麗石莊園（Stoneleigh），以反映其家族和英國貴族的關聯，再加上那個字的發音也跟他的姓氏有點相近。他本來想把自己居住的城鎮命名為史丹利，但是維吉尼亞州已經有個地方以史丹利為名，「他不喜歡被迫在Stanley後面硬加個town字，畢竟貝賽特鎮就只是Bassett，而不是Bassett-town或Bassett-ville。」律師沃德・阿姆斯壯（Ward Armstrong）回憶，他的父親曾經營史丹利的飾面薄板子公司。

貝賽特家族的孩子稱呼史丹利為邦斯姑丈（Uncle Bonce）。一九四七年到一九五三年，他擔任美國眾議員，之後又當了維吉尼亞州的州長四年。一九五七年，英國女王伊莉莎白二世和菲利普親王造訪維吉尼亞州，以紀念詹姆斯鎮建立三百五十週年，州長史丹利特地為女王舉辦了歡迎會（會前，他已經送史丹利家具的迷你組給女王的孩子）。那件事對前銀行出納員來說，可說是人生的一大分水嶺。

史丹利最為人知的事，不是他和英國王室的關聯，而是他對美國參議員老哈利・博德（Harry F. Byrd Sr.）的忠心耿耿。博德是勢力強大的民主黨人，二十世紀上半葉掌控了維吉尼亞州的整個政壇。[54]史丹利執政時，維吉尼亞州關閉了許多公立學校，而不是依照最高法院的規定廢止種族隔離，[55]因此剝奪了愛德華王子郡（Prince Edward County）黑人小孩的受教權長達五年。史丹利在一九五六年的記者會上說：「白人與有色族群的小孩一起受教的學校，無論是公立小學或中學，都無權獲得任何州政府的資金補助。」他堅稱，這樣做是為了保護「人民的健康和福祉」。[56]

史丹利只是這個龐大家族企業的一支，JD先生的長子威廉．麥金利．貝賽特（William McKinley Bassett，當地人稱為WM先生）在JD先生退休後，接棒經營貝賽特家具公司。WM先生和史丹利的住處僅隔半哩，但住家比妹婿低調一些，不過仍是醒目的磚砌豪宅，名叫埃爾特姆（Eltham）。那棟房子讓人聯想到湯瑪斯．哲斐遜的故居「蒙蒂塞洛」（Monticello），只是規模較小，是以貝賽特的祖籍「埃爾特姆宮」（在英國格林威治附近）命名。這個家族裡的男人總是激烈地競爭一切事物，從家具銷售到家具勞工，無一不爭。據聞，他們甚至還會爭搶公司裡最好的停車位。

不過，週末的時候，他們全都聚在一起獵鳥，垂釣，打高爾夫。他們常邀請克萊德姑丈（Uncle Clyde）一起參與，克萊德因娶了CC．貝賽特的女兒梅柏（Mabel）而成為這個家具王朝的一員。

你覺得這些關係很混淆嗎？其實亨利鎮的人也搞不太清楚，他們都不太跟外地人談論貝賽特家族，深怕一講起八卦，那個外地人剛好就是貝賽特家族的遠親。

克萊德．胡克（J. Clyde Hooker）原本是貝賽特家具公司的早期管理者，後來他也在JD先生的贊助下創業，JD先生讓他使用貝賽特的名號。為了報答JD先生的贊助，克萊德把他的胡克家具公司（Hooker-Furniture）設在遠離貝賽特的馬汀維爾市，以免和貝賽特家具爭搶勞工而導致工資上漲（胡克家具公司後來把「貝賽特」從公司名稱裡移除）。另外還有四位貝賽特的早期管理者也獲得開設家具廠的創業資金，他們設立的公司從維吉尼亞州的加萊克延伸到北卡羅來納州的萊星頓，都離貝賽特家具公司有段安全的距離。

小約翰誕生時，ＪＤ先生已經是貝賽特鎮及馬汀維爾市裡七家工廠的最大股東，也是另外六家工廠的大股東。他還有一家美國聯邦存款保險公司（ＦＤＩＣ）承保的銀行。這時有三千多人住在以他的姓氏命名的城鎮，多數人都是住在公司擁有的盒式房屋裡，他已經重創了北方競爭對手的事業。

沒錯，他也製造了自己的競爭對手。但是把這些關係企業和族譜結合在一起，他也是在拓展世世代代的家族財富。

他的秘密武器是接班計畫，亦即仰仗「勤奮的貝賽特基因」。伯納德．萬普勒（Bernard Wampler）經營的普拉斯基家具公司（Pulaski Furniture）是貝賽特家具的對手，他告訴我：「ＪＤ自己不是很精明能幹，但他在挑選人才方面，是十足的天才。」[57]尤其是從家族裡挑選人才。

ＪＤ先生的長子ＷＭ先生比他更文靜，但跟他一樣有毅力。一九二七年，ＷＭ先生已經負責經營ＪＤ先生一手打造的貝賽特家具廠（當地人仍稱那些工廠為「ＪＤ一號廠」和「ＪＤ二號廠」）。ＪＤ先生鼓勵那些工廠之間彼此競爭，就像他鼓勵孩子彼此競爭一樣，有時候一家公司的設計師還會在深夜潛入另一家公司的設計室，以瞭解競爭對手的最新產品。

那種競爭氣氛相當激烈，ＷＭ先生還因此得了潰瘍。他也很生氣父親拔擢史丹利為公司的副總裁，而他自己身為親兒子，卻還在辛苦地當廠長。所以ＷＭ先生乾脆辭職，退隱佛羅里達州的家族度假屋，規劃下一步的人生。[58]

幾個月內，他偷偷和馬汀維爾的房地產大亨合作。[59]亥克．福特（Heck Ford）知道馬汀維爾的克雷格家具公司（Craig Furniture）快倒了，他通知ＷＭ先生有機會大賺一筆。ＷＭ先生聞訊後欣然接受，但他不希望那筆交易扯上貝賽特的名字，生怕消息走漏後會拱高價格。所以福特以自己的名字經手那筆交易，後來在全新的ＷＭ貝賽特家具公司（W.M. Bassett Furniture Company）裡換得了一〇%的股權作為謝禮。[60]

一九二八年，WM 在芝加哥的秀展上推出第一個家具系列，當場就宣告售罄。當時，JD 先生決定彌補自己對長子的虧欠，他已經六十三歲，終於準備交棒。如果 WM 願意讓他買下獲利不凡的 WM 工廠，把它納入貝賽特家具的旗下，他就讓 WM 負責領導新成立的傘型公司，名叫貝賽特家具實業公司（Bassett Furniture Industries），那可以讓公司在大量採購及廣告方面獲得更好的條件。一九二九年，WM 先生獨立打拚出來的 WM 貝賽特家具廠，年銷售額高達一百五十萬美元。[61]

JD 先生是否曾因為導致兒子潰瘍而道歉，我們不得而知。但 WM 先生證明實力的方式，贏得了父親的尊重。為了確保資產公平均分，家族雇用了安永會計師事務所（Ernst & Ernst）來驗證每家工廠的存貨價值。[62] WM 先生的女婿及貝賽特家具的長期董事莫頓說：「我岳父相當精明，不過這整件事還是充滿了裙帶關係和內鬥。你只要礙到任何人的利益，都要特別小心。」

那家傘型公司迅速成長，涵蓋了所有的家具基礎事業，包括一家只做椅子的工廠。一位當地的作家宣稱：「目前的設施供不應求時，怎麼辦，只要在蜿蜒的史密斯河岸興建另一座工廠，在裡面裝上最好的機器，增聘數百名勞工就好了，完全不會干擾到日常運作。」[63]

幾年後，JD 先生注意到另一家競爭者也快倒了。那天他離開銀行後，和 WM 在附近的鐵道上碰面，一起回豪宅共進午餐。波姬小姐和僕人通常會為午餐準備四道菜，用餐時，兒子們通常都是在談論工作上的事情，或是和 JD 先生討論商業策略，其他的家人則是在一旁安靜吃飯。

如果波姬小姐同意兒子的商業計畫，她會建議丈夫睡個「午覺」，之後波姬小姐往往會說服 JD 接納兒子的看法（我第一次和 JBIII 見面時，他自豪地告訴我這個故事，藉此說明貝賽特家族的男性雄風與女性機靈。不久後我才發現，那個例子也巧妙地凸顯出他最愛的兩個主題：第一是家具，第二是性）。

JD先生那天回家吃午餐的路上，一邊把玩著手上未點燃的雪茄，一邊問道：「比爾，你的負債大於資產時，會發生什麼事？」

「會破產。」WM說。

JD先生剛剛在銀行裡，就是看出不遠處的拉姆齊家具公司（Ramsey Furniture）即將破產。所以一九三四年，貝賽特家具公司在拍賣會上以十一萬七千美元的價格，買下三層樓的拉姆齊廠房，隨後將它更名為貝賽特優越線（Bassett Superior Lines）。那筆交易也穩固了未來數十年貝賽特家具在平價臥房家具市場上的地位。

WM掌權後，貝賽特優越線變成家具史上獲利最好的家具廠之一。二次大戰期間，WM想辦法讓自己獲任為「軍用物資生產局」的委員，為貝賽特家具仲介了一筆生意：替軍方生產木製的卡車車體。同屬生產局委員的威爾森（人稱「引擎查理」）是通用汽車（General Motors）的董事長，他指導WM瞭解輸送帶的妙用。[64]

不久，拉姆齊工廠的營運速度變得飛快，貝賽特的人現在仍稱之為「貝賽特高速線」（Bassett Speed Lines）。「我們以極快的速度，製作大量的家具，簡直是印鈔機。」[65]長期擔任優越線廠長的喬・菲爾波特（Joe Philpott）告訴我。一九五五年八月，貝賽特優越線打破了公司記錄，一個月的出貨總值逾一百萬美元。[66]

那段期間，美國南方工廠豎立的煙囪，就像蒲公英的種子一樣大量繁殖。如果你要打賭哪家工廠的煙囪最多，貝賽特優越線是最好的賭注標的。

如果你把貝賽特優越線（Bassett Superior Lines）的英文念快一點，聽起來會很像「Bassett Spear Lines」（**貝賽特矛刺線**），後續的數十年，貝賽特家具就是那樣逐一刺殺業界的競爭對手。

◆

JD先生和波姬小姐從山頂豪宅的陽台，仔細觀看山下那些煙囪以及其他的一切事物。鄰近的山坡上，坐落了另一棟幾乎一模一樣的豪宅，那是JD先生的弟弟CC和弟媳羅希（Roxie）的住所，羅希也是波姬小姐的妹妹。這兩位共同創業的兄弟各自搭了一段私人的水泥階梯，直接通往工廠。

為了更密切關注這個蓬勃發展的城鎮，波姬小姐開始參加當地的浸信教會。不過，那裡的牧師態度保守，對她愛玩橋牌以及他們夫妻倆都愛小酌一番的習慣頗多微詞。於是，貝賽特家族乾脆在他們住家旁邊的山上，另外蓋一間更大的教會，聘請態度更開明的牧師來主持。

有一張照片顯示四個人盛裝打扮，乘坐佛羅里達的漁船，女性抓著錢包和釣竿。JD先生在照片裡已經完全不像當初那位騎著馬的年輕人。

他嘴上叼著雪茄，身穿三件式西裝，在船上釣魚！他早就過了充滿雄心壯志的創業年代，馬兒也不再是代步工具，現在他想去哪裡都可以隨心所欲了。

◆

一九三八年，貝賽特淘汰最初的「美國早期」設計風格，改換後來的招牌設計：瀑布風格——以曲線取代銳利的邊線，收納櫃的邊角就像瀑布從高崖流下時那樣彎曲。收納櫃的上方通常會加裝一面雕飾華麗的圓鏡。[67]床鋪有粗實的床柱，衣櫥有手工雕刻的花飾，搭配著上方圓弧狀的瀑布風格。十件一組的臥室家具，整套售價是一一〇・七五美元，似乎人人都想要一套。[68]

對大眾來說，那整套家具看起來很貴，其實一點都不貴，尤其他們以飾面薄板（在WM先生的機械協助下）取代了比較繁複、昂貴的實心橡木。在紐約州和紐澤西州定居下來的移民特別喜歡這種設計。貝賽特家具公司也因此學到，跟上大眾的購買習慣及聘請合適的設計師非常重要。

貝賽特的首席設計師是普林斯頓大學畢業的李奧・吉倫奈克（Leo Jiranek），其父親是布拉格出生的家具設計師。吉倫奈克多才多藝，精通三國語言，會拉大提琴，平日住在紐約，但週末總是拿著素描簿和畫筆，進駐貝賽特公司。他只要看過某件家具一眼，就能畫出一模一樣的東西，貝賽特和其他中價位的家具製造商主要是製作仿製家具，目前也是如此。[69]

仿製流程大致上是這樣運作的：只要高檔的亨利登（Henredon）家具售罄，貝賽特就會在下一季的家具展中，推出一模一樣的仿製品，但售價只有一半。那個家具展是半年一次，簡稱「市集」，從以前到現在都是業界的盛會。製造商都會搭設豪華的展示區，展示最新的樣品，零售商會走進每個展示區裡評估商品，決定為家具店採購哪些商品（市集後來從芝加哥遷移到北卡羅來納州的高點市，目前仍在那裡。不過，後來拉斯維加斯和其他地方也開始舉辦家具展，互別苗頭）。

吉倫奈克也知道如何避免專利侵權的訴訟，一九六〇年代藍恩家具公司控告貝賽特抄襲時就吃鱉了。吉倫奈克在費城家具博物館內發現幾乎一模一樣的家具，證明那設計其實已存在好幾個世紀，藍恩家具只好撤告。

數十年來，吉倫奈克可說是貝賽特家具蓬勃發展的大功臣。《生活》（*Life*）和《瞭望》（*Look*）等雜誌的廣告中都大打他的設計師名號。但他退休時，對於貝賽特家族所抱持的情感有點複雜。「貝賽特是一群不諳世故的人，他們就只會辛勤工作，努力賺錢。」吉倫奈克的兒子鮑勃（Bob）說，「他們需要有人在紐約告訴他們如何推銷家具。」[70]

據說，有一次JD先生去紐約時，對競爭對手自豪地宣稱，他「在自家的貝賽特小鎮上，是大家的衣食父母」。

「對，但是在紐約，你只是無名小卒。」有人當場這樣回他。

一九六七年，《財星》（*Fortune*）雜誌的報導下了輕蔑的標題，稱維吉尼亞州的貝賽特鎮是「兔爸爸打造的城鎮」。[71]那篇報導公開嘲笑貝賽特公司任人唯親的作法，以及量產的中美洲落伍設計。

維吉尼亞州的貝賽特鎮是一個非正式的城鎮，也是全球最大家具製造商的總部所在。那裡是產業殘存包袱的最後實例——單一家族主宰了整個企業鎮。貝賽特家具實業公司的員工，用的是貝賽特家族的醫院，讀的是貝賽特高校，住的是貝賽特的房子。他們在當地六家貝賽特工廠裡工作，錢是存在貝賽特銀行，連上教堂都是去貝賽特浸信會。

「那就是封建制度。」索尼·卡薩迪（Sonny Cassady）回憶。卡薩迪出身貧寒，從小在貝賽特鎮成長，生父不詳，與母親相依為命，母親在大街咖啡館（Main Street Café）裡當服務生。吉倫奈克和兩位高階的業務員每年春秋從紐約南下貝賽特鎮時，都會造訪那家咖啡館。卡薩迪說，他的母親瑪麗有一雙美腿，晚上會陪那些男人去跳舞，以換取二十美元的小費。「春天，她會用那些錢幫我買網球鞋和牛仔褲。」他說，「十月的時候，她會幫我買外套。」

卡薩迪十幾歲時，母親改嫁，他開始和鎮上的計程車司機羅伊·馬丁（Roy Martin）同住。馬丁是負責去機場載吉倫奈克和紐約業務員的人，卡薩迪曾跟著搭車，那些經驗讓他知道他不想過工廠的生活，

「有錢人住在山上的豪宅，其他百姓則住在河邊的陋屋。」他說。他靠足球獎學金進入大學就讀，後來成為業務員，穿著大領的雙排扣西裝，就像當年那些紐約的業務員一樣，現在他擁有兩家百貨出清公司。

◆

無論那些家具是否精緻，貝賽特優越線的家具幾乎都是一完成就立刻裝上火車，運離河邊的工廠。貝賽特家族日進斗金，現在他們可以聘請設計師，把家裡塞滿古董以及大急流城製作的頂級家具。

「我們做的家具很爛。」珍・貝賽特・史皮曼（Jane Bassett Spilman）感嘆，她在維吉尼亞和北卡羅來納州都有房子，但家裡沒半件貝賽特的家具。[72]一九七〇年，她接受《紐約時報》的訪問時表示：「我有點像貝賽特家族裡的珀爾・梅斯塔（Perle Mesta）。」[73]她是指華盛頓特區的社交名流。

不過，貝賽特家族很幸運，當時正值美國的蓬勃成長期，大眾都需要就坐、吃飯、睡覺的地方。一九五二年（公司成立五十年後）JBIII去上寄宿學校時，貝賽特每年出售的家具多達三千三百萬美元，[74]旗下共有三千一百名員工。WM說服父親讓他斥資六百萬美元把工廠現代化，[75]以充分把握戰後的榮景及蓬勃的房市商機。貝賽特的口號是「全國的家具先鋒」，公司發行的報紙名叫《貝賽特先鋒報》（*Bassett Pioneer*）。

瀑布風格的設計，以及那些刨光、塗裝、上色的人手，讓那些原本窮困、不諳世故的兔爸爸富有了起來。看來那個兔子笑話只恥笑了其他人，對貝賽特家族毫無影響。

Chapter 4

Hilltop Hierarchy

山頂階級

我的一切，都是黑人造就的。

——老約翰．貝賽特

◆

想要到喬尼爾（Junior）和瑪麗．湯馬斯（Mary Thomas）的整潔拖車，你需要先彎進一條通道，那通道就在貝賽特家族盤據的兩座山頭之間。通道左邊是CC的維多利亞式豪宅，右邊是JD先生的豪宅，兩棟幾乎一模一樣。湯馬斯夫婦住在山麓下，他們就像許多黑人勞工一樣，沿著一條以喬治．華盛頓．卡弗（George Washington Carver）命名的街道而居。在那個蜿蜒曲折的山谷間，共有三十九幢簡陋木屋，是專為貝賽特家具公司的黑人勞工搭建的。

目前那裡只剩十五間房子，幾年前，新的九一一道路命名系統生效時，那條路從卡弗巷（Carver Lane）改名為卡森道（Carson Drive）。無論是卡弗巷，還是卡森道，這兩種稱法都比以前的名稱好。以前那裡屬於「馬場」的一部分，大家稱那裡是鼻屎坑或沙蚤嶺。

喬尼爾生於一九二六年，他就是在最原始的陋屋裡出生的，目前該地已經長滿了野葛。他是擔任產婆的祖母接生的，母親是家庭主婦，父親最早是在JD先生的鋸木廠工作，後來是在「老鎮」的第一家貝賽特家具廠工作。喬尼爾的岳父是貝賽特鏡子工廠（Bassett Mirror）的勞工，喬尼爾參與二次大戰返鄉後，岳父也幫他在鏡子工廠裡找到了工作。

於是，喬尼爾在工廠裡塗硝酸銀及切割玻璃，整整做了四十年。一九九〇年他退休時，薪水是每小時六美元，外加員工福利。退休後，他一直為貝賽特家族待命，隨傳隨到，有時是載送莫頓和CC的孫女羅珊・迪容（Roxann Dillon）。羅珊每個月底會給他四十美元，作為隨時幫她打零工的酬勞，那些錢剛好足以幫喬尼爾撐到領下個月的社會福利金。「我從來沒有真正斷絕他們的金援。」喬尼爾說，他那張毫無皺紋的臉龐露出了狡黠的笑容。

如今喬尼爾高齡八十五歲，身材清瘦，反應敏捷，動作優雅，濃密的銀色短髮通常有些凌亂。他唱起歌來像夜鶯，午餐鮮少吃半個三明治以上，他認為吃太多容易腦筋遲鈍，對身體不好。第一次訪問結束時，我起身離開，他幫我把水壺裝滿，給我一些夾心餅乾（Nabs），[76]讓我回程時享用。接著，他指引我怎麼把車子開出他門口那段彎曲陡峭的車道，開過那脆弱狹窄的小橋，以免開進了前院的小河。（「繼續開，」他溫和地指揮，像交通警察一樣揮動著手臂，「沒錯，這樣開就對了，沒錯。」）

我把車子開走時，他的妻子瑪麗穿著家居服和拖鞋，站在門廊上，對我喊著：「祝妳一切順利！」我第三次造訪時，他們還送我一整籃的瓶裝啤酒。那是朋友清理某人的豪宅後，拿來送他們的。「我們不希望教會的人來，看到這些東西，產生沒必要的誤會！」瑪麗說。

附近的馬汀維爾和菲戴爾的工廠都只雇用白人勞工，[77]貝賽特不一樣，他們從一開始就有二〇％的勞工是黑人。貝賽特付給第一批黑人勞工的薪水是白人勞工的一半，不過公司確實是雇用他們為正式勞工，並提供住宿（雖然有種族隔離且多數房屋看來簡陋）。白人勞工是住四房的盒式房屋，還附帶戶外廁所，廁所可直通史密斯河。多數黑人勞工是住在卡弗巷旁邊的陋屋，卡弗巷是往偏離河流和鐵軌的方向延伸，彷彿一條支流。他們的戶外廁所是通往林區。

「白人和黑人一起在工廠工作，當時相當罕見。」歷史學家克恩說。四十年前，內戰在當地打得如火如荼。在許多南方城市裡，黑人住在某些區域甚至是違法的，而且吉姆克勞法（Jim Crow laws，亦即種族隔離制度）在整個前邦聯地區都禁止黑人和白人一起出現在理髮店、棒球場、馬戲團、骨牌賽上。

貝賽特的黑人勞工知道，他們的薪水不如白人勞工，也知道他們毫無升遷機會，但是在多數情況下，他們是受到尊重的。在當時盛行種族隔離的南方，相對於其他工作，他們的工作環境還算不錯。[78]

此外，北卡羅來納州的家具廠一開始是完全不雇用黑人。[79]當時南方的多數競爭對手都只雇用白人勞工，黑人只能鋸木頭或當佃農，但JD先生知道，雇用黑人可以創造更多利潤。一九三二年的黑人薪資條顯示，工作一百個小時可領十美元，亦即時薪十美分，白人勞工的薪資是黑人的兩倍多[80]（根據克恩的研究，後續的幾十年，黑人和白人的薪資差距約是時薪五美分，有時差距更大。他訪問一位桌子工廠的黑人勞工，一九六三年那位勞工辭職時，時薪是一．二五美元，接替其工作的白人勞工是領一．三五美元）。[81]

黑人必須用黑人的洗手間和飲水機，但是就像一百年後取代他們的台灣和中國農民一樣，他們也渴望加入現金經濟，到室內工作，離開菸田裡的烈日曝曬。一九〇〇年代初期的美國南部，雇用黑人當廠工是前所未有的事。就連附近的馬汀維爾，也沒有一個行業雇用黑人。直到一九三三年三名黑人企業家和一位猶太廠長一起創立賈柏絲褲子公司（Jobbers Pants Company，由雷諾茲（Ro Jo Reynolds）菸草工廠改裝的縫紉廠。）馬汀維爾才出現黑人廠工。[82]

在貝賽特員工的早期照片裡，黑人勞工一起站在後排，或是坐在二樓的窗邊，雙腳垂放在窗外。他們做的是最熱、最髒的工作，通常是在塗裝間裡。在那裡頭，你多黑都無所謂，反正每天收工時，每個人全身上下都沾滿了塗料。曾在塗裝室工作的多瑞莎・艾斯提茲（Doretha Estes）回憶，不住在卡弗巷的黑人，大都是從附近菲戴爾的黑人聚集區走路或搭火車來上班。艾斯提茲的祖父、父母和丈夫都是在貝賽特工廠工作，或是在貝賽特家族裡當幫傭。

不過，在工廠外，吉姆克勞法嚴格控管了一九二〇年代美國南部的各個角落。艾斯提茲的舅舅卡貝爾・費尼（Cabell Finney）某天早上趕著搭火車去貝賽特上班，於是他跳上一列緩慢行駛的火車。當他穿越白人的專用車廂、以便走到後面的黑人車廂時，憤怒的查票員抓住他，硬是把他踢出火車。卡貝爾當場撞傷不治死亡，得年二十歲。他的父親喬治・費尼（George Finney）是貝賽特飾面薄板工廠的勞工，對諾福克與西部鐵路公司提告。他的家人表示，後來他們獲得四百美元的和解金。

喬治的堂弟班・費尼（Ben Finney）在貝賽特工廠擔任看門員，某天他大膽在貝賽特工廠內使用白人專用的洗手間，「他是自學成才，舉手投足帶有一點自尊和自傲。」他的外甥女卡洛琳・布魯（Carolyn Blue）說。

工頭問他為何去上白人專用的洗手間，班告訴他：「黑人用的都滿了。」

「班，你明明知道你不該去那個洗手間。」工頭說。

「我剛剛確認過了，屎就是屎，哪邊都一樣，我才不想忍到拉在褲子上。」班回應。氣氛尷尬地凍結了片刻，不久工頭就走了。

「妳知道當時那樣做有多大膽嗎？」布魯講完故事後如此驚呼。

◆

如今你訪問貝賽特的勞工，多數人會說，公司是以大家長的角度來看待所有員工，但大體上是務實的：只要你努力工作，準時上工，管理者並不在乎你的膚色。許多白人和黑人都告訴我，貝賽特非常反對工會，但是在種族隔離年代，他們不管是在工廠或是在家裡，都不曾公然展現過種族歧視。一九五〇年代貝賽特鎮出現加油站時，有人聽到JD先生建議業主：「想要做得長長久久的話，最好雇用一些黑人。」[83]

艾斯提茲的女兒娜歐米・哈吉—繆斯（Naomi Hodge-Muse）目前擔任全美有色人種協進會的會長。她說，當貝賽特家具公司聘請的醫生拒絕醫治黑人勞工時，JD先生乾脆叫那個醫生自己捲鋪蓋走路。「當時種族歧視很明顯，但貝賽特先生確實認為醫生應該照顧每個人，所以最後醫生為了留下來，不得不改變死腦筋。」哈吉—繆斯說。

貝賽特家族的女傭瑪麗・亨特（Mary Hunter）非常相信貝賽特夫婦，甚至把遺產留給他們，並指示那些遺產要用於黑人兒童的教育。亨特生於南北戰爭期間或戰後不久（人口普查資料顯示的時間有衝突），她的母親到井邊打水時，把襁褓時期的她放在壁爐前，使她不幸嚴重燒傷。儘管雙腳殘疾嚴重，但她為貝賽特家族燙熨衣服及擦亮銀器時非常認真。她常坐著搖椅，在地板上迅速移動。煮飯時，她是以單支枴杖撐起身子。[84]亨特住在貝賽特家裡，當波姬小姐去公司上班時，她就幫忙料理家務及照顧四個孩子。

哈吉—繆斯和她的母親指出，亨特一九四〇年過世時，享年七十八歲，貝賽特家族原本要幫她支付喪葬費，後來才想到她熱切懷抱的最終心願：她覺得讓雇主幫她支付喪葬費有損尊嚴，她想用自己的遺產支付。

珍．貝賽特．史皮曼說：「我不記得當時她是留下一百美元，還是一千美元了。」她也補充，一九五六年縣內設立黑人學校時，貝賽特家族想辦法讓那所學校命名為瑪麗亨特小學，[85]「但我記得她說：『妳是我的家人。』」

那個小學的第一任校長約翰．哈里斯（John B. Harris）的手寫記錄提到，JD先生在學校成立不久後蒞臨校區，並提到亨特幫他「把家務料理得多好、多有效率，幫他的家人和他自己省了多少錢」。驚人的是，亨特從小失學，未學過讀寫，卻設法存了四萬美元。瑪麗亨特小學是郡內第一所以女性或黑人命名的學校，總共招收四百五十名學生，取代了原本黑人兒童就讀的六所迷你小學。

哈吉—繆斯就是從那所小學畢業的，後來上了高中和大學，但她永遠記得瑪麗亨特小學的校歌。她為我唱了兩次：

瑪麗亨特今晚將會大放異彩，
美不勝收，耀眼天涯，
當太陽下山，月兒升起，
瑪麗亨特將會大放異彩。

珍看完從凱瑟琳．史托基特（Kathryn Stockett）的同名原著翻拍的電影《姊妹》（*The Help*）後，不久就在麥納肯—薩巴特（Manakin-Sabot）的馬場裡告訴我亨特的故事。電影裡南方白人貶低僕人的方式令她相當震驚，她說：「我認識的人，絕對不可能那樣對待幫傭。」珍確實不是那種人，當地一些黑人居民都還記得她和家裡長期聘用的廚師關係很好。珍的女傭於二〇一二年過世，她九十幾歲時，假日還會為全家人烘焙酵母麵包。[86]珍也幫父母的傭人奧古斯塔和威利．葛林蓋了房子，現在那間房子是由葛林的女兒所擁有及居住。

不過，珍似乎不知道這個大家族裡一些男人近乎毫無掩飾的秘密——艾斯提茲的母親（亦即貝賽特家族的廚師）為了避免貝賽特家的男人毛手毛腳，一次穿兩件束腹；大家對於在ＣＣ．貝賽特家裡成長的淺膚色黑人小孩，也有不少八卦傳言。[87]

在貝賽特歷史中心裡，我在影印ＪＤ先生的孫女所撰寫的貝賽特族譜時（重達十七磅），一位圖書館助理很誠實地告訴我：「她沒把一位親戚寫進去。」

你只要找對人，聊得夠久，就會一再聽到這個鎮上最公開的秘密。一位貝賽特的前業務員提到，以前有主人占女傭便宜的性剝削案例，那在蓄奴時期及南方重建時期相當常見，貝賽特家族也不例外，其中最廣為人知的例子是ＣＣ．貝賽特和家中的女傭。哈吉—繆斯是率先披露那個混血小孩名字的人，那個孩子名叫克雷．巴伯（Clay Barbour）。哈吉—繆斯的外祖母多莉．費尼（Dollie Finney）就是那位穿兩件束腹的廚師，她還聽到另一名女傭對ＪＤ先生大喊：「約翰．貝賽特，我看只要有人幫你按住黑蛇的頭，你也照上不誤。」那女傭的直率讓上了年紀的ＪＤ聽了哈哈大笑，忍不住抓起帽子拍大腿。

「他不覺得女傭的話是在污辱他，他忙著找樂子。」艾斯提茲說，「他覺得，這個女人上不了，可以再找別的。」

艾斯提茲接受我訪問時已經八十六歲，她站起來示範她母親穿著兩件束腹，在餐桌邊彎下腰為貝賽特家族上菜的樣子：她兩手端著盤子，彎腰之際，有人把手伸到她的大腿上游移，知道她當下不會退縮或抱怨，不然貝賽特的妻子可能會指控她故意挑逗，甚至將她開除。

我著手寫這本書十八個月後，艾斯提茲才在我第五次造訪她和女兒同住的房子時，告訴我這一切。起初她不願意受訪，還訓了我一頓，說我沒有權利去挖掘那些令人不安的事情。但最後，在親眼目睹貝賽特家族的決策一輩子，又看到那些決策對社群產生的（正負面）漣漪效應後，她已經準備好和盤托出了。

在貝賽特家中工作，讓艾斯提茲得以送女兒上大學（家族中的第一人），那也讓她的祖父喬治．費尼得以用栗木蓋一棟三百美元的住家（在工廠工作一整天後，晚上提著燈籠蓋的）。「其實，在那個年代，貝賽特家族並不小氣。只不過現在很難平心靜氣看待這一切，不過我盡量了。」

她的女兒以一貫激動的口吻，表達內心愛恨交加的情緒，她說：「他們很貪婪，沒錯；他們管得很多，沒錯；但他們不是都那麼邪惡。」她提到貝賽特家族為黑人和白人分別蓋的休閒中心，「雖然很怪，但那是一種共生關係。我認為那個生物用語套用在這裡很貼切，他們就像大樹，讓小藤蔓得以成長，因為有那些小藤蔓，所以現在我可以住在切摩斯（Chatmoss）。」切摩斯是馬汀維爾附近的高級住宅區，一些貝賽特的後裔也住在那裡。

◆

亨利．「克雷」．巴伯生於一九一一年，住在卡弗巷，一九九三年在馬汀維爾的養老院過世，終生未娶。他的訃文裡寫道，母親是（歿）朱莉．安．巴伯（Julie Ann Barbour），父不詳，不過文中有提到他的雇主是貝賽特家族。[88]根據普查文件的記載，他是黑白混血，住在CC．貝賽特家中。克雷不像母親是個文盲，他受過教育，但只讀到三年級。

他有個混血的姊姊，名叫麗利亞（Lelia），暱稱阿茶。她生於一九〇九年，比CC的太太生女兒陶樂熙（Dorothy）還早一個月。一九二〇年，克雷的淡膚色姊姊阿茶已經搬去馬場，和其他的人家（應該是親戚）同住。我拜訪喬尼爾和瑪麗多次後，才知道她發生了什麼事。

「大家都知道艾德．貝賽特（Ed Bassett）有個同父異母的弟弟是黑人。」長期在鎮上擔任理髮師的科伊．洋（Coy Young）提及克雷．巴伯時這麼說，「大家都說他從小就和貝賽特睡同一張嬰兒床。」鎮上有很多人告訴我，克雷的母親朱莉一直待在CC家，一輩子都受到「關照」。

但是，那個說法確切的意思是什麼？我查到最後一筆提及朱莉的資料，是在一九四〇年的人口普查中，亦即CC和羅希在車禍中喪生十年後。那時她五十五歲，和CC的女兒陶樂熙一起住在貝賽特家中，負責烹飪。她每年的薪資是五百二十美元，比家具工人的平均年薪少一百五十美元。她的兒子克雷是在貝賽特家族經營的貨運公司擔任司機，年薪五百美元（經通膨調整換算後，約折合現今的八千美元）。

克雷需要錢時，就吃力地爬上陡峭的山坡，出現在那棟他從小成長的房子後門——亦即CC．貝賽特的家，不過那時已經變成艾德先生和妻子露比（Ruby）同住了。露比和克雷都愛喝酒，露比看到克雷出現時，從不過問半句話，就從後門遞錢給他。「貝賽特家人不會閃躲他，但他們也不會邀他一起用餐。」[89]科伊說。有些人說，露比在遺囑中留了一些錢給克雷，但我搜尋亨利郡的法院文件，在一群白人親戚中都沒看到姓巴伯的受益人。喬尼爾和瑪麗指出，一九六〇年代艾德先生幫他們把門口那條泥土路鋪成道路，喬尼爾說：「在那之前，我們光是要走出溪谷，就要開車渡溪三次。」[90]

艾斯提茲回憶，露比是貝賽特家族中最支持克雷的人，「克雷可以去貝賽特旗下的任何商店購物，買他想要的任何東西，露比小姐都會幫他買單。」

克雷每天都穿著貝賽特家具公司的牛仔布工作制服，他的淺膚色和金棕色頭髮讓人相信大夥兒謠傳的故事，不過大家都不曾在貝賽特家族或巴伯家族的聽力範圍內談論這件事。瑪麗記得，某個早上她走路上學時，克雷曾經從卡弗巷的住處門口對她揮手。

他為人和善，但是太愛喝酒了，通常是找哈吉—繆斯的繼父威廉・「豬扒」・艾斯提茲（William "Pork Chop" Estes，露比的司機）一起喝。貝賽特家族對他酗酒的包容，就像一般人看到遠親身陷困頓時，會伸出援手一樣。喬尼爾和瑪麗說，他們為克雷安排輕鬆的工廠工作，遇到他宿醉時，也讓他補眠休息。他們曾經幫他調升為領班，但他無法承擔責任，所以後來又作罷。

◆

布魯回憶道：「克雷是卡在兩個種族之間。」布魯的父親和祖父都曾在貝賽特工廠工作，她追溯自己的家系遠及貝賽特擁有菸草園的年代，那個地區名叫霍茲弗德（Hordsford），種族混雜的情況很常見。「克雷的身材高眺清瘦，很容易被誤認成白人。那就像湯瑪斯・哲斐遜，只不過是發生在二十世紀……大家都不願把事實說破。」她說，貝賽特家族不是唯一那樣做的大家族，同區有個紡織大亨也是跟女傭生下孩子。

布魯和姊妹就讀傳統的黑人大學時，朋友都取笑她們，說她們是「雜種」，因為她們有白人血統。「那是一九六八年，別人會對我們說：『妳們肯定是來自馬汀維爾』、『白人男性確實改造了妳們』，因為來自亨利郡的黑人大都是淺膚色。」

但是正因為她們的家長在工廠裡辛勤工作，那些血汗錢讓她們得以上大學。「不管貝賽特家族的人好不好，不管他們是不是硬上了女傭，他們還是有些地方值得肯定。」布魯說，「他們的工作讓黑人得以養家活口，不需要再當佃農，那點我真的很感激，因為那讓我上了大學。」

◆

喬尼爾和瑪麗對貝賽特家族也有類似的矛盾感受，家具業雇用了很多他們的親戚，雖然他們的薪資不如白人同事，但有時候他們也因為這種大家長式的統治作風而受惠，就像從煙囪冒出來的煙，普遍籠罩著整個城鎮一樣。喬尼爾和瑪麗膝下無子，後來在貝賽特老闆的協助下領養了一個兒子，名叫金（Kim）。貝賽特老闆不只幫他們支付領養的法律費，也送了一張全新的嬰兒床。

我問他們，朱莉．巴伯在CC家幫傭是什麼感覺，瑪麗似乎想過那個情境很多次了，她自己也曾為一些貝賽特公司的經理人打掃住家和辦公室，她覺得朱莉肯定覺得自己受困其中，相當孤獨，尤其是有孩子需要扶養以後。她猜想朱莉應該不是遭到強姦的，但她可能長期受到隱約的威迫，久而久之就成了受害者。也許朱莉和CC彼此相愛也說不定，天曉得？但瑪麗對此感到懷疑。

「妳要是瞭解那些男人，知道他們會怎樣想盡辦法騷擾妳，妳會很訝異。」她說，「我之所以離開打掃的工作，是因為我看得出來他們的言行舉止日益輕佻，他們會等妻子離開以後才露出本性：『來吧，我有事情要告訴妳。』我會回應：『為什麼不等夫人也在的時候告訴我？』」

「妳必須工作到拿到錢為止，所以妳只能默不作聲。」她說，「他們一定會下手，妳會很訝異。」

「他們就是那麼賊。」

喬尼爾聽結縭六十三年的妻子說話時，在一旁默不作聲，偶爾點點頭，但大多數時候是眼神茫然地盯著電視螢幕上的福音傳道者。當瑪麗談到她效勞最久的老闆時，喬尼爾又點頭了。那是一位富有的女性，不是貝賽特家族的人，但她從不繳雇主稅或社會保險稅。數十年後，一位律師建議瑪麗控告那個女人，因為瑪麗每個月可支領的社會福利金不到三百美元。

瑪麗照著律師的建議做了。那個女人說：「瑪麗．湯馬斯，妳是在威脅我嗎？」後來她心不甘情不願地答應補給瑪麗「退休金」。交付的地點不是在她家，而是在山下，在湯馬斯家前面那座水泥橋的另一端。至於她的退休金呢？信封裡只放了一百美元的現鈔。

喬尼爾唯一一次拉大嗓門，是第一次受訪兩小時接近尾聲的時候。

「他們擁有的，都是我們**造就**的。」他大聲地說。

「我們**造就**了他們的財富。」

◆

瑪麗．伊麗莎白（Mary Elizabeth）和史班塞．莫頓是JD先生的孫女和孫女婿，他們都承認貝賽特家具實業公司之所以蓬勃發展，黑人的貢獻功不可沒。他們引述一份家族受訪的記錄，在訪問中，JD先生自己也呼應了喬尼爾上述的說法，而且幾乎一字不差。

「我的一切，都是黑人造就的。」[91]他們記得JD先生曾經這麼說。

他的南方競爭對手都只用白人勞工，他雇用比鄉下來的蘇格蘭—愛爾蘭籍勞工還要便宜的黑人，可以削減成本。就像一個世紀後挑戰其後裔的亞洲競爭對手一樣，他知道廉價勞工是制勝關鍵。

「黑人不見得比較認真，但他們的薪資較少，通常也是做大家最不想碰的工作。」莫頓說，例如在貝賽特鏡子工廠裡（那是莫頓管理數十年的家族企業）把刺鼻的硝酸銀倒到玻璃上，喬尼爾大半輩子都是在那裡工作。「我每次去那裡都會頭痛，但黑人告訴我：『久了就習慣了。』」

事實上，他們說，在煙霧中工作反而比較不會感冒。

不過，當我向莫頓問起克雷的血統時，他似乎真的覺得難以置信。「妳說有個黑人是艾德堂叔的弟弟，CC叔公的兒子？我從來沒聽過。」我們聊過以後，莫頓甚至還打電話四處向黑人和白人詢問那件事，納悶他和妻子怎麼從來都沒聽過。

「事情都是在員工和鎮民之間流傳，有時候管理高層是最後才知道的。」圖書館員羅斯向他解釋，後來她也這樣對我說。

貝賽特是個企業鎮，流傳著兩種截然不同的故事：一種是台面上由家族和當地媒體傳播的說法（媒體通常是家族的友人經營的），另一種是台面下的口耳相傳，由其他人在街頭巷尾及貝賽特高校的露天看台上交頭接耳。

◆

羅斯是白人，從小就聽過這些傳聞，她現在可以背出貝賽特絕大多數的族譜——連從未寫進族譜的人也瞭若指掌。她像多數的貝賽特鎮民一樣，和貝賽特家具公司的早期發展也有一些淵源。事實上，貝賽特家具公司正是她存在的原因。

一九二〇年代，貝賽特吸引她的祖父母和外祖父母兩邊的人來到鎮上。她的祖父克萊（J.G. Clay）本來在勒努瓦的布羅伊希爾家具廠（Broyhill Furniture）擔任鍋爐員，JD 先生耳聞他的操作技巧高超，於是以更高的時薪雇用他來擔任貝賽特家具廠的鍋爐員——那個職位非常重要，也非常熱，公司還配置兩個黑人助手給他，幫他搬運木柴和煤炭；此外，那也是少數可以穿拖鞋上班的職位。JD 先生為了吸引他離開北卡羅來納州的競爭者，還祭出另一個誘因：克萊和家人可以住在很多人都渴望進駐的兩層樓公司屋舍裡。

「你為貝賽特工作，房子就是薪資的一部分。」羅斯解釋，雖然房租和電費是從總收入裡扣除。如果你住在貝賽特鎮南沿的貝賽特高地（Bassett Heights），公司甚至會以「老九七」卡車接送你上下班。卡車的載貨平板上搭著木造結構，裝上門窗，蓋著黑色防水紙。

北方的貝賽特住家和北方的貝賽特工廠是共用電源，克萊下班前關閉電源時，早期的供電系統會出現電流爆衝，對整個社群產生漣漪效應。他的妻子艾狄（Addie）只要看到電燈閃爍，就知道五分鐘後克萊就會到家了，她必須在五分鐘內把孩子都叫到餐桌邊，等著開飯。

電力公司、醫生、甚至公司停車場內的派出所，都是貝賽特家族經營與擁有的。就像大富翁遊戲的商標人物「富有的錢袋大叔」（Rich Uncle Pennybags）一樣，JD 先生把鎮上的一切都納入自己的管轄範圍，尤其是社區福利公益金。

◆

羅斯的外祖父母當初來到貝賽特鎮的原因，就像一般的白人勞工一樣：他們聽說這裡可以找到提供住宿的工作（雖然住處有點小，但絕對不是卡弗巷那種陋屋），而且比派翠克郡提供的鋸木和農場工作輕鬆（派翠克郡距離當地，約搭騾車一個下午的車程）。早期的白人勞工是住在史密斯河岸附近，大都是住在工廠的對岸，他們常五、六人一組，合作製造小船，搭船越過史密斯河上工。[92]後來公司搭建了吊橋，讓他們徒步過橋上班。

「JD 先生是個大氣非凡的大人物。」羅斯回憶。貝賽特員工的親屬過世時，JD 先生會讓他們安葬在貝賽特的家族墓地裡（離他的維多利亞式豪宅不遠），不過其他人是葬在邊緣，中間還是保留給貝賽特家族。

◆

克雷安葬的地方離貝賽特家族的陵墓約十哩，他最後是安葬在馬汀維爾，一個以喬治・華盛頓・卡弗命名的隔離墓地。他過世的前幾年（亦即露比・貝賽特過世不久後），卡弗巷的屋子遭竊。竊賊刻意選在月初，知道那時他剛領到社會福利金而且又不鎖門，於是趁他離家時潛入，把他的住處洗劫一空。

隔天，哈吉—繆斯帶了一箱食物、一些現金以及一把門鎖來給他，並幫他加裝橫閂以加強防護。

「孩子，妳為什麼要這麼做？」克雷流淚問她。

「巴伯先生，因為上帝愛你。」也因為他的老酒友「豬扒」的關係。豬扒是哈吉—繆斯的繼父，是她唯一認得的父親。

她只是沒說，她知道，在露比過世後，克雷已經沒有人可以求助了。

◆

克雷唯一還在世的親戚是他的外甥女：一名八十五歲的寡婦，住在附近的菲戴爾。喬尼爾和我去拜訪她時，她熱情地招呼我們進她的磚砌房屋，屋內掛著金恩博士和歐巴馬總統的照片。她和丈夫原本住在底特律，丈夫在通用汽車工作，退休後搬回亨利郡。他們搬回來時，克雷的住家才剛遭到洗劫不久。

喬尼爾和我稍稍問起她的家族和貝賽特家族的關係時，她說：「我不記得以前是什麼樣子了。」她的母親就是克雷的姊姊阿茶，在馬汀維爾的賈柏絲縫衣廠工作，她的父親在貝賽特鏡子公司工作了六十年。「我母親時時刻刻都在擔心她的弟弟和兒子。」她說，兩人都有酗酒問題。她讓我看了幾張母親的照片，照片中的女子穿著格子裙，戴著貝雷帽，摟著膚色比她深暗的兒子。當我說她母親看起來幾乎和白人無異時，她說：「對啊，她看起來像白人。」但她並未承認家族裡有種族混雜（miscegenation）的現象〔布魯的母親和她是朋友，屬於同年代的人。布魯說，即使是面對朋友，她也只是以「黑白混血兒」（mulatto）描述家人〕。

直接問她是否和貝賽特家族有關時，她說：「近來我什麼都不記得了，最近兩條腿老出問題，搞得我心煩意亂。」

喬尼爾和我開車離開時，喬尼爾提到巴伯家族似乎過著自我放逐的生活。克雷靠酗酒排解寂寞，她的外甥女則是因為嫁給勤奮的男人，而遠離貝賽特鎮，得以蓬勃發展。當她搬回故鄉亨利郡時，年事已高，記憶模糊了，正好可以忘卻過去的一切不如意。

訪問結束後，她微笑地送我們到門口。離開以後，喬尼爾對我說：「她知道那件事是真的，每個人都知道。」幾個月後，喬尼爾又獨自去造訪那位女士，「她會對我透露她不會告訴妳的事。」但她不想和任何人談貝賽特的家譜。

「我問她，CC・貝賽特是不是她的外公，她堅稱她不知道外公是誰。」我請她簽一張單子，允許我去申請她的舅舅和母親的死亡證明（雖然CC的名字不可能列在任何官方文件的父親欄位裡），她婉拒了。喬尼爾說，她擔心貝賽特家族仍有辦法奪走她的家，即使那是她自己清清白白擁有的。

我不想讓八十五歲的老婦人夜不能寐，所以我請喬尼爾轉告她，我在這本書裡不會提到她的名字（她有重聽，無法打電話溝通）。我跟哈吉—繆斯提起這件事時（她追溯世系淵源，最後查到蓄奴者皮特・海爾斯頓（Pete Hairston）」，她並不訝異。

「部分原因在於羞恥，部分原因在於憤怒，因為你怎麼可以跟一個女人發生關係，卻對後代不聞不問？你什麼都沒留給他們，什麼都沒有，連一塊地、一點錢都沒有，也沒有教育。」

「當那些人只是對你無法自保的祖先逞一時的獸欲時，你為什麼還要承認他們跟你有家族淵源？」

時隔多年，我在想：克雷的父親是誰還重要嗎？我在研究這個家具王朝的成長時，不斷思考這個問題，畢竟它的歷史是源自於南方殖民開墾及政府的土地贈與，日後他們才有能力把木材轉為現金。

那些有權有勢的人怎麼對待員工——他們是否支付員工僅能糊口的工資，或是在遺囑內是否記得他們，他們趁妻子不在時對員工做了什麼——很重要嗎？

一個世紀後，當那些工人的後代被傳真機、講中文的口譯者、飛往中國的機票所取代時，那些歷史還重要嗎？

最後，我認為這些故事都屬於另一個更大的故事：關於權力和大家長式的統治作風。當JD先生說「我的一切，都是黑人造就的」時，可見他也承認這一切屬實。正因為如此，這些故事都是貝賽特家族賴以創造財富的部分根基。

這個家族的男人確實造了業，但他們從來不需要承擔。

除非他們願意。

◆

幫傭在貝賽特的家族結構中相當關鍵，所以整個大家族去佛羅里達州的霍布海灣度假時，也會帶著幫傭隨行。當地人仍稱他們一行人是「貝賽特幫」。一九一八年，JD先生帶家人南下棕櫚灘以閃避流感疫情，結果他太喜歡佛羅里達了，乾脆買下一整個社群的土地，那區名叫朱庇特島的霍布海灣，他覺得在那裡釣魚比棕櫚灘有趣，他也把那裡的土地分給每個孩子。

貝賽特家族總是帶著廚師和女傭一起前往當地，母親們輪流幫孩子安排課輔老師。據傳，瑪麗・亨特第一次看到佛羅里達的白沙時，不確定自己看到了什麼。「天啊，波姬小姐不要唬我，怎麼這裡的雪反而更多。」[93]

在一九四五年的家族照片裡，整個維吉尼亞州製造家具的貝賽特家族齊聚一堂，為大家長JD先生慶生。八歲的JBIII站在JD先生和波姬小姐的右邊，他的三歲表妹派翠莎・逢恩・艾克審（Patricia Vaughan Exum）站在左邊。派翠莎的父親是在九十分鐘車程外的加萊克鎮，管理貝賽特的關係企業。那家關係企業是一九一九年她的祖父邦洋・逢恩（Bunyan Vaughan）設立的。邦洋・逢恩的弟弟泰勒・逢恩（Taylor Vaughan）有幸娶了JD先生的女兒布蘭奇（Blanche）。

更讓族譜混亂的是，波姬小姐的姊姊也是派翠莎的曾祖母，波姬小姐則是JBIII的祖母。邦洋・逢恩創立逢恩—貝賽特家具公司幾年後，泰勒・逢恩在加萊克鎮設立逢恩家具公司（Vaughan Furniture），兩兄弟創業的資金都是來自ＪＤ先生。

這一切本來都不重要，但數十年後，JBIII和這位遠房表妹派翠莎恢復了他們歐洲貴族祖先的一項傳統——兩人結婚，親上加親。

有些人說：「那不是婚姻，那叫合併。」那雖是玩笑話，但就像JBIII戲劇化的出生背景一樣，那句玩笑話也預言了後來的發展。

在一張老照片裡，小約翰把雙手放在臀部上，額前翹著一綹頭髮，腳踩著鞍部牛津鞋。他正眼看著未來的妻子，那個小女孩的小褲褲還露出了裙襬。後來JBIII開玩笑說：「當時我在想，我最好把她加入我的把妹通訊錄裡，以便二十年後使用。」未來的維吉尼亞州州長也在那張照片裡，維吉尼亞州其他家具廠的廠長和他們的後代也在裡面，他們一群人的周遭圍繞著茂密的黃楊木。

照片裡的每個人都面帶微笑，尤其是站在ＪＤ先生正後方的孫女。

大姊珍親眼看過小弟出生後受到的百般呵護。在小弟出生以前，週末跟著老爸去巡視工廠的人是她。每次去波卡杭特絲貝賽特浸信會做完禮拜後，他們父女倆都會走到隔壁門，去親一下祖父母，接著徒步去巡視工廠。她在工廠裡會指出看起來不太對勁的地方，父親一聽，就把那些問題寫在小筆記本上。要是塗裝間的地板上有髒抹布，他會在筆記裡註記有火災的隱憂。如果木材隨意堆疊，他也會列入檢討，等到週一早上，有人就麻煩大了。[94]

她的父親、姑丈，以及老師們都說：

「珍要是男的，肯定是接班的不二人選。」

「珍有男人的頭腦。」

「珍要是男的就好了……」

珍的思維敏捷，聰明伶俐，是不可多得的長才。整個貝賽特鎮都知道這點，小約翰很擅長數學，但閱讀不太行，在校成績普通。他要是晚一個世代出生，可能會被當成學習障礙生。直到現在，他還是讀得很慢，「不過，即使才十二、十三歲，你可以看出他相當好強。」貝賽特鎮的當地人約翰．麥吉（John McGhee）說，「他的脾氣很硬，任何阻礙他在學校裡脫穎而出的事情，他都會比別人加倍努力。」

珍對工廠營運的興趣，比任何堂表兄弟都還要強烈，她也喜歡在餐桌邊跟父親聊工作上的事。她說：「父親曾說我是他的良知。」他的父親就是小約翰．貝賽特（人稱道格先生），道格對銀行的興趣更勝於製造業。當她的伯父WM先生過世時，整個家族企業的經營重任全落在道格的肩上，不只銀行而已。

當時道格對二十幾歲的珍透露，雖然銀行是他最喜歡的工作，但他會指派別人去管理銀行。珍一聽馬上回應：「我真的對你很失望。」

珍回想起那件事時，整張臉都亮了起來。當我問她，她是不是父親最寵愛的孩子時，她像小女孩般呵呵笑，繼續講那個故事。「隔天早上他打電話給我，說他坐在銀行行長的辦公室裡。」

在家族企業方面，那也是她默默打贏多場勝仗的第一場勝績。

Part 2

Chapter 5

The Cousin Company

關係企業

昨天早上我上工時，氣溫和煦
但是到了下午，喔，天啊，熱到可以煮稀糜
我感到抑鬱……家具廠的抑鬱。

——歌曲〈家具廠的抑鬱〉（Furniture Factory Blues），由提琴手及加萊克家具廠前勞工艾迪．龐德（Eddie Bond）所作

◆

在亨利郡，以前大家常開玩笑說，高中畢業後，就去上貝賽特大學。在維吉尼亞州藍嶺山脈的加萊克鎮（位於貝賽特的西方，兩者相隔六十七英里的蜿蜒路程），從學校畢業到家具廠就業，過程也一樣直接。羅德尼．坡（Rodney Poe）是第三代的家具勞工，他記得加萊克高中的老師從教室指向窗外的煙囪，告誡他們：「你們要是不交作業，以後就是進那個地方。」

在任何地方，製作家具都是苦差事，你只要問問全球知名的老提琴手艾迪．龐德，就知道有多辛苦了。某年夏

天他去逢恩家具廠打工賺外快，他的母親長年在那家工廠裡負責把面板裝訂在五斗櫃上，按壓釘槍的手指因此永久彎曲變形。一位在塗裝線上工作的同事，因火花意外點燃了噴在她衣服上的釉彩，結果在龐德母親的眼前活活燒死。龐德說：「她沒立刻撲倒在地，滾動滅火，而是跑著穿越工廠。」他說那件事至今仍讓他的母親噩夢連連。

暑假在沒有空調的逢恩工廠裡打工後，龐德決心去念社區大學，學習當機械師，那也是他目前沒到處巡迴表演時，在附近的威斯維爾（Wytheville）百事裝瓶廠（Pepsi bottling plant）裡做的工作。「家具廠的存在，可說是幸，也是不幸。他們確實提供了就業機會，讓大夥兒得以養家，但也只是勉強糊口而已。」

青少年時期，當耐吉（Nike）球鞋走紅時，他只能去折扣商店買網球鞋，根本沒必要開口要求有勾勾的鞋子。一九八九年，當他的母親布蘭達・菲（Brenda Faye）終於從櫥櫃室辭職時，她的時薪是五・一美元（當時聯邦政府要求的最低工資是三・三五美元）。她揚言工廠要是不幫她加薪，她就辭職不幹了。廠長不予理會，直接准她辭職。

「整整十五年，她從未曠職一天，結果他們什麼也沒說，就讓她走了。」龐德說，「不過，在這個山區，窮人向來生活困苦，久而久之就習慣了。」

貝賽特和加萊克工廠的經營者，世世代代就是靠那些人營運的。

◆

加萊克鎮不是以創立該鎮的人物命名，而是以藍嶺山麓生長的長青加萊克草命名。山地居民為了賺外快，會去採集有光澤的加萊克葉販售，作為插花的花材。現在還有人這麼做，不過現在採集加萊克葉算是盜採了。[95]由此可見，那些漫遊於阿帕拉契山區的非法釀酒者、採集加萊克葉者、盜採人參者，都有不受拘束的自主精神。

加萊克鎮位於海拔兩千五百英尺的地方，周遭圍繞著連綿起伏的丘陵及茂密的林木，尤其藍嶺山頭還有成排的白松木。最初定居這裡的蘇格蘭—愛爾蘭移民，帶來了小提琴和班鳩琴，他們以響亮的鼻音，高唱著代代相傳的孤寂民謠，歌聲在山巒間迴盪。

所以加萊克鎮變成家具和山地音樂的代名詞，每年吸引世界各地的人來這裡參加懷舊提琴大會（Old Fiddler's Convention），至今舉辦了近八十年，依舊相當熱門。一九二〇年代，名叫「鄉巴佬」（Hill-Billies）的四重奏從加萊克鎮的理髮店出道，以獨特的清新美聲風靡全美，後來稱為「鄉村音樂」。[96]數十年來，當地家具廠和紡織廠的勞工彼此教導歌曲，週末靠著表演賺取外快。龐德父母兩邊的家庭都是工廠勞工兼樂手，他有個叔公是幫「零缺陷」弦樂隊（Zero Defects）伴奏，那個樂隊的名稱是來自於他們工作的棉紡廠。

> 如果你還年輕，嚮往放縱不拘，不妨聽我勸幾句，
> 最好多受點教育，不要再三遲疑。
> 否則你會抑鬱……家具廠的抑鬱。

加萊克鎮的存在，不是為了紀念某個人物或某家公司，不過當地的製造根源可追溯回貝賽特。一九一九年，邦洋．逢恩在此成立逢恩—貝賽特家具時，他是以貝賽特的方式經營，只不過換個勞力市場，和JD先生的工廠有段距離，而且拿了JD先生五萬美元的創業資金。那個企業也是另一個家族

事業——貝賽特公司在亨利郡外設立的第一個工廠。邦洋本來是在貝賽特家具公司裡擔任簿記員，一路晉升至貝賽特老鎮的廠長。他的弟弟泰勒則是到處推銷貝賽特家具，從賓州西部一路推銷到密西根州。泰勒後來娶了JD先生的女兒布蘭奇，讓兩個家族從此永結姻緣。

JD先生很喜歡邦洋，邦洋因工作勤奮，持續在貝賽特裡晉升，平日每天上班十到十二小時，週六也上班六個小時。邦洋從小父母早逝，但是他靠著暑假在貝賽特工廠打工，憑著一己之力上了羅安諾克的國家商學院（National Business College）。JD先生的兒子道格在華盛頓與李大學（Washington and Lee University）的表現乏善可陳，後來也是轉往國家商學院完成學業。當時國家商學院是全男性的南方名校。

「我父親並未從華盛頓與李大學畢業，因為他休假回家時，祖父問他一些問題，他都答不出來。」JBIII回憶，「他算術加總的速度不夠快。」所以JD先生把道格從華盛頓與李大學轉往國家商學院就讀，這也凸顯出貝賽特家族早期的一項信條：不嬌寵員工，也不溺愛孩子（即使孩子是含著金湯匙出生的）。

JD先生聽說加萊克鎮有個小櫥櫃廠要出售時，便和邦洋一起去協商。邦洋把公司的五分之一股份賣給弟弟，並雇用他擔任業務經理。他們兄弟倆就在加萊克鎮這個偏遠的新興市鎮裡，開始複製JD先生的經營方式。

逢恩—貝賽特家具相較於貝賽特家具只是一家小公司，不太可能成為美國家喻戶曉的品牌，更別說是到中國營運了。它一開始也是先從床具開始製造，理由和JD先生以前一樣：床具製造最容易。四年內，泰勒就在鐵道邊設立自己的工廠，名為逢恩家具公司，專做飯廳家具（多年後，這家公司改由泰勒的兒子約翰負責經營，龐德的母親就是在這裡工作，因為要不到五美分的加薪而離職）。

「當時他們不會為勞工爭取權利，因為那個地方成長太快。」[97]鎮上的史學家約翰．納恩（John

Nunn）說，納恩的祖父創立一家鏡子工廠，為家具商供應鏡子。逢恩兄弟之所以選上加萊克鎮，是因為加萊克鎮的大老（一群有權有勢的地主，共組房地產公司）對他們提出不錯的土地交易條件。一位早年宣傳加萊克鎮的人寫道：「本鎮對於新產業的政策非常寬鬆，態度包容，會竭盡所能地合作及協助投資者和定居者。」[98]

和貝賽特鎮的創立者不同的是，加萊克鎮的創立者從林奇堡聘請一位工程師來規劃城鎮。繁華地段的轉角土地，每塊以一百到兩百五十美元出售。[99]該區的第一代移民不像亨利郡都是菸草田的大地主，他們都是小農夫，有些人是貴格會的教徒，是堅定的廢奴主義者。山區的加萊克人不曾占有任何菸草田，這也是當地黑人較少的原因。[100]

加萊克鎮從一開始就不光只有家具廠和煙囪而已，康乃馨公司（Carnation）在當地設立鮮乳場及可口可樂裝瓶公司。而且從一九〇五年成立以來，該鎮就有不少特立獨行的冒險分子，例如托馬斯．斐爾茲（Thomas L. Felts）是個槍不離身的律師，涉足多元事業，最後擁有銀行和龐大的福特汽車經銷事業。他以鮑德溫—斐爾茲偵探社（Baldwin-Felts Detective Agency）的合夥關係最為人知。那個打擊犯罪的合夥事業，後來發展成南方最知名的盜賊追緝單位及工會打擊專家。

對逢恩兄弟和贊助他們創業的 J D 先生來說，加萊克鎮具備了南方家具製造的三個關鍵：大量木材、有鐵道搬運完工的床具和衣櫥，以及亟欲參與新工業經濟的勞工。

與貝賽特鎮不同的是，加萊克鎮有民選政府、鎮長和鎮議會。蘇格蘭—愛爾蘭移民在這個新興城鎮裡開設雜貨店、五金行、書報攤，通常是住在店鋪的樓上。[101]

人們遷移到城市時，需要蓋新家，為房間添購家具。所以當地的家具市場就此誕生，雖然一開始的規模仍小。家具廠讓男人忙著工作養家，紡織廠則是雇用他們的妻子，這種情況普遍發生在南方山麓地區的小鎮，從維吉尼亞州的阿塔維斯塔（Altavista）到北卡羅來納州的萊星頓、希科利（Hickory）、勒努瓦都是如此。《南方伐木工》（*Southern Lumberman*）雜誌對一九〇〇年代初期如此描述：「美國內戰結束以來，南方各州有數千個家庭再也沒有添購新的床架、五斗櫃或椅子。」[102]

由於南方的家具製造商不像大急流城的家具廠是生產高級家具，經濟大蕭條時期，他們受到的衝擊沒那麼大。一次大戰結束時，大急流城有七十一間家具廠，雇用近半數的城內勞工。但是到了一九四〇年代，家具廠勞工僅占當地勞力的六分之一。[103]

南方家具廠的興起又進一步扼殺了他們的競爭力，密西根州的木材逐漸耗盡，北方的工會也逼工廠支付更高的薪資，尤其是在汽車業崛起之後，原始的產業先驅逐漸消失。我為這本書採訪的過程中，常聽到一種說法，一語道盡了這個現象：「富不過三代（shirtsleeves to shirtsleeves in three generations）。」那句話的意思是說，含著金湯匙出生的富三代通常是敗家子，敗光了家產。

法蘭克．瑞森（Frank E. Ransom）在《木造之都》（*The City Built on Wood*）提到，J D 先生和他的南方家族之所以能發展出蓬勃的事業，都要感謝北方製造商的高標準，可能也多虧了他們的勢利眼。「家具製造是一門創作藝術，大急流城尚未以量產和機械化的方式自降格調。」他寫道，「當美國產業的主要策略和計策是集中和組合、量產和標準化的時候，大急流城的家具業幾乎完全自外於這種型態。」[104]

換句話說，大急流城一向以「家具設計的巴黎」自居，他們選擇優雅地退場，而不是採用機械製作來貶抑自己的地位。當密西根州的家具製造商苟延殘喘、逐一倒閉時，南方的家具商則是持續運作，讓機器鋸木的屑末飛布在他們的眼鏡上。

◆

JD先生位於加萊克鎮和貝賽特鎮的事業都安度了經濟大蕭條，他不是以資遣或關廠的方式度過，而是透過細膩的管理、減少工時與交錯輪班，以及持續不斷的調整。JD先生實施全面減薪，那也導致哈吉—繆斯的外祖父喬治・費尼回到自家的克勒谷小農場（Koehler Hollow）務農，一直待到終老為止。她的外祖父向來高傲，他告訴家人：「男人不該做日薪不到一美元的工作。」

從貝賽特家具公司退休的霍華德・懷特（Howard White）回憶，他的父親原本在北卡羅來納州斯泰茲維爾（Statesville）的家具廠裡操作電動雕刻機。一九三〇年父親遭到資遣後，全家遷居貝賽特鎮。懷特說：「經濟大蕭條期間，希科利和勒努瓦的工廠紛紛關閉，所以很多人來到貝賽特鎮，因為這裡的工廠仍持續營運。貝賽特家具向來對財務管理相當用心，不會揮霍浪費。」[105]懷特從一九三九年在貝賽特家具廠工作，直到一九八六年退休。「你採購一批木材後，一定會清點，以確定你確實拿到了付錢購買的東西，也會特別注意細節。」

在加萊克鎮，邦洋也是採取相同的策略。他可能剛入行時只是貝賽特家具公司的簿記員，但他培養出業內人士所謂的「家具魂」。一九四〇年他的胞弟意外喪生時，邦洋繼續經營逢恩—貝賽特家具公司，也接掌弟弟的逢恩家具公司。他送女兒去念寄宿學校，就像第一代的家具製造商一樣。女兒弗朗西絲（Frances）後來嫁給美國陸軍航空兵團的飛行員懷亞特・艾克審（Wyatt Exum），邦洋也依循JD先生的模式，把女婿安插在事業裡。

艾克審是個天生的業務人才，對數字有過目不忘的記憶力，擁有電影明星般的俊俏外表，還有出生入死的參戰經歷（後來成為一九四八年羅伯・史塔克（Robert Stack）主演的某部電影題材）。[106]一九四四年九月，上級指派他的飛行中隊去摧毀匈牙利的納粹鐵道。同隊的飛行員轟炸時發生意外，拋出飛機的冷卻系統，以機腹著陸，迫降在敵方的領土上。艾克審在自己的單人座戰機裡看到了整個過程，馬上以無線電和其他飛行員討論該怎麼做。指揮官指示他們，最重要的是，不該讓美國軍機以及機上全新的雷達和通信技術，落入敵人手中。

最後上級的決議是，犧牲飛行員，炸了那架故障的飛機。

艾克審不顧決議，在空中告訴其他飛行員：「我們必須去搶救那位弟兄。」

「艾克審，我不確定，等我一下。」少校說。

等少校回頭時，艾克審已不見蹤影。他不畏地面發出的猛烈砲火，把他的P-51單人座機降落在地面上，扶起同伴，把他扛在肩上，就這樣扛著他飛回盟軍領土。後來P-51飛行員的訓練課程中，也把那次任務納入教材，艾克審原本不確定那樣做究竟是會遭到軍法審判，還是被當成英雄，後來軍方授與他銀星勳章。[107]

◆

艾克審回到加萊克鎮時，獲得英雄式的歡迎，還有岳父公司裡的銷售工作等著他。當第二代的年紀足以接掌加萊克鎮的工廠時，邦洋的另一個女婿巴克．希金斯（Buck Higgins）升任為公司的總裁。於是，邦洋退休回到牧場，培育純種的赫里福牛（Hereford），下午則是陪伴心愛的孫女——艾克審的小女兒派翠莎。他不像JD先生退休後還天天到工廠，視察木材是否確實核對與計數了。

派翠莎因為同屬這個家具王朝底下的兩個分支，多年來常有人問她貝賽特和加萊克的差異。不久前，我提起這個問題時，派翠莎的回答聽起來像有備而來，但不失真誠。「在貝賽特，事業本身就是目的。

貝賽特的人對於家具製造相當痴迷，近乎狂熱。但是在加萊克，家具事業只是達到目的的方式，它帶給你不錯的生活，帶給大家就業機會，但你不會讓它主宰整個世界。」[108]

艾克審和弟兄們戰後返鄉時，大急流城已經不再是「家具設計的巴黎」了，甚至連任何「產業之都」都不是。戰後嬰兒潮世代開始把貝賽特推向「全球最大家具製造商」的寶座。對規模較小、步調悠閒的加萊克工廠來說，他們頂多只是夢想著跟進罷了。

◆

此時，在地球的另一端，美國的前盟友中國不久將會受到毛澤東的蠱惑，使鄉下的農民打消送子女到城市工作的念頭。毛澤東以資本主義為敵，禁止私人耕種，反對集體制的反革命分子都遭到迫害。[109]毛澤東試圖終止中國對農業的依賴，不計一切代價把中國變成世界強國。在上海，有些居民避免走人行道，以免有人跳樓自殺時遭到無妄之災。[110]

小約翰早上送《羅安諾克時報》給鄰居時（那是他第一份非工廠的工作），也在報上讀到了那些消息。不久，他開始學習木材分類及工廠運作的細節。當主管幫他加薪，他不禁在全家共進午餐時，拿出來吹噓一番。父親對此不發一語，但餐後直接去找工頭，要求他取消加薪。

「道格先生想讓他知道：他不可能因為貝賽特這個姓氏，而獲得特殊待遇。」曾為道格先生效勞的貝賽特當地人麥吉說，「他必須憑實力掙得一切，而且，不管你是誰，在哪個部門工作，貝賽特都不會對你手下留情，沒有人享有特權。」

這位年輕的少主對未來的冒險充滿了夢想，渴望離開這個家族主宰的城鎮。一九五二年，他終於如願以償。父母送他去河濱軍校（Riverside Military Academy）就讀，學習紀律（學著喊「報告長官，是！」「報告長官，不是！」）以及絕不放任自流。他再也沒有僕人幫忙收拾衣物或擦鞋，這也是他第一次離開姓氏和家族主宰一切的地方，他很喜歡這種感覺。

他的姊姊開始討論他將來可能迎娶的女人，他的父親也安排好未來由他接掌貝賽特家具事業的計畫。連史密斯河都變得平順了，那要歸功於聯邦政府斥資一千四百萬美元興建的水壩，以及ＪＤ先生的女婿史丹利（亦即時任眾議員的邦斯姑丈）的推動。[111]

貝賽特最年輕的繼承人有很多時間可以慢慢晉升，並如他的祖父所願做大事。小約翰跟隨著父親的腳步，進入華盛頓與李大學就讀，他在那裡成為兄弟會裡的活躍分子，以狂放、大嗓門、好強著稱，有時候甚至誇張到令人難以招架。不過，兄弟會的朋友也很幸運，因為他對機器相當在行。青少年時期的暑假，他幾乎都在ＪＤ工廠裡丈量木材及摸索設備，他知道怎麼修改兄弟會地下室的汽水機，讓它改賣啤酒，而不是可樂，而且收費方式跟賣家具一樣——以批發價的兩倍出售。

兄弟會及家族的朋友納爾森．提格（Nelson Teague）說：「他取出機器裡的轉輪，把啤酒堆疊在裡面，從此以後，他就賣起啤酒來了。」提格後來在羅安諾克擔任泌尿科醫生，現已退休。「他其實不缺錢，顯然也不是拿獎學金進大學的，但他一向精明，擅長創新，那是貝賽特家族的遺傳。」[112]

後來，有人邀請擔任維吉尼亞州長的邦斯姑丈，在華盛頓與李大學的模擬總統大會上，介紹現任的肯塔基州參議員與前副總統阿爾本．巴克利（Alben Barkley），JBIII的家族關係剛好派上用場。模擬總統大會是四年一次的競選活動，也是華盛頓與李大學多年的傳統，過程是模擬總統候選人的提名大會，也吸引了全國的關注[113]，因為過去它常準確地預測兩黨推派的總統候選人。

當天，在悶熱的大學體育館裡，JBIII和姑姑一起坐在前排，聽巴克利發表慷慨激昂的演說：「我寧可在教會裡當忠僕，也不想坐擁權勢。」聽眾對巴克利的演講報以熱烈的掌聲。

突然間，他心臟病發，當場就過世了。

那件事令大家相當震撼，也引起全國媒體的關注。大會之前，他們才剛舉辦為期數天的慶祝活動，包括代表各州及各地的花車遊行。JBIII 的一些同學是代表維京群島（Virgin Islands），他們不是以花車的形式表現，而是向當地的雪佛蘭經銷商借了兩台敞篷車，上面載滿附近女子大學的學生。

第一台車上面放著斗大的「Virgin」字樣，後頭第二台車上放著小小的「Islands」字樣。

那個車隊經過巴克利面前時，巴克利曾經大笑，但現在大會的歡樂氣氛戛然而止。巴克利的妻子請邦斯姑丈幫忙把參議員的遺體從當地的殯儀館運回華盛頓。邦斯姑丈請姪子 JBIII 載他去那間殯儀館。JBIII 說：「邦斯姑丈，我可以告訴你酒鋪在哪裡，但我不知道殯儀館在哪。」後來他們在州警的護送下，終於找到殯儀館。殯儀館的大門深鎖，州長不斷地敲門喊道：「我是維吉尼亞州的州長史丹利，無論誰在裡面，我需要跟你談談。」

JBIII 記得，當時殯儀館的負責人竭盡所能地展露哀傷的表情，「但他這輩子萬萬沒想到，美國的副總統竟然會躺在他的店裡。他強忍著笑意，畢竟那是很哀傷的時刻。」

後來搭禮車回華盛頓與李大學的路上，邦斯姑丈轉過頭看著姪子，面帶些許笑容說：「那個人做得挺開心的，對吧？」

◆

二〇一三年二月，JBIII 回母校對商業新聞班演講時，我陪他一起前往。那對他來說是個重要時刻，他有機會讓那些學者看到，他不再是數十年前那個狂放的年輕人——不過，他確實繫了粉紅色的領帶，領帶上印著小小草裙舞舞者的圖案（要近看才看得出來）。他指著以前兄弟會的建築，載著霍林斯學院（Hollins College）和薔薇學院（Sweet Briar）的女孩在車上親熱的地點，當然還有那間酒鋪。他帶著行政助理希拉・齊（Sheila Key）和一位年輕的IT部門員工同行，IT員工負責幫他設定PowerPoint簡報。他曾告訴我：「我自己不用iPad，我找人替我用iPad！」他不花心思在科技上，而是專注於他祖父最喜歡的活動：思考讓公司獲利的新方法。

當年就讀華盛頓與李大學時，JBIII是主修工商管理，擅長派對，成績只求過得去，避免像他老爸當年那樣被迫轉學就好（不過，有個學期，道格先生確實沒收了JBIII的汽車作為懲罰，直到他成績進步，才把車子還給他）。[114]

「我可以跟妳說，我不是那種品學兼優的學生，但反正我順利畢業了。」他還是讀得很慢，每天清晨五點起床，以便在飯廳的壁爐前瀏覽五份報紙，瞭解國際和商業新聞。但是他只要讀過，就過目不忘，尤其是數字，特別是那些代表現金的數字。例如，我聽過他背出很久以前的資產負債表數字，連個位數都一字不差，而且我重複聽過好幾次。他忘了我們聊過的很多話題，常重複同樣的話，有幾次還推薦我閱讀一些我之前推薦給他的商業書或文章。但是只要牽涉到數字，他每次都給我同樣的精準數字。

一九五九年，他從華盛頓與李大學畢業時，這個任性的繼承人做了一件出乎大家意料的事：他盡可能地遠離貝賽特鎮，他認為那是他這輩子最後一次遠離的機會了。他加入軍隊，珍惜被非貝賽特家族的人嚴厲責罵的機會。事實上，他的指揮官很可能不知道貝賽特家具是什麼，或者根本就不在乎。

他仿效加萊克鎮的牛仔，後續三年在陸軍坦克上找到他想要的工作。工廠、城鎮、家族紛爭——那一切都還離他很遠。

當時他遠在歐洲，他回憶道：「沒人管得到我。」

Chapter 6

Company Man

企業風雲

他們以前提到JD先生時說：「那個老頑固自己染髮。」貝賽特的人都很強悍，劍拔弩張的場面屢見不鮮。

——史班塞．莫頓

◆

小約翰遠走他鄉，鎮守在德國邊境，證明自己是愛國勇士，可以憑實力、而非姓氏升遷至中尉。在此同時，家鄉也發生了很多事。擔任執行長的伯父WM斥資七百萬美元，把貝賽特家具實業公司現代化，也把多間工廠的規模加倍擴增了。[115]競爭者見狀也跟進模仿，增設輸送系統。於是，WM又進一步降低管銷成本：使用殘餘的鋸屑和煤炭為工廠及貝賽特擁有的五百戶住家發電。[116]他甚至把多餘的電力賣給電力公司，用那些獲利來雇用清道夫和鎮上警察。[117]

當區域的業務員群集在芝加哥家具市場時，WM先生戴著他的招牌軟呢帽，滿臉笑容地對他們說：「各位，把你們的東西拿出來獻寶吧。」[118]這些業務員帶來競爭對手目前販售的商品照片，那些都是第三方零售店的朋友幫忙收集的情報。設計師吉倫奈克帶了筆記本及貝賽特的採樣師傅（亦即把設計圖變成木製原型的人）到現場。WM會製造出跟競爭對手一樣的家具組，並且憑著貝賽特快速線的全速運作，以競爭對手達不到的低價，把那些家具賣給兩萬間家具零售店。[119]

WM先生的潰瘍老早就痊癒了，現在他是努力不懈的家具大亨，業內人士稱他是家具業裡首屈一指的兔爸爸，不過他還是很有紳士風度，也很公平。如果他問一個問題，但不喜歡員工給他的答案，他會偏著頭說：「可不可以再說一次？」而不是當場斥責對方。喬尼爾說，WM先生「相當得體」——他的意思是指，WM不會威嚇女傭。

貝蒂・謝爾頓（Betty Shelton）回憶道：「我們衣食無缺。」她的父親曾擔任WM的司機，母親擔任WM家的廚師，她從小在埃爾特姆豪宅山下的屋子裡成長，那屋子也是WM的家人所有。「他們會送我們上學的衣服和東西，每年聖誕節我們都在他家吃早餐，他們的家裡擺滿了禮物。我哥第一年參加校內舞會時，WM先生的妻子葛拉狄絲（Gladys）還把水晶大酒缽借給他，讓他帶去卡弗高校（Carver School）。」那是隔離時代為黑人設立的高中。

WM先生的西裝口袋裡放著小帳本，裡面記著最新的工廠帳戶餘額，那些帳戶都是開在貝賽特的銀行裡。退休的羅安諾克銀行員沃納・達浩斯（Warner Dalhouse）告訴我：「他會掏出小帳本說：『貝賽特鏡子公司有八支，貝賽特家具有十二支，貝賽特優越線有四支。』他講的一支是一百萬美元。」

WM可以心算材料成本、管銷成本和利潤，當場就算出一件家具的定價。他幾乎認識每位貝賽特家具實業公司的員工，都叫得出名字，甚至知道許多員工的孩子叫什麼名字。[120]他從小就是照著JD先生的模式培養，所以他天天穿西裝，戴著樸素的黑框眼鏡，愛抽好彩牌（Lucky Strikes）的香菸，經常左手插在西裝口袋裡巡視工廠。

業務員杰羅姆．納夫（Jerome Neff）說：「他絕不自大。」納夫和父親都是貝賽特的業務員。他入行的最初二十年，是跟著父親一起做事。

「WM的最大樂趣就是在紐約或芝加哥秀展結束時，開一瓶酒，和幾位資深業務員一起喝幾杯。他很喜歡那樣，因為那些都是他的自己人。」

◆

WM是從基層開始學習家具業，小時候就挑揀過木材。一九〇二年，鋸木廠勞工轉為貝賽特家具廠的勞工時，他們拍了一張照片，他也在那張照片裡，穿著有洞的短褲，留著歪斜的劉海。那個瞪大眼睛的八歲男童就坐在木板堆上，周遭圍繞的人好像是從《邦妮和克萊德》（*Bonnie and Clyde*）*影集裡走出來的一樣。他學習交易的對象，正是那些欺騙鐵道公司採購者的狡猾鋸木廠工人。

一九四五年，當貨車司機工會（Teamsters）威脅貝賽特卡車公司（Bassett Trucking）加入工會時，WM先生以迂迴戰術因應他們，使他們盡量遠離家具廠的勞工。他讓JD工廠附近的貝賽特卡車事業和羅伊．史東（Roy Stone）擁有的卡車公司合併起來，一起搬到柯林斯威爾市——那裡距離最近的貝賽特工廠有八英里。

*譯註——美國歷史上有名的鴛鴦大盜，一九三〇年代在美國中部犯下多起搶案，克萊德至少殺害了九名警察。

後來司機開始罷工，揚言要讓史東的事業停擺，但史東與幾個兒子不願答應罷工者的訴求，寧可自己下海開卡車好幾週。貨車司機工會對此無可奈何，最後只能離開。WM的女婿莫頓說：「他知道貨車司機工會將忙著因應柯林斯威爾市的狀況，無暇再管貝賽特。那是我岳父的策略行動……非常細膩巧妙。

「他不希望他們鼓動家具工人加入工會，所以把他們引開。他們離開時，他很開心。」

WM即使有高血壓，每天還是工作十個小時，直到六十幾歲。他拒絕服用高血壓的藥物，說那個東西是「麻藥」，配上好彩牌香菸是危險的組合。一九六〇年某個週末，他去羅安諾克度假，開車回埃爾特姆豪宅的路上，突然昏了過去，撞車身亡，得年六十五歲。[121]

WM的葬禮那天，貝賽特鎮的商店、工廠，以及亨利郡巡迴法院都關上了門。「貝賽特鎮是他打造出來的，打從一開始他就是業務人才，也是卓越的金融家。」長期在貝賽特擔任業務經理的鮑勃・梅里曼（Bob Merriman）說。

WM過世後，家族事業的領導權落到道格先生（JBIII的父親）的手上，他指派堂弟艾德・貝賽特（CC的兒子）擔任副手。大家都說，他讓艾德覺得自己永遠比他低下，他始終抓著最愛的停車位或會議室裡的最大位不放。一位貝賽特的管理者說：「道格先生以前看待艾德先生的方式，就像看待狗屎一樣，我想艾德先生一輩子都不曾釋懷。」

莫頓得知克雷的身世幾個月後，他告訴我，他想到另一個原因，也許可以解釋道格先生為什麼對艾德那麼差。艾德和莫頓是好友，也是釣魚的夥伴，莫頓記得有一次艾德在佛羅里達告訴他：「我們家有一些不太光彩的過去，道格抓著那個把柄來壓我們。」我問莫頓，你覺得道格看不起艾德，是因為艾德有個同父異母的弟弟是黑白混血，所以才藉此發揮嗎？他說：「我覺得艾德希望那件事不要讓家族的其他人知道。」

無論道格的動機是什麼，他們之間的緊繃關係成了後來接班割喉戰的起源，延續了數十年之久。究竟貝賽特家族的哪一支會勝出，掌控這個家族事業呢？

◆

一九六二年，官拜中尉的JBIII返鄉時，就是面對這樣的貝賽特家具實業公司。JBIII駐守西歐三年，白天保護西歐免受共產主義的威脅，晚上則是盡情享受人生。他會講一些德語，足以在當地結識一些女性，而且他也幫新買的玩具——保時捷——加滿了汽油，每加侖只要十六美分。他回憶：「你去阿爾卑斯山滑雪，住好的旅館，每天可能要付一．五美元。丹麥人真的很漂亮，瑞典人更漂亮，但他們都很冷漠。」

JBIII在當地實在過得太愜意了，道格先生擔心他三年服役結束後，又自願延長役期。所以他派珍和新婚的丈夫鮑勃．史皮曼去德國，說服他不要再繼續服役了。

「你一定要回去！」姊夫對他大吼，一拳搥打在他們用餐的那張桌子上。

他們夫婦返回貝賽特鎮以前，珍把弟弟拉到一邊說：「我不會怪你，我要是你，也會留下來。」

JBIII也許不算是「最偉大的世代」（Greatest Generation）*，但他把自己對領導力的瞭解，都歸功於那三年的服役。所以他一有機會就引用邱吉爾或巴頓將軍的話，尤其是那句：「有疑慮，就攻擊！」

---

*譯註——在經濟大蕭條期間成長，經歷過二次世界大戰的美國人。

「有些領導原則是大家敬重的。」他說，「領導力無法收買，必須憑實力掙得。」

◆

JBIII回到貝賽特家具時，即使他的名字叫約翰．貝賽特三世，也無法收買家族的敬重。事實上，他後半輩子都得為此努力爭取。

「你看得出來，他在家族裡還是受寵的，只是得不到敬重。」一位看過接班戰發展的家僕說。

斥資一百八十萬美元興建的企業總部，就位在貝賽特鎮的中央，總共四層樓，當地人現在仍戲稱那裡是泰姬瑪哈陵。高管辦公室是設在三樓，道格先生坐擁執行長的辦公室，JBIII的辦公室就在他的隔壁，艾德的辦公室排第三位。

打從一開始，態勢就很明確：老一輩可以完全不把JBIII放在眼裡，但是道格先生已經認定JBIII將來會執掌貝賽特家具。JBIII把祖父那封親筆信裱框起來，掛在桌子的後方，讓他的接班之路變得理所當然。那封信的位置離他跨坐在坦克車上的照片不遠。

他老爸對那張坦克照沒什麼意見，但是對JBIII從軍中留下的一些東西很有意見。其一是他從德國運回美國的保時捷，那是一台米色的敞篷車，搭配紅色內裝，父親覺得那台車太招搖了，一點都不美國。莫頓說：「道格逼他更換笨重的雪佛蘭。」一九六二年，那台車在亨利郡很罕見，所以車子出售那天，有三位馬汀維爾的醫生搶標那台車。

另一件惹惱道格先生及其妻女的事，是JBIII帶回的女友照片：金髮碧眼、身材豐滿的德國女友。大家都在竊竊私語，說他打算迎娶那個女人。在反德風氣仍然興盛的年代，那在貝賽特鎮肯定是很不美國的想法。不過，JBIII 在德國時，愛國心完全比不上荷爾蒙的影響。「他在德國和女人處得不錯。」兄弟會的朋友提格告訴我，「他喜歡那裡，因為他們比較自由。」（我轉述提格的話時，JBIII 聽完後大吼：「什麼比較自由？那邊就是自由。」）

但是貝賽特家的男人是不可能迎娶德國女子為妻的。幾年前，家族幫珍安排婚事。鮑勃．史皮曼來自北卡羅來納州的紡織世家，跟珍的表哥約翰．逢恩（屬加萊克鎮的家族分支）一起讀北卡羅來納州立大學。史皮曼去參加約翰．逢恩的婚禮，珍當時在歐洲旅遊，並未參加。珍記得後來家族幫約翰．逢恩舉辦派對時，她已經和里奇蒙市的年輕律師交往，並在銀行上班了。原本她不想參加那場派對，但父親打電話給她，說不去參加很失禮。

那場派對永遠改變了貝賽特家具公司和 JBIII 的命運，更別說那位年輕律師的命運，他不久就被淘汰出局。萬普勒（Bernard "Bunny" Wampler）是史皮曼在大學兄弟會的朋友，他對那場派對的記憶非常清楚，「史皮曼一進場就說：『你們看那些富家千金！我過去娶一個回家好了，你們覺得如何？』」[122]

一九五四年珍和史皮曼結婚時，道格對這位女婿相當滿意：在韓戰中衝鋒陷陣的資深軍官，前西點軍校的教官，平日閱讀《華爾街日報》，又是坎農紡織公司（Cannon Mills）的紐約業務經理，經常搭機到加州出差。「他搭機去加州時，比爾（亦即 WM）和我連那裡都還沒去過。」他驚嘆。[123]

◆

JBIII 也許一開始就有令人羨慕的辦公空間，但是真正受到關注的紅人，其實是在貝賽特椅子工廠裡負責業務的史皮曼。「史皮曼一加入這裡，就是那種積極進取、志在必得的人。」珍說，「而且他非常熱中交易。對他來說，想辦法為交易省十元，比輕鬆賺一百元更有吸引力，他喜歡那種說服他人的挑戰感。如果我是上帝，有權力把他安放在最適合的位置，我會安排他去做企業併購。」

企業併購是後來的事了，而且數量很多。至於當下，史皮曼必須證明他不止是得寵的女婿而已。JBIII 則必須證明，他不止是會開保時捷泡妞的公子而已。道格安排他負責品管，所以他在各個工廠裡視察，提出改善建議，做筆記，就像他父親那樣。他因此認識了多位廠長，有機會學習家具製作的各個環節。

但有些人覺得他愛打小報告，只是個帶著筆記到處走的小少爺罷了。每次新廠啟用，或是員工獲得服務獎時，JBIII 喜歡讓自己的照片登上《馬汀維爾公報》（*Martinsville Bulletin*）或《貝賽特先鋒報》。這些舉動看在艾德先生的眼裡，頗不以為然。幾位以前的管理者告訴我，JBIII 覺得越級向父親報告，不管艾德也沒關係。但他很快就會發現，艾德這個人記恨的時間跟史密斯河一樣長，而且積怨如潮，滾滾難抑。

JBIII 的舉止雖自負不凡，但不失魅力。魯本・史考特（Reuben Scott）在他的手下工作過幾年，他說 JBIII 最初在工廠任職時焦慮不安，對於貝賽特的繼承人該懂什麼或該做什麼也有些誤解。史考特回憶，有一次 JBIII 搞錯一整批櫥櫃的訂單，害公司損失慘重。他的父親為此公開指責他，並堅持他加班更正。

「一開始你不能指點他任何事情。」史考特現年九十二歲，住在史丹利鎮的養老院裡，喪偶，膝下無子。我造訪他兩次，那兩次他都戴著氧氣罩，但腦筋還很敏銳，回憶起以前工廠的日子相當開心。「他不會尋求協助，我猜那是因為他覺得自己應該瞭解一切，不過後來就比較好了。」

JD 先生最後在世的那五年，是住在馬汀維爾的醫院裡，他一直關注著跟自己同名的事業。[124] 司機每天載著他在亨利郡到處跑，讓他視察銀行和工廠。每年 JD 先生的生日，當地的報紙都會報導，並刊出他的照片。在其中一張照片中，穿著制服的司機站在凱迪拉克旁邊，JD 先生和他的護士站在史密斯河邊，手裡抓著他剛釣到的魚（嗯，其實是別人抓的）。[125]在另一張照片中，司機湯普森遞給他一份《亨利郡報》（*Henry County Journal*）。JD先生嘴邊叼著雪茄，後座的護士勉強擠出一點微笑。

某天下午，趁著視察工廠的空檔，JBIII順道去醫院探視祖父。

「工廠什麼時候關門？」JD先生問道。

「四點。」JBIII回答。

「現在幾點？」他問，指向他特地搬來醫院房間的落地式大座鐘。

那時離四點還很久。

「你回去工作，等工廠關門後再來看我。」

祖父想灌輸他的概念很明確：即使你是老闆的兒子，也不能早退，更不能表現出你比工人優越的樣子，大家正忙著為你賺錢。JD從道格小時候就灌輸他那個觀念，有一次他們父子倆搭馬車在貝賽特鎮視察，JD先生發現道格悶悶不樂，便責備他：「你今天怎麼了？我們一路上經過那麼多人，你就只是呆坐著。我脫下帽子，對著街道兩邊的人揮手，微笑點頭，你卻完全不理人。」[126]

在企業鎮上，當公司的繼承人並不容易，大家會不斷地談論你的家族，你永遠承受著成為全球最大、最好企業的壓力。在史皮曼的力勸下，艾德先生最近讓公司跨足家具鋪墊的領域，收購北卡羅來納州牛頓鎮的威望工廠（Prestige）。一九六三年的新聞稿寫道，那起收購案讓貝賽特變成「全球最大的木製家具製造商」。[127]一年前，貝賽特才剛慶祝立業六十週年，在鎮上到處懸掛著布條標語：「走過六十年，六萬變六千萬元。」[128]貝賽特也號稱是全球最大的椅子公司，吉倫奈克為華盛頓特區的柯蒂斯兄弟家具公司（Curtis Brothers Furniture Company）設計了「鄧肯懷夫」風格的椅子，以炒作話題。那張椅子高十九呎，重四千六百磅。州巡警必須封閉高速公路的部分路段，才能把那張巨大的椅子運到華盛頓。但是那對貝賽特來說一點都不是問題，他們有朋友和親戚（例如邦斯姑丈）身居高位。[129]

「發現貝賽特……」《瞭望》雜誌裡，身穿迷你裙的模特兒這樣輕聲呼喚著，那廣告是展示貝賽特剛併購的威望工廠所生產的鮮黃色四柱床和酪梨色軟墊沙發。《讀者文摘》上的廣告說：「貝賽特讓你展現獨特風格」，廣告中的妻子坐在酪梨色的椅子上編織東西，丈夫和狗一起睡在雙人座的格子沙發上，菸斗擱在有黃銅握把的茶几上。

貝賽特在《生活》和《瞭望》等雜誌上打廣告，並收購比較小的公司，這個策略讓他們在四年內把銷售額提升近一倍。[130]拜戰後嬰兒潮所賜，現在整個家具業的產值多達四十億美元。家具是消費者的第三大開支，僅次於房子和汽車。南方的反叛勢力早就打贏了美國州際之間的家具大戰：全美三十大家具製造商中，有二十三家散布在貝賽特鎮到勒努瓦這一百五十英里長的「家具帶」上。[131]

◆

JD先生從玉米田和山麓中，打造出價值數百萬美元的家具王國。繼承人承受的壓力是如何讓事業維持倍數的成長。沒有人想過一九四四年同盟國之間協商的布列敦森林協定（Bretton Woods Agreements），或一九四七年協商的關稅暨貿易總協定（GATT）。那兩大協定建立了國際貿易系統，確立了一連串的全球貿易協商，目的是在「互惠基礎上」降低參與國之間的貿易障礙。

畢竟，道格和WM連加州都沒去過，更何況是中國。中國在毛澤東的統治下，禁止私人企業和外資營運，發動文化大革命以壓制反對者，在過程中導致數百萬人陷入飢荒、遭到處決。一九六〇年代，中國大多數時候都是在興建國有工廠。[132]「我們把家裡的家具和鍋碗瓢盆都拿出去了，所有的鄰居都這麼做。」上海鄉野地區的老師描述毛澤東推動的大躍進，「我們把那些東西都扔進大火裡，融化出所有的金屬」，以便用於政府主導的基礎設施項目。[133]

毛澤東在他的《毛主席語錄》中寫道（一九六四年首次發表），中國將以勤奮和節儉的原則現代化，他更聲稱：「即使五十年後已經大規模現代化，也不能就此鬆懈。」

從北京到貝賽特鎮，都沒有人鬆懈，尤其是JBIII。他在大學畢業後刻意離開家族事業一段時間，可說是明智之舉。他的父親相當嚴厲，有時甚至情緒反覆無常。貝賽特的管理者記得，道格先生走進會議室，對著堂弟艾德大吼：「滾開我的座位！」[134]

理髮師科伊記得道格先生曾在貝賽特總部前的人行道上大罵JBIII，讓全鎮的人看。經營事業的壓力讓WM先生得了潰瘍和高血壓，道格先生則是習慣在午覺過後喝第一杯雞尾酒紓壓。「道格可能對自己要求太多了，那壓力導致他以酒精紓壓。」莫頓說。

為了鼓勵家族裡的年輕人更和睦相處，道格建議他們聯手創立一家新的子公司：一家塑料供應商，名叫自治裝飾公司（Dominion Ornamental），為貝賽特鏡子公司製造鏡框。莫頓負責經營那家公司，股權是由第三代共同持有，包括史皮曼和JBIII。那項事業讓家族裡的男人一起共事，卻未達到促進家族和睦的功能。

一方面，史皮曼不願順從任何人，他一再跳過莫頓和其他董事，越級做事，甚至三年後還擅自協商把那家公司賣給利比歐文斯福特公司（Libby Owens Ford）的最後細節。一開始每位董事投資三萬五千美元，後來每人拿回八十萬美元。莫頓說：「沒有人感謝過我。」他很高興能賺到那筆橫財，但是對於權力遭到剝奪，他還是感到痛心。

一如既往，史皮曼對獲利的判斷相當精準，「但他真的是六親不認。」莫頓說。

我第三次訪問莫頓時，他要我摸一下他頭頂的凸起，那凸起是他第一次撞上貝賽特留下來的。出生中西部的莫頓，二次大戰期間擔任軍醫。某天他搭乘運載武器的卡車，車子不幸撞毀，他的頭撞上了貝賽特家具製造的卡車車體。

莫頓目前和妻子瑪麗・伊麗莎白・貝賽特・莫頓共同擁有家族財富，但他並非出身富貴，他非常疼愛妻子，目前在幫傭的協助下，和妻子一起住在貝賽特鎮和霍布海灣的住家。

早年他去馬汀維爾的報社就業時，只帶了一只行李。他和妻子是在道格先生的小姨子所安排的牌局上認識的，兩人後來在埃爾特姆舉行婚禮。婚後，ＷＭ安排莫頓去貝賽特鏡子公司擔任管理者，他在那裡工作了五十年。其中的二十七年，他代表妻子的娘家出任貝賽特家具實業公司的董事，他完全知道哪些人葬在貝賽特的家族墓園裡，連葬在家族墓園邊緣的人他都知道。在多次訪談中，他談得相當起勁，而且出奇的坦白，彷彿他已經等候採訪六十年，等著有人來問他那幾年的感受。身為前記者，他甚至還幫我找到一些離職已久的員工和家族的幫傭。

事實上，最早告訴我道格先生趕走兒子那個德國女友的人就是莫頓，那件往事想必傷透了JBIII的心。道格先生聽說，德國小姐要帶母親飛來美國看JBIII，貝賽特家族對此相當苦惱。為了阻止她們，道格派出公司的首席設計師吉倫奈克去紐約接機。吉倫奈克盡責地請她們到他最愛的普林斯頓俱樂部（Princeton Club）用餐，並解釋JBIII已經變心，接著就送她們搭下一班飛機回德國了。

莫頓警告我：「但那是JBIII不想談論的往事。」吉倫奈克的兒子也同樣提醒我這點。

果然，我向JBIII問起這件事時，他馬上回嗆：「什麼德國女友？我不會告訴妳那件事。」

JBIII幾乎是知無不言的人，不過我花了快兩年訪問他以後，顯然我終於碰到他不願談論的議題。他當場換了話題，談起他和結褵五十年的太太派翠莎同住的第一間公寓：在貝賽特鐵道附近的一間老舊雙層公寓。「我們過得並不富裕，當時一心只想穩定下來，去上班，飛黃騰達。我的意思是，不要搞得太複雜。」

「你知道大家對你的期望，員工也知道我們對他們的期望，這樣妳懂了嗎？」

懂了，總之就是往事別再提起。對貝賽特家族來說，那是全世界最簡單的故事。

Chapter 7

Lineage and Love

親上加親

這世上，沒有人比女人更會對付女人。

——約翰・貝賽特三世

◆

貝賽特家族的女人一直等到他們一群人快抵達加萊克鎮時，才告訴JBIII：他快要見到夢中情人了。那是一九六二年九月，場合是逢恩—貝賽特家具公司的創辦人邦洋・逢恩的喪禮。當天，貝賽特整個家族都到場向這位關係企業的領導者致意。邦洋・逢恩是貝賽特的姻親，他的公司是由JD先生出資創立的，所以也和貝賽特的事業有關。

貝賽特家族的女人對於愛情和金錢都有豐富的經驗。這時JD先生已是九十多歲的鰥夫，有私人司機和六十幾歲的全職護士陪伴在身邊。女兒和孫女們對這件事都很有意見，還為此召開了家庭會議，告訴大家：有人發現祖父和護士同床共枕。[135]女人們聽了以後，各個驚慌失色，擔心護士會來分家產，即使沒有什麼證據可以顯示那個護士除了照顧和陪伴JD先生以外別有居心。

不過，貝賽特家族的男人對此則有全然不同的反應：他們只是搞曖昧，彼此有好感，沒什麼大礙。「你們女人安靜一下！」JD先生的外孫喬治・逢恩不滿地說：「我們需要知道的是，外公是怎麼辦到的！」

最後，女人的意見還是獲勝了，他們把JD先生移到馬汀維爾的醫院，讓他在那裡度過餘生。他們認為，在更多人的監督下，JD先生就不會再對女人動歪腦筋，家產也保住了。「這世上，沒有人比女人更會對付女人。」JBIII搖頭說，「不瞭解這點的男人就太笨了。」

這時貝賽特家族的女人都忙著幫JBIII找個伴，每個姊姊都要負責幫他挑個人選，派翠莎・逢恩・艾克審因此收到珍的來信。派翠莎是珍的學妹，兩人都是就讀專為南方名媛設立的人文精修學校：霍林斯學院。那種學院會鼓勵名媛帶自己的愛馬上學（現在還是如此）；在南北戰爭以前，校方甚至鼓勵學生帶家奴隨行。136

派翠莎是波姬小姐那邊的親戚——她的曾祖母是波姬小姐的姊姊，所以她是JBIII的遠房表妹。另外，派翠莎也是邦洋・逢恩的孫女，那層關係讓她在血統和持股上，都與貝賽特企業和族譜密切相關。邦洋的喪禮是在逢恩家族的地產上舉行，喪禮開始時，派翠莎的母親就對她說：「塗一下口紅，他們帶了約翰・貝賽特來這裡見妳了。」

珍連珠砲似地追問派翠莎所有的問題，約翰則是靜靜地站在一旁。「妳是哪一年讀霍林斯學院？」「妳的電話幾號？」「這些年到校外約會有什麼規定嗎？」派翠莎回憶：「她什麼都問了。」

到場致哀的人擠滿了現場，當派翠莎和約翰終於開口交談時，大家都靜下來偷聽他們的對話。JBIII對派翠莎說，他很遺憾她的祖父過世了，並跟她要了電話，於是大家又恢復了交談。多年後，他回憶當年派翠莎的身影：「那女孩還真會弄皺襯衫。」

兩週後，他們第一次約會，他不想冒險約她週末出遊，以免她有事拒絕，所以他提議週三晚上共進晚餐。他們就這樣每週約會兩次，持續了近一年，經常到羅安諾克高級俱樂部用餐，他們的父母都是那個俱樂部的會員。[137]

雖然懷亞特．艾克審希望女兒完成大學學業，但派翠莎說，她的母親看得出來他們非常相愛，鼓勵他們早日成婚。派翠莎因此毅然放棄學業，嫁入貝賽特家族。她笑著形容自己是「沒什麼天賦」的音樂系學生，大三那年放棄學業後，她也免除了大四辦鋼琴獨奏會的尷尬。

根據當年留下的婚禮資訊，新娘是穿著母親留下的緞面婚紗，橢圓形的領口繡著玫瑰狀的蕾絲花邊，修長的緊身設計，搭配打褶的中型拖尾。莫頓回憶，道格先生在接待區湊過來對他說：「約翰這樣就對了，他有美國好車，現在又娶了美國的好女孩，而且還是浸信會的！」

對於這種親上加親的婚姻，他們都已經學會先自我解嘲以轉移外界的訕笑。「我們近親通婚頻繁，族譜簡直跟蜘蛛網沒什麼兩樣。」他們的兒子道革．貝賽特四世（J. Doug Bassett IV）面無表情地說。《羅安諾克時報》刊登我對約翰．貝賽特的報導時，他們的女兒法蘭西絲（Frances）寫信來跟我道謝，說我終於把她父母的血緣關係解釋清楚了，她以前從來沒搞懂過。

這對新婚夫婦去夏威夷度蜜月，接著在工廠附近的儉樸公寓定居下來。火車經過時，連窗戶都會震動。數十年後，他們在佛羅里達州的高級社群裡，擁有內建高爾夫球場的豪宅，和老虎．伍茲為鄰。但是在一九六三年，這對新婚夫婦的事業才剛起步，需要奮鬥的路還很長。當時，他們還不太關注中國，毛澤東在中國宣稱：「共產主義不是愛！共產主義是我們用來粉碎敵人的榔頭！」[138]

這時他們夫妻倆也還沒聽過莫若愚這號人物。莫若愚是華頓商學院的畢業生，[139]這時剛在香港創立鑲木地板公司，他的點子將會威脅到美國南方那些蓬勃發展的工廠，使它們一一變成廢墟——泰姬瑪哈陵裡那些賣力工作的南方家具商眼看就要遭殃了。

◆

派翠莎融入了貝賽特的山頂階級，在那個階級裡，賺錢是他們的頭號目標，一切事情都是由她的姻親作主。在泰姬瑪哈陵，她的公公道格先生把工廠的事宜大都下放給史皮曼和艾德先生處理——尤其是冬天，他通常會南下霍布海灣避寒。他自己比較投入財務和家具設計，而不是製造方面。某天深夜，道格先生打電話到莫頓家裡，報上姓名後，就大聲要求他隔天早上九點半以前，要看貝賽特鏡子公司的財務報表。莫頓為此熬夜整理報表，隔天道格看完後只淡淡說了一句：「你們看起來做得還不錯。」就把莫頓打發了。

莫頓解釋，道格打電話來時已經喝醉了，他完全忘了自己打過電話，隔天早上他忙著安排下午到貝賽特鄉村俱樂部（Bassett Country Club）打球的時間。他對俱樂部的高球場維護相當投入，經常派一整車的工廠勞工去俱樂部幫忙——幾位退休已久的廠長一想到這件事，依然對他那種公私不分的作法相當不滿。

道格的下屬從他雙腳踏在辦公室門外木階的聲響，就能判斷他們那天早上將過得如何。要是經理人花太多時間在洗手間裡，他可能會建議那個人帶《華爾街日報》一起如廁。他認為，經理人想浪費公司時間的話，至少應該在打混時動腦思考。如果主管想改換砂紙的供應商，必須先徵詢道格先生的同意，否則很可能破壞家族私下談定的長期交易，而激怒了道格先生。

道格最好的朋友和知己是隔壁鄰居兼酒友威特・賽爾斯（Whit Sales），賽爾斯負責經營貝賽特旗下的藍嶺五金公司（Blue Ridge Hardware）。賽爾斯和妻子維吉尼亞（Virginia）膝下無子，他們對道格的四個孩子視如己出。他們之間的關係也是複雜的共生關係，就像貝賽特鎮裡的很多事情一樣。賽爾斯以實力證明他是可靠的代理人，也是公司的另一個監督者，但他總是聽從道格的指示。

這種管理模式也延伸到人才招募上，上至公司高層，下至夜晚的清掃人員，都是由道格先生決定。一九五五年，亨利郡出生的菲爾波特（Joe Philpott）在大學畢業後返鄉，他在賽爾斯的公司裡找到工作，但後來賽爾斯發現，道格先生希望菲爾波特去貝賽特工廠學習管理，他只好放人（某天道格和賽爾斯喝酒時，得知賽爾斯先搶了菲爾波特，他當場發飆，於是賽爾斯馬上取消菲爾波特的錄取，把人讓給貝賽特）。家具廠的薪資遠比賽爾斯給的少，道格為了彌補落差，每兩三個月就去工廠一趟，拍拍菲爾波特的肩膀，告訴他剛剛又加薪了。

貝賽特的管理模式毫無規則可循，完全看是由哪個貝賽特人發號施令而定，這點算是在企業鎮裡工作的好處，也是壞處。由於貝賽特鎮沒有議會，教會和服務社團變成規劃公民項目的單位。道格先生主宰了學校董事會及鄉村俱樂部，艾德先生則是管理同濟會（Kiwanis）。道格的家人主導波卡杭特絲貝賽特浸信會，艾德的家人掌管衛理公會。任何人想要鴻圖大展，都要先過貝賽特家族那關。

對外人來說，整個貝賽特大家族的階層也一樣複雜。史丹利擔任州長期間，每逢週日，艾德上教堂做禮拜以前，都會先打電話問州長在哪裡。如果史丹利是在里奇蒙市，艾德就會去教會。如果史丹利是在亨利郡，艾德就待在家裡。他討厭州長進場時還要站起來恭迎的規定——畢竟史丹利不僅是他的堂姊夫，也是家具業的競爭對手。

貝賽特高校的足球教練科伯特・米克倫（Colbert Micklem）一九六一年搬到貝賽特鎮，他像多數初來乍到的人一樣，也不知道這個鎮上的規矩。米克倫原本打算把某季第一場足球賽的收入拿來添購新設備，但他很快就發現，同濟會掌控了那筆錢。艾德先生為了確保球賽的門票都賣光，要求家具公司的業務員以郵寄方式購票，即使他們散居在美國各地，不可能親自來看球。球隊訓練用的假人也必須找貝賽特家族旗下的藍嶺五金公司採購，否則鄰居賽爾斯可能會對道格抱怨。

米克倫說：「郡政府擁有學校，但貝賽特家族則擁有學校周圍的一切，連體育場都是貝賽特家具實業公司的。」唯一的例外是少數幾家獨立經營的商店，包括一間家具行，但是店裡當然還是賣貝賽特家具。

不過，這種大家長式的主宰還是有好處，例如，當米克倫和妻子去貝賽特第一國家銀行（First National Bank of Bassett）貸款七千美元以購買第一間房子時，銀行經理告訴他們，他必須先請示董事會才能確定。正巧，這時董事長道格先生踏進銀行，而且心情正好：「嗨，教練！」接著他隨口問銀行經理：「這些好人想要什麼？」

「他們想貸款。」

「那就給他們啊，他們是好人！」他連金額都沒問。只要貝賽特家族認定你是好人，交易就搞定了。

道格先生管控最嚴的對象是JBIII，他覺得這個兒子聰明，但個性散漫。JBIII的本性不太謙虛，道格覺得那倒是無妨，但至少要裝出謙虛的樣子。

「威嚇激勵法。」米克倫告訴我，「那是那個年代的準則。」最重要的事情永遠是：工廠整天運作嗎？現在出售的家具比上個月多嗎？[140]

那種勤奮不懈的風格成了JD先生的流風遺澤，他後來活到九十八歲。一九六五年二月過世時，他差十七個月就滿百歲了，公司的年營業額差一千七百萬美元就破億了。他在馬汀維爾的醫院裡辭世，家人之所以把他移到那裡，不僅是因為他們想拉開他和護士女友之間的距離，也是因為山上的維多利亞式豪宅年久失修。鄰居表示：「波姬小姐說，JD先生太節儉了，不讓她花錢整修，所以房子從未修過。」那個鄰居的祖父母和貝賽特家族是好友，也是公司的原始投資者。[141]

理髮師科伊記得司機開著黑色的凱迪拉克，載著JD先生在鎮上到處跑，他也清楚記得自己十幾歲時碰到JD先生的情況。他和朋友在JD先生家的附近打棒球，球飛進了JD的花園，他躡手躡腳地進入花園撿球，差點撞上了JD先生，他剛好出來摘蔬菜。

「孩子，來這裡幫我一下。」他召喚科伊，接著用手杖拍著他要科伊幫忙摘取的黃瓜。他穿著睡袍和室內拖鞋，一如往常地拿著沒點燃的雪茄。科伊看到壞脾氣的老頭子時，原本嚇得半死，但是當他聽到JD說：「大家都說我是百萬富翁，我連一套像樣的衣服都沒有！」還是覺得他有點可憐。

最後一位照顧他的護士（不是跟他搞曖昧的那位）穿著熨燙整齊的制服和白鞋，在醫院裡照顧他的起居及每日行程，每天累得半死。科伊說：「JD先生是那種年紀愈大愈難搞的人，他覺得自己待在醫院是免費的，因為他早年捐了很多錢給醫院，但事實上是家人幫他支付費用。」（道格先生是醫院的理事。）

根據家產的盤點資料，JD先生過世時，資產總值是六百三十萬美元（約是今日的四千八百萬美元），其中包括大量的持股（他創立的許多家具公司，以及菸草、煤炭、鐵路、石油、汽車公司的持股）。除了一些特殊的遺贈以外，他的子女繼承了一切。他留下一萬六千美元給接替瑪麗·亨特的長期女傭葛蕾希·韋德（Gracie Wade）。他也留了一萬美元給個人秘書，那位秘書曾告訴記者，她為公司的事情忙到終身未嫁。[142]

他的護士得到三千美元。有一張手寫字條和他的遺囑一起歸檔，那張字條原本承諾留給護士八千美元，但他想討回一九五九年借給護士的錢（護士借錢支付先生的住院費及安葬費），所以從承諾的遺贈金額中扣除了那筆借款。

他把個人住所及周圍的土地都留給波卡杭特絲貝賽特浸信會。他在遺囑中以歪斜的草書寫道，要是那棟建築以後不再是教會，那應該轉用於「貝賽特社群的白人利益」，變成社群中心及「白人青年遊樂場」。在許多的報紙社論中，當地的記者以充滿感情的文字，緬懷悼念他，例如以下這篇動人的悼文：[143]

勤奮不懈的精神將典範長存，不受棺木與陵墓的羈絆，萬古流芳，眷顧著史密斯河畔的工廠。火車與卡車載運著這些超群絕倫的產品到全國各地，行銷天涯海角。

JD先生過世一年多後，道格先生診斷出末期的頸椎癌。那消息震驚了所有人，也帶出了接班議題，後來不僅長年困擾他的獨子，也威脅了家族與事業關係數十年。

很少人知道，為什麼道格先生到了六十五歲會突然變卦。很少人能解釋，為什麼他臨終躺在病床上，還召集貝賽特家族的一些董事到床邊，宣布接班計畫的改變：道格先生過世後，由堂弟艾德接任董事長，年輕又有才幹的女婿史皮曼則擔任艾德的副手。

「那約翰怎麼辦？」身兼董事及姻親的莫頓問道。

「約翰將處理我的遺產。」道格說。

◆

瑪麗·伊麗莎白·莫頓當時是貝賽特的最大股東之一，她說她永遠無法理解為什麼道格會優先選擇女婿，而不是兒子。不過，莫頓還記得道格臨終前的情況：莫頓走進道格的房間時，珍剛好走出來。珍是道格最寵愛的孩子，是道格口中的「良知」，更是一手安排胞弟婚姻的女兒。

道格喜歡到處炫耀，珍擁有男人的思維。

莫頓告訴我這件家族故事的關鍵後，我想起我開始追查這個故事時，曾造訪過一間家具店。在雨水叮叮咚咚地滴進水桶時，家具店的老闆托馬森告訴我一段關鍵資訊，那也是貝賽特家族鮮少願意透露的事情。那件事造成了JBIII這輩子最糟的際遇，也是最好的，只不過他得過了幾十年後才明白好在哪裡。

最後的背叛刺痛了他，讓他變得謙卑，最後更讓他變成了堅強的鬥士。

「很簡單啊。」托馬森告訴我，「珍抱住了老爸，幫她的男人得到了權位。」

Part 3

Chapter 8

Navigating the New Landscape

縱橫新領域

我們以前都不解，為什麼她在大學裡花那麼多時間挑選衛浴設備。

——安娜・羅根・勞森（Anna Logan Lawson）談珍・貝賽特・史皮曼

◆

艾德先生透過公司和同濟會，以鐵腕手段管理鎮上的事務；史皮曼則是只管事業，鮮少跟鎮民往來。他常要求理髮師科伊在開店前的大清早就幫他理髮，以免被看見。他不參加ＣＣ建立的教堂（衛理公會），也不去ＪＤ建立的教會（浸信會）。雖然他出生北卡羅來納州，是某大紡織製造商的外甥，但他當初是從紐約市的康乃狄克郊區搬到貝賽特鎮。他覺得貝賽特鎮宛如社交界的死谷，而且他不止一次這樣嚷嚷。

雖然珍幫他要到了公司總裁的位子，但他覺得妻子要是明顯參與公司的事務，會讓他顯得很窩囊。在一九六〇年代的企業界，那是不容發生的事。公司高層建議他指派珍擔任貝賽特的董事，但珍說：「我很清楚那種事絕對不可能發生。」

我知道珍以前很喜歡和父親談論工廠，所以我問她，晚餐的時候，先生會不會跟她聊公司發生的事。「我真希望妳沒問這個問題。」她似乎真的覺得很受傷，「答案是沒有，我以前還為此感到相當難過。」

珍是以其他的方式施展力量，她為貝賽特鄉村俱樂部建了新會所，指派自己擔任美化市容的負責人，連公司住家和商店外牆要漆什麼顏色、街道清掃的頻率、公路旁的草地修剪等細節，她都會插手管理。後來她成為母校霍林斯學院的第一位女性校董，校方都記得她是相當積極認真、性格開朗的董事。

珍是個嬌小的金髮美女，儀態挺拔。去開校董會議時，常穿深藍色的套裝，搭配黃銅色的鈕扣。處理募款事宜、教職員的意見、校長遴選委員會等事務時，總是相當果決利落。電話交談時也很直接果斷，最後總是以「一切順心喔！」輕鬆地結束對話。

校園裡那棟美輪美奐的溫德姆羅伯森圖書館（Wyndham Robertson Library）是哪來的？那是她去遊說溫德姆的弟弟朱利安．羅伯森（Julian Robertson），讓那位億萬富豪一次就掏出一千四百萬美元興建的建築。她甚至自己挑選建築師，以確保那棟建築和校園內的其他傳統磚砌建築能夠相融，符合她的美學標準。

比爾．楊（Bill Young）曾任貝賽特的企業發言人，他記得珍某次在十五分鐘的搭車過程中，就說服貝賽特的某位董事捐贈兩百萬美元給霍林斯學院。身為校董，她做事向來很有效率，近乎專橫。同為校董的安娜．羅根．勞森說，有一次珍拒絕讓一位女同性戀者提名為霍林斯學院的董事，因為「她跟我們不同夥」。勞森也說，珍關注校友活動中心的一切裝修細節，連水龍頭的挑選都不放過。

「學生跟她開會時，她總是展現出女強人的幹練形象。」人類學家及羅安諾克地區的市民代表勞森說，「她很強勢，看起來很體面，也支持學生。我佩服她，也欣賞她為霍林斯所做的一切，但我不會希望像她那樣。」

珍已經向外界證明，她不怕招惹是非。一九七〇年代，她在馬汀維爾為少年犯設立了管訓所，以取代少年監獄。那舉動在維吉尼亞州廣受媒體報導，當時一位當耳鼻喉科醫生的朋友就看出珍有引發熱議的特質。那位醫生鼓勵她加入華盛頓特區高立德大學（Gallaudet University）的董事會，四年內她就升任為校董。[144]高立德大學是由聯邦政府贊助的聾啞文理學院，但他們並不欣賞珍的領導風格，覺得她「充滿偏見」，獨斷專行。有些教授批評她有「殖民心態」，說整個董事會以大家長式的統治風格管理聽障學生。她擔任聾啞學校的董事六年，但期間從未學過手語，問她為什麼不學，她說「我把心力和時間，投入其他人無法做到的領域，例如預算方面，那才是最好的運用」。

一九八八年，校董會在最後決選中，聘用了無聽障的校長，淘汰另兩位聽障的競爭者，學生憤而罷課，走上街頭，舉著標語：「珍．史皮曼，學著用手語比『我下台』。」學生燃燒珍和新校長的肖像，要求他們立刻辭職。[145]

珍僵持了八天，拒絕順從他們的要求，據傳她還說：「聾人還沒準備好在聽得見的世界裡運作。」那句話在媒體的引述下，激怒了國際聾人社群，導致大家群起抗議，並把那次抗議稱為「聾人的塞爾瑪遊行」*。

她後來說，是手語翻譯員誤解了她的意思，導致媒體引述錯誤。不過，她在隔週就下台了，坦承她繼續擔任董事「有礙於平撫眾怒」。

---

*譯註——塞爾瑪（Selma）原是指金恩博士發起的種族平權遊行。

回到貝賽特鎮後，她告訴《羅安諾克時報》的記者，幾週前她到紐約為高立德大學募款時，一位可能的捐款者才剛告訴她，高立德大學因為名氣不響，比較吃虧。[146]她說：「這下子，再也沒有人沒聽過高立德大學了。」她難過地發誓，她真的沒說過那些失禮的話，不過「那可能還是會刻在我的墓碑上」。她抬頭挺胸，堅定面對，但收斂了開朗的性格。

勞森說，珍要是晚十年出生，「我覺得她會有很不一樣的人生，可能會快樂許多。她應該會經營貝賽特實業公司，我對此毫無疑問。」

◆

珍雖然不曾直說，但她描述自己的方式，暗示了她自己是南方父權體制的犧牲者。不過，我訪問數十人所聽到的情況，卻和她的說法截然不同。她聲稱晚餐時從來不和夫婿討論工廠的事，但我訪問的多數人都說，史皮曼執掌公司期間，珍始終緊握著權力不放。貝賽特的前副總裁浩爾．艾替澤（Howard Altizer）說：「珍就是史皮曼的個人董事會。」

旁人都看得出來他們夫妻相當恩愛，「不過你也很明白，他們之間對於誰有權做最後的定奪，始終僵持不下。」銀行員達浩斯回憶道，「珍不會讓史皮曼用光她身為貝賽特一分子的權威。」

他補充：「貝賽特家族的人都很強勢，但史皮曼比貝賽特的人還要貝賽特。」他可能比珍更像貝賽特人。

我跟理髮師科伊提到，珍說她沒有機會參與事業的討論，他聽完後回我：「鬼才相信她很受傷！她是那種一踏進理髮院或銀行，你就知道她在場的那種人。她進美容院，會當著大家的面打電話點龍蝦，以展現她的能力！」

科伊記得，某天早上，史皮曼在理髮院裡公開訓斥一位貝賽特的運送主管。那個人名叫卡斯莫（Cosmo），後來科伊還安慰他。卡斯莫之所以遭到訓斥，是因為他夾在史皮曼和珍的爭論之間。他們夫妻倆要送一些家具給孩子，但是對於哪件家具要分給哪個孩子有歧見，卡斯莫後來決定以珍的意見為重。

史皮曼訓斥卡斯莫時，科伊默不出聲，但他覺得這樣公開訓斥員工很幼稚，也不太得體。沒想到，卡斯莫也把科伊拉進了爭論，當著史皮曼的面，要求他表示意見。

「卡斯莫，史皮曼訓你一頓，事情就算結束了。」科伊告訴他，「但你要是惹毛珍，那就沒完沒了了，你那樣做也是逼不得已。」

史皮曼聽完後嘟囔著抱怨：「科伊，快幫我剪他媽的頭髮！」

◆

史皮曼在自己的辦公桌後方掛了一個牌子，上面宣告他是「山谷裡最狠的狠角色」。他需要搭車去高點市談生意時，都是直接打電話給亨利郡的治安官，請他派人來接送。[147]

史皮曼也會站在泰姬瑪哈陵的電梯口旁邊，對上班遲到兩分鐘的人說「午安」。史皮曼也曾經派出公司的飛機，去把正在海邊度假的廠長菲爾波特接回來，只因為他遇到一些人事議題，需要更靈巧、變通的處理方式，他自己搞不定，而且這種事情還發生過兩次。

不過，我訪問的多數人都告訴我，在幕後，珍才是主導家族事業的人。她讓自己的丈夫及兒子升任公司的要職，把胞弟打入冷宮。「約翰還是公司的董事，但是自從道格先生過世後，他就被排除在所有的決策外。」一九六五年到一九八〇年曾在貝賽特任職的艾替澤這麼說。JBIII提出改善工廠效率的建議時，史皮曼總是當場回絕，他認為公司沒必要花錢添購昂貴的新機器。他喜歡告訴廠長：「充分利用你現有的東西。」如果你能刪減五%的成本，那更好！[148]

業界的資深人士麥吉回憶，在整個社群裡，老百姓各個如履薄冰，「你不能對史皮曼和珍展現太多的好感，不然會惹毛CC．貝賽特那邊的人。如果你是我，可能會覺得史皮曼卸下董事長或總裁一職時，小約翰會接班。」但是史皮曼和小約翰之間似乎只有敵意，所以天曉得他們會怎麼發展。

◆

史皮曼升任貝賽特的總裁不久，美得（Mead）和伯林頓實業（Burlington Industries）之類的集團就判斷家具業適合走多角化經營，他們看到家具業的獲利後，開始收購公司。

貝賽特的資產負債表向來是業界歆羨的目標，目前仍是美國最大的單一品牌家具公司，平均資本報酬率一七%，銷售報酬率八%。一九八〇年代中期，帳上有六千五百萬美元的現金，幾乎沒有負債，所以史皮曼有充裕的本錢可以大舉收購。[149]貝賽特雖是公開上市，但是由經理人和家族的人馬嚴格掌控——那些人都是史皮曼和珍任命的。

史皮曼並不重視貝賽特工廠的現代化，他開始收購其他公司以提升銷售業績。二〇〇五年，他受訪時表示：「我們買了很多工廠，要花很多時間才能全部記住。」[150]

「史皮曼在幕後是相當優秀的推銷員。」那個年代在貝賽特擔任業務的米克倫表示，「他喜歡處理金錢，想辦法收購公司以壯大事業，但他不會花心思去改善工廠的效率。」

一九六七年，《財星》雜誌的記者造訪貝賽特鎮，後來刊出的報導痛批貝賽特和其他的南方家具製造商是「化簡為繁的裝配線技術」，還說他們的量產家具「制式單調，毫無美感」。

但是JBIII建議更改設計時，通常都遭到回絕。史皮曼不止一次阻止JBIII利用公司的飛機，即使JBIII已經打包好行李準備登機了，他也不讓JBIII搭乘。艾德先生常說「小約翰精得很」，那當然是話中有話，意有所指。事實上，有幾個人告訴我，史皮曼、珍和艾德先生在私底下，常在業界放話，說JBIII不夠精明或「老練」，不足以在貝賽特那麼大的公司裡擔任執行長。就像萬普勒說的：「約翰老是想告訴史皮曼該做什麼，但史皮曼比他精明許多，根本不聽他的，只希望約翰別再來煩他了。」

JBIII畢竟小史皮曼十歲，而且他回貝賽特工作時，史皮曼已經是副總。父親過世時，JBIII才二十八歲，他知道自己沒有經營企業的管理經驗，但他相信，只要他堅持下去，熟悉訣竅，盡忠職守，等待時機，總有一天會接掌公司。

他剛從德國回來時，多次跳過艾德先生越級上報，他完全不知道那樣做是在暗助史皮曼。莫頓說：「約翰以前應該多尊重艾德一些。」JBIII從諾福克帶一位家具買家到自治裝飾公司時（道格先生為了讓家族裡的男性成員和睦相處而設立的公司），也惹惱了莫頓。當時JBIII負責經營ＪＤ廠，覺得帶家具買家到莫頓經營的自治裝飾公司沒什麼關係，還犯下要命的錯誤：暫時關閉工廠，讓訪客了解那裡的運作。他那樣做比炫耀還糟，因為那減緩了生產線的運作速度。JBIII否認發生過那種事，他說不論是以前或現在，把運作中的組裝線停下來對他來說都是大忌。

幾位不願具名的史皮曼親友和業界人士都說，艾德先生和史皮曼在道格的喪禮上達成秘密協議。只要史皮曼承諾絕不解雇艾德那兩個當經理的兒子〔艾迪（Eddie）和查爾斯（Charles）〕，艾德就繼續當董事長，但是把日常營運都放手給史皮曼管理，而且他想怎樣對待目中無人的JBIII都可以。「艾德很受不了小約翰。」一位家族朋友說，「史皮曼會刻意討好艾德，因為他非那樣做不可。」「一切都是為了生存。」一位親戚告訴我，「如果道格先生活久一點，艾德叔叔根本沒有機會主導一切。」JBIII肯定會晉升到史皮曼之上，那位親戚也補充：「但艾德搞砸了一切。」

在一九六七年的《財星》雜誌拉頁照裡，約翰已經遠離核心，執行長艾德站在管理團隊的中央，他的腳隨性地踩在貫穿這個企業鎮的鐵道上，兩邊站著兒子查爾斯和心腹史皮曼，約翰則是笑著站在照片的邊緣。

那篇報導說艾德是大家長制的擁護者，內文提到貝賽特剛斥資一百五十萬美元建造兩棟體育館，一棟給黑人用，另一棟給白人用，艾德說：「我們必須讓大家過得開心，不過我得說，在電視和廉價運輸出現以前，那比較容易辦到。」雜誌形容貝賽特家族的生活與管理是屬於「昔日風格」。

其實《財星》根本不曉得他們的風格有多老舊。

◆

珍目前住在維吉尼亞州的中部，位於里奇蒙市靠近夏律第鎮（Charlottesville）的養馬區，兒孫的照片整齊地擺在櫥櫃上。史皮曼也出現在其中幾張照片裡，不過那些照片主要是展現他珍愛的收藏：一艘名叫「鋸屑」的海釣遊艇。

他名下的三棟豪宅裡確實都有木工車間，他曾用那車間建造十九英尺長的平底小船（在公司打樣人員的協助下），還開派對公開展示那艘船（在他的泳池裡）。但你要是問在貝賽特裝配線工作過的數千名勞工，他們都會告訴你：他的骨子裡根本就沒有鋸屑（亦即欠缺「家具魂」）。

我造訪目前住在弗克山養老院（Fork Mountain Rest Home）的霍華德．哈吉（Howard Hodges），他現年八十二歲，曾在貝賽特工作三十八年。哈吉說史皮曼鮮少視察工廠，但是當員工和管理者意見相左時，公司鼓勵員工填寫表單，檢舉管理者（公司稱之為「熱線」），直接寄給史皮曼。

哈吉說：「多數人都很怕史皮曼，但他一向對我很好。」哈吉穿著長袍、汗衫和寬鬆的長褲，坐在單人床邊。那張床在狹小的房間裡顯得格外龐大，搭配著破舊的亞麻地板和水泥磚牆。他的妻子梅朵（Myrtle）在一九七三年死於車禍事故，他們夫妻倆和其他員工為了省油錢，共乘去貝賽特椅子公司上班。車子在途中撞上了坑洞，失控衝向路堤。「老天，我一直很想念她。」他說。

他原本的目標是工作到八十歲，但二〇〇〇年他七十歲時，醫生就要求他退休了。十二年前，他在工作時心臟病發，但拒絕離開刨床，直到工頭強迫他去看公司的護士，他才離開——那時他都已經心臟病發二十分鐘了。

他在JD工廠為JBIII工作時，留下了美好的回憶（那也是JBIII的第一份廠長工作）。JBIII經常停駐在哈吉的機器旁邊，檢查刨床，稱讚他做得很好，要繼續保持下去。JBIII就像他的父親和伯父WM一樣，知道多數員工的名字。他的工作理念是，直接溝通比打小報告檢舉更好。「想知道機器運作得如何，別找工頭，直接去找操作機器的人。」哈吉記得JBIII曾這樣告訴他。

◆

數十年後，JBIII很少談及他的親戚在家族企業裡如何對待他，他不止一次罵我為什麼要問那些問題。

不過，有一次我訪問珍三個小時，事後他想知道珍說了什麼。幾個月前，我為報社寫了他的相關報導，他為此跟我道謝，因為那次報導促成他們姊弟倆數十年來第一次坦白的對談，現在他很好奇珍的那場訪問內容。「珍還說了什麼？她說我怎樣？」

我很訝異自己竟然捲入了他們的家務事，JBIII一直追問我，他姊姊說了什麼。珍受訪時也暗示，他們姊弟倆面對她先生那種霸道的性格，都是受害者。「史皮曼對約翰真的很糟，很糟糕！」她說。

他們姊弟之間似乎欠缺我在喬尼爾和瑪麗．湯馬斯的拖車裡目睹的溫情，我看到湯馬斯夫婦和孫子的互動，聽到他們對離開的訪客說：「祝你一切順利！」

我告訴JBIII，珍宣稱她曾經在史皮曼的面前幫他講話（「約翰不知道我花了多少心力幫他辯護」）。他聽了以後，點頭承認：「那可能是真的。」他不知道史皮曼不讓珍知道工廠的細節，拒絕讓她加入董事會。他也不知道珍為了繼續維繫婚姻，不得不站在丈夫那邊。

「史皮曼非常迂腐。」JBIII難得地卸下心防，「他確實會給你工作，但之後他會想辦法管東管西，他會叫你去紐約，接著又打電話來問你搭什麼飛機、從哪個機場起飛等等，他想掌控一切細節。」

當時JBIII對於那個主宰他大半個職業生涯及家族的人，只願意透露那麼多。史皮曼過世近三年後，JBIII才說我可以去訪問我想找的對象。不過，如果我想更瞭解他的姊夫，以及他在貝賽特曾受過姊夫的哪些屈辱，他是不會告訴我的。

Chapter 9

Sweet Ole Bob

親愛老鮑

大家愈是怕他，他愈樂得開心。

——比爾．楊，退休的貝賽特家具發言人

◆

一九七二年，公司聘請法蘭克．施奈德（Frank Snyder）為首任法務長。他像以前當過陸軍傘兵及參與大學儲備軍官訓練團（ROTC）的史皮曼一樣，也曾經從軍，對職場的準時嚴謹和擦得光亮的鞋子相當講究。施奈德在貝賽特任職的第一個十年裡，他們兩個強硬派的退役軍官簡直是完美搭檔，一搭一唱。

施奈德最初的任務是處理一件敏感的法律案件。有些工人向平等就業機會委員會（Equal Employment Opportunity Commission，EEOC）申訴，說貝賽特的黑人與女性沒獲得公平的待遇，因此引發訴訟。一九六四年民權法案第七篇要求雇主停止歧視，但該法實施八年後，貝賽特的十三家工廠（目前遍及幾個南方的州）大都還是處於種族隔離狀態。

砂光和櫥櫃加工部門的員工全是白人，但塗裝室（家具製造中最髒污的環節）全是黑人。黑人女性在去污室裡工作，以手工的方式清除多餘的噴塗。[151]只要通風良好，工人也戴上面具和手套，這些地方並不危險。工廠不准女性操作機器，那導致女性工資受到不平等的壓抑，因為機器操作員的收入通常優於裝配線的工人。

施奈德加入公司以前，貝賽特的法律事務向來是交給律師兼維吉尼亞州的議員菲爾波特（A.L. Philpott）處理，菲爾波特的辦公室和泰姬瑪哈陵在同一條路上，而且他和亨利郡的家族有牽連好幾世代的密切關係。他和史丹利及維吉尼亞州其他支持種族隔離的人是同一陣線，所以不急著看到貝賽特確切遵守民權法案的規定。事實上，我聽到該區第一樁和種族關係緊張有關的故事，是菲爾波特和多瑞莎的丈夫「豬扒」．艾斯提茲（他是艾德先生的太太露比的司機）之間的短暫衝突。

豬扒帶著繼女哈吉—繆斯一起出門。哈吉—繆斯在只收黑人的維吉尼亞聯合大學裡主修化學，那天正好回家探望雙親。他們父女倆出門時，碰上這位出名的州議員。豬扒是透過貝賽特家族認識這號人物，所以他有禮地叫住菲爾波特，向女兒介紹他，但介紹到一半，菲爾波特就無情地打斷他的話：「我今天沒時間跟你們聊。」

「他只是想介紹我，說『這是小女，她在念大學』而已。」哈吉—繆斯學著繼父的口吻說。哈吉—繆斯現年六十幾歲，之前在北卡羅來納州伊頓市（Eden）的美樂啤酒公司（Miller Berwing）擔任管理職，現已退休。她喜歡開玩笑說，她是家族中第一個「合法」製酒的人。[152]她已逝的先生曾經營馬汀維爾第一家黑人擁有的儲貸銀行，現在她安居在切摩斯〔切摩斯是以當地最大菸草園命名的中高級住宅區，距離她的外高祖母愛咪．費尼（Amy Finny）曾經以奴隸身分工作的地方不遠〕。[153]二〇一一年，她為全美有色人種協進會的地方分會規劃聖誕遊行花車，當馬汀維爾市把最佳花車獎頒給「南部邦聯之子」

（Sons of the Confederacy）時，她實在難以認同，「他們還不懂為什麼大家會那麼生氣！」她氣憤地說。

一想起菲爾波特驅趕繼父的態度，還是讓她不禁紅了眼眶。豬扒覺得那件事很丟臉，之後再也不曾談起。隔年，當他們湊不足大學的學費時，哈吉—繆斯休學一學期，在同區競爭對手開的家具廠工作。鋸木工人把菸草汁吐在她的腳上威嚇她，領班每天中午都威脅要強暴她。她知道她要是讓繼父（二戰老兵）知道這件事，他肯定會出面處理而遭到逮捕，所以她只跟外祖母透露。外祖母多莉・費尼在貝賽特家中幫傭（就是一次穿兩件束腹那位），一九六四年多莉以預約訂購的方式買了一套科展器材給她，讓她從小就對化學產生興趣。從那時開始，哈吉—繆斯就做了許多科展專案，最後因此獲得大學獎學金，成為家族裡第一個上大學的人。

「我從來不讓任何男人碰我，除非是我願意的。」外祖母告訴她，「妳自己要堅強。」

隔天，四十四公斤的哈吉—繆斯上班時，在牛仔褲的後方塞了一支彈簧刀。這天上司又找上她，威脅要把她拖到木材堆的後面，她亮出了刀子。二〇一一年秋高氣爽的一天，我們相約在馬汀維爾某家安靜的露天咖啡座，她示範那天的動作給我看，即使事隔四十幾年，我還是可以明顯看出她的怒火。她抖著手，眼發怒光，工頭見狀立刻退縮，說他只是在開玩笑。「那時我才學到，怯懦永遠無法成事。」她說。但是哈吉—繆斯每次想到，她要是真的拿刀子刺傷那個白人，她的人生會變成怎樣時，還是會不禁打冷顫。

她的外祖母穿兩件束腹也許是比較謹慎的作法，但哈吉—繆斯是一九七〇年代開始工作的，那時橫掃全美的改變風潮終於也吹到了這個充滿煙囪和紅土的偏遠角落。

一九七二年，尼克森總統大膽地和中國國家主席毛澤東見面，創下了歷史性的一刻，讓美中二十五年來的關係首度破冰。但是當時多數美國最關注的焦點，其實是種族關係和越戰。「這是改變世界的一週。」尼克森在中國留下象徵雙方和平、繁盛、國貿關係的紅杉樹苗後如此宣稱。[154]

◆

這時史皮曼關注的議題，比中國還要迫切。他在泰姬瑪哈陵的辦公室裡，要求施奈德讓公司符合平等就業機會委員會的規定，擺平訴訟案。這也呼應了艾德先生的要求，他不想再經歷被聯邦法官教訓的屈辱。幾十年前，貝賽特被發現雇用十六歲的勞工、違反童工法時，就已經遭到法律的懲罰了（艾德跟以前的親戚一樣，十四歲就在工廠裡工作，他不懂這有什麼大不了，但聯邦政府不以為然）。[155]

不過艾德不喜歡公司聘請全職律師，施奈德記得他每天早上七點二十分進辦公室（多數企業界的律師沒那麼早上班），只為了讓艾德知道他也可以跟上貝賽特家族的步調。某天早上，艾德出現在施奈德辦公室的門口，一副盛氣凌人的模樣，兩手撐著門框，嘆了口氣問道：「再告訴我一次，你是做什麼的？」

亨利郡有句格言就是艾德發明的，後來JBIII也沿用了：「看到蛇冒出頭，就搥下去。」艾德甚至是另一句地方俗諺的主角：「艾德先生不會在史密斯河裡上下揀選。」（M. Ed didn't cull up and down the Smith River）我第一次聽到這句話，是出自一群業務員之口，一九六〇年代他們曾在逢恩—貝賽特家具公司上班。我一聽，還請他們把字拼出來，才懂他們在講什麼。

在家具業裡，cull這個字是指挑選木材，去蕪存菁的意思。只不過，套用在艾德先生的身上，那不是指木材，而是女人——秘書以及他在私人招待所（亨利郡的林間小屋）會見的女伴。艾德口述給秘書（和情婦）的「商業信」中，充滿了性話題。我訪問的幾位退休員工到現在都還記得裡面的一些話。這些人經常從秘書的桌上偷拿錄音帶，讓大家傳著聽，聽得哈哈大笑。事實上，有一次艾德的秘書請病假，

WM的秘書自願幫她把錄音打字出來，當她發現內容不止提及嬰兒床的銷售時，她把那些內容逐字轉錄出來給WM先生看。「他本來要把艾德解雇的，但是當時他們正在調動業務組織，沒辦法馬上把他開除。」長期擔任JD工廠廠長的魯本說。

幾位業界人士表示，「艾德先生不會在史密斯河裡上下揀選」的意思是，說到女人，他從來不挑，什麼人都好。他們也說，他不是貝賽特高層中唯一那樣的人，還說有幾位管理者也常背著妻子搞七捻三。

感覺就像山區版的《廣告狂人》（*Mad Men*）。

只不過是搭配私釀酒，而不是馬丁尼。

有些經理人還會比賽誰先上了新來的公司護士或廣告部的新進員工，至少有一位資深管理者感染了淋病（他悄悄地安排妻子去接受治療，並要求家庭醫生承諾，絕不透露她需要施打抗生素的真正原因）。

很多人都告訴我，史皮曼並未參與這些事，但他很愛聽一切鹹溼的八卦細節。二〇〇五年，他在美國家具名人堂口述歷史的採訪中感嘆，他懷念以前做生意的老方式：「現在有很多事情都是非法的，例如年齡限制、性暗示的言論等等，這些和我以前活躍的年代全然不同。」

當時的管理階層根本肆無忌憚。潘尼百貨（J.C. Penney）的女性採購人員到貝賽特的工廠參觀時，轉個彎就不經意看到兩個人趁著午休時間搞在一起。

那位採購人員面無表情地對同事說：「他們在加工嗎？」

「貝賽特裡面有個笑話，有時你需要在史密斯河畔排隊，才能吃到午餐。」梅里曼告訴我。

一位外來的供應商對於貝賽特的露骨用語和輕佻行徑相當驚訝，他笑稱貝賽特的男人都感染了史密斯河癮頭。

◆

不過，一談到生意，艾德先生又正經起來了。每天早上七點以前，他就進辦公室計算前一天的數字。他鼓勵業務經理緊逼下面的業務員，「發電報、寫信或打電話給他們，或是三管齊下！」業務經理米克倫記得他曾經這樣大吼，「每天都要給他們壓力，工廠裡有幾千人依賴我們養家活口，我們必須要求他們上緊發條。」

JBIII說，艾德非常嚴苛，有一次業界普遍出現木材短缺，他派公司的木材採購人員去密西西比三角洲採買木材，那個人空手而回時，他氣炸了。

「查理，你買到我要的木材了嗎？」

「長官，沒有。」

「為什麼沒有？」

「因為伐木工人必須涉過深及胸口的沼澤地才能伐木。」查理解釋。

「查理，沼澤裡沒有水。」艾德堅稱，深陷的雙眼已經瞇了起來。

「長官，真的有水。」查理說。

「查理，」艾德重複發出每個音節，「沼—澤—裡—沒—有—水。」

所以查理又回去三角洲，艾德允許他想辦法哀求、借用、甚至出高價採購，無論如何就是要帶一些木材回來。

反正只要艾德需要木頭，沼澤裡就不可能有水。

◆

施奈德說，他花了一週的時間才搞清楚貝賽特的企業階層／家族輩分：「道格在位時找艾德麻煩，艾德接掌後也讓史皮曼不好過，史皮曼則是把帳全都算到JBIII頭上。」

事實上，史皮曼對每個人都很嚴苛，從公司飛機的機師到自己的兒子都不放過。面對那些對自己很重要的人，他總是很坦白忠誠，對妻子更是忠實，即使不夠溫柔。

「聖誕節他坐在桌邊，我可能纏著他，他會說：『喔，我真希望工廠的鳴笛聲響起。』」珍說。

「他覺得聖誕節很浪費時間。」他的兒子羅伯（Rob）回憶。

事實上，當初想出「親愛老鮑」（Sweet Ole Bob）這個諷刺綽號的人——簡寫是SOB（跟「混帳」的簡寫一樣），正是珍本人。

◆

如果艾德先生不願再面對聯邦法官，史皮曼就必須想辦法要求施奈德讓工廠符合規定。他覺得只要工會遠離貝賽特，黑人想擁有什麼民權都無所謂。史皮曼只要信守他和艾德先生的約定，達成「把JBIII邊緣化」的共同目標就好了。

施奈德視察公司的每家工廠，說明他們必須如何遵守民權法案及新的EEOC規定。在JBIII管理的兩家工廠中，砂光室裡都是白人男性，他們大都是兩大家族的親戚，有好幾世代都在那個部門工作。那兩大家族派出長老去JBIII的辦公室下戰帖，施奈德記得他們說：他們受不了和「任何該死的黑鬼」合作。

JBIII聽完後，冷靜地回應：「如果你們真的那樣想，那請便，現在就可以走了，因為以後就是那樣。」

「從此以後，我都很敬重約翰。」施奈德說。

表面上，JBIII似乎對叔叔和姊夫的霸凌無動於衷，那樣的態度逐漸讓曾經鄙視他嬌生慣養的人對他產生了尊重。史皮曼到工廠的辦公室找他時，史皮曼要求JBIII起立，把位子讓給他坐。接著，他就穿著那一身訂做的西服坐下來，把雙腳抬到JBIII的桌上，讓JBIII站著聽他說話。[156]

當史皮曼對他的圈內人說「我的小舅子還是個孩子，是我見過最不成熟的人」[157]時，JBIII也不予理會。當史皮曼拒絕支付生產激勵獎金時，JBIII也沒抱怨，他自掏腰包支付給勞工，從緬因州訂購龍蝦，從堪薩斯城訂購牛排，直運到貝賽特鎮，辦三千美元的派對（供應烤乳豬），以獎勵工廠裡的領班為公司提升利潤，並頒發他訂製的金色冠軍領帶夾和瑞士小刀。一位退休員工告訴我，JBIII有一次帶一群工廠領班到羅安諾克的脫衣舞俱樂部作為獎勵。

「史皮曼應該要發獎勵給其他的廠長。」JBIII說，「我自己付得起那些東西，但其他廠長無力支付。」此外，相較於公司把每小時製作的櫥櫃從一百個提升為一百二十個所賺的數百萬元純利，JBIII支付的那些獎勵都只是小錢。

當他無法說服工廠領班維持他想要的清潔程度時，他再次祭出獎勵辦法。他打電話給一小時車程外的巧克力工廠，詢問他們能否在下單那天就送貨抵達。接著，他寫一封信給每位領班的妻子，說如果她們的先生所領導的部門在聖誕節關廠休息以前，能把部門清掃乾淨，他就能帶一盒當天現做的巧克力回家。「隔週五，每個部門的地板都可以擺吃的東西了。」他笑談那段回憶。巧克力，以及這些傢伙回家後可能得到的其他獎勵，比威嚇更有激勵效果。

有一次他訂購螺絲起子超出預算，史皮曼從他的薪水裡扣除差額，並對他大吼：「你沒獲得我的允許。」幾週後，公司的財務長兼家族的老友比爾．布拉默（Bill Brammer）在沒徵求史皮曼的同意下，把那筆扣款歸還給 JBIII。

在父親過世、艾德和史皮曼都亟欲把他邊緣化之下，JBIII 的處境相單孤單。「當別人只希望自己的兒子好時，那會讓你變得麻木無情。」他說，「但是到了某個時點，你就不再自怨自艾，而是問：『我該怎麼把這件事做好？』」

在公開場合面對史皮曼的對待時，他也處理得很好。「但私底下，我猜他應該很受不了。」前副總裁艾替澤說。艾替澤在史皮曼的住家旁邊租房子，他的住處和史皮曼那棟高雅的荷蘭式住家，以及他們為道格的遺孀露西（Lucy）所建的屋子，距離相當。

那個位置是觀察他們家族成員的最佳地點，艾替澤也確實仔細觀察他們了。他指出，史皮曼夫妻除了和露西往來以外，鮮少和其他家人接觸。「他們似乎壟斷了露西的關愛，完全不考慮約翰。」艾替澤說，「在這種小社群裡，你可能會以為貝賽特家族和經營競爭工廠的親戚們往來密切，其實不然。」

布魯說，JBIII 雖然得不到家人的尊重，但是在社群裡普遍受到愛戴。一九六〇年代末期，布魯曾幫派翠莎和 JBIII 照顧三個孩子，她的父親和祖父都曾在貝賽特工廠工作。在布魯的眼中（她長時間待在他們位於河濱大道上的大房子裡，那是第一棟公寓太小時買的），他們夫妻倆讓她想起年輕時的約翰．甘迺迪與賈桂琳，他們會去參加派對直到深夜，再請貝賽特的司機羅依．馬丁載她回家。

派翠莎的個性大膽有趣，必須開車直上陡峭的小路去接布魯時，即使石塊在車後亂飛，她也毫不畏懼。小女兒法蘭西絲在牆上亂畫，她也不以為意。當布魯以貝賽特太太稱呼她時，她堅持布魯改叫比較隨性的「派特小姐」（Miss Pat）。

「我可以坦白講嗎？」布魯問我，「我不太喜歡那樣……為什麼不乾脆讓我直呼她派特就好了呢？但我很喜歡她，也很尊敬她。她很隨和，對我非常大方，她送我很多非常好的衣服和飾品。」

某次JBIII的家裡開派對，布魯看《星艦迷航記》（*Star Trek*）看得太入迷，沒注意到小法蘭西絲把洗衣粉弄成糊狀，塗滿了整張臉。

「老天，妳爸媽會把我殺了！」布魯尖叫。

「不會的。」小女孩安撫她。事實也確實是如此。

◆

JBIII在工作上就得不到那樣的溫情了，其他人也得不到。史皮曼管理公司的方式，彷彿他是將軍似的——那種看到大頭兵的鞋子沒擦乾淨就勃然大怒的將軍。他掌控事業的每個環節，連誰搭哪台電梯都要管。沒經過他的批准，公司裡任何人的每筆支出都不得超過三百美元（後來調升為五百）。他負責挑選每半年公司在家具展中發表的新品，也決定由哪家工廠負責製造。每天午餐過後，他都會把心腹找進他的辦公室打牌，以便瞭解公司其他地方發生的事情。當然，那些牌搭子不包括小舅子。[158]

施奈德說：「他們打牌都賭數百美元！」而且出差搭公司專機時也會繼續打牌。

「我們曾說，這家公司的一切決策都是打牌時決定的。」貝賽特的前業務經理梅里曼回憶，「要是不打牌，這家公司可能真的無法運作。」如果他們搭乘公司專機，但快降落時牌局還沒結束，史皮曼會要求機師在上空盤旋，直到牌局結束為止——尤其是他贏牌的時候。

我提起史皮曼的名字時，退休的鏡子廠員工喬尼爾差點吐口水，還說他是「邪惡！邪惡的人！」。史皮曼執掌公司時，某天喬尼爾去泰姬瑪哈陵的三樓辦事，聽到史皮曼在另一頭訓斥員工的聲音。他說：

「他訓斥他們的方式，好像他是他們的主人似的。」WM先生的女婿經營的貝賽特鏡子公司，每年都會捐款贊助鎮上的社區活動中心。景氣不好時，鏡子公司減少了捐款。對此，史皮曼一度揚言，要從活動中心的招牌上移除WM先生的名字。

長期在貝賽特擔任管理者的人都說，沒有人能幸免於史皮曼的嚴苛斥責。他最親近的知己，是長期擔任貝賽特優越線的廠長菲爾波特。在貝賽特的全盛時期，貝賽特優越線一個月可以創造出六十萬到一百二十萬美元的家具獲利。有一次菲爾波特實在太氣史皮曼了，他憤而扔出鑰匙，不小心刺破道格先生的油畫肖像。「我罵他SOB，他也罵我，我們就吵起來了。」菲爾波特笑著說。

這個敢吵、敢罵髒話的廠長，是少數和史皮曼天天鬥嘴的人。他不僅活得比他久，有機會親口說出那些往事，他也很喜歡史皮曼。史皮曼甚至送他去哈佛商學院，進修一學期的企經班課程。「他想幫我提升素養，可惜沒有效。」菲爾波特說。

某次，菲爾波特在高點市展示新產品，他介紹那個家具的「雙焦門」，史皮曼一聽就破口大罵：「真要命！我花那麼多錢送他去哈佛，他連**雙摺門**都不會講！」[159]

不過，菲爾波特在哈佛進修時，碰到岳母過世，史皮曼馬上派企業專機去接他回家奔喪。當史皮曼聽到馬汀維爾有個女人需要動攸關生死的手術，而那個手術只能在康乃狄克州的紐哈芬市進行時，他也私下派企業專機載她過去，再接她回來。[160]他要求公司的財務長撥款兩萬五千美元去整修鄉間的黑人教會，不過，當他後來得知教會的牧師（也是貝賽特鏡子公司的員工）把那筆錢送給「陷入困境的姊妹們」時，他相當憤怒。菲爾波特笑著回憶這段老闆發怒的往事。

我訪問過多位貝賽特家具裡的重要人物，但鮮少人的家裡擺放著貝賽特家具，菲爾波特是少數使用貝賽特家具的人。他的家族位於歷史更久的企業鎮裡（一度蓬勃的菲爾波特鋸木區），他在家族的土地上蓋了磚屋，磚屋裡擺放了他任職貝賽特期間所生產的飯廳家具組及其他家具。

他的家族不像貝賽特那麼富裕，不過他們和當地的權貴一樣關係密切，尤其菲爾波特的堂哥就是有權有勢的議員A．L．菲爾波特，「我喜歡貝賽特家族的每個人，但我認識的每一個貝賽特都會把你罵到臭頭。」他說。

二〇一二年夏天，我和菲爾波特初次見面。當時他剛從法國度假回來，廚房的流理台上擺滿了菜園栽種的蔬菜，多到後來他還送我一袋小黃瓜和一杯冰茶帶回家。他的口音比較接近強尼．凱許（Johnny Cash）的鼻音，而不是安迪．格里菲斯（Andy Griffith）*的斯文腔調，話語間不時穿插著該死這個字眼，感覺他似乎把那個字當成逗號使用了。他說上個世紀中葉，家具製造競爭激烈，也很有趣，而且占了他大半的生活。他算過，要是把投入的時間都算進去，他的時薪大約是六十五美分。

史丹利家具公司的薪水可能高於貝賽特，馬汀維爾的胡克家具廠（Hooker）和美國家具廠（American）可能也比較高。但貝賽特一年會發兩次獎金，分別是在聖誕節和國慶日（一九七〇年的聖誕節，年資至少二十年的裝配線工人，獎金是四百九十美元）。就像理髮師科伊說的：「那是老佃農的心態，感覺像一次拿到四百張一元的美鈔，你這輩子沒見過那麼多錢。」

貝賽特的管理者很瞭解工廠勞工的心態。菲爾波特說，高層可拿到豐厚的獎金，他說他退休前（一九九九年）的半年獎金是六萬五千美元，當時他管理十三家工廠，其中兩家在喬治亞州，五家在北

---

*譯註——美國演員、導演、製片人、作家、福音歌手。在五、六〇年代憑《安迪格里菲斯秀》中扮演的警長安迪．泰勒（Andy Taylor）走紅，有「美國警長」之譽。

卡羅來納州。

史皮曼和菲爾波特有時會一起去收購工廠，有一次他們喝光整瓶威士忌，滴酒不沾的財務人員則負責開車。史皮曼很喜歡和其他家具公司競爭，尤其是史丹利家具公司。不過，他倒是很樂於和這些同業聯手壓低工資。「我們有秘密協議。」菲爾波特低聲說，他從一九五五年到一九九九年都在貝賽特工作。他們故意不雇用彼此的員工，也就是說，貝賽特的員工無法離職去史丹利找薪水更高的工作，反之亦然。以前，失業率很低，很難找到及留住好勞工。數十位亨利郡的前廠工告訴我，直到一九九〇年代中期，他們都還可以早上辭職，中午以前就找到別的工作。

一九七〇年代，勞工相當珍貴，貝賽特甚至每天去羅斯堡監獄（Rustburg），載運可離監勞動的罪犯到工廠工作。[161]那些罪犯的工資和一般勞工相同，不過部分薪資是支付給州政府作為膳宿費。二〇〇五年史皮曼受訪時表示：「一九九〇年代中期，墨西哥人的到來可說是天賜良機。」在貝賽特位於洛杉磯的鋪墊工廠裡，拉美裔的工人比例特別高，他們不像亨利郡的黑人勞工那麼好相處。「每個家庭都有個大家長，如果縫紉室需要人手，你就告訴那個大家長，並雇用他隔天帶來的人。我們不知道他們是不是合法移民。」史皮曼補充：「但現在，你最好只雇用合法移民。」意指移民法的執法愈來愈嚴。

互相競爭的家具製造商也會保護共同的利益。科伊回憶，一九七〇年代初期，史丹利短暫出現工會時，工人為了爭取更高的工資而罷工，史丹利偷偷把木材運到三哩外的貝賽特製成家具。「別相信他們兩家公司相互競爭的鬼話。」他告訴我，「說到工會，貝賽特會竭盡所能地幫助他們，因為他們也不希望工會接近自己的工廠。」史皮曼在二〇〇五年受訪時也證實了這個說法。[162]

在史皮曼的管理下，淨利最重要，家具設計和製造都極其迅速。雖然他的學經歷都是在紡織業，但一九三七年到一九八六年在貝賽特工作的史考特說，他學習家具製造業的細節「比我認識的任何人都快，他會讓你覺得自己實在很沒用，他是不折不扣的天才」。

詹姆斯・瑞多（James Riddle）以前是貝賽特的區域業務經理，目前在進口公司來思達（Lifestyle）擔任執行長，他指出史皮曼最擅長的一向是業務。「史皮曼可以走在高點市或紐約市的大街上，賣聖經、爆米花或巧克力糖，每個路人都想跟他買。」瑞多說，「約翰總是想在你講完話之前就回應，那本身是個才華，但史皮曼才是天生的業務高手。」

有時候，史皮曼甚至也會對此抱持謙虛的態度。每次陌生人問史皮曼，當初他是怎麼踏入家具業的，他喜歡面無表情地回應：「娶了貝賽特的人。」

那幽默感有時也沿用到他經常痛批的競爭對手身上。業務經理喬・米鐸斯（Joe Meadors）也是史皮曼的心腹之一，他回憶貝賽特曾經模仿迪克西家具公司（Dixie Furniture）生產的一套家具，連角落的銅套都一樣。史皮曼和迪克西的執行長史密斯・楊（Smith Young）是勁敵，業界稱楊是「北卡羅來納州的史皮曼」，而且那說法毫無褒揚的意思。有一次，楊因為緊急切除闌尾而住院，史皮曼發了一通電報給他：**請不要死，不然我會變成家具業的頭號混帳**。之後另一位競爭對手也發了電報：**你們的董事剛剛投票，七比五希望你能撐過來**。[163]

史皮曼要求設計師吉倫奈克模仿楊的一套家具，名叫「抵達」，並叫菲爾波特去研究如何生產，並以低於迪克西六十美元的價格販售，而且還要有獲利。「我們就卯起來照抄啊！」米鐸斯告訴我。

更妙的是，貝賽特還把那套模仿的家具取名為「出發」，並把家具的定價單寄給楊，楊回信：**謝謝你們幫我的新家具組宣傳曝光，自從那組照片出現後，我們的業績確實增加了**。

我訪問的每個人談到史皮曼時，沒有人比他旗下的頂尖業務高管米鐸斯更挺他，連他的妻子和兒子都沒有米鐸斯來得熱切。一九六〇年代初期，米鐸斯在汽車經銷商工作，史皮曼跟他買車，不久之後就把他挖角到貝賽特工作。在史皮曼掌權的期間，貝賽特的獲利大增，所以米鐸斯退休時，有足夠的財力在史密斯山湖（Smith Mountain Lake）的富裕郊區興建寬敞的湖畔住家，裡面也擺了貝賽特家具。他在貝賽特鎮仍有房產，但是自從貝賽特鎮的工廠開始關閉後，失業率長期居高不下，他很難把當地的房產租出去。

我第一次打電話給米鐸斯安排訪問時，他就開始為史皮曼講好話，稱讚他是忠誠的老闆。我請他舉例，他說他必須思考一下。幾天後我造訪他家，他列舉了一張清單，上面寫滿了他想為史皮曼辯解的事，包括說明他很忠誠的兩則故事。其一是跟貝賽特員工的妻子有關（那個妻子也是貝賽特的員工），她被判盜用公款。報紙披露那個消息後，她的先生去史皮曼的辦公室遞送辭呈。

「為什麼你要辭職？」史皮曼咆哮。

「因為我太太盜用了那筆錢。」

「是沒錯，但你拿了其中一部分嗎？」

「沒有，先生。」

「你知道她盜用公款嗎？」

「不知道，先生。」

「那就給我滾下樓去工作。」史皮曼告訴他。此後再也沒有人提起他妻子的事。

第二個例子也一樣生動有趣，雖然最後出現了反效果。企業專機的機師莫里・韓邁克（Maury Hammack）某天在機場練習著陸，卻忘了放下起落架，嚴重刮損了機腹。

韓邁克打電話報告狀況時，史皮曼對著電話咆哮：「你說什麼？」其他的經理人已經請求史皮曼開除他好幾個月了，說他的飛行技術很危險，不正統。米鐸斯身為業務部的負責人，認為把西爾斯（Sears）、潘尼百貨、列文家具（Levitz Furniture）等主要客戶奉為上賓很重要，不能危及他們高階管理者的生命安全，所以米鐸斯也希望史皮曼開除韓邁克。

米鐸斯說，韓邁克讓那些零售業的高階管理者搭機時，承受不必要的風險，例如在濃霧中降落。有一次他不知怎的在喬治亞州的跑道上抓起一隻蛇，瞞著史皮曼以外的所有人（史皮曼發現紙袋會動，離他的頭不遠），把牠放進紙袋裡，帶回維吉尼亞州。

「史皮曼為此痛罵了他一頓，但你不得不承認，韓邁克是個奇怪的傢伙。」另一位貝賽特的高管雪伍德．羅伯森（Sherwood Robertson）說。

儘管如此，米鐸斯還是驕傲地指出，即使韓邁克把公司那架價值一百二十萬美元的十三人座螺旋槳噴射機開壞了，需要花兩萬美元修理，但史皮曼出於忠誠，還是不願開除他。

韓邁克現年八十幾歲，早已不再飛行。他花很多時間舉辦聚會，團聚那些一起打過韓戰和越戰的空軍袍澤。機腹受損後，史皮曼對韓邁克很生氣，最後逼他去接受精神科醫生的診斷，經過五次評估後，醫生的診斷結果著實令人訝異：韓邁克說，醫生判斷他的問題是因為不堪老闆的虐待。最後他被迫從辭職或解雇中二選一。

導致精神科醫生做出那個診斷的事件是什麼？幾年前，在暴風雪中，韓邁克在芝加哥外的保瓦基小機場（Palwaukee）降落。機上除了史皮曼以外，還有六、七位高階管理者，其中一位是業餘飛行員。當時已是午夜，跑道已結冰，韓邁克選擇迎風降落在短跑道上。就在飛機快要衝出跑道、衝進森林的前幾秒，他及時停住了飛機。史皮曼認為該作法很危險，登機返航前，他喝了幾杯酒，開始大罵韓邁克。

「你是要害死我嗎？」史皮曼咆哮。

韓邁克卻又笨到問了明顯的問題：「史皮曼，你是不是喝酒了？」

史皮曼頓時脹紅了臉，在韓邁克還沒搞清楚狀況以前，他感覺到大腿出現一陣劇痛，「就像有人拿球棒打了我一樣。」他說。史皮曼猛力地踹了他一腳。

當下韓邁克大為震驚，轉身離開。

他想搭計程車去芝加哥的歐海爾機場（O'Hare），拋下大家、工作和霸道的老闆不管。但是他想到家裡還有妻子和五個孩子要養，一九七〇年代中期的工作又難找，所以他還是留下來了，此後他一直很後悔當初做了那個決定。「從此以後，史皮曼就對我為所欲為，因為他已經證明他馴服我了。」

韓邁克說，他在貝賽特工作的那段期間，始終沒有安全感。史皮曼再也沒對他動手了，但還是會訓斥他。「史皮曼是變色龍。」韓邁克說，「他有領袖魅力，聰明絕頂，但可能隨時變臉。」

在某次秀展上，貝賽特延續每年的傳統，頒贈一套免費的臥房家具給當年獲冕的維吉尼亞小姐。史皮曼熱情親切地問候那位佳麗，但是維吉尼亞小姐和護送者以及鏡頭一移開，他的親切感馬上消失。

他轉向公司的公關人員比爾．楊，不滿地說：「我們又要送那個賤人一套臥室家具組嗎？」楊笑談那段回憶。他說，他喜歡開車載著老闆到處跑，即使史皮曼每次下車都對周遭聽得見的人抱怨楊的開車技術很糟。楊說：「他好像忍不住就是要抱怨幾句。」講話狠毒是他的特色。

「我也不知道他為什麼會那樣，究竟是因為童年，還是什麼因素。」楊告訴我，「但我覺得他其實不像表面上裝的那麼強勢。」

◆

史皮曼年幼時，父親外遇，拋家棄子，於是父母離異，他從小在富有的漢克舅父（C.V. Henkel）家成長，舅父送他去讀軍校。「他的成長比較不順遂。」其子羅伯說，「他的父親很糟，我想那影響了他，我爸向來都是一副『別惹我』的樣子。我成長的過程中，有好幾年我們經常爭吵，而且吵得很兇。」

漢克以「桑尼」（Sonny）稱呼史皮曼，成年以後，史皮曼對那個小名很感冒。莫頓記得以前和史皮曼及其他董事一起去北卡羅來納州的牛頓鎮。他們邀請鎮上的行政官及其他的政要吃飯，以說服他們封閉一條路，讓貝賽特的鋪墊製造廠使用。漢克曾是參議員，他還特地邀請北卡羅來納州的參議員山姆·爾文（Sam Ervin）出席（那次餐會後不久，爾文就擔任參議院水門事件委員會的會長）。

「桑尼，你今晚犯了一個大錯。」漢克告訴外甥，「爾文參議員一年婉拒三百場演講，你今晚講話時，忘了感謝他到場賞光。」

莫頓和其他的董事回旅館房間後，他們都聽得到史皮曼以刺耳的聲音，訓斥舅父在董事的面前批評他，現場聽得見他們爭吵的人都覺得很尷尬。莫頓記得當時他為在場的每個人（包括自己）感到既同情又害怕。「我想，他可能覺得自己受到父親拋棄。」他說，「但他那麼有謀略又聰明，因婚姻而進入這個家族很可惜。」

◆

到了一九七〇年代初期，二戰後的經濟榮景已正式結束。一九七三到一九七五年的經濟衰退帶來停滯性通膨，市場面臨高失業率和高通膨的雙重打擊。石油危機逼近，加油站大排長龍，石油輸出國組織（OPEC）占據了新聞頭條。一九七七年的冬天，美國總統卡特呼籲美國人調降恆溫控制器。

這時史皮曼仍持續收購新廠，例如喬治亞州都柏林鎮（Dublin）的家具廠、北卡羅來納州希科利的兒童家具廠，並斥資數百萬美元大打全國性廣告，包括黃金時段節目（介紹全國各地豪宅）的廣告。這時貝賽特在全美十三州共有三十四座工廠，員工總數超過六千人。一九七〇年的廣告是找影集《千面女郎》（*The Carol Burnett Show*）的薇琪・羅倫斯（Vicki Lawrence）飾演童話裡的「金髮女孩」（Goldilocks）*，帶著三隻熊到充滿貝賽特家具的店裡購物。那廣告想傳達的訊息是，人人都買得起貝賽特家具，從講究的城市居民、郊區的家庭，到山區的民眾都買得起想要的家具。

貝賽特家具公司一如既往，在銀行裡仍有大量現金，再加上史皮曼又積極管理每一分錢，公司的現金多達一億美元以上。「他要求廠長每個月縮減五％的成本，廠長們回來報告很難做到，說他們已經把成本砍到見骨了。」法務長施奈德說。他們沒資遣員工，但是逼員工做得更快，也讓設備運作得更久、更密集。

這種壓力讓每個人都很沮喪，尤其是JBIII，他常向姊夫要求添購新設備。「他會死纏著史皮曼，直到他批准才肯罷休。」在JD廠擔任JBIII副手的史考特說，「約翰就是纏到史皮曼受不了為止。」

當時史皮曼的目標是持續收購工廠，讓自己穩座家具業的霸主寶座，希望能讓貝賽特擠進財星五百大企業之列。另外，他也可以順便滿足一己私利，以新的計畫來對付麻煩的JBIII。

一九七二年，他在北卡羅來納州的艾里山（Mount Airy）收購兩家老舊的家具廠，規模很小，也沒有效率，坐落在沖積平原上。史皮曼動用現金來興建全新的廠房，占地四十萬平方英尺。他派JBIII每週

---

*譯註——語出格林童話故事《金髮女孩與三隻熊》，故事中的金髮女孩在三隻熊家裡看到桌上有三碗粥，太熱的不吃，太冷的不吃，只挑不冷不熱的吃。後來經濟學家引用這個故事，形容不過冷、不過熱，溫度適中的市場。

去視察進度。

他頓時發現，小舅子不在的時候，上班清爽多了。不會有人老是跑來纏著他添購新設備，也不會有人以各種迂迴的技巧來迴避支出上限，挑戰他的權威。

史皮曼把兩家工廠合併成一家，重新命名為全國艾里山家具公司（National Mount Airy Furniture Company），專門做高檔家具，那也是貝賽特從未做過的產品。為了達到損益兩平，這家新公司必須把那兩小廠每年共五百萬美元的產出，提升為一千五百萬美元。[164]

莫頓告訴我，一些董事對於史皮曼斥資興建那個超級大廠很不以為然，找了他很多麻煩。莫頓說，史皮曼把JBIII叫進辦公室，對他說：「有一天你會坐上這個總裁位置，我需要你去那家新公司，讓公司轉虧為盈，董事們對這件事非常不滿。」

JBIII在貝賽特家具工作的那段期間，稱史皮曼這招為「灌迷湯」。那招一開始是先假惺惺地讚美幾句，讓人以為要獲得加薪或升遷了，但實際上史皮曼只是希望能者多勞，要求他用更少的資源做更多的事。JBIII說：「他會灌你迷湯，迷得你團團轉，但是兩個月後，迷幻效果就消失了，你跟原來沒什麼兩樣。」

那時高檔家具愈來愈流行，史皮曼想證明貝賽特家具也可以和亨利登、貝克（Baker）、邦賀（Bernhardt）等頂級家具界的翹楚較量，台面上的理由是這樣講的。

「一方面，史皮曼給小舅子很好的機會施展能力。」家具業分析師傑瑞·艾伯森（Jerry Epperson）說，「但我認識的幾位貝賽特董事都說：『表面上聽起來很棒，細探就不是那麼一回事了。』

「我記得當時心想，你是拿著刀拍著他的肩，而且還把一切塑造成你給他很大的恩惠似的。」

JBIII將待在艾里山家具至少兩年，在史皮曼看來，JBIII很可能在那裡自亂分寸，鎩羽而歸。

Chapter 10

The Mount Airy Ploy

艾里山計策

史皮曼覺得約翰會把自己搞死，最後他確實也差不多了。

——魯本·史考特，貝賽特廠長

◆

北卡羅來納州的艾里山是演員安迪·格里菲斯的家鄉，也是其熱門電視節目《安迪格里菲斯秀》的靈感來源。我第一次去艾里山，覺得自己像個來自大城的外人——例如，來自北卡羅來納州首府羅利（Raleigh）的記者，來這裡報導梅伯里社群（Mayberry）*的好人，並試圖避開安迪警官+的拘留所。這座小鎮因為格里菲斯而永垂不朽，劇中的人物古伯（Goober）和高莫（Gomer）早就消失了，但艾里山大街上仍有很多商店向這些劇中人物致敬，那齣戲仍是聯播節目中最多人收看的節目。二〇一二年我造訪當地時，家具廠早就關閉很久了，但是這個小鎮和那齣戲的關係幾乎沒什麼改變。

電台DJ布倫特·卡里克（Brent Carrick）邀請我去

WPAQ電台上扣應節目，那是一層樓的廣播電台，以阿帕拉契弦樂界的小巨人之姿聞名全球。卡里克播放音質沙沙作響的黑膠老唱片，那些老唱片是以前紡織廠和家具廠的勞工週末齊聚一堂錄製的，他們創造了美國一些最早的鄉村音樂。我那天上廣播節目的目的，是談我為這本書做的研究。運氣好的話，聽眾可能會打電話進來，談一九七四年在全新的艾里山工廠內工作的狀況。

結果，聽眾不止打電話進來，還有人開車爬上遍布野葛的丘陵，到這個小電台來見我，其中兩人還帶了禮物。他們向WPAQ的秘書打招呼，就漫步走過咯吱作響的木質地板，經過一九四〇年代留下的老舊廣播設備，直接走進廣播室——當時我們正在廣播中。

「嗨，艾徐本（Russ Ashburn）！」卡里克介紹一首歌才到一半，先打了招呼。老歌迷是透過WPAQ740.com 聆聽這個電台，有的聽眾甚至遠在蘇格蘭，我先生是從羅安諾克收聽。他一聽節目，就取笑我的中西部清晰口音在節目上變得太甜膩。

露絲·菲利普斯（Ruth Phillips）打電話進來說，她的先生克勞福（Crawford）曾在全國艾里山家具公司（及其前身艾里山家具廠）的櫥櫃室裡工作四十五年，一九八五年退休時的時薪是六美元。更早之前，她的父親達克·里斯（Doc Reece）曾在艾里山椅子公司（Mount Airy Chair Company）及全國桌子廠（National Desk）工作，其間曾和非常年輕的格里菲斯短暫共事，午餐時間吃利馬豆和火腿比司吉時，他曾和格里菲斯交易刀子。「我父親說，當時他比較擅長交易，但話又說回來，格里菲斯後來上了大學，

*譯註——《安迪格里菲斯秀》裡的虛構社群。

†譯註——《安迪格里菲斯秀》裡的主角。

長遠來看，出路比他好太多了。」

確實沒錯。節目進行到一半，失業的創作歌手羅斯・艾徐本開車過來送我一首歌，那是二〇〇五年貝賽特關閉全國艾里山工廠不久後寫的，[165]歌名是〈RFD遊行〉（RFD Parade）。CD封面是羅斯站在美國國旗的前面，舉著手寫的牌子，上面寫著「NAFTA（北美自由貿易協定）不好」。

小鎮原本工作滿檔，
製造家具、襪子和衣裳，
處處都是美好時光。
來了NAFTA，他們說是來幫忙，
讓我們為進步喝采，高呼狂嚷！

一九七〇年代初期，艾徐本幫JBIII興建全國艾里山家具廠。他記得，新廠成立不久，他就看到員工在值班結束後，連忙衝向自己的汽車，「他們想盡快離開！」

當天第三位訪客是喬治・弗里克（George Fricke），他對於艾里山工廠的早期營運狀況也提出類似的說法。「工資少，狀況差。」他告訴我，「那是很糟的工作環境。」

不過，JBIII派駐艾里山的相關資訊中，我最喜歡的一點，是後來貝賽特高校的前足球教練米克倫告訴我的。他回憶JBIII剛抵達艾里山不久，就從當地打電話給他。

「米克倫，現在比賽進入第四節。」JBIII告訴老教練，「我站在一碼線上，這一節剩下一分鐘就結束了，我們落後七分，他們卻要我想辦法打贏這場該死的球賽。」

新廠建構期間，貝賽特收購的那兩座小廠仍持續虧損。兩廠的員工習慣彼此競爭，貝賽特把兩廠併在一起時，他們難以和睦相處。偏偏史皮曼又要求JBIII把業績提升三倍，而且又是製作公司從未生產過的高檔家具。

更麻煩的是，艾里山的家具製造者都是傳統工匠，他們最近才停用老舊的手工製程。他們不用輸送帶及亨利福特式的裝配線，所以工作速度只有貝賽特工廠員工的一半，而且他們也鮮少使用規格統一、可互換的零組件。

在貝賽特收購那些工廠以前，顧客可以把雜誌上看到的家具照片寄來，指定想要的顏色，以前的工廠就會做出顧客要的東西，即使只是一張椅子。他們就像大急流城的家具廠一樣，還為此感到驕傲。

在貝賽特鎮，WM先生在二次大戰以前就已經淘汰那些作法了。在JBIII的眼裡，艾里山的工人落伍了五十年，他們抗拒改變，缺乏紀律，態度散漫。多數的工人也沒積欠債務，自己還有果園。桃子和蘋果的摘採期來臨時，他們覺得蹺班也無所謂。退休的貝賽特經理艾迪．沃爾（Eddie Wall）說：「他們是很獨立的山區人，對你拋出一句『去死吧』，甩頭就走！」沃爾曾在艾里山工作。

當地的失業率低，所以工人不喜歡老闆的對待方式時，就乾脆辭職，反正換工作很容易。JBIII剛到當地時，員工的士氣已經低到不能再低了。

◆

工人都不知道老工廠一直虧損。他們也不知道，由於工廠缺乏現代化，無法生產零售商要求的產量，高檔家具的客群已經萎縮。獲利都進了股東的口袋，而不是用來採購新的機器。如果JBIII可以自己選擇，他一開始就會收購規模更大、經營更好、客群更忠實的公司。JBIII說：「但是史皮曼從來沒打電話問我：『你有什麼看法？』他只說：『我要你經營這些工廠。』」

他回憶：「當你的馬車輪子壞了，卡在溝渠裡，而且你是獨自一人被派到那裡時，你會想盡辦法解決問題。」他採用父親用過的筆記本管理法，但他不像父親中午還去打高爾夫球，更別說是喝威士忌了。為了讓新廠上軌道，順利運作，他的妻子告訴我：「約翰每天工作十九個小時。」還曾經這樣連續工作四十五天。他每天二十四小時都在思考、閱讀、談論家具的事，連睡覺也不例外。

他下面的廠長兼副手杜克．泰勒（Duke Taylor）記得有一次和他一起出差，那次經驗讓他得以體會JBIII的妻子大概是什麼心情。「他睡前談家具，醒來也談家具，到最後我不得不告訴他：『我已經快聽膩了！』」泰勒說。

清晨他看完《紐約時報》和《華爾街日報》後，早上六點就開始拿起筆記本管理。筆記本上列的代辦事項有時多達三百件，但是如果他把焦點放在當天他需要處理的前七、八項（列在他必須處理的兩三項之後），日積月累下來，終究會產生效果。

代辦事項中，有些項目是說服史皮曼批准五百美元以上的採購，或是說服他從亨利郡的工廠，派工頭來訓練艾里山的工人操作新機器。不過，他最大的挑戰是改變工人的固執心態：那些工人只知道他的姓氏是有名的家具品牌，他必須說服他們相信，他對這家公司的投入不止金錢而已。

「史皮曼把工廠交給他處理，卻不給他資金做事。」接替JBIII經營全國艾里山家具廠數年的羅伯森回憶道，「史皮曼錙銖必較，很會省小錢，卻不顧大筆開銷。」

全國艾里山家具廠還有什麼問題？新的屋頂逢雨必漏！天花板設計不良，搭建太高，燈具必須從頂端垂降四呎長。「很荒謬！」另一位貝賽特的廠長抱怨。那家新工廠的規模實在太大了，獲利的唯一方法是把機器操到極限……當然，操作機器的人也會被操到極限。「史皮曼覺得約翰會把自己搞死，最後他也確實差不多了。」退休的 J D 廠廠長史考特說。

工人討厭這個嚴酷的貝賽特人硬逼他們接受全面的改變。如今回顧那段歷史，彷彿 JBIII 要他們在一夕間從旋轉撥號的電話改用 iPhone app 一樣。派翠莎去美容院時，聽到店內另一位女客人抱怨鎮上新來的家具大老闆毀了她先生的生活。派翠莎說：「等一下，妳說的是我先生。」於是店內的八卦對話就此打住。

關鍵在於讓工人對工作也有類似以前手工時代的自豪感。以前手工時代是以工藝和優雅為重，生產目標不是那麼重要。「他需要讓他們知道，他們可以用輸送帶製造，依然感到同樣的驕傲。」即使現在是每天做一樣的事情，錯誤較少，產出較多，「那些都是史皮曼最愛聽到的話。」公司法務長施奈德回憶道。

派翠莎記得，JBIII 那時很擔心史皮曼趁他離開貝賽特鎮後搞小動作，所以要求她留在貝賽特鎮保持警覺，注意消息。「我說不行，你又不是上戰場。」她說，「你是去七十哩外的地方，我要跟你去！」她不是唯一被迫當眼線的人，史皮曼指派貝賽特的業務經理梅里曼到艾里山帶領業務團隊，同時當間諜。「你要搞清楚一點。」史皮曼告訴他，「你不是去替我的小舅子工作，你是為我工作。」

「史皮曼，我不希望處在那種情境下。」梅里曼說。

「我不管，反正他叫你做什麼，你都要先請示我才能做。」

梅里曼驅車直奔艾里山，讓 JBIII 知道史皮曼說的話。「這是我的困境，他要我介入你們之間，但我想為你們兩個效勞。」

JBIII 聽完後回應：「你就照他的話做吧，也讓我知道他說的一切。」梅里曼被迫當雙面間諜，這下換他得潰瘍了。

◆

工廠整頓初期，JBIII 看到一位工人坐在水桶上工作，他氣得發飆。他沒想到那是因為新廠的設計不良，導致工人必須放低身子，才能處理家具底層的細節。JBIII 以為他是懶惰，那在貝賽特是無法容忍的行為，沒有人在工作時坐下來。在貝賽特，你即使身體脫水，導致手指起皺，也不能坐下。公司在飲水機旁邊放鹽錠，不就是為了讓你們補充電解質嗎？這也難怪哈吉工作時心臟病發，還繼續做了二十分鐘，大家才想到應該送他去護士那裡。

JBIII 看到工人坐在水桶上，當場火冒三丈，把水桶從他的下面踢開，害他整個人撲倒在地。

那件事傳遍了艾里山，還翻山越嶺傳回了貝賽特鎮——那種情緒失控的消息，史皮曼肯定聽得很開心。但是當晚 JBIII 做了一件事，那是史皮曼永遠料想不到的：他到那位工人的家中道歉，懇求他回工廠上班。

如果說史皮曼重視的是權威和金錢，約翰重視的是尊重。

◆

他也做了其他事情，讓艾里山的員工逐漸對他產生好感。當公司的生產進度落後時，他會親自卸載飾面薄板。他站在新的輸送帶上方，對全體員工談論公司的財務狀況和目標。「他告訴他們，公司要如何生存下去，最後大家真的團結起來，照他的話做了。」泰勒說，「但還是有很多人不喜歡他，因為他太積極強勢了，他會在清晨六點召開經理會議。而且每個人都知道他是貝賽特的少東，跟我們每個人都不一樣。」

泰勒記得，貝賽特家族出售 JD 先生幾十年前共同創立的貝賽特紡織廠時，一天就幫子孫賺了八位數的金額。[166]那對艾里山的老百姓來說是聞所未聞的事，就連格里菲斯也沒遇過。

不過，漸漸地，JBIII 和史皮曼之間的距離，開始對艾里山的員工有利，因為 JBIII 幫他們阻擋了史皮曼暴虐無常的管理方式。為了提升業績，史皮曼下令艾里山工廠在製造高檔家具的同時，也幫其他的貝賽特工廠製作銷售給潘尼百貨（貝賽特的最大顧客）的中級家具。「你不能隨性地要求那些人一下子做這個，一下子做那個。」泰勒說。

不過，在艾里山，有些經理終於透露出和史皮曼和睦相處的秘訣：絕對不能讓史皮曼認為，你需要他多於他需要你。艾里山的經理羅伯森（現在是家具顧問）說，當史皮曼無意間透露，他知道羅伯森在馬汀維爾銀行的個人信託帳戶裡有多少錢時，他才意識到這點。而且史皮曼還厚著臉皮建議羅伯森，挪出七位數的金額投資貝賽特的股票（他拒絕了）。

從此以後，羅伯森成為少數敢獨自做工廠決定的貝賽特高管。他安排了一個廣告活動，他知道史皮曼不會批准。他也在高點市率先推出業界第一套路易腓力風格的家具，史皮曼覺得那套家具「醜死了」，下令把它從展示區移開。但那套家具後來成為全國艾里山最暢銷的家具組，也是業界最受歡迎的產品，更是 JBIII 攻擊中國競爭對手的重要武器。

羅伯森正好擁有貝賽特多數員工所沒有的東西——足夠的錢，所以他可以不甩史皮曼。第二個和史皮曼和睦相處的關鍵也許更重要：史皮曼知道羅伯森可以隨時想走就走。

JBIII 的財力至少和羅伯森相當，但他欠缺的是，像他的父親和祖父那樣經營貝賽特家具的滿足感，那是史皮曼的王牌。

他無法讓時光倒流。

無法讓道格先生死而復生，捍衛兒子在公司裡的地位。

無可否認，史皮曼不僅比JBIII先搶占了執行長大位，他看起來也無意在高層為JBIII騰出一個位子，無論他成熟了多少、提升了多少生產力，或連續工作幾天沒休息。

在艾里山待了兩年後，JBIII已經向董事會證明，他可以讓一家巨大的新工廠轉虧為盈。家具分析師艾伯森說：「他推出一些我見過最美、最有創意的產品。」包括艾伯森在里奇蒙市的辦公室裡仍使用的大型捲蓋式書桌，那是由二十六片實心橡木組成的。

更重要的是，JBIII也證明他有辨識頂尖人才的能力，即使是在最詭異的地方，那種識人的才能後來證明比他所想的還要實用。在泰勒的協助下，JBIII從羅斯平價商店（Rose）雇用琳達．麥米蘭（Linda McMillian）——當時她正在拆解爆米花機——使她變成美國最頂尖的家具工程師。那時麥米蘭滿手都是爆米花的油漬，也沒受過機械訓練，但她工作非常認真，可以在腦中思考複數幾何學——只要你讓她整天抽菸，不必跟任何人講話就行了。

在貝賽特，他光是面試這種怪咖，可能就會遭到取笑。一個體重才四十公斤的女人，怎麼獲得工頭和其他勞工的尊重？

不過，這時JBIII終於開始明白，老家已經沒有他的機會了，即使他的姓氏就印在家鄉的煙囪上。

一九七七年，派翠莎和JBIII帶著三個稚子開了七十英里的路回貝賽特時，情況看起來更是明顯。史皮曼已經重新規劃泰姬瑪哈陵三樓的辦公樓層，他和秘書就占了兩個空間，包括JBIII以前的辦公室（那個掛著祖父親筆信函的辦公室）。史皮曼顯然刻意設計了樓面圖，想要走去董事長艾德先生的角落辦公室，就必須先穿過他的辦公室。[167]法務長施奈德及財務長的辦公室也在那裡。

但那裡已經沒有JBIII的空間了，史皮曼把全國艾里山家具的辦公室放在共同的開放空間裡，那裡以前是服裝店，和貝賽特總部在同一條路上。「他有專線電話，但沒有秘書，辦公室只有二十平方英尺大。」莫頓告訴我，「那真的很屈辱。」

JBIII舉家遷居艾里山三年，現在回到家鄉，他並未預期家鄉會列隊歡迎他，但他確實預期另一個在貝賽特更罕見的東西：對於他剛剛驚險贏得的勝利，給他一點小小的肯定。但是他什麼也沒得到，連他祖父那封裱框的親筆信也被人從牆上摘了下來。

Chapter 11

The Family Elbow

家族角力

史皮曼在一九八二年前後，確實是兩種不同的風格。艾德先生過世後，史皮曼的肢體語言、舉手投足、一切言行舉止都變得更強勢霸道。

——法蘭克．施奈德，貝賽特法務長

◆

不久，史皮曼就忙著處理比自大的小舅子還要嚴重的擔憂，海外競爭者開始攻占家具市場了。

毛澤東的繼任者鄧小平正在推動全新的「社會主義市場經濟」，開放中國接觸外國投資、全球市場，以及有限的私人競爭。「致富光榮」成了他的口號，那口號正是把中國推向資本主義的力量。[168]台灣和香港的企業家特別熱中於這股風潮，既然他們無法賣太多的東西給貧困的中國人，何不利用那些有紀律的勞動力來製造產品，再銷往世界各地呢？

一九七八年七月，香港的太平手袋廠在東莞市開設第一家中國的外商獨資工廠。工人把香港運來的原物料加工成皮包，再運回香港，轉售到世界各地，後來有數千家公司都沿用這種模式。[169]中國逐漸淘汰老舊的公社制度，開設商店。從皮包開始，接著鞋子、袋子、服飾、行李箱公司也紛紛到中國設廠，加工再出口，這導致中國的外貿金額在一九七八年底提升至二〇六億美元。[170]家具確實比皮包更大、更笨重，但並非無法運送，尤其是可以輕易拆成零組件的東西，例如茶几（稱為配套家具）和椅子。

到了一九八〇年，中國政府已經設立四個「經濟特區」。那些地方可以實驗創業概念，包括允許外商投資和提供稅務優惠。於是在十年內，中國的出口值飆破了一千億美元。

◆

一九八〇年代初期，史皮曼在家具製造商的餐會上演講時，曾發表他對遠東競爭者的看法，席間也包括一些亞洲的企業家。「我看到一份清單，發現你們也讓該死的亞洲人進了這一行。」他指的是海外競爭，他的話導致現場有些人不禁在座位上瑟縮了起來。一九八五年，他看到公司的收入下滑四%後，對股東發表一場很有先見之明的演講。他說，雖然他不歡迎政府干預，但競爭需要某種形式的平等，否則美國製的配套家具很快就會絕跡。[171]

他的妻子珍回憶道，第一位建議貝賽特從環太平洋國家進口家具的人，是紐約某位商務人士。當時環太平洋國家出口拆卸利落的配套桌椅，運到美國以後才組裝。

「我不能那樣做。」史皮曼說，「對這裡的居民來說，那是他們的生計。我要是關廠，他們都會失業。多數人沒有市場需要的其他技巧，也沒有高中學歷，那他們要怎麼辦？」

珍聽到投資銀行家的回應時，不禁心頭一沉，全身起了雞皮疙瘩。「我會等著看。」他告訴史皮曼，

「那種事情一定會發生，你可能不希望它發生，但你會被逼著接受。」

珍記得父親（第二代家具業者）在一九六〇年代初期就討論過全球化，那時南韓和日本開始出口收音機、電視、汽車零件。道格先生確信，家具業不會受到產業外移的影響，他說因為家具笨重又龐大，運費太貴。但是，珍聽到加州梅西百貨和潘尼百貨裡的零售商談論進口家具看起來有多棒時，開始懷疑父親的說法（加州是亞洲進口品第一個打入的美國市場）。

史皮曼要求業務員運一些從中國進口的雞尾酒桌到貝賽特工廠，接著要求採樣師傅做出一樣的組件，並算出組件的成本。「我們的成本，不算任何利潤，明顯比那些加州的競爭對手還高。」珍回憶道，現在仍覺得不敢置信，「那你怎麼辦？」

史皮曼知道，要是零售商販售的進口商品量更大，利潤會更高——尤其進口貨又比美國製品便宜二〇%到三〇%。他又想到，萬一零售商跳過中介商，直接向亞洲製造商採購，他們就再也不需要貝賽特家具了。

珍指出，一九七九年史皮曼第一次去中國參觀工廠，當地缺乏安全防護的狀況令他大為震驚。中國的工廠很擠，到處都是泥地，多數工人擠在狹小的宿舍裡。一個班次結束時，疲倦的工人會爬上床休息，接替他工作的夥伴在不久前才剛從同一張床上醒來上工。即使是一九〇二年，貝賽特鎮也不是那個樣子，當時勞工是從鄉間到鎮上工作，有些人黎明前就提著燈籠走路上班。一般的中國移工是買單程票，從故鄉搭公車或火車到工廠，住在宿舍裡，把工資寄回鄉下老家。

身為維吉尼亞港務局（Virginia Port Authority）的局長，史皮曼「非常清楚那些貨船和貨櫃的規模，他也知道我父親四十年前的說法很荒謬」，珍回憶道，「亞洲人可以把想運的任何東西都運到世界各地，當他看到那些工廠的規模時——位於廣大園區的超大工廠——他知道那不再是威脅，而是災難已經上門了。」

而且你猜亞洲工廠最常模仿的家具公司是哪一家？

「他們不會仿效二三線的平庸業者。」家具業分析師艾伯森告訴我，「要仿一定是仿貝賽特。」

第一批專為美國顧客設計家具的進口業者，主要是位於香港和台灣。整個一九八〇年代，他們持續接觸史皮曼及其他家具公司的執行長，承諾供應品質和貝賽特相當的家具，但成本比美國本土製造的少二〇%到三〇%，而且那個成本已經加計運費了。美國人考慮那些選擇時，也讓那些進口商參觀他們的工廠，不過有些事情還是不對外透露：台灣廠商從來不准踏進貝賽特的金雞母：貝賽特優越線，那裡每小時可生產兩百個床頭櫃。

在一九八〇年代初期，台灣出口商大都是製造家具的新手，尤其是塗裝流程。不過，他們的技術還會落後多久，沒有人知道。美國家具工人的時薪是五．二五美元，台灣是一．四美元，中國大陸是〇．三五美元。[172]遠東地區也許不像貝賽特優越線那樣擁有機器或超快的輸送帶，但是叫勞工去解決問題時，沒有人比華人工作得更勤奮、更久或更便宜。

那對美國家具商來說是很微妙的時期，對史皮曼來說尤然，即使他確實仍執掌世界第一的木製家具公司，一九八一年創下營收三．〇一億美元，淨利兩千五百一十萬美元的記錄；[173]獲選為幾家財星五百大企業與知名機構（包括大學、煤炭公司、銀行和保險公司）的董事；身任維吉尼亞州港務局的局長。那職位讓他多了一個綽號「核能鮑勃」，以紀念他一人力抗紐西蘭的行動。一九八四年，紐西蘭拒絕讓美國海軍的核能動力船入港，史皮曼隨即停止向紐西蘭採購木材。他告訴《維吉尼亞商業》（*Virginia Business*）雜誌：「我只是不想再看到這個國家受到欺侮。」

更麻煩的是，貝賽特家具公司此時正面臨新的訴訟，陷入新聞風暴：一些兒童在貝賽特生產的嬰兒床中死亡。那組嬰兒床名叫「燭光」，採用美國早期的風格，設計上是仿效熱門的成人床具組，床頭一模一樣，床柱雕飾附近有凹口，只不過整體而言比較迷你。設計師當初沒考慮到，嬰兒的頭可能卡在床柱雕飾和床頭之間的凹洞裡。另一種名為「曼德勒」的竹製嬰兒床也有類似的缺點。嬰兒一旦卡住，就會陷入驚慌，死命掙脫，用力往後拉，直到精疲力竭。當他們癱往嬰兒床的邊緣時，便窒息死亡。

史皮曼並未從市面上回收那些嬰兒床，而是下令停產，並運送改裝套件給零售商，請他們免費發送給購買燭光嬰兒床的顧客——亦即零售商還找得到的客人（曼德勒嬰兒床的床柱雕飾可以直接卸下，消除危險）。那套改裝套件裡有一塊木頭，需要用螺絲起子和電鑽才能把它固定在床頭板上，「我說：『天啊，史皮曼，不是每個人家裡都有電鑽。』」董事莫頓說，「他只叫我閉嘴。」

有兩起訴訟是假的，貝賽特的法務長施奈德發現，兒童法醫專家證實一個嬰兒不是死於窒息，而是死於頭部鈍傷。另一起訴訟中，法醫斷定嬰兒是死於肺炎，而不是窒息。[174] 消費者產品安全委員會（CPSC）的調查顯示，施奈德擔心「瘋子」得知嬰兒床的問題後，會想辦法占貝賽特家具的便宜，趁機撈一筆。調查人員指出：「他認為那種人可能虐待孩子，接著用貝賽特的嬰兒床製造意外的假象。」

一九八〇年，專欄作家傑克・安德森（Jack Anderson）報導嬰兒床猝死事件時，已有六名嬰兒喪生，其中一位住在底特律郊區，親戚在販售嬰兒床的零售店裡當秘書，但沒把改裝套件送給嬰兒的父母。改裝包就放在那位親戚的後車廂，從未開封。女嬰是因頸部血管受到壓迫而逐漸死亡。

南卡羅來納州格林維爾（Greenville）的一名嬰兒，在死前靠著維生系統撐了十七個月——她過世那週，貝賽特剛好同意支付四十一萬六千美元的庭外和解金。

安德森的專欄把貝賽特家具痛批了一頓，他指責貝賽特未依法通知CPSC，應處以民事罰款十七萬五千美元。[175] 安德森也痛斥「企業高層反應遲鈍」，顧客李查・包爾（Richard Ball）曾提醒公司那個問題，說他女兒的頭在貝賽特的嬰兒床裡卡過兩次（沒受傷），安德森顯示一九七六年包爾寫給施奈德的信件內容：「那種情況可能致命。」

施奈德指出，貝賽特的嬰兒床完全符合聯邦法規，並補充：「我認為你對小孩的體驗反應過度，提醒這個商品可能致命也有誇張之嫌。」

史皮曼讀到那篇專欄時，他問施奈德：「天啊，施奈德，你真的那樣回應嗎？」

那是令人悲傷的時刻，大家都束手無策。每次又傳出貝賽特嬰兒床造成嬰兒死亡的報導時，每間工廠都籠罩在低氣壓中。「那對史皮曼造成很大的壓力。」朋友萬普勒說。

如今回顧那段往事，施奈德很後悔當初的處理方式，他後來親自追蹤一九七四年到一九七七年出售的一千多張嬰兒床，以確保每個顧客都拿到改裝套件。

但有些零售商並未留下顧客資料，尤其是付現的顧客，貝賽特印製了一萬兩千張海報，發送給三千家零售商張貼，但除非顧客剛好又去店家一趟，否則不會看到那張海報（CPSC推斷，多數燭光嬰兒床最後都沒改裝，但施奈德嚴詞否認那項說法）。

公司也主動發送警告海報給美國各地的小兒科醫生，讓他們貼在候診室裡。一九八〇年，CPSC對貝賽特提出前所未有的要求：寄送危險通知給每位家中有未滿二十一個月幼童的家長。[176]那份通知總共寄給了四百萬名家長，據CPSC的估計，那花了貝賽特一百萬美元。[177]貝賽特也同意在《電視指南》（*TV Guide*）和《家庭圈》（*Family Circle*）雜誌上購買半版的廣告，以提醒消費者潛在的危險，並提供五美元的獎勵給發現嬰兒床尚未改裝的人。

施奈德坦言，改裝套件的使用超出了許多家長的能力範圍。「這也難怪他們會把我罵得狗血淋頭，我們應該馬上更換嬰兒床才對。如今回顧那件事，我知道那樣做真的很傻。」雖然大部分的訴訟確實是源自於設計缺失，「你還是必須一一調查清楚。」他說。那些調查也為悲傷的家屬增添了不必要的紛擾。總計，他們發現九起事件和嬰兒床有關，最後貝賽特總共支付了八十萬美元的和解金。[178]

◆

施奈德現年八十四歲，身體硬朗，還能在他的休閒農場上做事。他和我約在貝賽特福克斯商店街（Bassett Forks）的麥當勞（那條商店街上都是速食餐廳和加油站，接近馬汀維爾和貝賽特鎮的交界處）。他經常和退休的家具業人士約在那裡喝咖啡，也常滔滔不絕地談長命百歲的目標。他想發洩對史皮曼的不滿，他從貝賽特退休後，又去競爭對手那裡工作，史皮曼認為他違反合約裡的競業禁止條款，所以拒絕支付他退休金。

施奈德為此告上法庭，但他發現那個案子可能要支出很高的法律費，最後是以和解、拿回退休金收場。施奈德後來放棄了普拉斯基家具公司的工作，他說，其實普拉斯基家具是製造古董櫥櫃，對貝賽特來說不是重要的競爭對手。他告訴我，他現在仍避免高脂食物，三餐以蔬菜和健康的穀物與堅果為主，維持鹼性膳食，他認為那樣可以避免罹患癌症和其他疾病。

「我天天祈禱貝賽特家具繼續營運下去，那樣他們就必須繼續支付我的退休金，直到我一百一十歲。」他說。

◆

施奈德說，面對嬰兒床事件的考驗時，史皮曼始終支持他的作法。但是一九八一年艾德先生宣布退休後，史皮曼就開始變了。他不僅緊抓著總裁的職務，也占了艾德的董事長位置。施奈德說，少了艾德先生的制衡後，史皮曼不僅霸占了大部分的行政樓層，也成了企業轉輪的絕對核心，所有的輪輻都是直接通往他，使他擁有近乎無限的權力。資訊都是直通史皮曼，但鮮少回流，JBIII連權力核心的內圈都擠不進去。

家具業稱讚史皮曼嚴苛和務實的態度，一九八一年把他評選為業界最佳執行長。貝賽特是單一品牌產量最大的家具製造商，在十四州擁有三十五家工廠，共七千名員工。

當時史皮曼五十四歲，外界對他的形容是上一分鐘迷人親切，下一分鐘粗俗急躁。「他有無限的好奇心。」一位記者寫道，「他的同事說，史皮曼對一切事物都覺得非知道不可。」[179]

那段時間，施奈德看到史皮曼做過最糟的事情是什麼？他叫一位業務員從加州搭機過來，只為了跟那個人「面對面」談話——或者，更確切地說，其實是「臉對腳」。史皮曼在下屬環繞下，脫下鞋子，把穿著襪子的腳舉上會議桌的邊緣，告訴那個人，他被開除了。

還有一次，史皮曼得知他的遊艇船長重複收到兩筆薪資，當船長拒絕退回第二筆錢、認為他理當獲得獎金時，史皮曼派施奈德去北卡羅來納州的曼蒂奧（Manteo）提告。「那不過是五、六十美元而已。」施奈德不滿地說，「我去一趟法院的成本是那筆錢的五倍，而且我覺得丟臉死了。」

貝賽特的經理沃爾說，史皮曼有時會邀請一群廠長到他的遊艇上。沃爾和JBIII一樣，都不屬於那個受邀去釣魚或打牌的小圈子。「他們說他在遊艇上很隨和親切，但有一點例外：最後他總是要求客人刷洗甲板，清掃乾淨！」

貝賽特裡似乎沒有人知道，一九八二年十二月，是什麼原因導致JBIII毅然離開。或許他已經厭倦了沒有秘書的辦公隔間，或是厭倦了每次採購新的螺絲起子都要先獲得批准。也許，就像史皮曼的好友兼競爭對手萬普勒所想的，派翠莎終於下定決心說：夠了！

「拜託，他們都是百萬富豪！」萬普勒指出，「何必受那些氣？所以派翠莎說：『我們去加萊克鎮吧。』就這樣。女人總是比男人聰明，你不知道嗎？」

另一種說法是：董事會明顯受到史皮曼及其子羅伯的威嚇，也許JBIII終於看清了真相，總裁的位子永遠輪不到他。「約翰有時很氣史皮曼，但史皮曼就是不理他，把他當空氣。」萬普勒回憶，「對約翰來說，那是他最受不了的。」

據傳，史皮曼和JBIII彼此對抗到最後，還演出全武行。那消息一如既往，傳遍了整個亨利郡的山谷和山區。貝賽特的一般百姓（勞工、圖書館員、理髮師和美容師）提起這件事時，都講得跟真的一樣，所以這件事已經成了當地普遍相信的傳聞，就像艾德先生不會在史密斯河裡上下揀選、JD先生把同一批木材重複賣給鐵道公司兩次的軼事一樣。正如喬尼爾說的：「史皮曼和約翰不會交易馬匹。」那句話在亨利郡的意思是：他們恨透彼此了。

「約翰肯定很想宰了他！」喬尼爾說。

這方面我找到最可靠的資訊來源，是八十五歲的救援隊義工克勞德．克伯勒（Claude Cobler）。克伯勒說：「我只能說，史皮曼有幾天沒來上班，他被打得鼻青眼腫。」我問他，他是不是那個收了一百美元封口費的救護車司機（據傳JBIII付了封口費給司機，叫他別說出載史皮曼去醫院的事），克伯勒尖叫：

「我不談那個！」

「那件事發生時，鎮上的每個人都知道，但大家從來不談論。」他告訴我，「我們不習慣說衣食父母的壞話。」克伯勒常拜訪JBIII的母親露西，請她支援貝賽特的義務救援隊。他很感念露西在社群裡扮演的重要角色，從來不會拒絕捐款。

三十年後，克伯勒坦承他是那個被叫到現場的救護車司機。史皮曼的朋友宣稱，他們從來沒聽過JBIII痛毆史皮曼的事，我不禁懷疑這是不是類似影集《樓上樓下》（*Upstairs Downstairs*）的故事，樓下的人都不讓樓上的人知道消息，就像莫頓不曉得完整的族譜一樣。

「我不知道打架那件事，如果發生過，我應該會記得。」史皮曼手下的資深行銷副總裁米鐸斯說。退休的廠長懷特現在仍以「史皮曼先生」稱呼他的老闆，他聽我提起這件事時，還氣得嗆我：「如果妳無法說點好聽的，就不該寫進書裡。」

至於JBIII，他一再否認他毆打了姊夫。他們確實恨透了彼此，家庭關係從此也搞僵了，但他堅稱他們之間沒有大打出手。

◆

所以，在此申明，JBIII這輩子一概否認他於一九八二年底動手打過姊夫。不久之後，他就從貝賽特家具實業公司辭職了。JBIII說他們兩人曾有肢體上的推擠，但沒有人動拳。

JBIII從那家他生來繼承的公司裡辭職那天，他對姊夫說：「我也許最後會失敗，但我不會以J．D．貝賽特的孫子、道格．貝賽特的兒子、或鮑勃．史皮曼的小舅子身分踏進棺材。」

「我不是別人的代理人。」

JBIII離開後，到他的祖父和妻子的祖父於一九一九年在加萊克鎮共創的公司工作。《家居擺設日報》（*Home Furnishings Daily*）的資料顯示，當年逢恩—貝賽特家具的業績不好，生產的家具只有貝賽特的一小部分（一九八二年，逢恩—貝賽特的銷售額是兩千兩百八十萬美元，貝賽特則超過三億美元），但是轉換公司後，JBIII終於「實現當家具公司總裁的抱負」了。[180]

當時，記者致電史皮曼，想詢問他的看法，但聯絡不到他。不過，當他接受小舅子辭去副總裁和董事職位時，他告訴JBIII不必特地回辦公室拿東西了，有人會幫他把東西裝箱（包括那個裱框的祖父親筆信），送到他家。至於祖父期望他做的大事呢？目前看來唯一確定的是，他不會在跟他同名的小鎮裡達成了。

◆

當年聖誕節的晚餐，史皮曼家裡的氣氛異常安靜。派翠莎和JBIII一如既往，帶著孩子到佛羅里達的度假屋過節。JBIII的母親露西則是和珍及史皮曼共度。家裡唯一的噪音是來自女僕葛蕾希，她從JD先生在世時就在貝賽特家中幫傭，已經做了五十幾年。

當時葛蕾希七十幾歲，是住在卡弗巷的退休寡婦，自己栽種花朵和蔬菜。屋頂需要修補時，她都是自己動手。聖誕節時，她總是主動為貝賽特家準備晚餐。她曾經幫忙帶大JBIII，道格先生過世後，她轉去JBIII和派翠莎家工作，他們讓她做她最喜歡的雜務——燙衣服——在家裡為她增闢一個小小的燙衣間，門外掛著「葛蕾希辦公室」的牌子。派翠莎懷念地說，她的洗衣技巧很差，常把衣服洗到縮水，但是在這個大家族裡，她的地位是絕對的（她的丈夫皮特長期擔任ＪＤ先生的司機）。

事實上，道格先生過世後不久，露西就打電話告訴派翠莎和JBIII，說葛蕾希正要去為「約翰先生」（她總是這樣稱呼JBIII）工作，因為她只為貝賽特家的男人工作，露西提醒他們：「你們要準備好！」所有和這個家族／企業家譜密切相關的人中（包括富豪和企業大亨），唯一一位願意質疑JBIII離開家業的人，竟然是長年在家裡幫傭的女僕。

在史皮曼的飯桌邊，沒有人想談大家心裡掛念的事，以免讓JBIII的母親露西不開心。但葛蕾希並不在乎，她已經厭倦了以禮為重的家庭，厭倦了他們以做作的虛飾掩藏真實的性格。

貝賽特人退出貝賽特家具公司？她一點都不喜歡那樣，她一邊上菜，一邊喃喃自語。

「那是不對的。」她說。

Part 4

Chapter 12

Schooling the Chinese

指導華人

在香港設廠的企業家發現，當地稅率低，又沒有愚蠢的政府干擾……政府還會鼓勵他盡可能地賺錢，他覺得那裡充滿了驚喜，毫無政治。[181]

——《經濟學人》，一九七七年

◆

這塊進口的新市場，是一位住在台灣、美國華頓商學院畢業的華人想辦法開闢出來的。中國大陸淪陷，毛澤東掌權後，莫若愚舉家逃到了台灣。他後來與台灣的望族閨秀成婚，與兩位高學歷的妻舅成了合作夥伴：哈佛大學MBA秦佩璠和工程科學博士秦佩璵。

一九七〇年代中期，香港的旅館業蓬勃發展，主要是因為工業化浪潮把許多美國企業家帶到東亞。當時中國的成長仍小，是亞洲地區的例外，都市人口僅占全人口的一七%[182]（如今占五〇%）。所謂的亞洲猛虎經濟——日本、南韓、台灣、新加坡、菲律賓、香港——已大舉崛起，為中國提供了經濟突飛猛進的鮮明例子。

然而，中國在毛澤東的鐵腕治理下，依舊貧窮孤立，以農業為主，部分原因在於自己的選擇，部分原因在於美國對中國實施禁運，直到一九七二年才結束。[183]中國正處於馬克思所謂的「資本原始積累」初期，這段期間，大量人口從農村轉往城鎮的工廠工作。中國從農村經濟轉變成工廠經濟的演化過程，落後了美國南方足足半個世紀，[184]雖然鄧小平追求市場經濟的轉變快速許多。

莫若愚知道，亞洲工業化的時機已經成熟，他和兩位妻舅貸款了八萬美元，[185]成立香港柚木製品公司，準備好充分把握這個商機。他送秦佩璠去北卡羅來納州立大學，學習家具製造的一切細節。他也派秦佩璵到亞洲各地，尋找除了貴重的原生柚木以外，還有什麼木材適合製作家具，這樣一來就不必從美國進口硬木了。

馬來西亞一帶以大片的林地栽種橡膠木以採集橡漿，就像北美栽種楓樹以採集楓糖那樣。橡漿主要用來製造輪胎、保險套和橡膠手套。當橡漿過濃，無法採集時——通常是樹齡屆滿二十五年的時候——橡膠木就砍伐下來。木頭裡因硫成分高，總是吸引大批蟲子依附。在盛產橡膠木的馬來西亞和印尼，由於氣候潮溼，常導致發霉和害蟲問題。樹木一旦砍下，便腐爛得很快，十天內就爛成果凍狀。所以橡膠木無法再生產橡漿時，一般認為已無採收價值，都是直接焚燬。

不過，秦佩璵一來，就把垃圾變成黃金了，他說：「你必須比蟲子更早一步取得木材。」他把五氯化磷塗抹在橡膠木上，發現可以防蟲，木材又不會變色。這樣一來，香港柚木製品公司就可以用橡膠木製作家具，得到類似美國硬木的效果。

那些木材都是免費的，香港的法規又少，勞力成本更是微乎其微。一九七五年，亞洲勞工的時薪是七十六美分，相較之下，美國廠工的時薪是六．三六美元。[186]

所以，莫若愚和妻舅在香港某棟高樓的兩層樓內設立工廠，開始著手拓展亞洲家具業，不再只是生產柳枝和藤條編成的家具。由於市區的空間昂貴，高樓無法加裝一般的裝卸口，他們特地在建築裡裝了坡道，讓貨車直接開進及開出較高的樓層。

他們是從生產飯店家具起家，採用較寬敞的設計，以搭配美國商務人士的壯碩體格。「貿易蓬勃發展，吸引大塊頭的美國人來到這裡，他們不喜歡亞洲的小型家具。」分析師艾伯森說。

對莫若愚和妻舅來說，生產美式飯店家具是很自然的開始。飯店業者也欣然接受他們的產品，因為放那些家具需要大一點的房間，可以收取更高的住宿費。不過，莫若愚很快就想通了一點：何不乾脆學習日本的汽車廠，在亞洲製造家具，運到美國的家具店販售呢？

幾年內，莫若愚的公司——現改稱為環美家具——就在香港、新加坡、台灣設廠。他也掌握了美國企業家花了好幾年才搞懂的關鍵：文化很重要。莫若愚讓秦佩璵負責產品的科學面，讓秦佩璠專注於事業的經營，他自己則是在工廠裡拿捏價值及協調族裔問題的專家。在文化多元的新加坡，膚色是決定階層的要素，就像貝賽特在反歧視改革之前的情況那樣。膚色最深的印度裔是負責塗裝工作；馬來人是負責木材揀選和切割的備料間；華人則是做最細膩的飾面薄板和雕刻工作。

莫若愚知道，負責銜接工作（把組件從一個部門送到另一個部門）的人特別關鍵。例如，把組件從備料間送往雕刻區的人必須會講中文，才能和華人雕刻師傅溝通；把組件交給印度塗裝師傅的人也必須和印度人自在地溝通。

「他們都是分開用餐，因為食物要求不同，這三群人不能混在一起。」艾伯森說，「莫若愚很清楚這些。他也知道發生勞力變動、稅制更改或政治議題，而導致生產必須改變時，該如何因應。他對各方面都瞭若指掌。」

義大利人和韓國人從很久以前就開始出口家具給住在美國的僑民，但莫若愚是第一個從亞洲把家具出口到中美洲的人。艾伯森說：「表面上看來，那些家具跟我們買到的本地貨一模一樣。」基本上就是貝賽特家具，只不過價格少了二○%至三○%。

所以莫若愚是第一個以美國南方家具廠一世紀前擊敗大急流城家具廠的方式——亦即靠著免費硬木和廉價勞工——擊垮南方家具廠的亞洲人。這一切過程中，最令人訝異的是什麼？莫若愚的應對始終非常得體有禮，幾乎是以美國南方的方式做生意，所以美國人把整套工夫都教給他了。

史皮曼從第一次造訪中國就開始擔心的事，很快就應驗了：不久，銷售進口家具的布羅伊希爾家具廠和其他公司，便以低價打敗了貝賽特家具。這表示史皮曼也必須依賴進口，才能維持競爭力。史皮曼預言：「我們將永遠擺脫不了進口家具。」[187]

飯廳家具是下一個進口類別，緊接在配套桌椅之後。到了一九八六年，骨牌效應已導致一些公司破產，那年有十七家美國的家具廠關門大吉。[188]

「多年來我們研發的專業技術、精美塗裝、飾面薄板和雕刻，都必須全部指導亞洲人怎麼做，好讓他們供應我們更多的產品。」亨利登家具公司的前高管及退休企管教授邁克．杜根（Michael K. Dugan）解釋。

「問題是，那流程一旦開始，就不可能停止了。」

◆

退休的行銷副總米鐸斯光是看著他家的家具，就能講述全球化的故事。他指著一張精製的雞尾酒桌，回憶莫若愚開始銷售一模一樣的桌子時，價格比貝賽特採購木材的成本還低。

那麼，莫若愚的餐桌、碗盤櫃和四張椅子的飯廳家具組呢？米鐸斯說：「他推出那整套家具時，做工之精緻，價格之便宜，你根本不敢碰。」莫若愚的工廠生產組件和面板，在沒有組裝下，裝進箱子裡，運到美國，送進他在美國各地興建的五座環美組裝廠。類似的貝賽特飯廳家具組，批發價是九九九美元（零售價是加倍）。但莫若愚販售的版本，裝飾更精緻，批發價少了兩百美元。「一開始整體的品質還不是很好，尤其是塗裝方面。但他們在裝飾面板及飾面薄板方面做得比我們精緻許多。」米鐸斯說。

美國消費者欣然接受那些進口家具，尤其價格又那麼可親。環美有一組飯廳家具組特別暢銷，以精緻的法式桌腳為特點，那需要大量的手工才做得出來。米鐸斯記得當時紐約、紐澤西、邁阿密的猶太零售商（他們都是貝賽特的大客戶）形容莫若愚的家具是「花容玉貌」。

為了對抗環美和愈來愈多的較小型進口商，喬治亞州都柏林鎮的貝賽特廠長設計出一套臥室家具組，批發價是三九九美元，名叫「盒式屋特惠款」。巴克．蓋爾（Buck Gale）是貝賽特鎮的本地人，有深厚的製造底子，一九八三年史皮曼把他調到喬治亞州管理兩家經營不善的工廠。蓋爾是非常優秀的工程師，所以當JBIII遠走加萊克鎮時，他竭盡所能想把蓋爾也挖角過去。蓋爾是第二代的家具製造者（他的父親曾在史丹利家具廠及貝賽特家具廠當過廠長），擁有威廉與瑪麗學院（College of William and Mary）的工程學位，手下的勞工都對他極其忠誠。他也是少數經常反抗史皮曼的管理者，例如，發放未核准的獎金給他底下的主管；在高點市的家具展上，逕自發表他設計的便宜家具組，即使史皮曼不讓那些家具掛上貝賽特的吊牌。

史皮曼也許不喜歡蓋爾的反叛方式，但他可不願看到小舅子拐走他旗下最優秀的廠長。「他還把我和太太送去威廉斯堡（Williamsburg），躲在林裡一週，以免約翰找到我。」蓋爾回憶道。史皮曼也祭出加薪、獎金、退休金等等難以拒絕的甜頭，完全就是衝著JBIII來的。那些獎勵裡都加了一項條款：蓋爾永遠不能為競爭對手效勞，連退休以後也不行。

◆

「盒式屋特惠款」的巧妙之處，在於蓋爾提升效率的設計：工廠只要稍做改變，就可以更動床頭板或櫃子，讓整組家具呈現地中海風格、現代風格或早期美式風格。他是模仿櫥櫃業者的方法，重新更動工廠的布局，以工作站為主軸，重新排列從備料間到最後塗裝間的流程。家具業的傳統原則是「鋸了就賠錢」，但這點不適用在蓋爾的工廠上。他已經知道如何運用「指接榫」——把短木連在一起以減少木材用量的細木工藝——來提升產出。「那其實很簡單，但史皮曼不肯那樣做，因為他想往高級家具發展，從福特晉升為賓士，但那很難一夕間辦到。」蓋爾告訴我。

蓋爾也想採用一種塗裝系統，名叫KD（木皮塗裝），那是knockdown的縮寫，亦即先為組件貼皮噴漆，再把組件運到消費者那裡組裝。KD家具後來讓瑞典的宜家（IKEA）成為世界大廠，但史皮曼不想花錢改造塗裝間，即使都柏林廠當時是全公司績效最好的工廠，還有蓋爾嚴格厲行精實製造，但史皮曼就是不想花錢投資。

「我總是在問：怎樣做才能用最少的材料？最少的勞力？最少的開銷？」蓋爾說，「我們改成類似櫥櫃生產的工廠布局後，流程快得要命，都可以把對手生吞活剝了。」

「但都柏林廠的運作方式，就好像打了一支安打後，就只是站在一壘上。」他說。公司不再讓工廠每週運作五天半。「運作五天半」向來是貝賽特家具引以為傲的事，那一直是這個企業鎮的心態，即使那樣做只能達到損益兩平，即使胡克家具廠、美國家具廠、史丹利家具廠在週五結束前就讓工人下班，貝賽特始終堅持運作五天半。「貝賽特曾經拚死拚活都要維持工廠運作，即使不景氣也一樣。」JD先生最愛說的一句話，代代相傳至今：「我們的錢不是在辦公室賺的，而是在工廠賺的。」

但是到了一九八〇年代末期，隨著傳真機的出現、旅行社安排員工到亞洲出差、口譯員變成進口家具的關鍵以後，辦公室的角色變得比較重要，蓋爾說：「我們在會議裡，唯一談論的就是利潤。」

◆

一九八七和一九八八年，史皮曼達成擠進財星五百大企業的夢想，但之後公司就開始走下坡了。貝賽特依舊是美國最大的單一品牌家具公司，一九八五年的營收是四．〇八億美元，共有八千四百名員工，五十七家工廠，遍及美國十五州。[189] 但是在零售陳列空間愈來愈小，外國廠商愈來愈多之下，美國廠商的展覽空間比十年前少了四〇%。

中高階的家具品牌，包括金凱（Kincaid）、史丹利、藍恩家具等等，都已經關廠變現或淪為惡意併購者的目標。邦斯姑丈的後代在一九六九年把家具廠賣給了美得實業，結果一九七〇年代公司連換了五任總裁，一九八〇年代還易主了四次。那情況和一九五〇年代相比，有如天壤之別。一九五〇年代，四分之三的家具業是由維吉尼亞州和北卡羅來納州的幾個家族所掌控。[190]

杜根在二〇〇九年的著作《家具大戰》（*The Furniture Wars: How America Lost a Fifty Billion Dollar Industry*）裡記錄了企業的內鬥。他指出，這時許多大企業已經不拿獲利去添購新的機器，而是拿那些錢去償還融資收購的舉債。外來的併購者大都是位於北方的公司，他們的公司名稱是為了行銷目的而取的——例如英特科（Interco）、瑪斯科（Masco）等等——而不是家族名稱。[191]

這些公司的高階管理者坐鎮在北方的企業總部，他們決心灌輸慢吞吞的南方人新的經營與行銷之道，以賺取龐大的獲利。他們從這些家族經營者的手中買下獲利的事業，但是對家具業一無所知，只承諾不裁撤在地的管理者，除非他們覺得有必要以財務專業介入。當他們為了達成企業的獲利目標而榨光獲利時，雙方的蜜月期就結束了，那通常是發生在管理高層貶抑在地人並削弱工廠士氣之後。當這些集團以「績效欠佳」或「達不到獲利目標」為由，反手出售這些併購的事業時，雙方也就此分道揚鑣。

「他們都沒有家具魂，滿腦子只想著錢。」杜根告訴我，「這些外來者接掌了家具業的大半江山，基本上就是把整個產業搞殘了。」

杜根指出，那些惡霸都是外來者，他們不懂木製家具的製造是無法一夕獲利的；而南方的業內人士則是自作自受的受害者，他們太抗拒改變，不願現代化。「規模較大的公司開上市公司最難和亞洲業者競爭，因為他們反應很慢，管理高層又抽離競爭現況太遠。」杜根說。

他認為，他們大都忙於內鬥，根本無暇注意那些態度溫和的進口業者已經侵入地盤。

◆

在史丹利、藍恩、美國家具廠遭到併購以後，市場開始傳言貝賽特是下一個併購目標。但史皮曼說，他認為那些惡意併購者主要是鎖定中高級的家具製造商，而不是價格平實的貝賽特家具。[192]另一個可貴之處是，貝賽特的準備金高達六千五百萬美元，那些都是第二代（WM先生、道格、艾德）數十年來勤儉管理所累積下來的。「史皮曼確保了公司的資產負債表穩固如山，他也把品牌保護得很好。」當時身任董事的保羅．富爾頓（Paul Fulton）說。

儘管貝賽特家族內鬥不斷，但第三代仍握有龐大的股權，也掌握著企業高位，他們依舊熱中於家具製造，而不是趁機出售事業變現（當然，他們早就相當富有了）。

北卡羅來納州的哈德森（Hudson）位於貝賽特的南方，約兩小時的車程，也是個家具製造鎮。史蒂夫・金凱（Steve Kincaid）是當地金凱家具的第三代經營者，他不僅在一九七九年必須配合大家族出售事業的投票表決，一九八〇年代還奮力抵擋了兩次惡意併購——第一次是來自拉德家具公司（LADD Furniture），第二次是來自諾泰克集團（Nortech Systems），諾泰克當時還擁有史丹利家具。一九八八年，史蒂夫仍經營公司旗下的幾家工廠，他在紐約被一群代表諾泰克集團的高盛投資銀行家團團圍住，當時他心裡只有一個簡單的問題：抵抗這次併購需要花多少錢？

高盛回應，至少兩百萬美元，更糟的是：高盛要求他隔天以前就先支付四十六萬五千美元的諮詢費。

「我說：『我需要先打電話給我爸！』」史蒂夫搖頭回憶道，當時他四十幾歲。

在此同時，他還要處理離婚的細節，兄長（也是事業夥伴）躺在病榻上不久人世，還有亞洲業者的入侵。一九八九年，躺椅巨擘拉茲男孩（La-Z-BOY）收購了金凱家具，把金凱的十二家工廠和四千多名勞工納入旗下，史蒂夫再次留下來經營。這次他變成資深副總裁，負責掌管櫥櫃和鋪墊事業，是家具大戰中少數歷經三次戰爭——家族戰、企業集團戰、全球化——仍留在崗位上的老將。

進口家具第一次讓史蒂夫寒毛直豎是什麼時候？金凱公司的安妮女王餐椅定價兩百二十美元，長久以來一直是公司的熱銷品。產能高的時候，公司一天可以製造一千兩百張椅子。史蒂夫後來發現業績逐月萎縮，他進一步觀察莫若愚及其他的進口商以後才發現原因：他們賣的安妮女王椅跟金凱家具出售的一樣，甚至雕飾更多，但售價僅五十美元，後來還降成三十九美元。

「我們的業績開始下滑，因為我們沒有那個價值，於是我去參觀他們的工廠。看了以後，我知道我們必須開始進口椅子了。我們無論如何也無法在這裡製作，跟他們競爭。」即使他的美國工廠非常現代化——從自動化的備料間到先進的塗裝間都很現代——也於事無補。

對貝賽特、史丹利、金凱家具來說，美國製的椅子是全球化的第一批犧牲品。在亞洲業者持續入侵下，很快大家就會知道下一批犧牲品是什麼，以及下一個關門大吉的工廠是哪一家。

◆

在泰姬瑪哈陵，管理高層都遭到噤聲。史皮曼規劃對策的方式，彷彿是在因應諾曼第登陸似的。他甚至把秘密計畫稱為「黑鷹行動」，地點就在貝賽特家具製作第一批床頭板和櫥櫃的老舊橡木地板上。「老鎮」是貝賽特家具實業公司最早設立的工廠，如今就要關廠了。史皮曼一如既往，想先瞞著在那裡工作的人，直到他想宣布時才透露消息。

整個家具業的業績都很低迷，一九八九年的銷售額比前一年短少一．五%。[193] 炫耀性消費的年代已進入尾聲，一位零售分析師指出，他發現多數消費者寧可「把錢花在娛樂和度假上，為自己和孩子塑造有趣的生活」。史皮曼對董事會解釋，老鎮工廠的關閉，代表貝賽特的策略轉變。他也補充，公司正在為設計升級，以便在高價位的市場中競爭。

史皮曼告訴股東：「多數的家具業者忙著整併及舉債收購其他的業者時，貝賽特仍堅守本業。」但他沒提到的是，他把公司的錢拿去投資付息二〇%的債券，而不是拿去添購新機具，為工廠升級。他也沒說，貝賽特之所以有今天的成就，並不是靠著投資債券、購買老舊的機器，而是因為投資自己的產業。

套用亨利郡的說法，貝賽特家具已經忘了為何而戰。

里奇蒙市的律師沃德說：「那時，史皮曼比較感興趣的是擔任美國銀行（Bank of America）等公司的董事，而不是經營家具公司。」沃德是代表史皮曼一家人及公司其他高管的律師，「他不常到工廠，比較喜歡把人叫進他的辦公室。」

老鎮工廠關閉後，裡面的四百多位勞工及機具大都轉往附近的六家工廠，公司也邀請民眾去老廠，把磚頭帶回家做紀念。後來，公司雇用曾在那裡工作的勞工，把磚塊裡的灰泥取出，賣給一家英國公司。那些灰泥最後運到了紐奧良，用來建造連棟房屋。

《羅安諾克時報》當時的報導引述了一些人的說法，但沒有人提到導致老廠關閉的元兇：那些運送到諾福克港的貨櫃裡所裝的椅子和配套桌椅。有些組件是隨便散裝，椅臂和椅腳分成不同批出貨。也沒有人引述中年勞工下班回家後不解的提問：「今天那些矮個兒來我們工廠做什麼？」「他們為什麼要拿相機拍下我們做的一切？」沒有半個高階管理者出面講清楚當時的明顯發展：那些「矮個兒」愈快學會在亞洲製造貝賽特家具，本地的工作就會愈快外移，本地人的工作機會也會跟著消失。

當時貝賽特的進口家具約占存貨的八%到一〇%，但是來自台灣和香港的訪客愈來愈多。業績已經連續三年萎縮，高層對此愈來愈不耐。史考特記得，史皮曼還教一位亞洲訪客怎麼定價：他看了一眼新的生產線，心算組件的成本，幾秒內就算出那組家具應該定價多少，利潤又是多少。史考特說，史皮曼常在過程中羞辱廠長，「他會搶走我的定價單，撕成兩半，扔在地上，丟下一句：『你瘋了嗎！』然後甩頭就走。」

史皮曼到處展現霸氣的同時，莫若愚則是在規劃下一步。莫若愚的營運中心仍在台灣，但當地的工資正迅速上漲，他已經把營運悄悄地拓展到東亞地區，旗下的工廠遍及十個國家。環美家具的年營收已達五億美元，是業界第四大家具公司。

這時，柏林圍牆剛倒下不久，中國這隻猛虎很快就會加入資本主義的競爭。在加萊克鎮，JBIII才剛離開敵營，不知道自己即將踏入另一個敵營。現在，他必須自食其力，獨自扭轉一家規模小很多又經營困難的企業，而且還要在新的家族地雷區裡小心運行。

由於莫若愚和其他的進口業者業績驚人，JBIII因此有預感，不久他就會看到中國政府資助的競爭者出現，而且距離很近，就在他自己的工廠內。

這時距離他發現大連的收納櫃還有二十年，但他已經感受到局勢的變遷，整個產業的版圖都在變動。他那家位於山腳下的小廠要是有機會生存下來，裡面的一切勢必都要改變。

Chapter 13

Bird-Doggin' the Backwaters

獵犬啟發

機靈的獵犬知道，獵物必須介於獵人和獵犬之間。獵犬不會逕自衝出去，把獵人拋在半哩後，牠完全知道你怎麼獵鳥。

——約翰．貝賽特三世

◆

JBIII翻山越嶺到加萊克鎮發展的幾十年前，他帶著白朗寧霰彈槍和英國獵犬辛蒂（Cindy），到亨利郡山麓獵捕鵪鶉，那是貝賽特家族男性以及其他豪門長久以來熱愛的活動——遠在二〇〇六年美國副總統錢尼（Dick Cheney）誤射夥伴，把這個活動變成眾人的笑柄之前。[194]

辛蒂向來都是非常稱職的獵犬，牠可以從最茂密的灌木叢間找到潛藏的鵪鶉，把牠們逼出樹叢。但是每次出去打獵，JBIII擊中目標時，辛蒂都不肯把射中的鳥兒叼回來。JBIII打電話請教擔任馴犬師的朋友，朋友帶來鍾愛的英國蹲獵犬吉兒（Jill），吉兒可說是阿帕拉契山區最優秀的獵犬。

JBIII和妻子派翠莎都是美國頂尖的飛靶射擊高手，他們各自奪過獎牌，也曾以夫妻檔出賽獲勝。派翠莎說，當你嫁給一個整天都在思考與談論家具的工作狂時，培養相同的嗜好有助於婚姻的和諧。於是，她打高爾夫球，玩飛靶射擊，狩獵鵪鶉和松雞。總之，先生打球，她也打球；先生獵鳥，她也不遑多讓（她家的保母布魯說：「她身材嬌小，但是拿起大獵槍，可以一槍斃了獵物。」布魯曾跟隨他們去飛靶射擊場）。

不過，辛蒂不是那麼熱中於狩獵，尤其是撿拾獵物。所以馴犬師約翰（John）和另外兩隻狗利用週六下午訓練牠的本能，直到他們終於找到恰當的策略：三隻狗負責找鳥，把鳥逼出樹叢，獵人開槍射下獵物，但是輪到狗去撿拾獵物時，吉兒憑著本能飛奔出去，馴犬師則以皮帶拴住懶散的辛蒂。就這樣過了幾個小時，吉兒每次叼著獵物回來就得到獎勵，辛蒂只能拴在原地看著一切過程。不久，辛蒂開始坐立不安了。

到了傍晚，辛蒂終於明白自己錯失什麼了，牠拚命嚎叫，希望加入叼撿獵物的行列。每次吉兒衝出去撿獵物時，辛蒂就死命地拉扯皮帶。

第一次他們放辛蒂衝出去時，用皮帶拴住了吉兒。這下子，一如馴犬師的預期，辛蒂不僅會尋找獵物，也會叼回獵物了。

嫉妒是一股強大的動力，不止對獵犬來說是如此。JBIII懇求馴犬師讓他買下吉兒時，馴犬師不肯出售。三年後，JBIII才終於得到吉兒，不過那時吉兒已罹患獸疥癬，命在旦夕。JBIII送吉兒去療養，花了龐大的醫藥費，那過程讓他學到了耐心等待、靜候敵手自行退去的力量。雖然獸疥癬使吉兒的尾巴再也長不出毛來，但吉兒始終像個忠實的朋友和狩獵夥伴。多年來，吉兒一直睡在JBIII的福特野馬越野車底下，以顯示牠永遠都準備好去打獵。

JBIII告訴我辛蒂和吉兒的故事時，我完全可以理解他想傳達的意思：他對團隊合作的願景，即使那願景可能是他片面的看法。他負責發號施令，吉兒則因他的救命之恩，完全信任他，俯首聽令，忠實效命，JBIII也會在任務完成後獎賞牠。如此的良性循環持續運作下去，不僅達成雙贏，主導者受惠更多。

◆

JBIII的住家位於北卡羅來納州的羅靈口（Roaring Gap），是一棟都鐸式的石砌豪宅，可遠眺的美景從維吉尼亞州弗洛伊德郡（Floyd）附近的水牛山（Buffalo Mountain），一路延伸到南方一百哩的溫斯頓—塞勒姆。他的等身油畫肖像就掛在別墅的客廳裡。那個社群坐落在藍嶺山脈的山脊上，非常隱秘，我第一次開車轉進那個社群的主要幹道時，那條路就從我的GPS螢幕上消失了。

「那正是我們喜歡的狀態。」JBIII說。

那幅肖像是一九六九年畫的，當時三十二歲的JBIII頂著一頭金髮，左手摟著吉兒，右手抓著白朗寧槍。辛蒂在背後開心地喘著氣，彷彿等著衝出去，叼回另一隻鳥似的。對面的牆上掛著松雞羽毛編成的扇子，那些松雞都是吉兒幫他獵到的。望向窗外，豪宅和賓客招待所之間是一片修剪整齊的草坪，吉兒的墓碑就挺立在那片草坪上。

我第一次造訪JBIII和派翠莎的住家時，他花了二十分鐘告訴我吉兒的事，那隻狗已經離世近三十年了。後續那一年間，我造訪他的工廠多次，才瞭解到那隻罹患疥癬的獵犬跟家具製造有什麼關係——更別說是對抗中國人了。

辛蒂和吉兒在JBIII的職業生涯中只是小小的配角，但是當你檢視一九八三年他來到加萊克工廠所面對的情境時——疲乏的勞工、家族另一分支的紛爭——這一切又跟當年獵犬帶給他的啟發不謀而合。JBIII秉持著獵人打獵時的機靈和毅力，讓逢恩—貝賽特家具脫胎換骨，在家具業裡占有一席之地。

但這次他不能套用老一輩在貝賽特鎮經營的模式，不能靠金錢或威嚇的方式讓一千五百名逢恩—貝賽特家具廠的勞工乖乖就範，他需要套用獵犬模式，逐一贏得每個部門、每位勞工的心。

但是那群懶洋洋的管理團隊該如何激勵？那些老舊的機器該怎麼辦？有些機器甚至是一九五四年購買的。JBIII剛加入逢恩—貝賽特家具時，旗下包括加萊克工廠和另一個位於北卡羅來納州艾爾金（Elkin）的姊妹廠。這兩家工廠每年的營業總額僅兩千八百萬美元，稅後淨損二十萬美元。「品質爛到了極點。」里奇蒙市的律師及長年擔任逢恩—貝賽特董事的沃德說，「有些供應商不願跟他們往來，因為他們的應付帳款一直無法結清。家具的設計也很貧乏，客戶持續退貨。」由於品質的問題很大，幾個零售商已經不再銷售逢恩—貝賽特的商品。

更糟的是，當初JBIII不滿史皮曼的冷落、想要離開貝賽特時，派翠莎的姨丈巴克．希金斯暗示JBIII來加萊克鎮接他的位子，結果現在看來他並不打算退休。希金斯比JBIII大二十歲，他任命JBIII當廠長，而非總裁，自己仍占著高位不肯退讓。

「我認識的每位家具業大老，沒有一個退休後還過得好好的。」派翠莎說。

這下子，JBIII只能想辦法發揮影響力。第一年，他以個人資產三十一萬七千美元投資公司的股票，並用那些錢去償還公司的帳款。他和供應商協商新的合約，最後憑著大量採購取得折扣，這也是為什麼你今天在加萊克鎮開車經過兩個街區，一定會看到許多三十呎長的木材堆。他也在冬季來臨前先囤積木材，因為天氣惡劣可能導致鋸木廠停工。他每天早上開二手的凌志汽車上班時，都會先去一趟鎮上最便宜的加油站把油箱加滿，也是基於同樣的原因。不事先考量一切意外的話，你可能會卡在半路，動彈不得（派翠莎談到JBIII每天堅持一定要把油箱加滿時說：「這個人真奇怪」）。

為了添購新機器，他把個人的資金借給公司，並說服老闆讓他代表公司接受那筆貸款。最後公司因此多了一千八百萬美元的負債，那麼大的手筆讓希金斯相當緊張。加萊克的家具廠在事業經營上，從來不像貝賽特家族那樣有幹勁或冒險。「他們只是靠著事業生活，日子過得愜意，但沒有想辦法把它做到最好。」JBIII說。

長期在中大西洋家具行（Mid-Atlantic Furniture）擔任業務員的哈波．安東諾芙（Hope Antonoff）對逢恩—貝賽特家具的服務相當不滿（訂單遲交，品質不佳，沙豬心態把她當成「小女孩」看待），她的公司本來打算不再採購逢恩—貝賽特的產品了。但是她的老闆納夫聽說JBIII來到加萊克鎮時，他告訴她：「這下子，我們不可能跟他們斷絕往來了。」

納夫從一九四八年到一九六九年都在貝賽特家具工作，他離開貝賽特後，密切注意著史皮曼和艾德先生排擠JBIII的過程。他看到JBIII把艾里山工廠打造成公司引以為傲的事業，但凱旋返鄉時，卻被貶抑到邊陲地帶的辦公室。

納夫知道，JBIII和他伯父WM先生一樣注重細節。貝賽特就是在WM先生的手中，從偏遠的鋸木廠轉變成全球最大的木製家具製造商。

納夫說：「約翰跟WM先生相似的程度，更勝於他和父親之間。」更重要的是，「我知道約翰連賣冰給愛斯基摩人都沒問題。」納夫也說，JBIII要是知道他親自飛一趟邁阿密可以幫業務員拿下六位數美元的訂單，他也願意在臨時告知下飛一趟。

JBIII隱忍史皮曼的羞辱多年後，納夫有預感，當時的狀況對這位四十五歲的家族異類來說是完美的轉機。

納夫對安東諾芙說：「咱們的未來就靠他了。」

◆

希金斯雖然霸占著高位不放，但他知道何時該放手讓 JBIII 處理，尤其是工廠的細節方面。JBIII 帶著工頭去看機器展，還幫他們配備無線電對講機（那年代沒有手機），讓他們發現他可能想買的機器時就通知他。

「他會親自操作車床和帶鋸。」退休的業務經理梅里曼回憶道，「他想讓他們看，實際上該怎麼做才對。」新機器到貨時，JBIII 把他的辦公桌從逢恩—貝賽特的辦公室移到機房的中央，就在備料間和塗裝間之間，從來沒有廠長那樣做過。

刨槽機在背景聲中隆隆作響，打電話給他的人幾乎都聽不到他說什麼，那也是如今他配戴助聽器的部分原因。我撰寫這本書時，碰到一個很妙的情況，那是發生在我進駐維吉尼亞創意藝術中心的那兩週，他打電話給我。隔壁工作室的作家正在撰寫回憶錄，描述他在佛蒙特州的林間隱居兩年的經歷。每次我和 JBIII 的討論都很大聲，那作家氣得一再搥打我們之間的那面薄牆。那次經驗讓我知道，藝術工作室的寧靜不適合和半聾家具商的訪問湊在一起。

◆

新官上任三把火，JBIII 希望全體一千五百位員工都知道他在關注他們。他細看財會人員記錄的每筆數字，檢查每個組件穿過輸送帶的過程。一開始員工都很怕他，秘書希拉・齊只敢答應暫時當他的助理，她回憶：「他待在辦公室的時候，和他在公司的其他地方，感覺截然不同，大家都怕死他了。」

JBIII跟他的祖父一樣，知道錢不是在辦公室裡賺的，而是在工廠裡賺的。偶爾，他必須發飆罵人，員工才會明白這點。「他真的把勞力逼得很緊。」逢恩─貝賽特的前董事莫頓告訴我，「約翰熟知一切細節，連每分鐘要裝上幾根螺絲都瞭若指掌。」

JBIII知道，為了讓工廠更有效率地運作，他必須從艾里山工廠招募老隊友加入逢恩─貝賽特。泰勒可能很難搞──貝賽特的高層多年來一直想開除他，卻又擔心萬一開除他，他可能會找人洩恨。「關於泰勒，我頂多只能說，他可能脾氣暴躁，但做出來的家具絕對不差。」梅里曼說，「即使你叫他用冰棒棍做家具，他還是可以做出賺錢的家具。」

泰勒非常講究精準，對JBIII來說，那點讓他成為製造家具不可多得的人才。

◆

一九八三年逢恩─貝賽特的年報相當悽慘，[196]訂單少得可憐，所以工廠只運轉一半的時間。他們還必須跟栗子溪（Chestnut Creek）另一端的家族企業逢恩家具公司競爭，逢恩家具公司的規模幾乎是逢恩─貝賽特的兩倍，逢恩─貝賽特的工廠虧損連連。

更糟的是，JBIII才剛擺脫二十年的家族內鬥，這下子又跳進更多的家族紛爭，這其中有部分還是史皮曼造成的。史皮曼讀大學時，和約翰・逢恩是室友，多年來他常跟逢恩及加萊克鎮的朋友說JBIII的壞話。萬普勒解釋：「約翰・逢恩和約翰・貝賽特明明是表親，但約翰・貝賽特搬到加萊克鎮以後，每次約翰．逢恩舉辦派對，派翠莎和約翰從來不在受邀之列。」即使派翠莎跟逢恩家族的關係密切（派翠莎的母親是逢恩—貝賽特的創辦人邦洋．逢恩的女兒，那兩家公司的董事向來關係緊密），「妳不覺得很怪嗎？」

當派翠莎和約翰決定不在加萊克鎮買房子，讓約翰每天從羅靈口開四十分鐘的車子跨州上班時，當地開始謠傳貝賽特一家覺得自己高人一等，不適合住在加萊克鎮。對此，派翠莎和約翰都強烈否認。一位業內人士說：「過去，製造家具的家族向來非常保守、謙遜、以社群為重。他們雖然住在豪宅裡，但不會有高高在上的感覺。這裡常聽到大家對約翰．貝賽特的批評是，他自以為了不起，太愛自吹自擂。」

加萊克鎮那些有權有勢的家族也許覺得 JBIII 很自大，但 JBIII 忙於事業經營，根本沒注意到大家對他的觀感。他們夫妻倆一開始先在加萊克鎮租屋，先判斷他們是不是想在當地買房子。但是住了一段時間，從未收到當地親戚的邀約，他們也心知肚明，當地沒有血濃於水這回事。派翠莎說：「他們對我們不是那麼友善。」她是指希金斯家族和逢恩家族的那些表親。

另一位加萊克鎮的高階管理者認為，是派對上誤傳的謠言導致他們失和。有人謠傳 JBIII 宣稱，他「有一天要主導整個加萊克鎮」，因此激怒了逢恩家族，但那其實是馬汀維爾市的證券經紀商提出的預言。所以派翠莎和約翰乾脆退隱於羅靈口，他們在那裡已經有往來密切的社交圈，沒必要週三打電話約朋友週六打高爾夫球。羅靈口的俱樂部是一九〇〇年代初期由漢斯企業（Hanes Corporation）的富豪創立的，那裡每週六下午都會舉辦高爾夫球賽，JBIII 經常是贏家，而且也沒有人直呼他「小約翰」。

逢恩家族本來有意在將來併購逢恩—貝賽特家具，不止一位業界高管告訴我，JBIII搬到加萊克鎮後，粉碎了他們主導整個城鎮的美夢。就像當初沒人邀JBIII搭貝賽特的企業專機打牌一樣，現在加萊克鎮也沒人邀JBIII加入「節孔幫」（knothole gang）——那個詞是用來形容當地一群喜歡一起打高爾夫、狩獵、玩樂的家具業高管。

莫頓回憶，JBIII接掌工廠後，第一件事是先幫工廠勞工加薪。逢恩家具的總裁喬治．逢恩得知消息後，馬上開著凱迪拉克轎車衝到工廠去對他發飆：「喂！你現在是在逢恩國！你要加薪應該先問我一聲！」

逢恩家具的業務高管麥吉記得JBIII剛搬到加萊克鎮時，他曾經提醒喬治和約翰．逢恩：「這傢伙精力非常旺盛。」但是逢恩家族就像業界很多人一樣，一再低估JBIII。麥吉比JBIII小幾歲，他是在貝賽特鎮成長，看過JBIII克服了多項挑戰。他看過JBIII的父親在路邊斥責他，取消他的升遷；他也看過JBIII在高爾夫球場及課堂上的競爭力，他知道JBIII總是以決心和毅力彌補天賦上的不足。

反正不管有沒有洪水，沼澤裡都不可能有水。

「從我們十二、三歲開始，我就看到他那種不服輸的幹勁。無論是什麼事，他總是比別人加倍努力。」麥吉跟逢恩家具的老闆分享這些見解。

「我連這樣說，都把他們惹惱了。」麥吉說。

加萊克鎮的在地人談起逢恩家族對當地的影響時，言語間都充滿了熱情，但也很小心，彷彿怕得罪人似的。逢恩家族總是大方捐助社群的重大工程，包括醫院和圖書館。喬治．逢恩也成功遊說政府興建四線道的高速公路，以銜接加萊克鎮和附近的州際公路，讓卡車可以輕易進出工廠，提振當地的發展。

他趁著懷舊提琴大會舉行時，邀請州級公路委員會的成員到加萊克鎮開會（他自己也是一員），那時交通壅塞的情況最嚴重，委員會因此核准了高速公路的興建。「他把那些委員帶到這裡，在家裡宴請他們，每天下午工廠下班時，他就設法讓他們卡在這裡和懷舊提琴大會之間的老路上。」喬治的弟弟約翰．逢恩回憶道。[197]

連續三天卡在提琴手和工廠工人的車陣中以後，委員會不久就投票通過，撥款興建高速公路了。

約翰．逢恩後來接替喬治擔任執行長，警長瑞克．克拉克（Rick Clark）說約翰．逢恩是「照顧整個城鎮的好人」。當一位長年在逢恩家具任職的員工即將因為無法工作而失去健康保險時，約翰．逢恩無法說服保險公司讓他無業加保，於是他讓那個人每天坐在工廠的躺椅上，打卡上下班，繼續領薪水及享有保險福利。

加萊克鎮的牧師兼社工人員吉爾．柏強（Jill Burcham）說：「這裡的人都很忠誠，都想努力工作。」他的家族在附近的獨立鎮（Independence）經營紡織廠，「但是那種老實性格有時候容易遭到利用。約翰．貝賽特來到這裡，就是壟斷這個城鎮的少數家族該改變的時候了。」

當逢恩家族夢想著擴張版圖、史皮曼忙到忘了為何而戰時，JBIII 則是著手在加萊克鎮打造他在貝賽特鎮見證過的成功之道：添購最佳設備，招募一流人才，並充分利用。

但是，想把對工作流程極其狂熱的泰勒挖角過來，還有一個問題：泰勒仍為史皮曼效勞。JBIII 上任後動作頻頻，包括嚴密控管長年在逢恩—貝賽特擔任廠長的人。後來有消息傳出，逢恩—貝賽特的廠長正在找工作。貝賽特家具的高層耳聞消息後，邀請他到貝賽特面試。

JBIII 正打算開除他，沒想到貝賽特家具也不要他。你可以說這是一種道德潔癖，但 JBIII 認為廠長到貝賽特家具面試是一種公然挑釁，從此開啟了那個地區的家具人才爭奪戰，戰火延續了數十年。

現在，JBIII 對於那家煙囪上印著家族姓氏的公司，已經毫無忠誠義務，他斷然雇用了泰勒。長年擔任貝賽特業務高管的米鐸斯回憶道：「他當時出手毫不手軟！」

泰勒最後一天在貝賽特打包東西時，記得高管菲爾波特曾警告他：「約翰・貝賽特瘋了，他不可能成功的。」

泰勒回嗆：「你看著好了，他懂的比你們全部加起來還多。」

◆

於是泰勒來到了逢恩—貝賽特，後來很多艾里山最優秀的員工也都來了。有段期間，JBIII 出借一台公務車給泰勒，那台凱迪拉克可以用來載送員工，往返四十五分鐘的通勤路程。「我們把我在艾里山訓練的優秀人才都找來了。」泰勒說，「史皮曼氣死了，揚言要告我們。但是那根本是小題大作，約翰覺得很可笑，他說：『讓他去告吧。』」

這種挖角戰持續了好幾年。菲爾波特至少有兩次全家度假時，都因此被迫中斷。氣急敗壞的史皮曼要求他立刻搭企業專機回來，把 JBIII 挖角的員工搶回來。有一次，菲爾波特看到 JBIII 在貝賽特銀行前一臉得意，彷彿任何人都阻止不了他似的。

那次他是為逢恩—貝賽特的艾爾金工廠，挖走貝賽特椅子工廠的管理者。當菲爾波特試圖以更高薪留人時，沒想到 JBIII 已經幫那個人的妻子也安排好工作，早就敲定一切了。

要是 JBIII 能把麥米蘭挖角過來就更好了。麥米蘭幾年前還在羅斯平價商店拆解爆米花機時，他們把她找進艾里山當產品工程師。JBIII 才到加萊克鎮一週，就發現他需要泰勒才能讓工廠順利運作。「我必須把泰勒找來，接著泰勒會去找麥米蘭來，那是一切的關鍵。」他說。

希金斯告訴他，經營困難的工廠不需要雇用產品工程師，設計零組件向來是工廠主任的工作。家具組件的設計是按實際的木材型態而定，而不是看圖。那些木材亂七八糟地堆在工廠裡，麥米蘭回憶：「到處都是木板。」

希金斯很懷疑那個未婚、四十公斤的怪咖是公司提升品質的關鍵。麥米蘭不喜歡跟人互動，也不愛用電腦，她獨自躲在工廠樓上，以高等數學畫設計圖。「她跟大家處不來，脾氣不太好。」泰勒說，「但她有過目不忘的記憶力，而且你只要把她獨自留在工廠裡檢查，沒有什麼錯誤是她無法更正的。」

她自訂工作時間，每天早上四點半上班，下午兩點半下班，以避免跟其他人共事，另外也是為了趕在保母離開之前，回家照顧弱智的妹妹笛笛（Diddy）。

JBIII和泰勒為了向希金斯證明麥米蘭值得公司付她薪水，他們自掏腰包付她薪水幾週。他們小心地重新設計塗裝間，加以改變，但又不至於讓公司失去免受環保新法管轄的認證。他們清除了逢雨必軟爛的老舊堆木場，重新打造更堅固的頁岩地基。JBIII把泰勒逼得很緊，半夜和週末也打電話給他，逼得他乾脆更換家裡的電話，之後也拒絕透露新的電話號碼。

希金斯終於見識到麥米蘭的優秀後就讓步了，改由公司支付她薪資。工廠因為到處都是可燃物，裡裡外外都禁菸，但麥米蘭是唯一允許在她的辦公室裡抽菸的員工。

希金斯告訴泰勒：「約翰是以金科玉律為準則。」

「什麼金科玉律？」

「他有的是黃金，他就是法律！」

Chapter 14

Selling the Masses

賣給大眾

賣給上流，與眾同流；賣給大眾，躋身上流。

——亨利・福特（Henry Ford）

◆

逢恩—貝賽特正在進步，但是對JBIII來說太慢了。如果他真的想看公司的業績突飛猛進，他需要尋找新的事業體，從頭開創。他到南卡羅來納州的薩姆特（Sumter）開了一家新廠，在不受妻子的姨丈干預下，把它當成逢恩—貝賽特的子公司經營。而且他要以最便宜的方式運作：把貼皮黏上壓製板。

這時亞洲廠商還沒嘗試膠合板臥室家具，那是海利希—邁耶斯家具公司（Heilig-Meyers）的熱銷品，當時海利希—邁耶斯正要晉升為全美最大的家具零售店。[198]

業界有人稱之為膠合（glit），亦即glue（膠）和hold it together（合在一起）的合併縮寫。

有些人則戲稱glit其實是glue（膠）和shit（屎）的混合物。

JBIII收購薩姆特的威廉斯家具公司（Williams Furniture Company），那過程幾乎可說是趁火打劫。那家老公司占地一百萬平方英尺，以下是整個收購過程：那些併購家具廠的大集團終於知道，他們不能用造紙或製作浴室水龍頭的同一套原則來製作家具。這時喬治亞太平洋（Georgia Pacific）之類的集團已經到了出售家具廠變現的時候。一九八三年，華爾街的投資銀行家韋伯・透納（Webb Turner）決定脫離紐約的飛快步調，另外培養了對家具的喜好。他認為既然其他人都變現抽離家具業，也許他可以趁這個時機進入家具業獲利。一九八三年，他以一千六百萬美元的價格向喬治亞太平洋集團買下威廉斯家具公司的老廠，結果犯了從北方找管理者來經營的致命錯誤（因為薩姆特是很典型的南方城鎮，有很深的內戰淵源）。[199]他收購紐約州詹姆斯鎮及印第安那州貝茨維爾（Batesville）的工廠，接著又花了六千萬美元買下伯林頓家具事業部（Burlington Furniture Division），一年內就破產了，隔年威廉斯家具廠也跟著破產。[200]

JBIII鎖定薩姆特家具廠的方式，不像紐約來的門外漢，而是以財力雄厚的實業家之姿出現。一九八七年他以四百萬美元買下工廠，那價錢是四年前透納收購價的四分之一，他把這筆交易塑造成三方合資的公司，稱之為「V-B／威廉斯」（V-B/Williams）。他動用家族的資金，以「五要人企業」（Fivemost Corporation）的名義買下三分之一的公司。Fivemost是the five most important people的縮寫，亦即派翠莎和約翰，以及他們的三個孩子（道革、懷亞特、法蘭西絲）。

逢恩—貝賽特公司買下另外的三分之一股權（部分的資金也是向JBIII借的）。JBIII說服當地的一群仕紳出資合購剩下的三分之一，那些人都很熱愛自己的城鎮，JBIII保證讓四百名失業的家具勞工恢復就業，那承諾打動了他們。那些人包括一家塗裝供應商的管理者、一家丙烷公司的老闆、一位律師，以及威廉斯家具創辦人的幾位後代。

「他知道進入不同州的不同鎮會遇到各種問題。」薩姆特廠的工廠主任蓋瑞・柏希格（Garet Bosiger）說，「但如果你找當地人入股，突然間大家都比較樂意為你效勞。」

JBIII 知道，在薩姆特，謙和有禮、放低姿態才是經營之道——至少公開場合必須如此——尤其是在薩姆特經歷過透納那種外來投機客的對待之後。他以優雅的禮儀和豐富的南方歷史知識（尤其是南北戰爭方面），贏得了當地的民心。「他給人的感覺相當誠摯。」九十七歲的羅斯・麥肯齊（Ross McKenzie）說。麥肯齊是薩姆特本地人，他投資兩萬五千美元到那個新事業中，「他不僅是個優秀的企業家，也相當得體有禮。」

什麼？你是在描述 JBIII 嗎？那個曾經激動地質問柏希格，導致柏希格再也不敢正眼看他的人嗎？（JBIII 質問柏希格，是因為他覺得柏希格在找別的工作，事實上並沒有。柏希格不敢正眼看著 JBIII，那舉動讓 JBIII 更氣了。）

「我希望別人跟我說話時，正眼看著我！」JBIII 怒吼。

「有時我看往別處，是因為我受不了。」柏希格回應，「你只要告訴我，你要我做什麼就好了，不要像訓狗一樣跟我說話。」

JBIII 以配股作為承諾，從競爭對手那裡把柏希格挖角到薩姆特廠工作。柏希格目前和一群 JBIII 旗下的經理人一樣，把 JBIII 當成人生導師及尊敬的長者。他後來自己創業，成立家具供應廠，從 JBIII 獲得豐富的意見和低利貸款。他們兩人談了一筆對雙方都有利的生意：逢恩—貝賽特公司向柏希格創立的阿波麥托克斯河製造公司（Appomattox River Manufacturing Company）採購抽屜側板。

柏希格跟很多對 JBIII 忠心耿耿的副手一樣，願意為 JBIII 兩肋插刀，但他從來不希望自己是他的兒子。

只帶了三個警衛和一個人事經理一起從頭開設新廠，可說是JBIII職業生涯中最孤獨的時光。在艾里山，他也許必須閃避史皮曼，但至少還有公司的財務部和法務部高管可以隨時支援。「在薩姆特，我必須一人身兼數職，扛起一切。」他說，「銀行不再放款給我，我自己投資了數百萬美元，萬一這個廠無法順利運作，我很可能就破產了。」

「這可不是哈佛商學院的假設性個案研究，我是真的把家當全押下去了。」

柏希格的妻子瑪莎（Martha）預測那個三方合資的事業會賺錢，果不其然，該廠生產第一批膠合板家具後，不到六十天就開始獲利了。瑪莎的預測很準，她就像JBIII手下每位經理人的妻子一樣，愈來愈清楚這一行裡，沒有人比JBIII更投入事業，也沒有人比他的工作時間更長。

他們從JBIII獨到的管理手法——沒日沒夜的奪命連環叩——就明白了這點。

◆

他聖誕節一早就打電話，「你要確定乾燥窯啟動了，以免那批木材毀了。」

他半夜一點半打電話，「關於這幾個月來老是惹麻煩的那個櫥櫃間領班，我決定把他開除了。」

他會在你度假時打電話找你，你要是敢抗議，他會說：「我打電話給你，就表示我也在工作！」

週六你在修剪草坪時，他也會打電話給你。如果你不及時接聽電話，他之後會指責你故意躲他電話。

而在每年元旦的九點十五分，他都會打電話給前一年業績最好的業務員，問道：「今年你幫我賣出了什麼？」

偶爾他會打電話來講講黃色笑話，內容不會太下流，就只是一九五〇年代加入兄弟會的人會懂的一些玩笑話。

他會從羅靈口住家的某間浴室裡，拿馬桶旁邊的電話打給你。

他也會從車上打給你，雖然你打到他的手機時，他還是不確定該按哪個按鈕接聽。

他也會從紐約特殊外科醫院（Hospital for Special Surgery）的病床上打電話。動完腳部手術，麻藥還沒全退，他就想到還有一件事忘了講：阿波羅十三號的故事——太空人和休士頓的地面人員夜以繼日地搶修故障設備，以免人員罹難的故事。他們不認輸，堅持到底的精神。「你看！他們之所以達成目標，就是因為努力工作，反應機靈，你們也可以！」

在得知史丹利家具廠將有更多人失業後，他打電話時，幾乎淚流滿面，劈頭就先說：「這不要跟任何人講，什麼都別說，就只是我們之間的秘密。」

總之，他沒日沒夜地打電話，打了又打，打不停。電話一接通，從來不先報上姓名，也沒那個必要。光是從那宏亮的大嗓門，還有根本不在乎幾點的時間感來判斷，還會有誰？

◆

薩姆特廠剛創建的初期，他經常打電話給柏希格。通常是清晨五點半一次，晚上十點半又一次。那頻率高到連柏希格的妻子都受不了了，接起電話吼道：「你是想從此斷絕他的性生活嗎？」

那次回嗆讓JBIII笑得要死，他還真的放了柏希格一馬，一兩天不打電話打擾他。不過，他打電話有個很簡單明確的原則。「我不會在復活節的週末打給基督教徒，也不會在贖罪日打給猶太人。」至於其他時間，只要他覺得有必要訓話，講講黃色笑話，或是分享一時的靈感，他都會打電話。

◆

薩姆特廠最多元有趣的地方是家具設計。V-B／威廉斯公司出廠的床鋪，床頭板還黏了鏡子；有的還黏上假大理石的貼皮。有一套娛樂家具組稱為「優鳴」（Good Vibrations），顧客可以自選仿大理石、仿實木或鏡面的貼皮，內有擺放電視和音響的隔間，還有酒杯架及一瓶干邑白蘭地，彷彿出自《週六夜現場》（*Saturday Night Live*）短劇〈大情聖〉（The Ladies' Man）的道具。

他們還做過一種非常搖晃的梳妝台，搖晃到連廠長都覺得有必要加裝滑板。長年擔任逢恩—貝賽特業務長及V-B／威廉斯公司董事的梅里曼說：「那其實是薄墊片，以兩片木材固定梳妝台，以免它翻覆，但看起來很像人踩著滑雪板。」

此時，家具業的亞洲進口商正猛力搶攻木頭家具市場，但JBIII的薩姆特廠可用比他們的實木和飾面薄板家具更便宜的替代品，來迴避他們的攻擊。行銷術語是密迪板（MDF），亦即「中密度纖維板」（medium-density fiberboard），又稱為borax，但批評者還是以glit稱之。[201]

密迪板是當成「促銷家具」行銷。在家具零售業的行話裡，促銷是指公司最便宜的產品線，通常是以賒帳的方式，在海利希—邁耶斯家具公司之類的平價折扣店裡銷售。V-B／威廉斯公司的臥室家具組批發價是三百美元，比逢恩—貝賽特家具在加萊克廠製造的飾面薄板家具便宜三百美元，也比艾爾金廠生產的實木家具便宜七百美元。

目標客群是住在遠離羅靈口之類高級社區的民眾，但JBIII認為低價家具很有前景。由於那些平價家具吸引的客群和他以往接觸的截然不同，JBIII召集業務員來做腦力激盪。「我們必須坐下來思考，少數族裔和低收入戶購買什麼，因為他們是我們的目標客群。」他說。

他們走訪芝加哥、洛杉磯、紐約貧民區的家具店，紐約哈林區的顧客特別喜歡這種東西。擔任逢恩—貝賽特執行長的希金斯這輩子第一次走訪那種地方，他一點都不想久留。在洛杉磯的某區，租來的汽車變得過熱，使他慌了起來。「天啊，我們都會死在這區！他們會來搶我們的錢包和鞋子！」

希金斯要求JBIII和梅里曼去取水來幫散熱器降溫，後來他們匆匆離開當地，梅里曼至今想起當時的情景，仍然笑不可抑。他說：「但是那些人愈偏藍領，約翰跟他們處得愈好。況且，他在貝賽特深耕大眾市場已經很久了，本來就沒預期跟哈佛畢業生那種客群打交道。」

柏希格從小在維吉尼亞的菸草田成長，十歲以前過著沒有自來水的生活，他第一次為公司出差考察設計時，嚇了一跳。當時JBIII的兒子懷亞特剛加入海利希—邁耶斯家具公司，柏希格跟他一起去海利希—邁耶斯位於里奇蒙市的辦公室。一位傲慢的買家當場批評及歧視懷亞特銷售劣質家具，懷亞特的個性比他的父親和柏希格沉穩，當場他什麼話都沒說。他大學畢業後就在那裡工作，知道那個人喜歡威嚇業務員。

柏希格回到薩姆特後，跟JBIII提起那件事，他說：「我真想晚上把那個傢伙拖進暗巷，好好教他該有的禮貌。」

約翰回他：「你是我遇過最笨的傢伙，你不知道最好的報復方法嗎？」

「什麼方法？」

「就是賺他們的錢啊！」

◆

柏希格和我從小成長的環境裡，都是買二手家具或撿路邊淘汰的家具。二〇一二年，某個陰雨的秋日，我們因同樣的貧困背景，一拍即合。當他描述JBIII的怪癖，以及因出身豪門而在社交上犯的無心之過時，我們都哈哈大笑。例如，JBIII炫耀他剛剛打一通電話給股票經紀人，賺了十萬美元。眼看經濟即將不景氣，JBIII開心地對柏希格說：「謝天謝地，大家仍在買香菸、可口可樂和啤酒！」

還有一次，JBIII問他家裡狀況怎樣，柏希格說他和太太要在薩姆特買房子，正在申請房貸。

「他們給你多少利率？」JBIII問道。

「九%。」

「告訴他們，你不貸了！說你只接受七%，不然拉倒！」

柏希格覺得很好笑，他的老闆知道經營事業的細節，從廠房折舊到環保規範、複雜的稅法等等，都瞭若指掌，他每週還看《經濟學人》！

但他這輩子從來沒申請過房貸。

◆

JBIII很瞭解薩姆特廠的四百名廠工，那裡的勞工大都是在威廉斯公司經營期間加入工會的黑人。其實早在透納收購該廠之前，JBIII原本有機會先收購，但他不想處理工會的麻煩及額外的成本。薩姆特的工資比加萊克廠低一〇%，而加萊克廠的工資已經比業界平均少五%了。[202]透納前一年關廠，等於幫JBIII一個大忙，解散了工會。

如今失業率上揚，大家渴望回去工作。「他很堅持，要是工會再次成立，他不惜關廠應對。」薩姆特廠的審計長艾倫・希爾（Ellen Hill）說，「他們有任何問題，都可以直接找他，溝通管道永遠暢通。」JBIII告訴他們，我們比那些「不食人間煙火的」工會發起人，更懂得如何幫你。要是員工或管理者遇到任何問題，他希望在問題鬧大以前就讓他知道。「各位！拜託！至少來找我時，不是死馬當活馬醫的情況！」他告訴他們，「別等到馬死了才來找我！」

他面對勞工時，打扮很隨性，總是戴著有汗漬的高球帽，穿著卡其褲和老舊的毛背心（通常繡著他加入的私人高球俱樂部商標）。他的穿著不花俏也不炫富，混合了高檔和勤儉的風格。每天下班時，他常全身蒙了一層木屑，彷彿從二十年前戶外活動用品公司奧維斯（Orvis）的目錄裡走出來，還找不到淋浴間或洗衣機的樣子。

「他從來不穿西裝打領帶，也不會給人高高在上的感覺。」薩姆特廠的維修工人羅傑・普洛克（Roger Plock）說，「但大家都知道他是老闆。」

V-B／威廉斯公司推出第一批家具一個月後，訂單多到供不應求，他們必須暫停接單一陣子。「說到膠合板家具，一言以蔽之，那東西可能俗氣得要命，但很賺錢。」梅里曼說。

一九九八年，JBIII把V-B／威廉斯公司賣給逢恩—貝賽特，並把兩家公司合併起來，當時薩姆特廠的價值已達三千三百萬美元。膠合板製作的搖晃床鋪和鏡子能創造出那麼多的價值，還挺不賴的。

薩姆特廠順利運作以後，JBIII開始把多數的時間花在加萊克鎮上。這時，希金斯即將退休，派翠莎和JBIII終於可以自由運作。在高點市舉行半年一次的家具展期間，[203]派翠莎負責在公司租來的房子內宴請零售商，訂單量跟著大增。派翠莎的廚藝精湛，對於花費和食材的運用向來大方，毫不手軟。她的拿手好菜之一是炸雞捲，JBIII認為派翠莎是羅靈口一帶的珀爾．梅斯塔，就像珍也是以貝賽特的珀爾．梅斯塔自居一樣。JBIII甚至做了一個招牌掛在家裡，上面寫著「珀爾之地」。

派翠莎會小心安排每一晚的賓客名單，以免同時邀請到敵對的零售商。她聘請專業大廚來幫她料理食材，確定賓客都喝得盡興。有時派對喝得太嗨，她還會準備呼吸酒測器，在大家上路前先做測試，很多人都無法過關。

「我們是小公司，可能是大家最沒料到會生存下來的。」JBIII說，「所以我們竭盡所能地吸引客戶。」JBIII加入逢恩—貝賽特五年後，靠著派翠莎、薩姆特廠，以及他在工廠內外投注的心力，使公司的業績幾乎翻了四倍，達到七千九百萬美元。[204]

不過，讓他最振奮的，還是薩姆特廠的東山再起，「我知道我是J．D．貝賽特的孫子，道格．貝賽特的兒子，甚至是鮑勃．史皮曼的小舅子，但這次我真的獨自辦到了！那幫我建立了信心，讓我相信自己一點也不輸人。」

泰勒讓逢恩—貝賽特的工廠順利運作，梅里曼也獲得許可去把業界的一流業務員挖角過來。梅里曼回憶，留在貝賽特家具的人都不太開心。「在貝賽特工作，一直以來都像為聯邦調查局效勞，你一定要照著上面的意思做。」他聯絡在老東家工作的每個人，從貝賽特的芝加哥、紐約、加州分公司精挑細選挖角的對象。

當年聖誕節喝酒的時候，史皮曼為了逢恩—貝賽特挖角業務員的事，大罵JBIII，他說：「我得想辦法避免你和梅里曼來我的陣營搗蛋，你們搶走我太多的人了。」

JBIII回應：「是他們自己來的。」

事實確實如此，只不過到了糾纏不清的地步。他們彼此都挖了很多對方的員工，人數已經多到數不清，甚至還把至少一位員工藏到森林裡了！

大家要是真的注意的話，更令人擔憂的，其實是從中國不斷運來的貨櫃，裡面裝著即將進駐零售店的實木家具，而且價格跟膠合板家具一樣低廉。

◆

一九九三年十二月八日，美國總統柯林頓簽署北美自由貿易協定（NAFTA）。那個貿易協定將消除美國、加拿大、墨西哥之間近乎所有的關稅和貿易限制。柯林頓簽署該協定時說道，他希望那個協定可以鼓勵其他國家走向更寬廣的世界。在墨西哥，大家對NAFTA的反應是憂喜參半。一些墨西哥的企業家擔心，午睡的傳統將就此結束，因為充滿幹勁的美式經營風格可能會壓縮到他們兩小時的午餐和午睡時間。[205]

不過，NAFTA貿易夥伴和中國之間的貿易協議開始登上新聞版面時，都沒有人提到亞洲的職場文化或工作步調。一九九四年的蓋洛普民調顯示，六八％的中國人認為，「努力工作致富」是人生的首要理念。[206]

JBIII完全清楚莫若愚在台灣、新加坡、香港等地的成就。當莫若愚在中國沿海的天津展開策略布局時，JBIII都知道。

「莫若愚進入中國時，確實做足了功課。」業界分析師艾伯森回憶道。他一開始先寫介紹信給那個省分的共黨領袖，接著寄送正式推薦信和銀行財力證明，以證明他不是隨口說說，而是真的有資金要投資。之後，他依循中國的業界習俗，持續展現誠意及表明目的。連續三週，他約好週一拜訪共黨官員並親自赴約，但每次都在會客室裡枯等多日。「那個年代的外資進入中國，必須申請多種不同的許可。」莫若愚之子莫仲沛回憶道，「你必須拜會許多市長和書記，一再地解釋，你打算怎樣改善當地的經濟。」

莫若愚知道他不能派下屬去那邊等候，必須是公司裡層級最高的人親自前往。他也知道工廠的位置必須面對特定的方向。這個迷信的國度依舊很相信風水，認為物件的擺放會影響能量的流動，莫若愚也很信這一套。同樣的，為了開運及蓬勃發展，工廠開工也必須挑選良辰吉日。

莫若愚還知道，中國對他這種企業家的需要，跟他對當地勞力的需要一樣大。中國政府知道，中國必須全球化才能改善人民的生活水準。與其說中國想要西化，不如說他們更想藉由全球化，恢復毛澤東之後的共黨正統性。那是可以靠經濟成長達成的。至於西方文化的滲透，則純屬偶然，他們會積極勸阻，偶爾還會主動扼殺。這時中國距離日後加入WTO還有十年，莫若愚崛起的期間，全球創業風氣鼎盛，全世界的觀察家稱之為牛仔式資本主義。[207]

這時的根本策略，其實和一九〇二年左右維吉尼亞州貝賽特鎮所採取的方式無異：廉價勞工、效率生產、最少的政府干預。莫若愚的妻舅兼事業夥伴秦佩璵還記得，當年他們兩人到新加坡申請鍋爐許可證，但刻意忽略馬來西亞的橡膠樹鋸木許可，「他們發現我們砍伐以前，我們早就砍完離開了。」他笑著說，他們也在台灣重新談定了土地合約。

「東方的習俗是這樣，大家彼此認識，互相信賴時，事情進展的速度就比在規定嚴格的美國快很多。莫若愚很擅長和大家打交道，我最欣賞他的地方是膽識，他會做很多我不敢嘗試的事情。」（莫若愚已於二〇〇二年辭世，但妻舅談起他時，還是使用現在式，彷彿他仍健在。）

秦佩璵認為莫若愚做過最大膽的事，就是想辦法完全跳過美國製造商，直接賣給零售商，那個策略威脅到美國製造商的生存，但也冒了相當大的財務風險，令人膽戰心驚。

之前，他們賣家具給美國製造商時，商品一裝入貨櫃就可以收到貨款，但是這個新策略要等商品抵達美國之後，才會收到貨款。貨物經過海運、組裝再送到美國家具店，時間長達三四個月，秦佩璵擔心這段期間公司的金流狀況。但莫若愚直覺認為，他們要是能找到投資者，改變一切，可以獲得更高的利潤。他在美森船運公司（Matson Navigation Company）找到了金主，美森是美國的船運公司，在夏威夷擁有許多甘蔗園，亟欲投資遠東地區（該公司於一八八二年成立，當時船長威廉．美森（William Matson）駕著三桅的縱帆船，從舊金山航向夏威夷的希洛（Hilo），載著貨物和糧食）。秦佩璵告訴我：「為了把事業做大，我們需要資金來支應庫存。」七年後，莫若愚和秦佩璵從美森船運的母公司亞歷山大和鮑德溫公司（Alexander and Baldwin）買回股權，接著就讓公司公開上市了。

一九八九年，莫若愚以四．八億美元把環美家具賣給瑪斯科時，他已是全球化的高手，在台灣有四家工廠，在中國、新加坡、馬來西亞各有兩家工廠，在香港、泰國、印尼各有一家工廠，另外在瑞典、沙烏地阿拉伯、澳洲都有組裝、銷售和行銷部門。

「我不知道他是怎麼做的，但是他在這裡和海外，總是有相當精明的人才為他效勞，他又有辦法避免他們互相蠶食。」業界觀察家杜根說。

莫若愚併購的事業之一，是位於密西西比州新奧爾巴尼（New Albany）的椅藝公司（BenchCraft），那是一九八七年向業主休．麥拉蒂（Hugh McLarty）收購的。當時，環美積極收購美國的家具與鋪墊公司，很多都是位於北卡羅來納州。「莫先生沉默寡言。」麥拉蒂回憶道，「他從來沒說明他為什麼會做那些事，他就只是默默地做他想做的事，不多說些什麼。但是在業界，他備受敬重，相當聰明，他知道必要時需要花錢打通門路。

「大家都知道，中國一出手，就是要讓大家退出這一行。」麥拉蒂說。

莫若愚行事果斷、專注，毫無畏懼。同事們回憶，他一邊開會，還可以從眼角瞄電視螢幕，追蹤大量的美國持股。「他一天一筆交易就可以賺九千七百萬美元。」高點大學教授理查．班寧頓（Richard Bennington）說。班寧頓經常遊說莫若愚捐助該校的家具課程。

但莫若愚從來不會炫耀財富或成就，他在高點大學及母校華頓商學院都以妻子的名義設立豐厚的獎學金。當高點大學需要五十萬美元的經費興建家具課程的大樓時，班寧頓請莫若愚捐五萬，莫若愚直接捐了全額五十萬。「他不希望任何東西以他命名。」班寧頓回憶，並補充提到，莫若愚以《今日家具》（*Furniture Today*）雜誌編輯的名字為大樓命名。

「他是衝勁十足的競爭者，但非常謙虛寡言，這也是為什麼妳能找到的相關報導不多。」

秦佩璵目前在芝加哥附近經營連鎖的療養院，他很樂意提供我一些細節資訊。他認為我們都太關注全球化的面向，錯過了故事的細節。他和莫若愚確實重創了美國的家具業者，但他們不是光靠亞洲的廉價勞工達到的。

「我們採用的方式和美國製造商截然不同。」秦佩璵說。他們是透過逆向工程和工廠的精簡化，把焦點放在產量和效率的提升。一張椅子一旦設計好了，他就調整藍圖，讓它符合機器上的基本設定，以減少組裝線的停工時間；他們也縮減消費者在尺寸和塗裝方面的選擇。家具是在亞洲製造，接著運到日本、加拿大、瑞典、沙烏地阿拉伯、威爾斯、澳洲、美國等地策略布局的組裝廠。目的是在最短時間內，得出最大產量；最重要的是，價格也必須是最便宜的。

畢竟，這是家具，不是汽車。很少人會檢查椅子的底部，看是哪家公司製造的。

秦佩瑱知道，一般大眾肯定不會注意這些。他的說法幾乎跟JBIII以及幫他製造膠合板家具的副手們喜歡談論的亨利．福特理念一模一樣。秦佩瑱說：「我的口號一向是：『賣給大眾，悠居上流。』」

Part 5

Chapter 15

The Storm Before the Tsunami

海嘯前的風暴

梅森—迪克森線（Mason-Dixon Line）*以北製造的，叫 furniture set（家具組）。梅森—迪克森線以南製造的，叫 furniture suite（家具組）。中國製造的，叫垃圾。

——馬克．舒威爾（Marc Schewel），舒威爾家具（Schewels Furniture）執行長

◆

一九八九年九月九日，那風暴在維德角島（Cape Verde Islands）附近的大西洋東方形成，在加勒比海造成三十四人死亡後，威力減弱。之後又大舉重振雄威，降臨在查爾斯頓港（Charleston Harbor），令眾人大感意外，並在南卡羅來納州造成二十七人喪生，十萬人無家可歸，以及上百億美元的損失。當雨果颶風（Hurricane Hugo）的尾巴掃過羅靈口的山脊時，派翠莎和 JBIII 的山腰別墅也受到衝擊，臥室的窗戶擋不住強風，開始鬆動。[208]

凌晨三點，JBIII 把派翠莎搖醒，要她一起躲進廚房比

較安全，派翠莎還因此抗議了。不過，等時速九十哩的強風終於停下來時，他們夫妻倆再回到臥室，發現超大的玻璃片插在牆上，就在他們原本躺臥的地方。

然而那些損失都比不上薩姆特的狀況，薩姆特鎮的風力最強達到時速一〇六哩。颶風掀開了V-B／威廉斯工廠的屋頂，連帶吹斷了相連的自動噴水滅火系統，把三十五萬加侖的水灌進了工廠。[209] 膠合板的天敵就是水，廠內所有的膠合板全都變回了溼透的紙糊、鋸末、黏膠的混合物。工廠的集塵器（漏斗狀的真空吸塵裝置，諷刺的是，它名為「旋風」）也翻倒了，高大的鋁合金機械裝置在工廠上方屹立不搖了數十年，如今也吹落在地，撞得歪七扭八，摔得稀爛，散落滿地，狀似巨人的茶會發生了可怕的意外。

逢恩—貝賽特的元老希金斯打電話聯絡上JBIII，告知工廠的災情，那時損失已達兩百萬美元，而且仍持續增加。希金斯整個人驚惶失措，亂了方寸。

「約翰，我們整個完了。」希金斯說，「全都吹毀了。」

逢恩—貝賽特和投資人在薩姆特廠投入了數百萬美元，而且還有五百萬美元的貸款尚未還清。當初整個事業都是JBIII一手張羅出來的，包括與股東達成交易，跟銀行貸款，甚至為了讓銀行滿意而投保的多份保單都是他負責處理的，所以他知道很多希金斯不知道的事，包括公司不僅建築和機器都投保了，連存貨以及工廠重建期間的業務損失也投保了。

「希金斯，我們至少有兩千五百萬美元的保險，別擔心。」他告訴妻子的姨丈。

---

*譯註——美國賓州與馬里蘭州之間的分界線，美國內戰期間成為自由州（北）與蓄奴州（南）的界線。

希金斯沉默了許久後才回應。

「約翰？」

「是，希金斯。」

「也許我們沒有全軍覆沒。」

在製造業這個大家長主導的世界裡，家族和公司之間充滿了激烈、殘酷的競爭，這時JBIII已近五十二歲，他終於證明他沒有那麼傻了。

◆

柏希格還記得當時他接到第一通有關颶風消息的電話，是JBIII早上六點打來的（不意外），那可能已經是當天他打的第十通電話了。JBIII在加萊克的辦公室裡，已經安排好來自艾里山的承包商。他知道颶風並未波及亨利郡和勒努瓦的競爭對手，所以他需要迅速行動，否則其他膠合板廠商很快就會搶進他的地盤。

「我告訴妳一件事。」柏希格說，「情況糟到谷底時，對他來說反而是最有趣的。他發號施令，威風凜凜，像將軍一樣！」

一九九〇年經濟不景氣時，JBIII的小兒子懷亞特進入逢恩—貝賽特工作，那也是他首度注意到父親與眾不同的地方。在那之前，懷亞特在海利希—邁耶斯家具公司工作了兩年，學習家具業的零售端運作。當時波灣戰爭如火如荼地進行，失業率不斷成長，油價上揚，這些因素都抑制了消費，尤其是薩姆特廠鎖定的消費族群，訂單在幾週內幾乎都消失了。

懷亞特回憶道：「那段期間，我從他身上學到印象最深的一課是，不要驚慌，那只會浪費時間。」他也第一次瞭解到熟悉損益兩平點的重要，就像經濟學入門教的那樣。JBIII 教他折舊的細節，示範公司只要達到損益兩平，就能因設備折舊的稅務效益或沖銷而獲利。他學到父親的折舊管理理論：你要是不定期投資新設備，公司會效率落後，最後就達不到損益兩平。

JBIII 告訴手下的管理者：「各位，我們要像企業一樣競爭，不是像鄉村俱樂部那樣。」新的貝賽特家具公司想搞貴族派頭是他們的事，逢恩——貝賽特還是會走昔日貝賽特家具的路線——精實、精打細算、細心監督。

尤其是套用在業務員身上。JBIII 會親自跟著業務員出去衝業績，以他所知最好的方式推銷家具：親自走訪全美各地的零售商，從聖地牙哥到邁阿密海灘，全美跑透透。他們搭經濟艙，兩人住一間旅館的雙人房。史皮曼仍搭著企業專機到處跑，JBIII 則以不景氣為由，力行撙節措施，永遠不再配置公務車，那也是他長久以來一直想推動的事。

JBIII 在工廠裡也是精打細算，仔細審查，所以碎木機（hog）會定期受檢，那也是 JD 先生流傳下來的節儉傳統。碎木機是把廢棄的木材切成更小木屑的機器，那些木屑可拿去鍋爐燃燒，為爐窯產生蒸汽。「用 hog（貪婪者）作為這種機器的名稱相當貼切，因為你要是不注意它，它就會霸占你的獲利。」JD 先生喜歡這樣說，暗指有些員工亟欲隱瞞錯誤的裁切及其他的失誤，把那些錯誤丟進碎木機裡毀屍滅跡。

「有檢查才有成效，不是你預期什麼，就能得到。」JBIII 告訴手下的管理者。

我問 JBIII，公司買過企業專機嗎？他吼道：「怎麼可能！」他指著他設在企業總部二樓的辦公室，裡面是以一九七〇年代的仿木鑲板圍起指揮中心（他把會議桌變成書桌），擺了幾張不成套的桌椅（大

都是飾面薄板家具）。那樣的格局擺設，讓他可以用個人獨到的風格溝通——亦即直接拉大嗓門。每次他想知道每天的帳戶餘額，或是需要秘書希拉幫他打電話接通某人時，他就直接對著周圍的隔板，扯開嗓門大喊。那些隔板上貼了他常去的高球場海報，孫子的塗鴉，以及一些無傷大雅的黃色笑話。

逢恩—貝賽特的企業總部在設計上正好和貝賽特總部相反，貝賽特家具裡擺著高背式皮椅，掛著鍍金框的管理高層肖像，極盡華麗之能事，所以一九八〇年代貝賽特鎮的人不再稱之為泰姬瑪哈陵，改稱為象牙塔。

JBIII 當企業總裁以來，第一次遇到經濟不景氣時，不得不做出一些棘手的抉擇：V-B／威廉斯的管理者減薪一〇％，並裁掉其中一人。工廠勞工的薪水未減，不過一九九〇年經濟最不景氣的時候，公司解雇了四十名勞工。

JBIII 自己完全不支薪，睡得也不安穩，某天中午秘書希拉要找他（那時還沒有手機），她打電話找遍了整個城鎮，最後是在羅斯平價商店裡找到他在那裡吃飯，不過那還是因為希拉對店裡的服務生描述「有沒有看到一個戴白帽，老是自言自語的人在那裡？」才找到的。

那段期間，他要不是在罵人和精打細算，就是在喃喃自語。派翠莎說，她想知道 JBIII 在擔心什麼時，就站在浴室門外，聆聽他自言自語當天打算進行的對話。他已經改善了希金斯的現金流量管理法，希金斯很怕使用信用額度，長久以來都要求公司會計以支票支付公司的帳單——只不過他會把支票鎖在公司的保險箱裡，直到銀行裡有現金可以兌現支票才拿出來。有時支票會鎖在保險箱裡好幾週，甚至好幾個月（希金斯辯稱，那是因為他不像 JBIII 那樣，從小在家族企業長大，而那個家族企業又有八千萬美元以上的存款）。一九八三年 JBIII 加入逢恩—貝賽特時，公司裡幾乎沒什麼現金，每週營運四天，獲利每年縮減二七％（年報資料）（一九八二年的現金報表顯示，現金餘額僅剩一萬四千二百二十九美元，

股東權益一千一百五十萬美元，不到目前的十分之一）。

由於逢恩—貝賽特經常延遲付款，多數供應商以提高供應價的方式作為懲罰，所以JBIII去協商了新的信用額度。公司的付款記錄改善以後，他又去找供應商協商折扣，降低了公司達到損益兩平的門檻。

前人力資源長提姆．普里拉曼（Tim Prillaman）回憶，JBIII不會浪費時間講客套話，「一九九〇年代中期他找我來面試時，沒問我任何法律問題，只問我：『你母親是誰？父親是誰？外婆是誰？』」

普里拉曼的祖父母和外祖父母都是從事非法釀酒業，都曾因此服刑受罰。他解釋族譜狀況時，JBIII聽了為之大樂。以前在貝賽特鎮的時候，只要能找到私釀者，他一律雇用，因為他們工作都很認真，也擅長做生意，只不過是入錯行罷了。

「所以你是在淳樸的鄉野間長大的？」JBIII問道。

「是的。」普里拉曼回應。於是，他就被錄用了。

◆

柏希格記得，薩姆特廠一度快達不到損益兩平時，他開了一張個人支票三十萬美元，交給銀行。「萬一工廠裡的人需要這筆錢，就兌現這張支票。要是用不到，就把它撕掉。」

幾年前他在艾里山廠發現一種節省勞力的效率工具，現在他也把那招套用在工廠上。一位在紡織廠工作的婦女極其煩惱，她的先生因酒醉上工，遭到JBIII解雇。她利用中午用餐時間來找JBIII，拜託他重新雇用她先生。JBIII並未雇回那個人，但那位婦女急著趕回去工作時，差點撞上他，反而讓他得到了一個新點子。

他問她：「妳為什麼那麼趕？」她說，每個月只要不曠班或打卡不遲到，工廠就會發放全勤獎金，可多領六%的薪水。不過，重點是：全勤獎金是另開支票，所以她可以藏私房錢，小氣的老公不會知道。

JBIII在薩姆特廠實施全勤獎金制度以後（後來也在艾爾金廠和加萊克廠實施），曠班率從五%降至二%。一位工廠勞工激動地感謝他，坦言她也是把獎金當成私房錢藏起來，以備私用。

她說那叫「褲襪錢」。

這筆褲襪錢也間接提升了公司的獲利，「大家喜歡為目標而努力。」他告訴我，「你只要確定你得到的效益，比他們得到的效益還多就好了！」

◆

「一九九〇年代中期，許多家具製造紛紛移到中國，但我們仍認為臥室家具基於運費考量，不受影響。」懷亞特告訴我。當時美國的家具商仍堅信，床鋪和櫥櫃不太可能移到海外生產，因為臥室家具比桌椅笨重，不易拆解，完整的櫥櫃很占運貨空間。

懷亞特從小跟著父親狩獵松雞，不過派翠莎說，他從來不是那麼喜歡獵鳥。「每次我們開兩台車出去，他都是跟約翰同車，其他人跟我同車。他是真的很想取悅他老爸，現在還是。」

JBIII記得懷亞特申請西北大學的凱洛格管理學院時（Kellogg School of Mamagement，當時全美排名第一的MBA），他還教過兒子怎麼面試。懷亞特就讀華盛頓與李大學時，成績平平（他跟父親及祖父一樣，都很愛玩），不過GMAT成績達到九十八百分位。

JBIII預測：「面試時，他們會問你，你還想說些什麼。」他建議懷亞特回答：身為第四代即將接班的廠長，他可能是少數申請入學的學生中注定會當廠長的人。他也很可能是畢業後唯一往阿帕拉契地區發展，而不是去華爾街工作的人。

這是貝賽特家族史上，第一次有人以「增加群體多元性」的身分為訴求。從西北大學商學院的精英特質來看，他可能真的是稀有的少數。面試的教授聽完後點頭，面試的時間也比預期長了許多，這招果然奏效了（JBIII說：「面對人生的每次協商，你必須瞭解：對方想要什麼」）。

懷亞特拿到MBA學位回到加萊克鎮時，逢恩—貝賽特進口一些家具的組件：從俄羅斯和拉丁美洲進口抽屜側板。這時懷亞特已經開始跟著JBIII到亞洲出差，中國人的製造技術持續在進步，便宜的中國家具不再代表中國家具的品質低劣，亞洲製造商完全掌握了生產和運輸的經濟優勢。

當一個國家的工資開始上揚時，莫若愚已經鎖定下一個便宜的市場。他的兒子莫仲沛告訴我：「他總是早別人一步，即使其他地方的基礎設施仍差，做生意也比較困難，但他總是比別人更早放眼下一個開發中的市場。」

「如果一切狀況都很完美，他知道那表示你已經來遲了。」

莫若愚和妻舅都很幸運，當時貨櫃船愈來愈大，使每單位貨運成本持續降低。[210] 一九七二年秦佩璵剛加入莫若愚的公司時，他們從台灣運一個貨櫃到美國的價格是一千八百美元，二十年後只要一千五百美元。貨櫃船比以前大，亞洲工廠現在是海運公司最大的客戶，所以秦佩璵可以協商到更好的散裝費率。「我們跟船運公司保證，每月單程有兩百個貨櫃，更重要的是，我們說：『我們也可以保證，每月回程有五十或七十五個貨櫃。』」秦佩璵回憶道。

以前空著駛回中國的貨櫃船，現在裝滿了木材回來：大都是從阿帕拉契山脈砍伐的，離史密斯河岸不遠。至於那些木材最後會不會製成床鋪和梳妝台，再運回貝賽特、史丹利、逢恩—貝賽特及其他的家具廠，只是遲早的問題。

◆

不過，那個問題還沒解開以前，JBIII發現他看到另一個更熟悉的問題，而且跟亞洲競爭對手一樣致命。一九九五年，逢恩—貝賽特推出一套臥室家具，名叫「金色回憶」。那是維多利亞式的設計，搭配華麗雕飾和黃銅的抽屜拉環。但是家具業巨擘萊星頓家具實業公司（Lexington Furniture Industries）指出，那套家具不止讓人回想起維多利亞女王年代而已，還跟萊星頓出品的「維多利亞集錦」幾乎一樣。那套家具是萊星頓的熱賣品，年銷售額逾五千萬美元，也是家具史上最暢銷的家具組之一。[211]

當時逢恩—貝賽特共有一千名員工，年營業額達一・〇三億美元；萊星頓居家品牌（Lexington Home Brands）是全美最大的居家家具製造商，員工有五千多人，年營業額達四・二六億美元，是瑪斯科公司所有。[212]瑪斯科當時的年營業額高達數十億美元，[213]後來還收購了莫若愚的環美家具。

萊星頓家具到北卡羅來納州的格林斯伯勒（Greensboro）提出聯邦訴訟，指控逢恩—貝賽特侵犯其智慧財產權，亦即「商業外觀」（trade dress）侵權。而且逢恩—貝賽特確實買了那套萊星頓家具，[214]仔細檢視每個細節，做出近乎一樣的家具組，但售價比維多利亞集錦少了兩百美元。不過，商品外觀只有在非常獨特、形同商標時，才稱得上是商業外觀遭到侵犯，例如蛋型的L'eggs褲襪包裝或可口可樂的曲線瓶。

家具業裡，巧妙的仿製技巧，老早就掩飾了原創稀少的現實狀況，主要是因為消費者缺乏品牌忠誠度。所以，最萬無一失的產品往往是模仿已經熱銷的產品，再以較低價出售。一九六〇年，藍恩家具為了一套仿製的現代桌子（名叫「喝采」），而對貝賽特家具提告，當時WM先生對弟弟道格說：「我們不可能和解，和解會讓我們整套設計從此作廢。」[215]

此外，除非家具有明顯的當代風格，或是某種前所未見的設計，不然的話，即使設計師是照抄，精明的家具製造商還是可以在家具史的年鑑中找到類似的設計（當初吉倫奈克面對「喝采」家具的侵權指控時，就是去費城博物館找到一八〇〇年代的類似原創設計）。[216]任何設計通常都有早期的先例可尋，但現在萊星頓想要改變遊戲規則，只要競爭對手發表的家具設計類似萊星頓持有專利或正在申請專利的設計，他們就發出禁制令。那些禁制令確實發揮了功效，貝賽特和其他幾家家具製造商在收到萊星頓的書面威脅後，都不再模仿。逢恩—貝賽特一開始也是稍微修改仿製的「維多利亞集錦」第一版，加上一些變化，改用新名稱「追憶」重新上市。

對此，萊星頓又發出第二封禁制令，說那套家具依舊侵犯商業外觀，宣稱只有萊星頓對那種復古設計有唯一的權限，因為他們是近代第一家那樣做的廠商。

JBIII通常是講求和氣生財，但現在顯然需要有人出來挑戰這個年收數十億美元的家具巨擘，依JBIII的個性，他也認為這個挑戰者捨我其誰。

於是，萊星頓的紐約律師說：「我們會對你提告。」

JBIII回應：「**放馬過來啊**。」並抓起他最愛的兩個工具：筆記本和電話。

◆

JBIII處於很有利的狀態：在格林斯伯勒的法庭裡，陪審團以女性居多，法院內還擺放了好幾件家具。

那些家具即使不是他製作的，至少大部分是他設計的。他一臉微笑，看著員工把家具一一搬進來，一隻腳期待地上下打拍。每次他即將做他最愛的「演講」時，都會有那個動作。

他會比較他的家具組和萊星頓的家具組，以及其他多家公司製作的類似家具，每一件家具當然都是從彼此及維多利亞時期汲取靈感及參考細節的。

我問他當時緊張嗎，他說：「緊張得要命！」但他掩飾得很好。法官允許他在法庭上走動並在每個櫃子之間穿梭時，他完全掌控了全場，掌握了優勢。JBIII 的律師沃倫．澤口（Warren Zirkle）執業近四十年，說他從來沒見過比 JBIII 更熱情投入的出庭證人。

JBIII 摸著家具的檐板，展現他對材質和工藝的熱愛。他正眼看著陪審團中的女性，因為他知道一般家庭大都是由女性負責選購家具。他侃侃而談自己最愛的主題，就算他之前沒提到小時候去看小聯盟球賽時，會先順路去檢查家裡經營的工廠，現場的人也應該都猜得出來。陪審團完全可以感受到他渾身散發的家具魂。

接下來，他以平易近人的南方腔調，慢條斯理地娓娓道來。

「他很擅長把自己包裝成正義使者。」澤口告訴我，「他把握每個機會，說明為什麼他深深認為他有權力販售這組家具，以及為什麼那樣做才符合消費者的最佳利益。」

萊星頓的律師列舉多個理由，證明逢恩─貝賽特是抄襲萊星頓的設計，但澤口以下面的說法反駁那個論點：我們坦承我們是仿效，但我們有權那樣做，不止是因為那風格在維多利亞女王時期很流行，也因為仿效是鼓勵競爭，可壓低價格，最終而言是造福消費者。

逢恩─貝賽特還有什麼絕招？為期兩週的審訊開始前的那個週末，懷亞特窩在他父母位於羅靈口的賓客招待所裡，研讀萊星頓正在申請的專利，他注意到一點：萊星頓的最新商品目錄裡有六套家具，上面印著「專利申請中」的標籤。但懷亞特拿到萊星頓的專利申請副本，交叉比對，發現那六項根本不在「專利申請中」的清單裡。

所以逢恩—貝賽特提出反控，萊星頓則主張那個「專利申請中」的標籤是誤植。[217]「他們認為他們可以先威嚇每個人，使大家不敢再仿製他們的設計，接著一兩年後再宣稱我們侵犯他們的商業外觀。」JBIII說。

「他們想完全改變遊戲規則，萬一他們得逞了，可以得到三倍的損失賠償，高達數百萬美元，那金額可能讓我們就此關門大吉。」

審判進行了十天，辯方還出現一位令人意外的證人：史皮曼。他出庭說明，貝賽特家具以前如何像逢恩—貝賽特及大眾市場的其他業者那樣仿製家具。當JBIII說明他一九八二年離開貝賽特家具是因為公司不夠大，不足以同時容納他們兩人時，陪審團知道史皮曼出庭不是典型的姊夫出庭作證。

「自我保護是天性第一守則。」梅里曼解釋，「多年來，貝賽特家具仿製的對象，可能比我所知的任何公司還多。史皮曼表現出他出庭作證只是想幫助約翰，但他其實也是在確保自身的利益。」

普拉斯基家具的執行長萬普勒指出，史皮曼之所以出庭作證，是出於對珍以及B．C．逢恩、希金斯等人的忠誠。萬普勒本人也出庭為逢恩—貝賽特作證了。「我們其實就只是說實話，無論任何人怎麼說，家具業本來就沒有原創這回事。」萬普勒說。

最後，仿製的傳統勝訴，法院認為萊星頓家具還沒有特殊到足以主張商業外觀遭到侵權，陪審團也判定萊星頓的「專利申請中」標示是「無端漠視逢恩—貝賽特的權利」，要求萊星頓支付一美元的象徵性損害賠償。[218]

當時JBIII還不知道有更大的官司正等著他，那個對手比史皮曼還狠，甚至比瑪斯斯科還糟，而且還會徹底顛覆他「以消費者利益為重」的論點。

不過，總之，目前他的公司暫時安全無虞了。

Chapter 16

Trouble in the Ville

城鎮麻煩

拜託，約翰，這聞起來一點都不像泉水。

——鮑勃．布拉默（Bob Brammer）

◆

雖然WM先生的遺澤很快就會發揮效果，但JBIII其實對這位伯父的瞭解不多。事實上，對於已故的WM先生，他只記得一個故事。

一九四六年，整個貝賽特家族都到佛羅里達州的霍布海灣度假。JD先生的度假屋是第一棟，接著是JBIII的姑姑安．史丹利的屋子、姑姑布蘭奇．逢恩的屋子、伯父WM先生的屋子，之後才是他父親的屋子。小約翰當時九歲，覺得很無聊，下午在親戚家門前的人行道和車道上來回運著籃球，這時貝賽特家具的老闆正好在睡午覺。

那個年代沒有冷氣，窗戶都開著，窗口裝了白色紗網以隔離蚊蟲。小約翰練習運球時，聽到伯父的臥室打開了紗窗，一元美鈔乘著和煦微風，輕輕地飄到了他的腳邊。

小約翰拿起美鈔，像秘密一樣緊抓著不放，他完全知道伯父的用意。他撿起籃球，讓伯父安靜午睡。

隔日下午，他又開始運球，意外之財再次從天而降，沒有人提起這件事。第三天，五元美鈔飄到他腳邊，小約翰馬上知道那意味著什麼：一星期不准運球。

那個年代，貝賽特家族的孩子每週可領到一美元的零用錢。道格先生希望兒子能存下一半，不要把錢全拿到「黑鎮」（種族隔離年代，多數白人對黑人商業區的說法）去玩吃角子老虎機。

「兒子，你零用錢剩多少？」道格問道。

小約翰小心翼翼地從口袋裡掏出五十美分。

「真乖。」道格說，完全不知道小約翰在房裡藏了剩下的三．五美元，其他的都拿去玩吃角子老虎了。

JBIII對伯父不太瞭解，但他一直記得飄下來的美鈔，還有金錢對一個知道如何應對進退的精明孩子有什麼教育意義。

就像貝賽特的前副總裁艾替澤說的，WM先生可能是整個貝賽特家族裡最卓越的家具商，「但是他在貝賽特的歷史上常遭到忽略，因為他經營事業的三十年間，公司沒有太轟動的消息。」

不過，WM不久之後就會引起轟動了，以他的名字命名的工廠即將陷入爭議。貝賽特家具的人要是知道即將面臨的衝擊，他們可能會謹記WM先生最愛耳提面命的話：

「各位，拿出你的嗅鹽！」

JBIII從來沒和伯父一起工作過，不過，他剛進這一行做品管時，常到WM先生創立的工廠視察。那個工廠很大，四層樓高，占地七十萬平方英尺，位於馬汀維爾的住宅區山下，離市中心不遠。

在萊星頓那個侵權控訴案落幕不久，JBIII得知那家工廠可能要出售了。

他知道那家工廠裡有先進的塗裝間，更棒的是，那裡還保留早年的環境許可證。他知道買家不需要為了麻煩的新環保規定煩惱，WM廠的塗裝間不受新法約束，而是由比較寬鬆的舊法規範。

JBIII也知道污水管的確切位置，因為一九七〇年代，他曾在那裡監督新貯木場的興建，承包商的推土機不小心弄斷了污水管。他本來以為承包商挖到了泉水，但不久，臭氣瀰漫了整個城鎮，污水還一路流到了杜邦（Dupont）的尼龍廠，杜邦是那個地區方圓數英里內給薪最高的雇主。

JBIII打電話給公司負責擴廠的管理者鮑勃．布拉默，他飛快地趕到WM廠，一下車，他的鷹鉤鼻就像兔子一樣抽動，他說：「拜託，約翰，這聞起來一點都不像泉水。」

如今事隔二十年，JBIII仍記得WM廠底下的污水管位置，「我甚至知道那個該死的『泉水』在哪裡，騙不了我的！」

他也知道北美自由貿易協定（NAFTA）已經無情地衝擊了當地紡織廠的勞工：一九九七年，數千個紡織工作移到墨西哥和海外，業界巨擘杜邦和其他的運動衣及紡織公司在亨利郡仍雇用一萬一千人，但傳言指出，他們也即將關廠遷移。

一九八九年，貝賽特已經關閉「老鎮廠」，但位於亨利郡的其他工廠仍全面運作。這時史皮曼已接近退休，一九九四年貝賽特家具創下五．一億美元的業績新高，同年NAFTA也啟動了「巨大的吸氣聲」（giant sucking sound）。[219]但現在業績持續下滑，因為進口商崛起，各方面都賣得比本地廠商便宜。「我們本來像業界的福特汽車，突然間零售商開始銷售豐田汽車……接著，大型買家開始以貨櫃大量進口那些東西。」貝賽特的業務高管米鐸斯回憶道，「我們失去很多市占率，因為我們一直在對抗進口商。」

美國最大的養老基金「加州公務人員退休基金」（California Public Employees' Retirement System，簡稱CalPERS）是貝賽特家具的持股法人。一九九六年和一九九七年，他們把貝賽特列為十大績效欠佳的公司。CalPERS還向貝賽特的董事會端出一份提案，要求把執行長和董事長的職位分開，不要由一人兼任。一般普遍認為，那提案是衝著史皮曼來的。[220]

這時史皮曼六十九歲，他也因為過度投入其他企業的董事會（從煤炭公司與保險巨擘，到幾家大學和銀行），而遭到一些股東施壓。《商業週刊》的報導指出，在貝賽特擔任董事的國民銀行（NationsBank）五位高管只是人頭，報導認為那些人是私相授受的小圈圈，「就只是一群執行長互通有無罷了」。[221]

「董事會過於放任史皮曼。」一位長年擔任董事但不願具名的人說。

瑪麗・伊麗莎白・莫頓還記得貝賽特大家族終於覺得有必要逼史皮曼交棒的時候。她連同表哥湯姆・史丹利（Tom Stanley，亦即邦斯姑丈的兒子），憑著大量持股，提議史皮曼應該不止卸下總裁一職，也要完全離開事業的經營。

「莫頓女士問過法務長意見了嗎？」一位挺史皮曼的董事問道。

瑪麗・伊麗莎白可能已經退休，也相當有禮（她第一次接受我採訪時，穿著賈桂琳・甘迺迪風格的高級套裝，戴著相稱的帽子），但她確實問過法務長意見了。「那把他們都嚇壞了。」她的先生史班塞・莫頓回憶道，「莫頓女士可能會控告他們瀆職，因為這時史皮曼身兼二十三個董事會的董事，根本沒時間經營公司。」

一九九七年八月史皮曼正式退休時，貝賽特家具在《今日家具》的美國二十五大製造商排名中，已經下滑至第七名。那份榜單上有十八家公開上市公司，只有三家（包括貝賽特）在一九九六年的績效比一九九五年差。貝賽特從一九九二年開始就不再出現真正的大幅成長了。

當《羅安諾克時報》的記者打電話給JBIII，問他對於姊夫「退休」的消息有何反應時，只有局內人聽得懂JBIII的話中有話：「史皮曼始終是業界最令人難忘的人物。」

史皮曼因負責多次併購案及事業擴展而受到讚揚，他主導高點市國際家具中心（International Home Furnishings Center）的收購（那是家具市集的主要展覽館），以避免家具展移到達拉斯或亞特蘭大舉辦，也頗受好評。[222]

當地媒體或業界媒體都沒有報導史皮曼退休的真正原因，他的兒子羅伯說：「朱庇特島的群眾不滿意他的績效。」他指的是大家族的親戚。但羅伯也反駁莫頓的說法，他說家族親戚在持股上已經沒有實質影響力可以逼他退休；史皮曼和董事會都坦承，他已經六十九歲，而且公司不再大幅成長，是他交棒的時候了。

理髮師科伊指出，消息一如既往，還是會逐漸擴散，傳遍整個城鎮。

科伊說：「他仍掌管港務局。」當地本來只是船隻前往巴爾的摩港的行經港灣，但是在史皮曼的協助下，後來變成東岸最繁忙的港口之一。他親自打電話給州長要求資助，並促成諾福克和漢普頓錨地（Hampton Roads）的港口合一。[223]

「他還是跟以前當執行長一樣，到處發號施令，但你看得出來他有點受傷。」

「他確實不像以前那樣意氣風發。」

◆

史皮曼的兒子羅伯被任命為總裁兼營運長，如果史皮曼夫婦的接班計畫奏效，不久之後，羅伯就能升任執行長。

貝賽特家具的鼎盛時期，羅伯是在貝賽特家族中成長（總之，他離家去讀寄宿學校以前是如此）。一九六〇年代他還小的時候，就跟著父母去參加高點市的家具市集，看著父親和舅舅因為產品供不應求而暫停接收零售商的新訂單長達六週。那個年代，工廠馬不停蹄的運作，幾乎趕不上雪片般飛來的訂單。

他跟舅舅 JBIII 一樣，很早就知道當法定繼承人不容易。他仍清楚記得小學老師在教室裡走來走去，問學生長大後想做什麼。當羅伯回答他想當律師時，老師說：「你不能當律師吧，你必須經營公司。」

有些孩子討厭他們的家族家大業大，刻意找他麻煩，只因為他那獨一無二的身分：貝賽特繼承人，含著金湯匙出生。

羅伯十四歲時，史皮曼打電話給貝賽特阿肯色廠的廠長：「我兒子暑假會過去跟你一起住。」由不得羅伯和廠長選擇。「我跟父親吵得不可開交。」羅伯說，「我少年時期，他很愛訓人……我恨不得趕快離開貝賽特鎮。」

從范德堡大學（Vanderbilt）畢業並在休士頓做了六年零售業的工作後，羅伯回到家族企業工作。那時是一九八四年，貝賽特鎮的警力仍由公司管理，鎮民依舊到泰姬瑪哈陵繳交電費。

羅伯有一雙湛藍的眼睛，以及髮際線愈來愈高的金髮，宛如年輕時的 JBIII。他和舅舅的關係也是競爭對手，但不像父親和舅舅那麼緊繃，不過他們也不太往來。史皮曼即將卸任時，約翰是少數幾位寫信給貝賽特董事會提供意見的貝賽特人，他認為在這個動盪期（加州公務人員退休基金掀起的混亂才剛結束，對抗亞洲進口商的戰爭正如火如荼地展開），羅伯接掌執行長大位還太年輕。

羅伯確實飛到亞特蘭大面試貝賽特執行長一職，但並未獲任。那時，時機還未到，他輸給了保羅·富爾頓。富爾頓是北卡羅來納大學的商學院院長，曾在莎莉公司（Sara Lee Corporation）任職長達二十九年。他擔任公司總裁時曾幫 L'eggs 褲襪推出創新的蛋型包裝，以精明管理公司品牌著稱，他經營過的品牌包括 Hanes、Isotoner、Jimmy Dean 等等。[224]

「他是營運高手，從 Hanes 褲襪廠的實習生開始做起，最後經營全球化的龐大企業。」羅伯欽佩地說。富爾頓直言不諱，說話時常帶髒字。羅伯很樂於擔任他的副手，希望能從他的身上學到一些行銷天賦，以及放眼大局的經營能力。羅伯說：「他對我的人生影響很大。」富爾頓也是貝賽特立業上百年來，唯一一位來自家族以外的執行長。

羅伯認為富爾頓的世界比家具業的傳統世界還要複雜，也比較現代。他很欣賞富爾頓的過人活力，他對年輕的羅伯說：「我們必須把一些麻煩事搞定。」

身為股東的莫頓在富爾頓接任執行長不久後就去拜訪他，他很快就明白富爾頓指的麻煩事是什麼了。「我們的資產管理人員說，貝賽特的持股過於集中，現在大家都很擔心紡織業外移到墨西哥和中國。」莫頓記得當時他對富爾頓這麼說，「我們都很擔心公司未來的發展方向。」

「莫頓，我不是家具專家，而是數字專家。如果羅伯無法讓那些工廠獲利，我就會關廠。」一九九八年，進口家具占美國木造家具總銷量近三分之一，比五年前的二一％還高。[225]那年春天在高點市的家具市集，業界高管告訴記者，他們會想辦法從任何可能的地方擊敗進口業者。但是萬一他們在價格上無法跟進口商競爭，他們會加入那些競爭對手，把家具製造外包出去，發展出「混合策略」。

但是，那種雙管齊下的策略很快就混在一起了，模糊難辨，因為很多公司（包括JBIII的逢恩—貝賽特）開始向海外工廠採購零組件和完成的家具，再冠上自己的品牌販售。對每家公司來說，現在的問題變成：進口策略該延伸到什麼程度？

富爾頓欣然採納混合策略，但他也希望貝賽特家具能善用自家品牌，因為那品牌是業界的珍貴資產，是數十年來免費贊助《命運輪盤》（*Wheel of Fortune*）節目，在《讀者文摘》、《生活》、《瞭望》等雜誌上打了很多廣告才塑造出來的。

一九九四年，羅伯受到伊莎艾倫（Ethan Allen）家具連鎖店的啟發，推出「貝賽特直售」（Bassett Direct Plus）的概念，在全美各地開設展售店，只賣貝賽特家具。一開始他很難說服父親接受這個概念，羅伯必須請店面設計師把設計圖的帳款拆成五張五百美元的帳單。由於史皮曼訂下五百美元的開銷上限，這種拆帳單的方式已經是公司規避上限的典型作法。

不過，感恩節過後的那個週末，羅伯打電話告訴父親，感恩節當天密西西比州一家店的營業額（七萬美元）。史皮曼一聽，馬上就明白零售的商機所在。

「天啊！」史皮曼說，「你週一一早就到我的辦公室。」他想開更多的店。一九九七年史皮曼退休時，貝賽特家具開了十八家店，計畫未來再開三十三家，並打算隔年在店裡增售配件。

富爾頓誓言讓貝賽特直售店更進一步地發展，即使那表示公司可能因此疏離許多長期往來的零售客戶，變成客戶的競爭對手。富爾頓的第一步是先雇用貝恩策略顧問公司（Bain and Company）——亦即米特・羅姆尼（Mitt Romney）*共同創立的私募股權公司——來訪問直營店的店長和加盟商，以分析與驗證他的零售策略。

貝恩公司在樂觀的分析報告中指出：「貝賽特潛力強大卻不自覺。」

這種大幅改變充滿了爭議，不僅零售業者難以接受，董事會和業內人士也意見很多。高點市的投資人

---

*譯註——二〇一二年美國總統大選的共和黨候選人。

及市集展覽館的部分擁有者大衛・菲利普斯（Dave Phillips）說：「富爾頓一來，心想：『天啊，我們再也無法靠製造獲利了，我們必須走垂直整合路線，開始進口商品到自家專賣店販售。』」（菲利普斯是逢恩—貝賽特的董事，直到二〇〇六年小布希總統任命他為美國駐愛沙尼亞大使時，才卸下董事一職）。

富爾頓把店面細節交由羅伯去處理。有一次羅伯去內布拉斯加州的奧馬哈市（Omaha）出差時，看到電子零售店充滿了活力。他告訴店長：「這好時髦，好酷！」他在西雅圖找到那家電子零售店聘請的零售顧問，請她為貝賽特的零售店改頭換面。

三十八歲的潔米・歐文絲（J'Amy Owens）不僅厲害，還是個美女，頂著挑染的金髮，戴著完美的珠寶，充滿自信，辯才無礙。《Inc.》雜誌的封面報導，稱讚她不僅設計眼光獨到，也擅長掌握商機、創造滾滾獲利。[226]

相較於她的典型客戶——包括耐吉、星巴克（Starbucks）、百視達（Blockbuster）——貝賽特是傳統的大家長作風。她一開始提案就告訴在場的男性高管，他們目前所在的那個貝賽特會議室，裝潢已經用了二十幾年。

歐文絲的簡報節奏明快，肯定會讓《廣告狂人》的男主角唐・德雷柏（Don Draper）滿意，她拿出一張分鏡腳本，說明貝賽特的工廠、辦公室、家具店，藉此評論貝賽特的企業文化：髒污的黑白色煙囪，白人西裝筆挺坐在高背椅上，抽著雪茄，喝威士忌，像史恩・康納萊（Sean Connery）那樣。男人狩獵、捕魚、飆車，妻子放任不管，而且妻子也不知道已故的艾德先生在河邊搞什麼勾當。

分鏡腳本的角落畫著一個女人的卡通圖樣，像看恐怖電影一樣尖叫。

接著，她突然換了第二張分鏡腳本。

「這張呢……」她停下來營造效果，「是你們的顧客。」

上面都是柔和的色彩，笑吟吟的女性，她們在精心布置的溫暖住家裡，各個看起來都很美麗。

羅伯一看，馬上就明白歐文絲想要表達的意思：經營貝賽特的人都是窮鄉僻壤的鄉巴佬，完全和他們想要接觸的客群脫節。

「罪證確鑿！」他說。

貝賽特付給歐文絲十萬美元以提升品牌形象，在延續至今的徹底改變中，貝賽特開始朝零售和行銷發展，逐漸遠離製造。當時貝賽特只有八％到一〇％的產品是進口的，但是「以供應家具店為重」的模式，很快就主導了整家公司的營運方式。

在歐文絲的建議下，貝賽特雇用曾在迪士尼及美泰兒（Mattel）公司工作的賈尼絲・哈姆琳（Janice Hamlin）為公司的第一任行銷副總，她也是貝賽特家具的第一位女性高管，她的任務是幫諸位老闆瞭解女人想要什麼。哈姆琳舉辦了焦點團體討論，招募了女性代言人，包括塑造成裝飾顧問的電視專家，鼓勵顧客「盡情發揮創意！」。

有線電視的居家裝潢節目主持人克麗絲・卡森・梅登（Chris Casson Madden）跟家具設計師分享她對家具的看法，從桌角（圓角對小孩比較安全）到軟墊沙發（短絨毛的材質比較抗皺），無一不談。貝賽特家具店是漆上溫暖的大地色調，店內也擺了剛烘焙的餅乾，讓參觀的客人享用，以平撫顧客決定大筆開銷時常見的焦慮感。

貝賽特不再只是賣給大眾，現在也開始鎖定中高收入的顧客，提供訂製鋪墊、店內設計中心、多種進口配件。在伊莎艾倫的高檔家具店裡，店內有室內設計師招呼顧客。不過，貝賽特是以穿著輕便服裝的「創意溝通員」迎接顧客，打造比較平易近人的形象。

歐文絲也建議貝賽特把店名從「貝賽特直售」（工廠直銷的感覺太強烈，她覺得有損產品價值），改成「貝賽特家飾」，以營造比較高檔的印象。這一切改變都是為了賦予公司更柔和的形象以吸引女性，因為女性主導了八〇%的家具採購決定。

貝賽特的轉變非常徹底，因此引起了《華爾街日報》的關注，並以頭版報導貝賽特改頭換面的新氣象，還有歐文絲和哈姆琳的「柔和」主張。[227]新的店面設計還贏得了全美設計大獎。

羅伯很高興看到，這家老企業終於吸引紐約那些講究人士的關注。在進口貨逐漸搶市下，他希望新策略可以「讓公司在變幻莫測的市場中生存下來，提升獲利，更善用品牌優勢」，他告訴我，「此外，那也是防範潘尼百貨訂單流失的保險措施。」那是讓許多貝賽特管理者夜不成眠的隱憂，因為潘尼百貨一家客戶就占了八千萬美元的年銷售額。

當時，羅伯認為開店「有助於拯救工廠」，即使那個策略讓公司失去了數千家客戶。很多小家具店販售貝賽特家具已經數十年了，但現在只要是位在貝賽特家具店方圓五十哩內，就無法再繼續販售。

這些獨力經營的小家具店都有受騙的感覺，逢恩—貝賽特的維吉尼亞州業務員米克倫說：「貝賽特家具雖然立意良善，但是那樣做讓鄉下及小鎮的經銷商很受傷，他們覺得貝賽特好像忘了根，忘了是誰幫他們累積如今的成就。」

陵墓裡的列祖列宗可能都要起來抗議了，艾德先生以前常派業務員到美國各個鄉村角落，要求他們「只要看到買得起的人就對他推銷」。

但世界變了，生意也跟著變了。時間會告訴我們，歐文絲改造貝賽特的策略，究竟會像星巴克那樣蓬勃發展（全球展店兩萬多家），還是會像百視達那樣黯然收場（二〇一〇年宣告破產）。

這算是賣家具「比較柔性的一面」，但相對的，工廠的勞工知道他們即將面對苦日子了。這一切都是為了重新整頓公司，把焦點放在供應自家零售店的核心產品線上。

當時身任營運長的羅伯已經四十五歲了，但老一輩的工廠勞工在背地裡仍稱他為「小子」。他負責的第一件棘手任務，可不像小孩玩家家酒那麼容易。一九九七年五月，在馬汀維爾市，羅伯站在新聞攝影機的前面宣布，貝賽特將關閉WM工廠，那將會裁掉四百個工作。[228]壞消息還不止於此，貝賽特在北卡羅來納州希科利設立的低階家具廠「影響家具部」（Impact Furniture Division）——亦即貝賽特的膠合板工廠——也會同時關廠。緊接著，密西西比州布恩維爾（Booneville）的貝賽特工廠也會關閉。[229]

這時，富爾頓還沒正式上任，但他參加了記者會，也預期這樣的發展。「我支持這次策略性重整的方向。」他說，「我們打算在我八月一日上任後，對策略、組織架構、資本結構做類似的分析。」

幾個月後，羅伯堅稱他的計畫不是為了裁撤貝賽特的國內勞力。但他也指出，貝賽特正在延攬十五到二十位全球貿易的專家，組成團隊。這些專家對中國貿易尤其在行，一年內中國將會出現占地數百萬平方英尺的工廠，專門生產美式臥室家具。

從備料間到塗裝間，貝賽特剩下的工廠勞工都擔心冰山已經對整艘船造成無法挽救的破壞。就像電影《鐵達尼號》裡的室內樂團，勞工只能繼續幹活，不然還能怎樣？他們在潘尼爾紡織廠（Pannill Knitting）及莎莉織品廠（Sara Lee Knit Products）工作的朋友都早就失業了，[230]杜邦的七百位員工也失業了，這一切主要是因為國際貿易愈來愈頻繁，再加上技術進步導致操控機器的人員需求減少（在NAFTA的推波助瀾下，一九九六年墨西哥超過中國，成為出口成衣到美國的第一大國）。

亨利郡的法朗西斯・齊昔（Frances Kissee）在工廠逐一關廠下，不斷地更換工作，總是撐到每家工廠發出裁員通知為止。一九七五年齊昔高中畢業，開始進入莎莉織品廠打零工，一九九四年莎莉織品廠關閉時（中國的紡織管理者來參觀工廠不久後就關廠了），她的薪酬是時薪十美元外加員工福利。

「一開始，我們收到好幾卡車他們織壞的東西，我們必須修正他們做壞的地方。」她回憶道，「沒有人說過我們會被取代。」

但她就是被取代了，先是在紡織廠被取代，接著轉戰電話客服中心也被取代。二〇一一年，菲律賓的勞工搶了她在星友（StarTek）電話客服中心的工作。那是這十八年來，她第六次遭到裁員或遇到公司關門大吉。

WM廠宣布關廠那天，貝賽特鎮的莎莉．威爾斯（Sallie Wells）對《馬汀維爾公報》說：「我很想死。」她在WM廠的砂光間工作了十年。貝賽特公司說，他們會把多數的勞工轉移到其他工廠，但是後來轉移的希望日益渺茫，因為富爾頓堅守他的承諾：不賺錢的工廠就關閉。[231]

一九九七年底，貝賽特的財報顯示一千九百六十萬美元的淨損，營業額是四．四六九億美元。[232]在一九九七到二〇〇〇年之間，貝賽特家具從四十二家工廠關到只剩十四家。[233]

「我們曾經自誇，我們經營很多工廠。」羅伯說，「但富爾頓說：『我寧可自誇我們經營很少工廠，但獲利很多。』」

羅伯嘆了口氣，語氣聽起來和他舅舅氣惱時一樣：「那整個過程中，我完全不知道我們最後會剩下幾家工廠，但我確實想到，如果我們還要維持工廠的營運，唯一的辦法是開很多家具店來販售家具。」

◆

WM廠的機房操作員拉夫・施比曼（Ralph Spillman）告訴《馬汀維爾公報》，他上完社區大學的課程後，打算進冷暖空調業。社區大學的課程是由聯邦政府的貿易調整協助方案（Trade Adjustment Assistance，簡稱TAA）*提供經費，為那些因國外競爭而失業的勞工提供訓練和資源。

但是勞工參與TAA的比例很低，在維吉尼亞州僅三〇%，參與的藍領勞工所得到的結果也參差不齊。[234]政府問責辦公室（Government Accountability Office）的研究顯示，一半學員結業後的收入只有以前的一部分，許多人還是無法在想做的領域裡找到工作。很多學員一找到工作，就馬上休學。施比曼上了一整年的課，後來在北卡羅來納州找到紡織廠的工作後就休學了，那份工作離他家約十五分鐘的車程。

後來那家工廠也關閉時，施比曼開始領傷殘補助。「神經出了問題。」他告訴我，「在紡織廠工作，壓力很大，擔心很多事情，例如關廠、以後生計怎麼辦。那壓力導致很多人的神經系統都出了問題。」

他的母親和祖父都是在WM廠工作，他還記得WM廠的員工最後一天上班時都哭了。WM廠關廠的方式和多數工廠差不多：不是一次就裁掉數百位員工，而是採漸進式，一小批一小批地道別。最後一批家具在生產線上移動時，每個部門完成階段性任務後，那批員工就先走。這樣一來，裁員可以按部就班地進行，有效率，也考慮到獲利。

◆

*譯註——協助因進口增加而受害的產業及勞工自我調整，提供技術協助或輔導勞工轉業，以改善產業競爭力或將生產資源移轉至其他更有利的產業。

幾個月後，施比曼仍努力適應失業的生活，這時傳來了一點好消息，讓他的心情稍微提振了一些。貝賽特家具把WM廠捐給馬汀維爾市，獲得可觀的稅收抵減。市政府將拆掉建築，用那個場地吸引給薪較高的雇主到當地設廠，最好是高科技業。

不過，施比曼之所以覺得那是好消息，並不是基於上述原因，而是：JBIII想跟市政府買下舊廠，把它改建成現代的兒童臥室家具廠，最多可以雇用四百人。JBIII已經聘請律師研究契約，以瞭解貝賽特家具的捐贈是否設下任何限制，他知道捐贈如果不設附帶條件，可享有更高的稅收抵減額。律師研究契約後，確定那筆捐贈沒有限制。

這次收購的契機，讓JBIII聯想到伯父從窗口撒下的鈔票，他心想：「有何不可呢？」

JBIII偕同懷亞特，一起去造訪馬汀維爾的市政執行官助理湯姆．航德（Tom Harned）。航德告訴他們，市府打算拆掉工廠，把那塊地變成工業園區。

「既然可以賣給我們，為什麼要拆掉？」JBIII問道。他願意出五百二十五萬美元買下那座工廠，並保證一開始就雇用兩百五十位勞工。他也願意先支付兩萬美元的定金，市府官員在下個營業日（亦即週一）就可以拿到錢。

航德當下聽得目瞪口呆，他認得JBIII的姓氏，但不知道逢恩—貝賽特是做什麼的，也不曉得為什麼JBIII對WM廠的一切瞭若指掌，甚至連污水管的位置都一清二楚。

「我會再跟你聯繫。」航德說。

這時，羅伯和富爾頓正好在北卡羅來納州的高爾夫度假勝地派赫斯特（Pinehurst），參加公司的年底出遊活動。他們接獲消息，得知討厭的程咬金又出現了。當時，蓋爾在喬治亞州經營貝賽特的工廠，但他也飛到北卡羅來納州參加公司的活動，就坐在羅伯和富爾頓附近。他看到一位下屬低聲對羅伯說，JBIII 有意收購 WM 廠。

蓋爾的父親曾是 WM 廠的廠長，他完全記得當時富爾頓講的每個字：「他就只是想要報復我們的富家子弟。」（富爾頓目前已從公司退休，但仍擔任貝賽特的董事長，他受訪時否認說過那句話，還說他跟 WM 廠的紛爭毫無關係。）

幾位退休的貝賽特管理者（包括菲爾波特）都說，公司以企業專機把菲爾波特和另一位副手載回馬汀維爾，以阻止那筆交易。

「我們跟市府的協議是，我們把工廠捐給市府，那個工廠不能轉賣給別的家具製造商。」菲爾波特說，「工廠應該拆掉，所以我必須回去一趟。」

◆

羅伯說，他還沒聽到舅舅的名字以前，就已經猜到買家是誰了。對他來說，那筆交易聞起來也不像泉水那麼單純。

羅伯說，他宣布關廠那天，晚上就接到 JBIII 來電說：「你們終於做點事了。」接著，他要求羅伯詳細說明他打算怎麼處理剩下的貝賽特工廠，「你們怎麼處理 JD 廠？馬康廠呢？」羅伯以令人發噱的方式模仿JBIII當時發問的語氣，使JBIII聽起來好像卡通裡的來亨雞（Foghorn Leghorn）。坦白講，JBIII有時還真的會給人那種感覺。

羅伯以簡單幾句「謝謝關心」，結束了舅舅打來的煩人電話。但現在，JBIII已經打算跨入他的勞力市場，羅伯不想再跟他客氣下去了。「約翰以他自己的遊戲規則運作，我很確定他會想辦法挖走我們的廠長，給他們更好的薪資，進一步瓜分當地愈來愈少的人力。」他告訴我。

儘管當時紡織廠裁員的消息頻頻見報，羅伯堅稱，當時家具業的勞力很吃緊，紡織廠的勞工轉做家具廠的工作向來適應不良，「我們都已經派車去丹維爾載人來上工了！」他說。

那個週末，貝賽特的高階管理者到處發送一份請願書給馬汀維爾的民眾，反對市府把WM廠賣給逢恩─貝賽特。「我們知道，他們週一早上就會帶著定金前來，所以我們早上六點就先去攔阻他們。」羅伯說。

◆

JBIII極度渴望的新塗裝間，以及不受新制管轄的許可證，後來怎麼了？貝賽特的親戚想盡辦法讓他得不到。所以他只好轉移目標，去拍賣場上買碎木機，那機器讓他回想起祖父的諄諄教誨：有檢查才有成效，不是你預期什麼，就能得到。

但是馬汀維爾當地富豪權貴的陰謀，可不像切壞的床欄那樣，扔進碎木機就能毀屍滅跡。鎮上的多數工廠勞工都知道發生了什麼事──自尊心作祟和醞釀已久的家族世仇阻礙了逢恩─貝賽特收購WM廠，更重要的是，也剝奪了四百人再度就業的機會。

三月，WM廠煙囪倒下，整座廠房夷為平地時，吸引了許多人前來觀看。拆除廠房花了納稅人八十四萬美元。[235]

就連WM廠的前廠長懷特（那個罵我不要在書裡放任何負面訊息的人）也說，他覺得失望又沮喪。他站在現場，看著起重機和推土機把建築移為一堆磚塊和塵土。

「貝賽特家具不希望鎮上有競爭對手。」懷特無奈地搖頭說，「我不懂他們為什麼要把那個廠拆了，那裡面有全新的塗裝間。」

「在我看來，他們真的沒必要那樣做。」

瑪麗．伊麗莎白．莫頓也認同。她站在現場流淚，看著父親留下的工廠就此消失。一位曾在WM廠擔任工頭的老人注意到她，趨前遞給她一塊磚頭做紀念。

隔年，一九九八年，柯林頓總統吹噓全國失業率僅四．二%，是一九六九年以來最低的。但幾個月後，馬汀維爾公布維吉尼亞州最高的失業率：一五．二%。同一天，該市的另一家紡織廠也宣布裁員一百二十人。[236]

這時，以前WM廠屹立的那片空地已經長出雜草，至今十五年過去了，雜草還在。

Chapter 17

Stretching Out the Snake

把蛇拉直

不少華人朋友納悶，我們何以變得如此缺乏紀律、分心、放縱，他們常跟我提起「富不過三代」這句諺語。[237]

——麥健陸，前中國美國商會會長

◆

當貝賽特整個企業／家族往外延伸的枝幹開始由內而外腐爛時，中國業者緊接著扛了電鋸前來。二〇〇一年，JBIII聽說最便宜的路易腓力臥房家具組是來自中國大連時（那家工廠打敗了業界每家工廠，包括中國南部由台灣人經營的工廠），他馬上忘了跟外甥的恩怨。那套家具組看起來跟萊星頓及逢恩—貝賽特做出來的一樣好，但整套（包括收納櫃、鏡子、床頭板、五斗櫃）只以四百美元的低價批發。每個人抓破頭都無法理解，中國人究竟是怎麼辦到的，逢恩—貝賽特販賣的最便宜版本，是那個價格的兩倍，況且那還是從一般售價砍了兩百美元以後的價格。萬一真的讓中國人這樣搞下去，「富不過三代」的俗諺就要成真了。

二〇〇二年，懷亞特第一次發現大連進口商的產品目錄時（在採光不佳的空房間裡拍的家具照，底下手寫＄399），他覺得那只是特例。「那時我腦中閃過的第一個念頭是：『他們是賠本銷售。』所以沒去理會，心想：『反正那樣賣也無法持久。』」他告訴我。

但是大連的家具持續銷售，還從逢恩—貝賽特搶了不少市占率，使中國家具的進口量進一步飆增（二〇〇〇年到二〇〇二年已經大增一二一%，總金額達到五億美元）。[238]

大連的家具頓時激起了JBIII的戰鬥魂，這時他已經六十五歲，但絲毫沒有退休的意願。

◆

JBIII雖然不知道那套中國家具是哪家工廠製作的，但他完全知道自己在加萊克鎮做一樣的東西，成本是多少。JBIII一如既往，親自去買了一套中國家具，運到自家工廠，讓老菸槍麥米蘭和她的產品工程師拆解所有的飾面薄板、木板和黏膠。麥米蘭發現中國工廠用的黏膠品質比美國好（美國必須符合環保規定），她說：「整個結構全然不同，我們的接合處是用榫接法，但他們的東西有點……我不知道該怎麼形容，他們的接合方式看起來像硬插的。」

JBIII戴著有汗漬的高球帽，站在輸送帶上，告訴他的勞工，他不打算關廠。但他想讓他們知道，他們現在對抗的是來自大連的超低價商品。薩姆特廠和艾爾金廠還勉強撐得下去，但位於維吉尼亞州阿特金斯（Atkins）的新工廠「維吉尼亞屋」（Virginia House）已經開始裁員，那個工廠規模較小，專門製造實木臥房家具和飯廳家具。一九九八年逢恩—貝賽特生意仍好的時候，收購那家工廠，收購後的隔年，業績就開始大幅下滑。[239]

JBIII不僅要求工人做得更快，也提出改善工廠廠區的建議，他不想聽到有人說：「那不可能做到。」他永遠都不想聽到那句話。萬一機器出了問題，導致生產減緩，工人都必須親口向他報告。

「中國人不是超人！」他大喊。

◆

但是當你的勞工平均年齡是四十六歲時，你還能連哄帶逼他們到什麼程度？幾年前的聖誕節，他靈機一動，想到刺激產量的獎勵方案。他馬上打電話給休假中的人力資源長，分享他的點子。

他把那個概念稱為「雷電計畫」。為了引起員工的興趣，管理者在工廠內到處張貼提示標語：「就快來了……你聽到雷聲了嗎？」

當時是加萊克鎮的二月，哪來的雷聲？

什麼誘因能大幅激勵加萊克廠的員工，使他們能從原本每小時生產一百八十張床頭櫃，變成生產兩百一十張？

JBIII開的是二〇〇七年出廠的黑色凌志轎車，那是二手車，車內還有咖啡漬，但他開得挺得意的，很難想像他騎著哈雷機車在他的度假別墅區裡奔馳。

但他知道，加萊克鎮的人肯定都很愛騎著全新的哈雷鯊魚頭（Harley-Davidson Road Glide），在格雷森郡（Grayson）和卡羅爾郡（Carroll）的曠野間呼嘯而過。公司專刊《逢恩—貝賽特輸送報》（*Vaughan-Bassett Conveyor*）上說，哈雷鯊魚頭是「終極的馳騁體驗」。JBIII買的那台機車，全身鍍上了閃閃發亮的櫻桃紅鉻合金，配上加長的輪基距和白邊胎。

「當配送員騎著那台隆隆作響的哈雷機車進工廠時，JBII 對著大夥兒大喊：「你聽到雷聲了嗎？」所有的員工都為之瘋狂。《輸送報》上刊了幾張員工坐在哈雷機車上的照片。

員工只要每週達到全勤、生產、安全的目標，就可以獲得代幣，代幣可投入摸彩箱，維修部門的員工還為摸彩箱做了一個電動滾輪。到了年底，他們請加萊克鎮的鎮長來抽獎，全鎮都充滿了期待，氣氛熱鬧滾滾。

「大家都很興奮，他們把代幣寫上名字投入摸彩箱時，我們還派了一名警衛站在摸彩箱的旁邊。」當時擔任人力資源長的普里拉曼回憶道，「我們把箱子放在休息室裡，全天候派人守候。」

二獎可獲得頂級白朗寧獵槍「閃電」，那也是JBIII 最愛的獵鳥槍。如果你幸運贏得頭獎或二獎，但不愛打獵或騎重機，公司會折現給你。

後來，那決定對五十八歲的塗裝間勞工雪莉．布萊爾（Shirley Blair）來說，成了天大的好消息。她一直擔心工作不保，聽說附近的工廠都關閉了，貝賽特才剛關閉位於維吉尼亞州伯克維爾（Burkeville）的飾面薄板工廠，裁掉一百零三名員工。[240] 在抽獎的幾個月前，布萊爾把 JBIII 拉到一旁說，她女兒想把家人從貨櫃屋搬遷到一般住宅，需要她當房貸的連帶保證人。她不是想跟 JBIII 要錢，只是想在簽名當保人之前，確定這份工作可以一直做到退休。JBIII 說，他需要時間思考一下。隔天，JBIII 告訴她，他無法做出任何承諾，「但萬一我們真的要關廠，我保證妳跟我會是最後走的人。」

幾個月後，鎮長從摸彩箱裡抽出哈雷得主的名字。

布萊爾幫女兒的房貸做了連帶保證人，她也比平常做得更賣力。對她來說，這下子彷彿奇蹟出現了，她現在多了一筆現金，可以償還那筆房貸了。

布萊爾退休時，美國家具業的狀況已經岌岌可危。二〇〇一年，任何生產激勵都無法跟大連的超低價收納櫃競爭了。

來自中國的進口家具侵蝕了每間家具廠的業績。二〇〇一年，逢恩—貝賽特的營業額比二〇〇〇年少了近一〇%。同期，貝賽特家具的營業額也暴跌二〇・一%，其他業者亦然，[241]家具品牌國際公司（Furniture Brands International）下跌一三・八%，胡克下跌一六・四%、拉茲男孩下跌五・八%、史丹利下跌二六・六%，北卡羅來納州和維吉尼亞州關閉了數十家工廠，包括JBIII第一次擔任廠長的JD廠，當初他為那個工廠訂製的冠軍領帶夾已經放在櫃子裡蒙灰了。[242]

JBIII去關廠的拍賣會上買了一些工廠的細木工設備，那場拍賣會不像WM關廠時那麼戲劇化，但他必須要求貝賽特把拍賣時不小心遺漏的關鍵零件也放進去（「我怎麼會知道那些零件不見了？」回家的路上他這樣問懷亞特，「因為那套機器當初就是我採購的」）。

開車回加萊克鎮時，他想著自己在業界的地位，他是少數還留在業界的家具業第三代。整個職業生涯，他大都是為史皮曼效勞或是當史皮曼的競爭對手。要說過去那些針鋒相對讓他學到了什麼，那應該是：面對問題時，與其恐慌，不如透徹思考。

經過WM關廠事件，再加上過去二十年逢恩—貝賽特的年營收翻了四倍，現在連貝賽特家具的人都不得不承認：JBIII那家蓬勃的小廠值得擔憂，如今他已在業界占有一席之地。

此時，中國正要加入ＷＴＯ，超越日本成為美國的最大出口國並建立最惠國地位。原則上，中國政府同意遵守有關進出口及外國投資的全球規範。原則上，能在公平的競爭環境中做生意，看起來前景無限——從二〇〇一年十二月正式簽訂協議後，中文版的ＷＴＯ規範書賣了兩百萬本即可見得。[243]

不過，即使之前JBIII可能還存疑，但現在大連出口的家具已經證明，亞洲進口商很快就會成為他抗戰的對象，而不是史皮曼。這時史皮曼已經七十五歲，遊走於三個住家之間，遠離關廠的事務。

二〇〇一年七月三十日，JBIII在加萊克鎮的艾克斯會議中（Elks Lodge）心租了一個會場，聚集兩百多家木材、螺絲、貨運公司的老闆。他告訴他們，面對這場戰爭，他不敢掉以輕心，一定會全力以赴。

別驚慌！那是當天他演講時提到的五大重點之四。那個演講的主題是〈如何在全球市場中競爭〉，他借用了史賓賽・強森（Spencer Johnson）的暢銷書《誰搬走了我的乳酪？》（*Who Moved My Cheese?*）的點子。在那個寓言中，四隻飢餓的老鼠發現，成功的關鍵在於持續改變及進步的意願（五大重點之三）。

「他把販售木材、開鋸木廠、銷售硬體的業者全都找來。那些人都擔心，萬一所有的工廠全關了，他們就沒有銷售對象了。」梅里曼回憶道，「在整個經濟大局中，他們不算是大產業，而且他們都知道：『沒有人會在乎我們的死活。』」

當地有些鋸木廠已經關閉了，剩下的幾家業者各自負擔了八或十個家庭的生計。他們站在會場上，聆聽這個自封為將領的人演講，各個聽得手心冒汗，他們知道一切都變了，「他們嚇得半死。」梅里曼說，「有些人甚至落淚了。」

柏希格創立的阿波麥托克斯河製造公司是賣抽屜側板給逢恩—貝賽特，他離開那場會議時心想：「天啊！剛剛發生了什麼事？我的事業可能完蛋了。」

砂紙公司的業務員艾德・賽克斯（Ed Sikes）對於JBIII當天直言的真相——每個人的工作都可能不保——也一樣震驚。「你已經有一些朋友因為關廠而失業，那就像紙牌屋一樣，逐一崩解，彷彿整個文化都滅絕了，那些人彼此都已相識三、四個世代。」他說，「我知道，要是我不趕快改變或多角化發展，這股風暴也會吹到我。」

於是，賽克斯逐步把事業拓展到加萊克鎮的家具業之外，把東南部的汽車和建築業也納入推銷範圍。柏希格多角化經營的方式，是開始賣廚房家具的抽屜側板，那種側板必須為各個家庭訂製，比較不容易受到產業外移的影響。

柏希格的工廠也和它的最大客戶逢恩——貝賽特合作，反向改造收納櫃的抽屜，以提升木材的利用率，削減成本。抽屜兩側和背部的凹槽都標準化，以減少停機時間，提高生產率。

基本上，JBIII是在提醒家具業的供應商：要是我無法熬過亞洲進口商的入侵，你們也會完蛋。JBIII並未直接向供應商要錢，但他確實鼓勵他們給他更好的交易條件。他正在設計一款更便宜的路易腓力，定價五九九美元，但他需要供應商配合。他會把那套新家具納入「轟動」（Barnburners）促銷活動（類似凱馬特（Kmart）的藍燈特價活動）*，那些特價商品的售價極低，幾乎已經下殺到成本價，但可以維持工廠的運作（工廠持續運作的成本，比給員工無薪假的成本低），也可以確保公司的市占率。

「他會來跟你說：『我想衝高產量，所以我們推出這個特價商品，我需要你給我五％的折扣。』」柏

*譯註——超市的某區突然亮起藍燈，提供限時特惠折扣。

希格回憶道，「他在想辦法達到損益兩平，好讓工廠繼續營運下去，但他也想靠廢料管理、提高生產、精打細算來賺錢。」

業務員被迫降低佣金（從五%降為三%），「我們卯足全力推銷那套家具。」費城的業務員安東諾芙回憶道，「賣那套家具幾乎無利可圖，但可以讓我們繼續營運下去，長期而言，那還是有利的，因為萬一工廠關了，你就什麼都沒了。」

這就是貝賽特家具經營的入門守則。JBIII跟前面幾代的長輩一樣，知道怎麼利用製作技巧，讓木材發揮最大效益。麥吉說：「遇到局勢危急時，約翰就像WM先生、道格先生、艾德先生一樣。只不過，現在他比貝賽特公司還要貝賽特。」

為了獲得領導方面的靈感（演講的五大重點之二），他研讀邱吉爾的生平，他很崇拜邱吉爾的能言善道，反覆閱讀一九四〇年五月十三日邱吉爾對下議院的演講：

> 你們問道，我們的目標是什麼？我可以用一個詞回答：勝利。不惜一切代價獲勝，不懼一切恐怖獲勝，不管時間多長、路途多艱辛都要獲勝，因為無法獲勝，就無從存活。

他喜歡以英國口音混搭阿帕拉契口音的腔調演講，在那場演講中，他不時強調五大重點裡的第一要點：你要是認為你贏不了，你就輸定了！

◆

那五大重點後來成了他的個人信條，像親民版的「約翰・貝賽特MBA課程」。只要有人願意聆聽，他就到處講，也講給董事會聽。當一位董事建議逢恩—貝賽特訂出五年計畫時，JBIII一聽，簡直怒氣攻心。什麼五年計畫！那根本和他主張的五大重點背道而馳。那不就是MBA課程最愛講的廢話嗎，也是公開上市公司那些自由貿易者最愛支持的論點——他們發現每關一家工廠，公司股價就上漲了。那些人自己坐領數百萬美元的紅利獎金，也害成千上萬人失業。

他告訴董事會，沒有人料到市場上竟然會出現大連製造的收納櫃，「擬定五年計畫不過是白費力氣，根本不值得你浪費紙張把它寫下來。」

為了避免公司業績繼續衰退，他能做什麼？打造一個組織，具體落實邱吉爾最愛的詞彙之一：**敏捷**。「我們要像美式足球裡的外接員，而不是防守線後衛。」他告訴董事會，「而且我們必須快速移動，找到防守的缺口，繞過問題。我們要打造出一個效率、精實、穩健的組織，讓我不需要對一些只會簡單算術、但不知變通的銀行業者多做解釋。」

◆

JBIII思考那些卸在碼頭上的廉價路易腓力收納櫃時，突然想到了美國床墊大王麥克（Mattress Mack）。人稱「麥克」的吉姆・麥肯維爾（Jim McIngvale）是家具業裡最成功的零售業者之一，他來自休斯頓，是白手起家的富豪，擅長製作俗氣但令人難忘的電視廣告。麥克是美國第一批保證當天送貨上門的家具零售商。有些雅痞不想讓鄰居知道他們向他的家具行買了便宜的家具，於是麥克想出以無店名標示的卡車送貨到府的點子。[244]

JBIII想效法的，就是那種不按牌理出牌的創意思維，那就是「移動乳酪」。他發現，跟大連那些家具廠競爭的關鍵，是善用中國最大的劣勢：他們把家具裝進貨櫃、運過太平洋，需要六週的時間。「中國人不是超人！」他提醒員工，「他們再怎麼厲害，也無法把海水吸乾！」

所以逢恩—貝賽特將以邱吉爾的敏捷作風，出奇制勝：他們將採用「逢恩—貝賽特快捷」（Vaughan Bassett Express，簡稱ＶＢＸ）模式，標榜七天內從工廠送抵店家。這種作法在業界前所未聞，需要每個部門全面改變運作方式。

中國業者已經搶走逢恩—貝賽特的首要資產：低價生產商的地位。「你必須標榜其他賣點。」懷亞特解釋，「中國的產品比較便宜，但你必須等很久才能收到，而且時間長短不一，所以我們標榜的賣點是保證一週到貨。」

懷亞特的哥哥道革說：「萬一收納櫃送達時壞了，你可以直接打電話給我們，我們會馬上客氣地幫你解決問題。換成是亞洲廠商，你看他們會不會理你！」

逢恩—貝賽特在專業刊物《今日家具》裡打了一系列的廣告，以近乎仇外的語氣強調上述的論點。廣告中，一位年輕的亞裔企業家比著ＯＫ的手勢，眨著眼說：「Meo Wente！」

廣告下面印了那句話的音譯：「沒問題！」

廣告下方的副標題寫著：「厭倦了老是食言、交貨拖拉的廠商嗎？我們說到送到！不囉唆，不設限！逢恩—貝賽特家具，我們言出必行！」

換句話說，他們不會像亞洲廠商那樣唬嚨你。

另一則廣告是顯示汪洋中的一艘大船，載著數百個貨櫃，下面寫著：「當然，我們會把維修零件運過去，只要告訴我們貨櫃裡還要放什麼別的東西就好。」

他們也以兩頁廣告取笑進口商，嘲笑他們「要嘛什麼都運來，要嘛遲遲不見蹤影」。左邊那頁是一個買家站在岸邊，眺望空蕩蕩的海洋，標題寫著「No Ship（無船）」。右邊那頁，同一個買家站在數百個雜亂堆放的貨櫃之間，標題寫著：「Ohhh Ship!（音似飆髒話 Ohhh Shit!）」

◆

VBX引起進口業者的關注，尤其是那些廣告，進口商譴責那些廣告污辱中國人。不過，推出快速送貨計畫的最大挑戰，在於說服自家員工，尤其是辦公室裡的白領員工。工廠勞工很樂於幫公司把存貨從一千五百萬提升到三千萬美元，以增加運送的彈性。訂單愈多，就表示停工的機會愈少。

但是信用額度部門幾十年來都是花三到五天的時間處理新訂單，他們覺得新制難以接受。JBIII 並未真的揚言解雇信用部門經理，但確實告訴他床墊大王麥克的故事。麥克告訴信用部門和送貨部門的人員，他們有兩週的時間想辦法把送貨時間從一個月縮減為一天，要是做不到，他會去找做得到的人來做。

逢恩—貝賽特的信用經理得知 JBIII 希望所有的VBX訂單，都在三十分鐘內處理完，而不是拖兩週時，反應一如預期，甚至還脫口說出 JBIII 最忌諱的字眼：「抱歉，約翰，那不可能做到。」

「老爸教我，你需要讓對方獨自冷靜一下，讓他去煩惱，去哀愁。」懷亞特回憶道，「接著你再回去找他：『帶我瞭解這個狀況，我們來討論一下，一起找出瓶頸。』」

在這個例子中，他們從另一部門借來電腦程式（以簡化文書工作）並增聘了幾位臨時工，幫忙解決瓶頸問題。JBIII 訂下了完成修改的截止日並註記在筆記中，大家都謹記JD先生最愛重複的老話——「有檢查才有成效，不是你預期什麼，就能得到。」——他們都知道 JBIII 在截止日當天，一定會親自到你桌前來檢查。

JBIII也說服貨運公司（全都是獨立營運的廠商），把ＶＢＸ的訂單移到待運清單的最前面，而不是像標準流程那樣，先放在馬汀維爾或希科利的配送中心等候運送。他也提供貨運公司一個好處，那是其他家具廠沒做的：逢恩—貝賽特會直接付運費給貨運公司（不是由個別零售商支付），而且一週內付清。

那比之前發給員工的「褲襪錢」還要複雜，但道理是一樣的：JBIII希望，逢恩—貝賽特最後賺的錢比付出的還多。

最大的障礙在於突破僵化的官僚運作——說服數十位辦公室的員工做他們認為不可能的事。懷亞特則是負責思考，如何管理增加的一千五百萬美元庫存，以免公司存貨不足。公司花了一千萬美元在倉儲上，以放置新的存貨；買下一間廢棄的零售商倉庫及三家關閉的工廠（兩間成衣廠及一間家具廠，都是因為產業外移而關廠）。這一切規劃、說服、電腦程式撰寫總共花了六個月。

那之後又過了三個月，JBIII才開始向零售商推廣那個計畫。零售商對此表示存疑，他們認為ＶＢＸ表面上看起來不錯，尤其對沒有財力採購整個貨櫃的小家具店來說。但JBIII宣稱那可以降低零售商的財務風險，他們覺得那優點好到有點不切實際。JBIII說，家具店不會囤積許多清倉的庫存，因為他們只需要付兩組家具的錢：一組擺在展示間，一組擺在倉庫，其他需要的貨都可以週一訂購，週末送達。

「你真的覺得我們這個計畫無法成功嗎？」JBIII說，露出得意的笑容。接著，他請店家仔細檢查他們的發票。逢恩—貝賽特其實已經推行ＶＢＸ三個月了。

他在尚未知會店家下，就已經推動計畫，目的是給自家的員工一些緩衝時間，解決一些流程上的小問題。當然，那也是為了日後可以得意地說服懷疑的經銷商：「附帶一提，你看那數字，我們早就做了。」

一位運送部門的員工負責在接到每筆訂單後，馬上回電確認。「她輔導客戶瞭解每個細節，因為她知道，她的名字絕對會列在JBIII想要親自檢查的名單上。」安東諾芙說，「她經常打電話給客戶，頻率高到連經銷商都說：『別再打來煩了。』」

另一家零售商則開玩笑說，他下了訂單，掛了電話，就聽到卡車氣煞的尖銳聲音。另一家零售商甚至問道：「你們還有什麼別的東西可以放在我店裡賣？」

在加萊克鎮，JBIII把這個轉變比喻成勞勃．李將軍（Robert E. Lee）對切斯勞維爾（Chancellorsville）的突襲。李的軍隊規模只有平常的一半，但他做出令同僚難以認同的大膽決定，派有「石牆」*美譽的傑克森（Stonewall Jackson）去攻擊聯邦脆弱的右翼。聯邦誤以為黃昏行動是撤退，不知邦聯來襲，史學家稱那場戰役是李在南北戰爭中最大的勝利。[245]

有時出其不意，攻其不備，更勝於蠻力硬幹。商場如戰場，有時反其道而行才是上策。

不過，話又說回來，傑克森在切斯勞維爾戰役中重傷身亡。兩個月後的蓋茨堡（Gettysburg）之役，聯邦徹底擊敗了李將軍。

JBIII在母校就讀時，都讀過這些歷史。李將軍戰後在他的母校擔任校長（二〇一三年我們造訪華盛頓與李大學，他指著李在學校禮拜堂內最喜歡的位置對我說：「他就坐在那裡。」那是牧師右邊的第二排）。李的墳墓是設在李禮拜堂（Lee Chapel）的地下室，熱愛研究南北戰爭的人都把那裡視為聖壇，有些人還在外面插了邦聯旗。有人在李將軍的愛駒「旅者」（Traveller）的墓前放了一些硬幣和胡蘿蔔，

*譯註——傑克森是在馬納沙斯之役後獲得「石牆」的美譽，本名是湯瑪士．喬納桑．傑克森（Thomas Jonathan Jackson）。

馬骨在漂白與展覽後，就埋在將軍的陵墓附近。偶爾有些學生會搞破壞，把自己的名字縮寫刻在墳上以求取好運。

旅者以前住的馬棚，現在成了校長的車庫。據說馬棚的門必須永遠敞開，旅者的鬼魂才能自由進出。

在南方小鎮，傳統和傳說就像士兵和一些第三代的家具製造商，是很難消除的。最近，華盛頓與李大學的校長一度把車庫門關上，以保護愛車。於是，萊星頓開始流傳一個笑話，說旅者投胎轉世變成BMW（寶馬），那位校長上任不久後就離職了。

◆

梅里曼大約是在VBX推出時退休的，VBX是逢恩—貝賽特面對中國廠商搶占美國臥室家具市場的第一次大反攻。「約翰比較能言善道，但懷亞特擅長把電腦程式運用在各種情況上，而且跟約翰不同的是，他很有耐心。」梅里曼說，「你必須相當聰明敏銳，才有辦法監督一切物流，以免留下許多清倉貨，賠上一屁股債。」

懷亞特讓梅里曼想起他的外祖父懷亞特．艾克審，那個在二戰期間開過戰鬥機的飛行員。艾克審有過目不忘的記憶力，曾經一眼瞄過一排貨車廂，轉過身，馬上背出那台列車上的所有數字，讓梅里曼嘖嘖稱奇。

至於懷亞特有什麼過人功力呢？他可以在腦中心算投資報酬率，他看過供貨發票後，過了八個月還記得上面的數字。他某次滔滔不絕地說明，為什麼他在不景氣的谷底，買最低價的本田謳歌（Acura）汽車最划算：他每年上班要開四萬英里，那不能報帳，再考慮到汽車的折舊和加油費用，換算下來，每英里只花不到十美分。

梅里曼說：「他可能看起來比較冷漠。」接著又補充，他的哥哥道革比較有親和力，所以道革負責公司的政治與媒體關係。「不過，懷亞特最有商業頭腦。」

◆

二○○○年，逢恩—貝賽特銷售的商品中，有九%是進口貨（稅前獲利約一百二十萬美元），[246]大都是來自越南的雙層床，來自馬來西亞的椅子，來自巴西的零組件，以及來自中國南部台商工廠的臥室和飯廳家具組。在家具大戰尚未如火如荼上演之前兩年，逢恩—貝賽特甚至允許中國家具廠的大亨郭山輝來參觀加萊克總部，郭山輝的助理以攝影機錄下了整個生產線。[247]郭山輝的台昇家具現在擁有莫若愚創立的環美家具，他曾經帶著懷亞特參觀他的中國工廠，所以逢恩—貝賽特才禮尚往來讓他參觀。不過，JBIII和兩個兒子都堅稱，他們不知道郭山輝的助理在錄影。

然而，工廠員工的記憶完全不同，一位長期在砂光間工作的勞工記得，他的部門盡責地展示可能拿到中國複製的流程時，有人在錄影。「我們甚至教他們怎麼做。」他告訴我，「是不是很傻？」

郭山輝錄影那件事「改變了我們的整個政策，後來我們的不再讓人入廠參觀」，懷亞特說。

這時雙方還沒開戰，但他們正在破舊的逢恩—貝賽特作戰室裡思考這件事。

◆

事實上，二〇〇二年九月底，JBIII是以進口更多家具為幌子，派懷亞特去大連考察。他希望懷亞特去找出那家製作便宜收納櫃的工廠，因為他在史密斯河邊成長的朋友說過：「你要宰了蛇，把牠拉直，才會知道那條蛇有多長。」

懷亞特預定和業界友人石玫瑰（Rose Maner）一同前往。石玫瑰是台灣人，先生在美國的塗裝公司裡擔任高階管理者。一九七九年，全球化促使他們兩人相識。當年，高雄市是台灣的家具之都，石玫瑰在高雄市的酒吧裡擔任服務生，為吉姆．曼勒（Jim Maner）和麗利塗裝公司（Lilly Industries）的美國同事遞送飲料，石玫瑰回憶道：「我們是一見鍾情。」

兩人相識不久，麗利塗裝公司就派吉姆來台灣開設塗裝廠，以協助家具公司（包括莫若愚的工廠）改善塗裝流程。那是阻礙許多新廠商搶市的關鍵步驟，高級家具需要多達十六層的塗裝。退休的麗利高管法蘭克．塔希爾（Frank Tothill）說道：「莫若愚從台灣出口的第一批家具是紅色塗裝，看起來有點俗氣。」塔希爾也是吉姆當時的老闆。

美國的家具製造商來台灣瞭解從台灣進口家具的可能性時，剛入行不久的亞洲公司總是想辦法迎合他們，也經常詢問他們的意見。當美國廠商變成他們的客戶以後，意見轉變成完整的指令，不光只是把設計圖從英寸轉為公分而已。「就像滾雪球一樣。」塔希爾說，「其實不是亞洲人來搶我們的生意，而是我們自己送上門來，轉眼間，我們就把生意拱手讓出了。」

這一切發展，就像逢恩—貝賽特的工廠員工看到有人來錄影時所預測的那樣。塗裝公司在亞洲各國設立工廠，以支應這些新家具廠的運作。黏膠、夾具、飾面薄板、模具、紙箱、機台公司也是如此。他們模仿美國南方家具製造商花了幾十年才開發出來的供應鏈，在亞洲重新打造出一樣的流程。

石玫瑰在這個圈子裡，很快就在各地結識了人脈。一九八四年，她和大她二十四歲的吉姆結婚，後續的十五年，她幫吉姆在台灣和東莞經營廠務。「石玫瑰是吉姆的助理，當然，她比吉姆更能流暢表達。如果有人扯吉姆的後腿，她也會讓他知道。」塔希爾說，「我們的競爭對手怕死她了，因為他們知道他們不管說什麼或做什麼，她都能理解。」

他們夫妻倆在家具製造業的人脈遍及整個亞洲，如今業界的人依然熱情地稱她「老闆娘」。石玫瑰不僅會說國語和台語，也熟悉家具業的行話。或許對逢恩—貝賽特來說，更重要的是，她一點都不喜歡中國大陸。她是在台灣戒嚴時期成長，那個年代中國想盡辦法排擠台灣，台灣的學童被迫只能講國語，不能講母語，中國也一再阻撓台灣加入聯合國。[248]

一九九〇年代初期，石玫瑰看到各行各業的台商紛紛前往大陸設廠，對那裡遼闊的土地、廉價的勞工、寬鬆的環保規定趨之若鶩。[249]她有很多台灣家具業的朋友都移居當地，包括一些曾為莫若愚效勞的人。石玫瑰因熱情開朗，親和力十足，跟業界很多人都是朋友，上至莫若愚之類的大老闆（她曾去莫若愚在亞洲的住家作客，吉姆和莫若愚也是喝威士忌的酒友），下至塗裝廠的勞工，她都相當熟稔。

但一九九九年，石玫瑰四十四歲時意外喪偶，使她陷入憂鬱。當業界朋友建議她重返業界，甚至到美國高點市愈來愈蓬勃的貿易代理商任職時，那建議令她頗為不悅。那些代理商是產業外移的顧問，他們熟悉亞洲，幫美國工廠在亞洲找代工廠，生產掛著美國品牌的商品。

她知道吉姆會很透恨那樣的點子，吉姆以前稱那些貿易代理商是「美化版的計程車司機」，對於他們同時向買方及製造商收取高額佣金非常反感。

二〇〇二年，JBIII和懷亞特找上石玫瑰，請她幫忙。石玫瑰說他們來找她的時機正好，她用一張海報大小的亞洲地圖說明他們打算派她去的地方。石玫瑰的任務是擔任反間諜——悄悄向雇主報告那些代理商、美國買家、亞洲工廠在做什麼。她跟業界友人聊業界狀況，瞭解誰在做什麼等等，再把報告打出來，以電子郵件寄送給懷亞特。必要時，她也會去參觀工廠。有空的時候，她甚至會親自去一趟加萊克廠，為塗裝間提供品管方面的建議。

石玫瑰的人脈很廣，其中有些人正好是中國北方偏遠家具廠的材料供應商，當地的家具廠正開始興起。有些業界人士甚至指導當地的新廠如何設立塗裝間，就像他們以前在台灣及後來在廣東省做的那樣。

那是石玫瑰近三年來第一次對某件事情感到熱切，甚至興奮。嬌小活潑又充滿魅力的她對朋友笑稱：「我現在跟聯邦調查局合作！」

石玫瑰和懷亞特一起探訪迅速工業化的大連時（人口六百萬的城市），他們的任務是從數十間家具廠中，找出生產廉價路易腓力家具的那一間。那是懷亞特第十二次到亞洲出差，但那是他第一次到中國北部。當地宛如中國的阿帕拉契山區，全新的超大型公路和充滿坑窪的泥路交錯其間。

要是能找到那家工廠，他們會竭盡所能地瞭解當地的狀況。JBIII引用拿破崙的話，要他們去摸清敵人，瞭解他的優缺點，還有他的意圖和行蹤。

「聽好，那個地方可能讓我們全軍覆沒。」JBIII告訴懷亞特，「找到了才准你回來。」

這就像艾德先生當年遇到的關鍵情境：反正沼澤裡就是不可能有水。

石玫瑰比懷亞特早一天抵達大連。她抵達後的第一件事，就是打電話給在上海工作的台灣朋友。「老闆娘，別擔心。」那個人告訴前老闆的太太，「我有認識的人，會把一切打理好。」

Chapter 18

The Dalian Dance Card

大連的邀舞卡*

我聽說是中國人的囂張氣焰激怒了約翰・貝賽特。他去中國時，他們誇下海口要拿下整個產業。

——德拉諾・托馬森，柯林斯威爾市的家具市場（Furniture Mart）老闆

◆

幾年前，逢恩—貝賽特仍進口八%到一〇%的商品時，懷亞特去香港出差，為公司採購。他很晚才抵達旅館，隔天醒來，手機裡有二十幾通進口商和代理商的留言，他們都接獲機場海關的通風報信，急著帶他到處參觀。那是一九九〇年代末期「邀舞卡的年代」，當時美國公司搶著找亞洲的代工廠，他們都擔心在全球化舞會裡搶不到舞伴，淪為壁花。

「那時有句俗話：『邀舞卡快滿了。』」懷亞特的哥哥道革告訴我，「不趕快簽下代工廠，你就落單了。」

到了二〇〇二年，邀舞卡已經滿了，尤其是廣東一帶，那裡正迅速成為中國的工廠樞紐。秋天，一位高管在高點

市的家具展裡提到：「現場這些人，我在亞洲看到他們的頻率比在這裡還高。」[250]

美國人參觀的工廠要是很大，現場通常都有會說英語的業務員。若是台商開設的工廠（多數工廠都是台商的），業主／廠長通常都是雙語流利，擅長和美國人生意往來，或者至少對美國人有足夠的瞭解，知道遇到維吉尼亞州和北卡羅來納州來的客戶，最好帶去供應可口義大利肉醬麵的餐廳。懷亞特說：「我在中國各地都吃義大利麵，因為我想他們做麵條已有兩千年歷史了。」

從二〇〇〇年到二〇〇二年，來自中國的進口家具大增一二一％，在美國某些地區甚至囊括了一半的市場。到了二〇〇三年，美國的家具廠和家飾廠已經裁掉七萬三千個工作，那些關閉的工廠裡，有二十家原屬於業界巨擘「家具品牌國際公司」的旗下。[251]該公司的執行長米奇・霍利曼（Mickey Holliman）告訴《今日家具》，國內製造如今只是為了「堅守原則」的公司而存在。

業界人士說，那根本像唐吉訶德對抗風車。

JBIII派人去大連幫他察看，他願意花多大的心力對抗這個全球化大風車。不久，一些業界的老友開始稱他是貿易保護主義派。

「你也只能祝福他了，反正他就是唐吉訶德。」他們在背地裡譏笑他。

二〇〇二年春季，就在懷亞特和石玫瑰一起去大連的幾個月前，懷亞特和JBIII看著阿特金斯廠的全體員工共三百三十四人，說他們真的很抱歉，因為之前的裁員仍無法停止虧損，他們即將永遠關廠。「維吉尼亞屋」原本應該是逢恩—貝賽特的高檔商品線，專門製造高級實木家具。「問題是，進口家具搶市

---

*譯註——邀舞卡上面列了舞會的舞曲順序，每曲後方有一行空白，女士可以寫上希望共舞的男士姓名。

後，實木家具已經失去魅力。」業務經理梅里曼說，「大家就是不想買那麼貴的東西，現在的年輕人比較喜歡復辟家具（Restoration Hardware）那種風格，不在乎是不是實木製造的。」

回顧過往，JBIII 說收購維吉尼亞屋可能是他這輩子最大的策略錯誤，「我也不曉得是怎麼回事，也許是狂妄自大吧。」他說。在這場戰役裡，中國人顯然打敗他了。

在相隔十三小時飛行航程的上海，莫若愚和兒子莫仲沛正要宣布他們將進軍較高階的家具市場。一九八九年莫若愚把環美家具賣給瑪斯科時，承諾後續十年不會進入業界競爭。如今十年過了，他又回來了。那幾年合約的限制，絲毫未影響到他的創業精神。

過去十年，他在比大連還要偏遠的四川省，開發纖維板和強化地板事業，名叫吉象人造林製品集團（簡稱「吉象木業」）。[252]莫仲沛透過 Skype 從上海受訪時表示：「勞力對這個事業影響較小，這主要是看樹木長在哪裡。」在四川省的樂山市，莫家為鄉野間的農民創造了五百個工作機會，也為五十萬名貧困農民帶來了採買木材的罕見資金。[253]

這段期間，莫若愚也從大量的ＡＯＬ持股，獲得豐厚的投資報酬。他的供應商老友塔希爾回憶道：「他喜歡做高風險的投資，又很擅長選股。他非常聰明，但也很重感情。」

◆

二〇〇二年，莫家邀請上百家美國零售商到上海，參加偉藝家具公司的開幕。那是位於上海的高階家具製造及銷售企業，美國的總部設於高點市，營業據點遍及中東、俄羅斯、澳洲、韓國，在中國有四十五家零售店。[254]這個新事業成立兩個月後，莫若愚即因肺癌過世，享年七十六歲。傳藝家具公司成為這位家具業傳奇人物對維吉尼亞屋之類的美國競爭對手致命的一擊。那也是他臨走前，對長期以來蔑視中國家具品質的美國家具製造商，發出的最後一記回馬槍。以前美國業者對於中國的進口家具常流傳一句諺語：「你讓我看的是馬，卻運了驢子過來。」

莫若愚堅持走高級路線，設立一座占地兩百五十萬平方英尺的工廠，以及長達一．五英里的塗裝線。他的兒子表示，他想讓全世界知道，中國不再只是以廉價勞工取勝。他的作法是教育工廠勞工注重品質，而不是只重產量，而且這次家具只掛他的公司品牌，而不是為邦賀、萊星頓或其他美國品牌代工。莫若愚早就料到，當中國不止為出口生產，也為國內日益龐大的消費族群生產時，工資會增加。

他的預測一如既往相當準確。二〇一二年，傳藝家具公司支付的工資約是一個月四百美元，外加津貼和福利——短短十年內工資翻了三倍。「我們時時刻刻都在評估未來。」二〇一二年底莫仲沛告訴我，「我們一定會再移動，全球化現象就是這樣。成本上漲，你就要問：『接下來要移到哪裡？』」

◆

大連是中國東北角的沿海城市，位於黃海與渤海的交界，曾是中國最大的貿易港，一九八四年設為經濟特區，目的是提升就業。大連市後來的工業化發展，大都是由市長薄熙來推動。薄熙來後來不僅管理整個遼寧省，隨著他在黨內地位的攀升，還擔任商務部長。[255]

薄熙來努力推動大連的轉變，把它從單調的港市，轉變成經濟迅速成長的典範。在二〇一二年撼動中國政壇、躍上國際媒體的政治醜聞發生之前，[256]薄熙來最為人知的事蹟是禁止摩托車在大連通行；拆除圓環，栽種昂貴的進口草坪，把圓環改建成綠意盎然的大型公園。他把大連市轉變成機器製造、石油化

工、煉油、電子業的樞紐。這一切政績確立許久之後，醜聞才爆發，最後他的妻子因謀殺罪入獄，他 257
也因為受賄、貪污、濫用職權而淪為階下囚。

二〇〇二年，懷亞特和石玫瑰首次到大連尋找真相時，當地仍由薄熙來管轄，他才剛開始推動成長。他們參觀的工廠很像一九三〇年代維吉尼亞州加萊克鎮的工廠，設備簡陋，布局缺乏效率。其中一家工廠有四層樓，看起來像非常老舊的漢普頓旅館（Hampton Inn）。「你可以看出那些工廠在任何人出口商品到美國以前就已經存在了。」懷亞特說，「現在他們想跟中國南部一樣，趕上出口熱潮。」

他們雇用一位司機，最初兩天參觀了五家工廠，偽裝成親切的潛在買家，同時迅速掃過每條裝配線，尋找路易腓力的蹤影。每天晚上九點半（維吉尼亞州的早上九點半），懷亞特都打電話向老爸報告，他還是沒找到路易腓力，JBIII總是回他：繼續找！

石玫瑰也忙著打電話聯絡家具業的供應商朋友。一位朋友介紹她認識另一位朋友，他剛好是大連華豐家具公司的供應商。那家公司位於遼寧省的內地深處，是在大連東北方一小時車程的莊河市，距離北韓邊界不到一百英里。石玫瑰知道Huafeng的中文名稱是「華豐」，根據友人的描述，那可能就是他們要找的工廠。

當他們抵達莊河市時，發現當地很髒亂，到處都是泥土路和灰色的水泥磚建築。大連華豐製作家具已有近二十年的歷史，主要是為中國市場生產及出口日本。石玫瑰說，它的旗艦工廠是設在三層樓的水泥磚建築裡，裡面雇了八百人。這裡不像中國南部有很多工人是蹲著做家具，不過還是有一些人如此，因為新的輸送系統才做好一半。

樓梯間有個標語寫著「禁止吐痰！」。整棟建築裡都沒有暖氣，外頭吹著冷冽的九月大風。

「工人做得很慢，可能是因為太冷了。」石玫瑰說，「他們像士兵一樣，沒有人微笑，整個工廠看起來毫無生氣。」

這時，懷亞特和石玫瑰突然瞥見送貨部門的箱子上有個標誌，那個標誌和神秘收納櫃背後的標誌一樣。他們都瞪大了眼睛，會心地互看一眼，但不發一語，肯定就是這裡了！

後來，懷亞特故意說，這個工廠看起來沒有足夠的空間拓展至美國市場。業務經理一聽，建議他們上車去下一個目的地，她要帶他們去莊河市的市郊看另一個地方。

原來，大連華豐正在興建一個全新的大廠，專攻美國家具市場。那座工廠隱身在非常偏遠的地方，周遭都是原野，石玫瑰回憶道：「那座工廠就像潛藏的秘密一樣。」

這時，當地最醒目的東西是一個巨大的看板。看板上宣告，地主何雲峰打算在這裡蓋六間不同的工廠，全用來為美國人製作臥室家具，中間是超大的倉庫。這些都會是現代化的工廠，配備的機具跟JBIII在加萊克廠安裝的德國製和義大利製設備一樣。巨大的看板是設在占地上百英畝的廠區入口附近。在建廠廢料堆的外圍，木材整齊地堆放著，高約二十英尺。

業務經理解釋，那些都是來自俄羅斯的木材，但沒提到那些木材是如何砍伐的——後來證實是來自一家捲入環保醜聞案的俄羅斯黑道公司。非營利的環境調查協會（Environmental Investigation Agency）指出，二〇〇七年，沃爾瑪因販售大連華豐用東北虎保育區的木材所製造的嬰兒床而備受抨擊。[258]幾個月後，沃爾瑪宣布他們會更嚴格地調查供應商的背景，並加入全球森林與貿易聯盟（Global Forest & Trade Network）。

他們參觀廠房，瞭解更多華豐的發展計畫時，業務經理告訴他們，大連華豐很樂意為逢恩—貝賽特製作樣品。

幾個月前，這裡曾舉行盛大的開工動土典禮，正式公開何雲峰的「美國家具工業園」計畫。石玫瑰從剪報中看到這個活動，報導中還有何雲峰和遼寧省省長薄熙來的合照。何雲峰對公營的《遼寧日報》表示，他預測那個園區將「迫使美國國內的家具製造商關門大吉」。[259]該園區將雇用兩萬兩千名員工，操作三十條不同的塗裝生產線，每個月的產能高達五千個貨櫃。

多數的莊河市勞工都是二十幾歲的年輕人，很多是來自中國北部及西部的移工，他們穿著制服，住在一房擠十個人的宿舍裡，[260]工資比中國南部還少二〇%。二〇〇二年，中國南部的每月工資是一百美元，包含伙食住宿。相較之下，雇用一個美國家具業勞工的每月成本約兩千美元。

「如果你相信他們廣告看板寫的，他們將會獨霸世界各地的臥室。」懷亞特說，「問題是，這會不會是我所謂的『巨型看板吹噓』？」以前他在中國南部就看過不少類似的宣傳，隔年再回到同一地點，雜草通常比之前高了一呎，廣告看板已搖搖欲墜。「一方面，廣告看板就只是廣告，你要多認真看待它？「但另一方面，從他們的占地規模和堆積的木材來看，要是這些傢伙真的獲得資金，他們將會是有史以來最可怕的對手。」

大連華豐打算每個月運十萬套臥室家具組到美國，那種出口量比美國前四大或前五大產商的產量加總起來還多，而且大連華豐現在就有成堆的木材可以證明他們能辦到。[261]何雲峰對當地的媒體表示，一九八四年，他是從十個員工的小企業起家，如今他放眼成為「全球第一大家具製造商」。薄熙來告訴記者，政府會幫助大連華豐「做大做強」，變成家具製造業的「巨擘」。

懷亞特打電話向父親報告大連華豐的計畫時，JBIII當下就想親自去看那個地方。為了把這條蛇拉直，他需要見何雲峰一面。

◆

這一年的營運變得非常艱辛，獲利持續下滑，再加上維吉尼亞屋關廠（花了公司近四百萬美元），逢恩—貝賽特剩下的三家工廠士氣都很低落，薪資也凍結了。那兩年間，公司的業績、生產、員工人數都縮減了二〇％。

JBIII看到桌上堆疊的貿易調整協助方案（TAA）申請文件，每一件都代表一位失業的員工。他知道他需要新的點子和動力，才能把公司拉出困境，他需要找些樂子。

例如，以美國史上最出名的名人來為新的家具系列命名：設計帶有流蘇裝飾的藍色麂皮沙發；設計椅臂可放一手啤酒的躺椅；在二〇〇二年四月的家具展上推出〈Burnin' Love〉鏡子、〈Love Me Tender〉床鋪、櫥門的毛玻璃上印著貓王簽字的衣櫥。*

有何不可呢？畢竟，萊星頓家具找藝術家鮑伯．汀布萊克（Bob Timberlake）來幫他們設計家具史上最暢銷的家具系列；[262] 胡克家具聘請作家兼消費潮流預測家費絲．波普康（Faith Popcorn）來當顧問；邦賀家具找生活風格大師瑪莎．史都華（Martha Stewart）來當代言人（在她欺騙聯邦政府調查員之前）。

JBIII正在尋找代表自家產品的名人時，兒子道革剛好從密西西比州圖珀洛市（Tupelo）的銷售活動

---

*譯註——〈Burnin' Love〉與〈Love Me Tender〉皆為貓王的熱門歌曲。

回來。道革說，他到現場的時間遲了，因為當天是貓王逝世紀念日。他不僅在孟菲斯（Memphis）訂不到旅館，也租不到半台車可以開去圖珀洛市。

「爸，他們把整個城市都封住了。」道革說。

於是，二〇〇二年他們去高點市參加家具展時，把展示區轉變成小型的貓王故居「優雅園」（Graceland），現場還有卡拉OK伴唱機，播放貓王的經典名曲，牆上掛著鑲著人工鑽的表演服，員工戴著飛行員墨鏡（漆成金框，眼鏡腳還有成排的洞，當然都是中國製的）。

那副眼鏡非常熱門，一位中年婦女一進電梯，看到一位業務員戴了一副那種墨鏡，馬上從他的臉上拔下來說：「抱歉，這個我要定了！」然後就趁著電梯門未關，衝了出去。逢恩—貝賽特也以大螢幕電視播放貓王的演唱會錄影，很多女性站在現場看得入神，有些人還看得熱淚盈眶。

那是很誘人卻毫無獲利的娛樂。從美國孟菲斯到德國的報紙，都報導了逢恩—貝賽特的「貓王」家具系列。ABC電視台也邀請JBIII上《早安美國》（*Good Morning America*）晨間新聞節目暢談這個系列商品。JBIII說，他永遠也忘不了他看到一群五十歲的婦女「像十五歲的少女一樣尖叫」。

但是貓王的歌迷通常會買貓王的唱片、鑰匙圈、手錶、人偶，但不會花一千兩百美元買貓王家具組。JBIII說：「那感覺就像站在一桶金子旁邊，但你不知道如何去拿裡面的金子。」所以那個系列後來成了滯銷品。

逢恩—貝賽特推出貓王系列家具後，派一位區域的業務經理去孟菲斯參加「貓王週」的活動，那位業務經理從現場打電話回來說：「那些住貨櫃屋的人，不太可能會買那套家具。」那一季結束時，貓王系列已經變成清倉貨，原價四百五十美元的床鋪降至兩百美元。一位零售業的朋友告訴梅里曼：「你賣我五十美元，我都不想買！」

那是很成功的公關活動，因為有些從未聽過逢恩—貝賽特公司的家具店因此認識了這家公司，但是那系列家具讓公司賠了一百萬美元，JBIII後來說那是他光榮的失敗之作。「那整件事從頭到尾實在糟透了，你幾乎不得不後退一步，欣賞整個慘狀。」他說，「我們從那件事學到，貓王的歌迷很有趣，但沒什麼錢買家具。」

即使是面臨法律困境的瑪莎·史都華，可能還比貓王更適合當代言人。

貓王的人形立牌如今仍零散地豎立在逢恩—貝賽特的辦公室裡，距離最後一面鍍金框的心型〈Burnin' Love〉鏡子不遠，那面鏡子就掛在辦公室咖啡機的上面，附近還有貓王時鐘。

◆

JBIII若想維持事業的活力，他需要更好的點子，更大膽的行動。名人代言、削減成本、工廠調整等等方法都已經試過了。JBIII終身支持共和黨，卻從未想過向政府求助。

沒有人記得是哪位美國家具製造協會（American Furniture Manufacturers Association，簡稱AFMA）的成員率先想出這個點子，有人說是胡克家具的董事長保羅·湯姆斯（Paul Toms），有人說是曾經經營布羅伊希爾家具廠的退休家具大亨保羅·布羅伊希爾（Paul Broyhill），他於一九八〇年把公司賣給了英特科（現在是在家具品牌國際公司的旗下）。

家具廠的勞工因為產業外移至中國而失業，就像更早失業的紡織廠勞工一樣。那是事實，但有什麼法律途徑可以阻止情況惡化嗎？

家具業沒有像底特律汽車業那樣的分量，但是書裡難道都沒有半條法律可以提供保障，避免它受到不公平或甚至非法貿易的衝擊嗎？

喬·多恩（Joe Dorn）知道有，他已經幫受到中國進口衝擊的美國鎂合金業者成功提出一九三〇年關稅法（The Tariff Act of 1930）的主張。後來，他又幫了波特蘭的水泥業者一次，業者聲稱墨西哥水泥公司（Cementos Mexicanos，簡稱 Cemex）低價搶客，意圖逼迫美國水泥公司退出市場。[263]

多恩是備受推崇的經貿律師，在頂尖的多國企業金與斯柏丁法律事務所（King & Spalding）裡任職。金與斯柏丁的總部位於賓州大道一七〇〇號，離白宮僅一個街區。墨西哥和中國肯定有些人都在咒罵多恩，二〇〇六年墨西哥水泥公司的執行長洛倫佐·桑布拉諾（Lorenzo Zambrano）第一次見到他時，開口就說：「你不可能是多恩先生，你頭上沒有長角啊！」

多恩接受我的訪問整整一個小時，他受訪時告訴我那件事（他對於我開車四小時來採訪他感到抱歉，不過他還有其他客戶在等他，而且那些人應該都是按時收費的客戶）。我們坐在會議室的長桌邊，桌子兩旁都是高背皮椅，會議室裡可以眺望華盛頓特區熙熙攘攘的拉法葉廣場（Lafayette Square）。他那彬彬有禮的言談中，只帶了一點點北卡羅來納州本地人的味道。我問他去過中國嗎，他面無表情地說：「我怕去那個地方。」

二〇〇二年ＡＦＭＡ舉行了一場會議。在會中，家具業者從他的口中得知，在ＷＴＯ主宰的世界裡，美國公司或勞工的聯盟，絕對有權利要求美國商務部，調查其他國家的工廠是否從事廉價拋售或傾銷。傾銷就是為了讓他國的本土業者退出市場，而刻意壓低出口商品的價格。當出口商在國外的商品定價比國內市場還高時，也會出現傾銷的現象。除非本土廠商可以證明受害，否則傾銷並不算違反ＷＴＯ的標準。也就是說，本土廠商必須證明，傾銷導致關廠及更高的失業率才行。

美國廠商對美國國際貿易委員會（U.S. International Trade Commission，簡稱ＩＴＣ）提出反傾銷指控時，有三分之二的案子是勝訴，但流程曠日持久又複雜，而且所費不貲。律師在一份聲明中告訴家具業者，光是委任做初步的法律研究，就要花七萬五千美元。那聲明可說是典型的多恩風格：明確、保守評估、沒添加一絲感情。

不過，會議現場的家具業代表也不需要多恩再添加任何感情，他們早已義憤填膺。

參與AFMA的多數家具業者，其實現在都大舉投資自己的進口設施和人力，包括那些傳真機和口譯員，還有在東莞和深圳穿著流蘇樂福鞋四處趴趴走的業務員。萬一政府對中國課徵更高的關稅，他們進口商品就需要付出更高的代價。

JBIII說服製造商出錢做初步的法律研究，但六個月後，當他們再度聚會聆聽多恩的報告時，多數業者進口的商品又更多了。

JBIII說：「他們最不想聽到的，就是中國可能違法的消息。」他記得當時大家聽多恩報告時，現場的反應從低聲哼氣逐漸轉強，後來近乎在吼叫，到最後已經完全聽不到多恩的聲音了。

JBIII在會中打岔提到，大家因違法的種族歧視或性別歧視而失業，那和大家因違法貿易而失業有什麼差別？兩者不都是違法嗎？

一位執行長指出，但是零售業者會恨死你。「他們會把你的照片刊登在《今日家具》上並抵制你，他們會抵制我們全部的人。」

但是，家具業者為何那麼確定，零售業者不會跳過中間商，直接向中國工廠採購？貝賽特家具已經遇到那樣的情況了。一九九九年，貝賽特和潘尼百貨在達拉斯的潘尼總部附近，開了盛大的派對，慶祝他們一起銷售了十億美元的家具。當潘尼百貨隔年抱怨貝賽特家具的價格比進口貨高出太多時，貝賽特重新設計——或者套用行銷人士的說法「價值改造」——暢銷的潘尼家具組，並大砍售價三三％。

後續的三年間，潘尼百貨大幅削減貝賽特的訂單，改買類似的中國製商品，到最後已經完全不向貝賽特採購了。[264]後來，潘尼百貨的高層堅稱，他們之所以淘汰貝賽特是基於品質問題，不是價格。[265]直到今天，貝賽特的執行長羅伯都否認那種說法。

退休的貝賽特業務高管米鐸斯說：「多年來我們最執著的就是『忠誠！忠誠！』，結果呢，到最後都成了屁話。」一九七六年是他拉進潘尼百貨這個客戶，「他們說：『我們要直接跟海外進口，不跟你們採購了。』」

◆

AFMA會議結束後，多恩收拾公事包時，JBIII把他拉到一旁說，要是他願意把簡報做完，他打算去華盛頓特區拜訪他。他們碰面之後的幾個月，JBIII持續向多恩徵詢流程，每週打電話給他，瞭解他幫別的客戶處理的其他案子，包括蝦業、鎂合金、聚丙烯袋等等。

多恩解釋，要訴請商務部啟動調查，JBIII需要至少號召五一%的同業對中國提出反傾銷抗議。要是JBIII早兩年提出，在進口比例還沒達到臨界點之前，要尋求同業的支持很容易，那時為時未晚，但現在引爆點已經相當逼近了。

深受產業外移衝擊的每個產業，通常都會出現同樣的骨牌效應。「一開始，公司勉為其難地從中國進口，接著他們愈來愈依賴進口。當你削減美國工廠的產量時，也讓美國剩下的產量變得愈來愈不符合成本效益。」多恩告訴我，「從此以後就陷入惡性循環。」產業愈早聯合起來對抗不公平的外國競爭，反傾銷聯盟愈有贏面。

多恩說，他不確定JBIII「能號召所有的業者，畢竟業界的參與者很多，意見相當多元，我對於籌組聯盟的可能性感到懷疑」。

不過，多恩在互動中，也逐漸瞭解到JBIII喜歡做筆記及週末打電話的習慣，更不用說他那種類似巴頓將軍的風格了。JBIII不是多恩第一位認識會自己偷偷前往——或派人前往——海外工廠，以證實外國廠商以超低價搶市的客戶。

多恩是非常資深的律師，執業以來，週六早上都習慣到公司工作。JBIII覺得週六早上的時段很適合他，所以他想辦法取得了直通多恩辦公室的專線電話。中國廠商就快要感受到猛犬的攻擊了。

◆

二〇〇二年十一月，懷亞特和石玫瑰第二次前往大連，打著品管的幌子，這次JBIII也跟著他們前往。他們將好好打量大連華豐幫他們製作的路易腓力樣本，對方也期待他們下單。

這一次，JBIII親眼看到那些水泥磚建築，因寒冷而蜷縮著身子的工人，以及堆得高聳的木材堆。而且，由於他是逢恩—貝賽特的大老闆，不是一般認為嬌生慣養的貴公子，老闆何雲峰還主動要求親自接待，討論他那個建構中的「美國家具工業園」計畫。他甚至派司機載他們到園區四處參觀。

JBIII很習慣跟精明的台商做生意，但是當他聽到即將登上《富比世》中國富豪榜的何雲峰（他也是共產黨黨員）竟然大剌剌地說，他打算讓每家美國的臥室家具製造商（包括JBIII的公司）都關門大吉時，他當場說不出話來。

現場沒有觥籌交錯，沒有吹捧奉承，也沒有豐盛餐點。

就只有面無表情的口譯員傳達那些話：大連華豐打算成為全球最大的家具製造商。

◆

至於他怎麼辦到，確切的方法如下：何雲峰以一百美元的價格出售路易腓力，因為他認為那是做美國生意應付的「學費」。他解釋，為了獲得市占率，即使虧本，也是他不得不吸收的成本。

「他不是在討戰，但是感覺你好像在跟法官對話一樣。」JBIII 回憶道，「他對於自己說的那些話，絕對是認真又有自信的。」

「存貨由誰負責？」JBIII 問道。

JBIII 說，何雲峰一聽當場愣住。「後來，他露出微笑，眼神亮了起來，告訴口譯員：『存貨由美國的零售商負責。』

「我回他：『祝你好運。』

「我那時才突然明白，我是在跟一群對競爭一無所知的共產黨人談生意。他們當著你的面，大談他們要怎樣坐大，他們還真以為美國那些彼此競爭的家具行會採購同樣的家具組。」JBIII 說。

「這個傢伙甚至想把中國南部的台商擠出市場，那些台商已經讓我們的生意大受影響了。顯然這是比我們之前面臨的任何情況還要大的威脅。」

接著，何雲峰看著 JBIII（他的祖父確實曾是全球最大的木製家具製造商），講出更大膽的話。

他說，把你那三家工廠關了，把逢恩—貝賽特的業務全交給我吧。

關廠？就因為一個中國企業家希望他夾著尾巴逃跑？就因為這個傢伙以為，只要拋出更豐厚的利潤，幫他免除營運上的種種麻煩（例如健保、環保、勞動職安、平等就業等規章，更別說是麻煩的工廠員工了），就能誘惑他？

他們的對話很快就結束了，這時JBIII才想起一九八四年台灣企業家對他說過的話，美國人都一樣貪婪，「只要價格好，你們什麼事都做得出來。」

◆

離開的時候，親切的業務經理請石玫瑰幫她訂業界專業雜誌《今日家具》，她說她希望那份刊物可以幫中國人瞭解美國的產業。大連華豐的經理很有信心，但他們對美國人及美國牛仔式資本主義的瞭解還很單純（石玫瑰基於禮貌，也為了繼續演完那齣戲，答應了她的要求，後來那筆錢也請款報銷了）。

那種單純很快就消失了，就像工業園裡堆放的俄羅斯木材一樣，迅速變成收納櫃和床鋪。畢竟，大連華豐早就知道怎麼出口日本了，搞懂出口美國的細節是遲早的事。

一年內，石玫瑰就聽到朋友描述大連華豐的蛻變。二〇〇二年和二〇〇三年，她為懷亞特打的報告中，她的朋友描述許多美國買家接連參觀了遼寧工廠，包括價值城家具公司（Value City Furniture）、居家快捷（Rooms To Go）、路易斯父子公司（Lewis and Sons），甚至連加萊克鎮的逢恩家具也來了。石玫瑰在報告裡提到，至少有一家美國供應商派出兩位管理者暫時住在莊河市，指導中國勞工瞭解美國家具和塗裝系統。

◆

在搭車從莊河市回大連的路上，據說JBIII看著自己的兒子，提起ＪＤ先生的名字：「我爺爺會從祖墳裡爬出來。」他後來經常重複那句話，頻率高到連他自己、懷亞特或石玫瑰都不記得他那天是否真的講過那句話了。

但他知道，每次又有工廠關閉時，貝賽特鎮的人都這麼說。他抬頭盯著車頂，內心擔憂不已。

回到美國後，他拿起手邊的筆記本，馬上打電話給他最信賴的一流律師。

Part 6

Chapter 19

Gathering the Troops

招兵買馬

最理想的狀況是，你把每座工廠都建在超大的船艦上，跟著貨幣和經濟變遷移動。

——傑克・威爾許（Jack Welch），[266]奇異公司（GE）執行長

◆

一開始，反傾銷團隊是由頂尖的律師、聰明絕頂的兒子，萬能膠（亦即秘書希拉，現在是副總裁）、台灣的口譯員組成。一九九八年JBIII的兒子道革加入逢恩—貝賽特時，正好是亞洲廠商開始大舉入侵的時候（現在他是公司的業務與行銷長）。JBIII說道革回來的時機正好，一切純屬巧合。如今回顧他們當時即將面臨大型零售商、中國廠商、美國進口商，甚至華盛頓特區有關當局的衝擊時，不免會認為JBIII應該早就安排兒子回來家族事業了。道革先是在貴族學校聖公會中學（Episcopal High School）就讀，接著進入維吉尼亞大學，喬治城大學的商學院，後來到國會擔任幾位共和黨政治人物及候選人的助

理，協助談判。

懷亞特也許給人的感覺比較疏離，道革則是負責公關交際。他知道接待媒體和細心聆聽一樣重要。如果你像我一樣，二〇一一年十一月第一次開兩小時的車去工廠採訪他們，懷亞特可能早就忘了那天有約，也忙到沒時間受訪。但道革會在你開車途中，就先打電話跟你聯繫，確認路況平順，即使當天毫無風雨。

他比父親更善體人意，比哥哥更圓融，至少第一印象是如此。JBIII說：「我都告訴大家，你要是不喜歡道革，我們這家子你都不可能喜歡了。」道革知道，只要能讓JBIII出面，去跟重要人物洽談，巧妙運用一點技巧也無傷大雅。道革回憶道，二〇〇九年，歐巴馬總統提出八千兩百五十億美元的振興經濟方案，裡面包括改變「統一綜合預算協調法案」（COBRA），那改變本來會延長裁員勞工的福利「長達四十年」，可能讓逢恩—貝賽特及其他製造商多出數百萬美元的成本。

「我爸一早在《紐約時報》看到那則消息，要我打電話聯絡我們認識的參議員（三位民主黨、一位共和黨），我說：『韋伯議員跟我們約好下午兩點見面，我可以幫你安插，下午一點先跟他談。』稍微騙了他一下……隔週我們去開會，後來他們談出了我們可以支持的內容。」面對電價上漲及環保規定的期限時，道革也是採取類似的策略。他和維吉尼亞州的州長談過以後，電價就調降了；他幫忙規劃策略，延後了工廠符合規定的期限；他也幫高點市家具展的主辦單位爭取恢復州政府的大額資助。北卡羅來納州的州長試圖砍掉二〇一三年家具展的預算一百六十五萬美元，道革以家具展會長的身分寫了一封信，請北卡羅萊納州四十二間家具公司的總裁和執行長一起連署，登在幾份北卡羅萊納州的報紙頭版上。那封公開信指出，九千多位北卡羅來納州的人民仍在家具製造、零售、進口業工作，總產值有八十到九十億美元。

最重要的是，道革也很懂禮數，他讓州長宣布恢復預算，幫州長做足了面子，彷彿恢復預算是州長爭取的。最後，家具展獲得一百八十六萬美元的預算，比前年多，道革稱那次經驗是「不錯的折衷」。267

「道格對業務和政治很有一套，他知道如何讓人發揮最大的效用。」希拉說，「懷亞特很擅長製造及讓這裡的人充分發揮潛力。他們要是意見相左，會先想辦法化解歧見，不會在其他人面前爭吵。」

◆

回顧JBIII和多恩及何雲峰見面以後，所需要克服的重重困難，大家可能會納悶他是如何號召多數同業團結的，大家可能也會納悶，哪家腦袋清楚的進口業者可能加入他那個爭取合法貿易的聯盟。畢竟，聯盟的行動若是按照計畫進行，會提高中國進口家具的關稅，使美國本土的產量增加，那其實是搶進口商的利潤來彌補本土製造商。在現實世界裡，多數經濟學家、商學院和執行長都主張，進口商應該盡可能去找最便宜的勞力。以目前的狀態來看，中國南部的供應鏈是全面運行中，所以勞力最便宜的地方是中國。

回顧那段經歷的企業家可能會想知道，JBIII為什麼那麼擅長找最適合的人才，並說服那些人才照著他的想法完成任務。基本上，那是靠個人魅力、恩威並濟，以及相互的忠誠辦到的，也許只有在家族大老擔任執行長並積極掌管事業的家族企業裡才有可能出現，而且執行長還要剛好特別照顧那些為他們家族創造財富的勞工。

JBIII可能宣稱，他組成那個團隊純粹只是運氣好，但是當地講話直率的鎮民都認為，那一切是精心的安排。「你想想，有多少人會在孩子大學畢業後，馬上送他去華盛頓特區工作，讓他學習該追捧及遠離哪些人？」一位維修工人語帶佩服地說。

律師瑞克・鮑徹（Rick Boucher）說：「道革奠定的那些政治基礎都是絕對必要的。」鮑徹是民主黨的國會議員，代表維吉尼亞州的第九選區。JBIII 雇用多恩時，鮑徹長達二十八年的議員生涯正要接近尾聲。[268]雖然美國國際貿易委員會理當不受政治影響，但委員「確實會把其他政策制訂者的想法也納入考量」，鮑徹補充。

「道革真的很熟悉美國國會，所以他經常來這裡，請議員幫他們背書。貝賽特那家人從來不怕提出要求，不過他們很有技巧，向來都能如願以償。

「他們提出的要求一向都在可行的範圍內。」要是可行性在當下看來還不是那麼明顯，他們也會想辦法促成。

所以道革負責處理政治，懷亞特則是負責鑽研商務部和國際貿易委員會那些晦澀難解的法規。JBIII 是負責他最擅長的事，那就是拿起電話，讓別人照著他的想法去做。

不過，一開始他先把兒子和主計長道格・布蘭納（Doug Brannock）找來。他們和廠長羅德尼（Rodney）及 JBIII 身邊的資金管理者安迪・威廉森（Andy Williamson）聚在一起開會（「威廉森，今天的資金如何？」JBIII 一吼，威廉森馬上轉向搖搖晃晃的隔牆，在幾秒內就報出公司當天帳戶裡的八位數餘額）。

JBIII 告訴他的團隊，「什麼邀舞卡，管它去死吧。」從現在開始，他們應該想像全然不同的比喻，一個和亞洲工廠、牽線的代理商、或氣憤的零售商毫無關係的比喻。他要帶他們去一個想像的荒島：上面有個女人，她的周遭有十二個男人。他大吼：「各位，我告訴你們一件事！當妳是那個跟十二個男人一起困在荒島上的女人時，妳不需要多美，總會有人愛上妳！」

他笑著說，要是中價位臥室家具界最後只剩下逢恩—貝賽特這家廠商，那他們就獲勝了。

但私底下，他自己也不是那麼有信心。他不知道反傾銷申訴會有什麼結果。公司的股東都很緊張，業界許多人（包括逢恩—貝賽特的大客戶和一些好友）都生氣了。

「我感覺像在迷霧中行走。」他告訴妻子。

◆

等到多恩和大連的收納櫃讓JBIII相信，真的有證據可以指控中國傾銷時，混合經營策略（自製加進口）已經不是熱門的新商業模式了。進口幾乎已經變成主流作法，於是這衍生出一個問題：可能號召五一%的業者參與嗎？萊星頓居家品牌和家具品牌國際公司都有三分之一的商品是從中國進口。[269]伊莎艾倫在上海、天津、烏魯木齊都開了專賣店，並計畫在中國開連鎖零售店。荷蘭—瑞典塗裝供應商阿克蘇諾貝爾（AkzoNobel）關閉歐美的工廠，到中國開了三家新廠。

家具品牌國際公司的執行長霍利曼才剛關閉位於托馬斯維爾（Thomasville）的工廠，裁撤四百二十五個工作。一年前他們關閉維吉尼亞州阿塔維斯塔的藍恩部門，結束四家工廠的營運，裁員一千一百人。霍利曼才剛看到公司的淨利大跌四五%，[270]他對股市的投資人解釋，他正投資一千萬美元在亞洲的物流和品管上，[271]下一個關掉的工廠是位於北卡羅來納州的溫斯頓—塞勒姆，但股市對這個消息的反應是正面的，家具品牌國際公司的股價還因此大漲，創下每股三十二美元的新高。

二〇〇三年初，JBIII經常打電話，以說服大家支持他新成立的「美國合法貿易家具製造商委員會」（American Furniture Manufacturers Committee for Legal Trade）。幾位業界友人原本答應要加入，但聽了一兩位客戶（已經進口多數存貨的公司）說服他們那樣做不對以後，又馬上退縮了。

「大家已經花了很多成本在亞洲設立採購團隊，他們認為他們是照規矩行事，沒必要改變。」家具業分析師艾伯森說。

對進口商來說，最糟的情況是什麼？他們擔心再也買不到便宜家具。不僅如此，從最大傾銷廠商徵收的關稅，會流回遭到進口商侵蝕獲利的美國工廠——亦即JBIII那些人手中。那是根據一項鮮為人知的法案「博德修正案」（Byrd Amendment），又稱「二〇〇〇年持續傾銷及補貼補償法」（Continued Dumping and Subsidy Offset Act of 2000，簡稱CDSOA）。法案是由西維吉尼亞州民主黨參議員羅伯·博德（Robert Byrd）提議，他並未把提案送給有國貿經驗或國貿管轄權的國會委員會審查，就悄悄把它塞入「二〇〇一年農業、鄉村發展、食品暨藥物管理及相關機關年度計畫撥款法案」（Agriculture, Rural Development, Food and Drug Administration, and Related Agencies Appropriations Act of 2001）中。[272]

博德修正案的通過令WTO及數十個國家相當氣惱，有幾個國家馬上對美國出口的商品課徵關稅以示報復。[273]參議員約翰·麥肯（John McCain）說，博德修正案是「贈送近五億美元給美國的公司」。在二〇〇一到二〇〇四年間，CDSOA補貼金提供了十億美元以上，給因不公平貿易而受損的美國公司，獲得最多補助的是滾珠軸承業、蠟燭業、電子業、美國鋼鐵業。[274]

◆

JBIII努力號召五一%的同業支持時，懷亞特預測反對聲浪會分兩階段出現：首先，批評者會先取笑他們。等大家都理解他們想做的事情之後（阻止大家爭搶最便宜的家具），那些人會氣得要命。

果然，反對派也開始雇用遊說團體和華盛頓的律師。零售業的大牌——包括居家快捷、潘尼百貨、哈弗蒂（Havertys）、奎恩佰瑞（Crate and Barrel）、城市家具（City Furniture）——組成「美國家具零售商」（Furniture Retailers of America），開始對美國本土的供應商施壓，要求他們不准加入JBIII那邊。

「幾家零售商傳話過來，說我們要是再往那個方向推進，他們就不再向我們採購了。」道革回憶道，「不過那些業者中，我們已經看到不少客戶從每年採購三百萬美元變成毫無訂單，他們早就走純粹進口模式了。」換句話說，那些公司根本對逢恩—貝賽特不構成威脅，因為他們的訂單早就消失了。

多恩從來沒見過比這個更複雜或更敏感的個案，另一方的律師約翰．格林沃德（John Greenwald）也沒見過。這個案子牽涉到太多不同的利益和公司了（在鎂合金案子中，多恩只代表一家公司而已）。

後來發現，連美國國際貿易委員會（ＩＴＣ）也沒遇過那麼複雜的案子。

代表進口商、零售商、中國工廠的遊說團體，譴責JBIII那個聯盟的成員是老派的保護主義者，只想趁機海撈一筆。國際上愈來愈多的自由貿易支持者加入他們，他們宣稱博德修正案違反ＷＴＯ的精神，希望能廢止。

反對派也說，JBIII的聯盟成員其實不在乎美國人的失業率，只是貪圖博德修正案給予的金錢補助。

多恩說，雙方爭吵告一段落時，至少有五十三家律師事務所加入反對JBIII聯盟的陣營，那包括有些事務所為了這個案子而另外成立的新事務所，而且法律費用正穩定地成長。

對JBIII的團隊來說，這種狀況令人頭痛，也帶來極大壓力。如果JBIII的聯盟能號召五一%的業者連署，多恩打算對中國提出有史以來規模最大的反傾銷控訴，而且是從以烤肉和藍草音樂著稱、而非國際貿易著稱的山間小鎮出發。

◆

JBIII 按著他的名單，逐一打電話給每間家具公司的執行長，並提醒他們別忘了世世代代為他們家族賣命的員工。一九八〇年代和一九九〇年代因產業外移而失業的美國工廠勞工共有五十萬人，其中三八％到現在還沒找到工作，而找到工作的人中，有二〇％的薪水比以前少三〇％以上。[275]如果中國不願意遵守它以「非市場經濟體」的身分加入WTO時所同意的規矩——亦即中國政府真的大額補助工廠又刻意壓低匯率——美國工廠的老闆難道不該基於對失業勞工的道義，想辦法證實他們其實是被中國陷害了嗎？

法律上，他們確實有那樣的義務。國際貿易委員會的規範中有一條指出，萬一產業的意見紛歧，加入工會的員工可以推翻管理高層的反對，自己提出申訴書。如果管理高層的立場維持中立，但工會支持申訴，那就算是支持。但是這項規定在南方的「工作權州」沒有多大的意義，因為鮮少工廠裡有工會。

所以，面對自由貿易者的防禦陣線，JBIII 採取的是迂迴戰術。長期擔任逢恩—貝賽特董事的律師沃德說：「他號召聯盟的方式，是去找那些不願加入的公司說：『你最好加入我們，否則我會讓你後悔。』」數十年來沃德常代表當地的紡織業和家具業大廠，「他喜歡採取強硬的態度。」

那番舉動理論上並不算威脅，但 JBIII 刻意讓那些業者知道，他可以在家具廠所在的小鎮裡買報紙廣告，讓他們的員工知道，他們有權加入他的申訴聯盟，無論管理高層是否同意。這下子真的麻煩了！

在加萊克，他示範了那個作法。他把方圓一百五十英里內的記者都找來，見證加萊克廠的勞工簽署支持申訴書，每個人簽完後都領了一件 T 恤，上面印著「我連署保障我的工作」。這是典型的公關行動，其實完全沒必要，因為逢恩—貝賽特當然早就支持 JBIII 創立的聯盟，但那樣做可以搶占新聞頭條。[276]

在同一條路上的逢恩家具公司，也加入簽署申訴書的行列，即使他們的管理者已經到大連的工廠採購家具了。逢恩家具的勞工經常休無薪假，上工一週，停工一週。「我簽署是因為我希望盡可能保住工作。」

三十九歲的文斯・布朗（Vince Brown）告訴《格林斯伯勒新聞》（*Greensboro News and Record*），「每個月我要付的帳單加起來比我的薪資還多。」

到了二〇〇三年七月中旬，JBIII已經懇求、糾纏、威嚇了十五家工廠的老闆加入聯盟，包括祖父出資成立的那幾間家具公司，例如貝賽特家具、史丹利家具、逢恩家具、胡克家具。雖然有幾家公司的執行長是看在JBIII是舅舅或近親的分上而加入，但不久，支持JBIII的影響就愈來愈明顯了。

胡克家具的董事長湯姆斯說：「我們想要支持我們認為正確的事。」[277]胡克家具位於馬汀維爾市，是高級家具的製造商，湯姆斯算是JBIII的遠親。不過，六個月後，湯姆斯告訴《今日家具》，胡克家具的五大零售客戶中，有三家對此「表達不滿」，所以胡克不再支持聯盟。[278]加入聯盟也損及這些業者和亞洲採購夥伴的關係，那些夥伴目前為胡克提供五〇%的家具。當時進口六〇%家具的萊星頓，以及位於印第安那州的凱勒製造公司（Keller Manufacturing Company），也出現類似的立場大轉彎。[279]

零售業的發言人麥克・懷頓海默（Mike Veitenheimer）為那些退出聯盟、加入經濟學家和企管教授陣營的公司喝采。經濟學家和企管教授都認為，反傾銷的申訴對經濟有害，只會造成很多意想不到的後果。「那不但無法幫美國人保住工作，對供應鏈的破壞也會導致美國零售業的員工失業。」懷頓海默說。[280]

格雷・洛徐福（Greg Rushford）是自由貿易的支持者，也是部落客，他一直在追蹤這起申訴案的爭議。他罵那些亞洲廠商很邪惡，「他們又來了……想盡辦法賣美國消費者最便宜的商品。國內的申訴者想以一五八・七%到四四〇・九%的超高關稅來壓他們，他們已經算出中國競爭有多麼『不公平』，還算到小數點以下的位數。」[281]

但JBIII認為，失去胡克和其他幾家公司的支持，本來就是堅持立場的代價。此時，他已經從十七州（從加州延伸到佛蒙特州）找來三十一家公司及五個工會連署。在他勤打電話之下，從佛蒙特州的高級雅痞家具製造商，到密西西比州的傳統旅館家具製造商，都願意加入聯盟。

這些業者都為了員工薪資而輾轉難眠，也都為了繼續營運而必須裁員。

JBIII 和經營拉茲男孩家具部門的金凱是多年的好友，所以金凱也讓這家躺椅巨擘加入 JBIII 的聯盟。金凱是第三代的家具製造業者，當時是美國家具製造協會（AFMA）的會長，他陪同 JBIII 去遊說美國商務部。

金凱說：「一位官員告訴我：『金凱先生，我們不是那麼在意製造業的工作，因為那只占美國就業市場的八%左右。我們覺得讓消費者買更便宜的中國商品，讓可支配所得有更多的運用比較好。』[282]

「他的意思是說，我去沃爾瑪以十美元買到一件T恤，比馬汀維爾、加萊克、哈德森的人賺十五美元的時薪來支持在地的餐廳、保險公司、銀行還要重要。」

沃爾瑪創辦人山姆．沃頓（Sam Walton）也是主張同樣的謬論，他宣稱只要降低零售商品的價格，就能提高大家的生活水準。[283]這種說法實在很諷刺，因為沃爾瑪提倡的產業外移，導致許多小鎮的勞工失業，這些人後來只能到沃爾瑪找兼職又沒有福利的工作。商品價錢確實比較便宜了，但薪資也愈來愈低。

金凱記得他當時心想：「幸好我老爸沒活著看到這種情況。」

◆

二〇〇三年八月，JBIII 再度邀請同業聚會，這次是選在格林斯伯勒的某家飯店宴會廳，討論另一次的全面進攻。他需要聘請律師的錢，至少一百五十萬美元。美國勞工部的資料顯示，產業外移如今已使美國家具業者和相關的公司裁員六十七萬三千人。在北卡羅來納州，三年內就有四十多間家具廠關閉。

二〇〇三年上半年，木製臥室進口家具增加了五四%，比二〇〇二年整年還多。[284]「你的痛苦跟我們的一樣。」JBIII告訴現場四百五十位企業家，「如果你想自救，我們需要你的支持。」[285]

半數供應商都捐了錢贊助，很多人匿名，以避免中國客戶報復。「他向我募款，我捐了三千美元，雖然我的事業規模很小。」抽屜供應商柏希格說，「他像啦啦隊長一樣號召大家，談論大連的狀況。」

多恩告訴與會人士，聯盟爭取到關稅保護的機率是五五波，那可以讓中國家具的進口價格提升三〇%到四〇%。不過，坦白講，金與斯柏丁法律事務所的勝訴機率向來超過〇．五。多恩的公司在七件反中國傾銷的案子中，已經贏了六件，涉及的商品相當多元，包括刷具、炊具、濃縮蘋果汁等等。

會中，一位供應商問道，為什麼他要冒著疏離中國工廠的風險來支持聯盟，中國工廠也向他購買零件。JBIII馬上轉向他放在講台後方的巨型美國國旗。

「我給你一個簡單答覆。」他宏亮地回應，「因為你是美國人，這就是原因。各位先生女士，國家給了你們自由，也需要你們的付出。」[286]

◆

理論上，國際貿易委員會是兩黨共同支持的權威機構，民主黨和共和黨指派的委員人數相當。但它不像美國最高法院那樣超脫政治立場和黨派的影響，那是一群人的組織，多數成員都是人脈廣博，都有朋友位居高位，包括商務部。商務部將決定某家中國公司或進口商是否有傾銷之實，以及傾銷的數量。

後續的幾年，JBIII帶著國旗到處巡迴演講數十次，地點包括扶輪社、聯盟會議、華盛頓特區的聽證會。他收集兩黨政治人物的信件，找上與南方家具有深厚淵源的名人，請他們在媒體前給予祝福，例如賽車手理查・佩地（Richard Petty）和藝術家汀布萊克。

C-Span電視頻道拍下了JBIII去眾議院歲計委員會之貿易小組（House Ways and Means Subcommittee on Trade）作證的內容。在影片中，JBIII以家鄉的特殊產業——非法私釀酒——來比喻定價不公的中國家具。他帶著現場那些位高權重的聽眾，回顧他在貝賽特鎮的幼年時光，那時私釀酒業者生產一些最香醇、最便宜的酒。

「那些都是非法的！」他大聲說，「但是當利益受損的是聯邦政府和州政府時，政府就採取行動了！」現場聽眾都笑了。

「舉例很生動。」一位紐澤西議員說。

他的說法親切、有趣、令人難忘，刻意傳達出他自己也有點像外地人，剛從現實世界帶著重要的消息抵達華盛頓特區。

「每次他出席作證，總是理直氣壯。」鮑徹回憶道，「他很直接，毫無畏懼。」

「他站在貿易小組面前時，簡直妙極了。」

二〇〇三年十月，多恩提出訴狀時，五七％的臥室家具業者已經簽署加入聯盟[287]（一些公司仍維持中立的立場，不計入總數中，例如伊莎艾倫）。

《今日家具》的記者鮑威爾・斯洛特（Powell Slaughter）研讀商務部和國際貿易委員會的網站，把他能找到與一九三〇年關稅法有關的一切資料都印出來了。由於中國是非市場經濟體，商務部必須使用替代國家的價格——亦即非共產、但發展程度相當的國家，通常是印度或菲律賓——來判斷生產家具時，材料和勞力的公平市場成本。

如果替代國家的成本比中國製商品的批發價還高，兩者的差價就是產品的傾銷程度，關稅也會據此評估，並溯及既往。那表示，即使是目前已經下好的訂單，明年春天的價格就會受到影響。

原告不僅需要提出傾銷的證明，還要證明本土產業受害。不過，那其實很簡單，只要把失業人數加總起來就好了，過去兩年半期間，整個本土家具業裁減了二八%的人力。此時關廠已經變成稀鬆平常的案例，斯洛特最近才接到憤怒電話，指控他把最近的關廠消息藏在新聞的第四頁，忘了全球化的人力成本。斯洛特說：「看起來愈來愈像紐約市的謀殺案。」[288]關廠已經變得稀鬆平常，連報章雜誌都認為那不是什麼新聞了。

這時斯洛特才突然想到：以多恩的勝訴記錄來看，JBIII很有可能移動整個產業的乳酪，讓業界產生不可逆轉的改變。

◆

斯洛特打電話給進口商和中國製造商詢問他們的意見時，顯然好幾家廠商根本不以為意。「我說：『要是他們可以讓國際貿易委員會要求商務部啟動調查，你們可能會被課徵關稅。』那些人都笑我。」斯洛特說。

斯洛特很瞭解那些人，並不介意提供他們一些幕後意見。

「你最好去看一下法律。」他告訴他們。

法律不在意JBIII是否曾經進口九%的家具（雖然這時他已把比例降至二%），或史丹利家具販售的多數臥室家具早就從中國進口了，或拉茲男孩現在有四十三位員工管理進口業務。[289]當反方辯稱即使對中國出口的家具課徵關稅也無法讓就業機會回到美國時，法律也不在乎。

即使反方覺得原告不真誠或很偽善，那都無關緊要。法律更不在乎的是，十個經濟學家裡，有九個人把關稅法案視為「完全偏離經濟意義」。一位學者告訴我：「最貼切的形容是『胡扯經濟學』。」[290]斯洛特認為，經濟理論跟這場戰爭毫無關係。

一九三〇年關稅法才是決定這個案子最重要的關鍵。要是JBIII贏了，他想把乳酪移到哪裡都可以。

◆

我在這個案子發生近十年後才開始採訪JBIII，此時他再談起那場紛爭，語氣已經緩和許多。他不願意苛責那些為了事業著想而做出棘手決定的人（至少他不會公開批評），尤其是那些零售商和親戚。不過，二〇〇三年秋季，石玫瑰錄下JBIII對高點市扶輪社發表的演說。在那份錄音裡，還是可以明顯聽出他當時強硬激進的語氣。他一開始就先抨擊小布希總統拒絕涉入家具業這個案子，小布希對那些從歐洲、亞洲、南美進口的鋼鐵，課徵八％到三〇％的關稅。「很多人對此不滿，那可能是出於政治動機。」[291]他告訴現場聽眾，「但我們是做臥室家具，對美國來說沒有那麼重要，我覺得總統不會給我們任何保護。」[292]

聯盟並未針對反傾銷一事聯繫白宮，當時美國對阿富汗和伊拉克的戰火正如火如荼地展開，再加上中國幫忙支應那些戰爭，使美國對中國積欠了愈來愈多的人情，顯然小布希政府不會想在那個時間點惹惱中國。

但是關稅法已經實施了八十多年，不需要國會或總統批准。「二〇〇一年中國加入WTO時，他們簽過合約，同意以非市場經濟體的身分加入十四年。」JBIII向扶輪社解釋，「這表示……你不知道他們的利潤是怎麼來的。事實上，中國沒有證管會，沒有公開申報或揭露的規定，也沒有財報讓你研究。中國是個神秘的國家，坦白講，我也覺得中國人很好，值得尊敬，刻苦耐勞，抱負遠大，但他們的經濟是完美結合創業精神和共產主義。」

他稱讚阿拉巴馬州政府最近努力推動的二．五三億美元獎勵方案，以吸引全美第一家賓士車廠在萬斯鎮（Vance）落腳。[293] 他說，政府支持產業很重要，但是在合法貿易的系統中，透明公開政府的補助也一樣重要。「在中國，我們根本無法知道我們對抗的是什麼，所以中國出來競爭時，從來沒輸過。他們持續移動，你好像在打空拳。如果你看不到他們，就不可能打中。」

他演講時，總是不忘標榜愛國心，他常說：「你把我剖開來，會發現我骨子裡是紅色、白色和藍色。」（另一句充滿濃濃愛國意味的說法：「我不是親共和黨，也不是親民主黨，我是親美國！」）

JBIII想要清楚表達的是，他不是在要求施捨，他只是希望美國政府依法執行。他也希望能激勵其他廠商，奮起因應外國業者的挑戰，而不是關廠投入進口商的懷抱。「我們的一大挑戰是，我們必須扭轉這個國家的態度，讓大家再度相信自己。

「那表示我們就永遠不會關廠嗎？要是我們缺乏效率，我們也會關廠。但我希望我能正眼看著公司裡的人，告訴他們，我已經竭盡所能幫他們保住飯碗了。我想要的是自由公平的競技場，我願意為那樣的環境而奮鬥。

「我不會夾著尾巴逃跑。」

一週前，他和北卡羅來納州的參議員伊麗莎白．多爾（Elizabeth Dole）分享同樣的感受，多爾承諾在參議院裡號召大家的支持。道革已經忙著催生國會家具決策小組（Congressional Furnishings Caucus），那是由兩黨二十七位代表家具業重鎮的議員所組成的團體。[294]

時間已經不多了，中國有數百萬人投入家具業，現在他們已經是全球最大的家具出口國，[295]預期再過三年，家具就會是中國出口美國的第一大產業。[296]

JBIII告訴高點市扶輪社，任何能施力的政治關係都不該放過。幾週之後，JBIII可望見到小布希總統，他打算趁機對總統表達不滿（幸運的話，他會有三分鐘當眾表達的時間），讓總統知道身為美國公民，「為什麼我們值得法律的保護！」

◆

JBIII的政治傾向是偏共和黨，常獨立捐款贊助選戰（主要是捐給共和黨參選人，但非全部）。在溫斯頓—塞勒姆舉行的百萬募款活動中，他只有二十秒的時間跟總統說話。

「總統，我們是對中國臥室家具業提出反傾銷的團體。」JBIII跟總統合照完後這麼說，「我們會很感謝你的幫助。」

「去聯絡商務部。」小布希告訴他，跟他握手，就繼續招呼下一位捐款者，對他毫無一絲肯定，連「謝謝你的捐款」都沒說。

不過，那已經比T．C．摩根（T.C. Morgan）獲得的反應好了。摩根是共和黨人，也是北卡羅來納州家具製造協會的前副會長。摩根曾費心安排小布希和一些工廠勞工及高管見面，包括該州紡織工會的會長。幾個月前，枕織公司（Pillowtex）宣布關閉十六家工廠（其中一間在亨利郡的菲戴爾（Fieldale），離貝賽特鎮很近），共裁員六四五〇人。

「我真的認為總統和失業的勞工見面是好事。」工會會長安東尼．科爾斯（Anthony Coles）告訴《夏洛特觀察報》（*Charlotte Observer*），「而不是只見那些有錢參加兩千美元募款餐會的人。」

小布希很樂意跟JBIII握手，他甚至和社區大學的校方談到了就業培訓。但是和失業的工廠員工見面，實在擠不進他競選連任的時間表中。

Chapter 20

Mr. Bassett Goes to Washington

前進華盛頓特區

判決出來時，反方有一些律師也來感謝他。他們一直想自己執業，但不知怎麼做，直到這個案子出現，他們才明白。

——法蘭西絲·貝賽特·普爾（Frances Bassett Poole），JBIII 之女

◆

國際貿易委員會（ＩＴＣ）所在的那棟建築，外觀全都是大理石和反射玻璃。那棟樓是往華盛頓特區的Ｅ街伸出去，像船首一樣——直率、自信、不為外界所動。

ＩＴＣ的決策是由六個人決定，他們通常是律師（三位民主黨和三位共和黨），他們的任務是判斷外國企業的傾銷或外國政府對外國企業的補貼，是否對本土產業造成不公平的傷害。

二〇〇三年八月，小布希總統提名西維吉尼亞州的律師夏律蒂·蘭恩（Charlotte R. Lane）到那個委員會時，看不出來總統對他自己的提名人選瞭解多少。蘭恩是共和

黨人，五十三歲，當過州議員和州公用事業委員。也許對這項新任務來說，最重要的一點是，她是工廠勞工的女兒。

蘭恩的父親曾在美國氰胺公司（American Cyanamid）的威洛島（Willow Island）工廠擔任看管人多年，蘭恩幼時常和其他勞工之子一起參加工廠每年舉行的野餐。成年後，隨著薪資逐漸攀升，她對家具開始產生熱情，尤其是古董和復古仿製家具。

當蘭恩和其他委員按標準程序到加萊克鎮初步考察時，引起她注意的，不是逢恩—貝賽特工廠內那些中低階家具的外觀，而是製作的細節。當JBIII帶著那群委員參觀工廠，並解釋塗裝流程是區別中級和高級家具的關鍵時，她覺得相當興奮。

對蘭恩來說，家具比磁鐵、塑料或游泳池內添加的化學物（那些是ITC處理的其他反傾銷案子）有趣多了。

家具是你可以瞭解、觸摸的，你甚至可以講述它的來源。家具也是一種身分象徵，就像JBIII不分晝夜用來聯繫大家的黑莓機。

你選購家具時，家具就像你個人、你的可支配所得、你對家具偏好的縮影。

二〇一二年九月，蘭恩在西維吉尼亞州查爾斯頓的律師事務所接受我的訪問，她回憶那次到加萊克鎮考察的歷程：「木材本身，在你加上塗裝以前，就已經投入很多的心力。那是好木材，也是好工藝。」（她跟多恩一樣，給了我整整一小時的採訪時間。）

JBIII展示公司採用「精實製造」新技術時所採購的設備，[297]過去五年，他花了近四千萬美元採購高科技的德國和義大利製刨槽機，以及最先進的窯爐。他的資本投資率是競爭對手的兩倍，那些設備讓他可以用更少的人力製作家具，但他並未馬上以機器取代人力，而是採取遇缺不補的方式。

蘭恩說，參觀家具廠以前，她不知道JBIII的家族和那些煙囪的關係有多密切，也不知道那個反傾銷聯盟的裡裡外外有很多家族關係企業。JBIII的姓氏當然很有名，但更重要的是，JBIII有鮑徹議員在華盛頓特區目睹的實力：把複雜的事物簡化到令你不禁發笑或搖頭的罕見本領，例如他以私釀酒比喻廉價的中國進口家具（「你總要講一些令人難忘的東西。」JBIII有一次眨著眼告訴我）。

當ITC委員蒞臨他的工廠時，這位能言善道的大老闆比上次把家具搬到格林斯伯勒的法庭上，辯護萊星頓的仿造侵權案時，更能充分地展現立場。工廠正是他希望他們來到的地方。

當時是二〇〇三年的年中，ITC的初步聽證會就快開庭了，有些事情是JBIII希望委員們都能瞭解的。他知道自己已經激起一些親戚和長期客戶滿滿的敵意。科羅拉多州的零售商傑克・傑布斯（Jake Jabs）曾是他最大的經銷商，JBIII一提出反傾銷的訴訟，他馬上取消逢恩—貝賽特的所有訂單。傑布斯為了出國採購，每年累積的飛行里程數約十五萬英里，他喜歡去找無人知曉的偏僻工廠，尤其是在中國。當JBIII在格林斯伯勒舉行的會議上責怪供應商，告訴他們「因為你是美國人」，所以應該支持聯盟時，傑布斯從新聞上看到那則消息，馬上挖苦地說：「挺會政治演講的嘛！」

他們兩人是真的槓上了。傑布斯告訴《今日家具》的記者，聯盟是「一群北卡羅來納州的過氣業者，在哀嘆無法挽回的現實狀況，只有心態落伍的人才會那樣想」。

傑布斯的敵意令JBIII相當難過。委員來參觀工廠時，他跟蘭恩談起那件事，令蘭恩印象深刻。「面對那麼多反對意見，他願意挺身而出，為正確的事情奮鬥，那對他來說是相當切身的事情。」蘭恩說。

當然，JBIII精明的地方在於，他也設法讓蘭恩覺得那也跟她切身相關。當他指著自家工廠附近空蕩蕩的工廠時，蘭恩回想起自己家鄉的關廠情況。她記得新聞報導有人鋌而走險，去偷廢棄工廠的銅線而遭到逮捕，貝賽特鎮也發生過類似的案子。當JBIII提到他夜晚輾轉難眠，盯著天花板，擔心是否需要裁掉那些世世代代為他的家族奮力工作的勞工時，蘭恩很同情他的處境。

蘭恩接掌ITC的八年間，ITC審查了一百九十二件非法的外貿作法，其中有六十九次是國內的生產者勝訴。[299]當我問道，既然有那麼多公司關廠，轉往海外發展，為什麼沒有更多的國內產業向ITC申訴時，她說主要是因為法律費用高昂及認知不足。「很多人甚至不知道有補救措施，所以當大家知道ITC有管道可以申訴時，很多傷害已經造成了。遭到不公平競爭傷害的產業，難以負擔那些法律費用。」

當蘭恩說，一般的反傾銷案子，法律費用是「介於五十萬美元或一百萬美元之間，甚至更多」時，我差點吐出口中的咖啡。家具業分析師認為，臥室家具這個案子已經花了五百萬到七百萬美元，[300]但幾位專業律師告訴我，五百萬美元跟實際的法律費用相比只是零錢，實際費用仍在持續累積中，但JBIII和懷亞特都不願透露他們付給多恩的律師事務所多少錢。

JBIII比較想談的是，政府要求他貼出平等就業機會委員會（EEOC）的海報，提醒勞工他們有不因性別、種族、年齡、殘疾而受到歧視的權利，卻不讓同一批勞工知道一九三〇關稅法提到的非法貿易，那對他們的工作可能影響更大。

二〇〇三年秋季，他去遊說小企業管理局（Small Business Administration）時，批評政府花三千三百萬美元打廣告，推廣重新設計的二十元美鈔，[301]卻幾乎沒有教育製造商，有什麼方法可以因應非法貿易。

「我可以跟你保證，我們家裡沒有人不知道怎麼用二十元美鈔！」他怒嗆。

斯洛特還記得當時他突然發現業界整個改變了那一刻。那天國際貿易委員會的聽證會上擠滿了人，他坐在裡頭，突然意識到：這個行業裡，延續好幾世代的交情、在家具展上的寒暄閒談、流著香濃油脂的炸雞捲等等都結束了。

斯洛特說，即使這個時候要讓業者透露經營策略還是像「拔牙」一樣困難，但是對《今日家具》的記者來說，這是個令人興奮的時刻。例如，他本來不知道JBIII還派了台灣的口譯員到大連調查，也不知道JBIII據說以半威脅的口吻對外甥羅伯說，貝賽特家具要是不加入聯盟，「我肯定會為你工廠前面的示威抗議感到遺憾。」[302]

JBIII認為，一旦貝賽特家具加入聯盟，史丹利家具也不得不加入了，不然在那一區會很沒面子，因為史丹利鎮就在貝賽特鎮的隔壁。

「你看到雙方坐下來，各自坐在法庭的兩側。你看著業界的這些人，現在竟然派系分明，完全對立了，你頓時覺得：『哇！』」

◆

兩邊的律師從來沒遇過那麼激烈爭辯的案子，現場充滿了詭計花招，雙方唇槍舌劍，動不動就提到敲詐、欺騙之類的字眼。二〇〇三年十一月的那場初審會上，多恩與對手激烈交戰，他們祭出秘密錄音的通話內容，戲劇性地搬出令人意外的文件，說出羅伯．史皮曼那種第四代美國家具製造商最難以忍受的污辱：中國製造的家具比貝賽特家具更好（要是JD先生聽到這句話後從墳墓裡翻身而起，莫若愚肯定在墳墓裡含笑：「你再說我們運了驢子啊」）。

中國公司找來另一位頂尖的華盛頓經貿律師約翰．格林沃德，他長得像演員吉姆．貝盧西（Jim Belushi），曾是商務部的官員。格林沃德的父親原是律師和經濟學家，整個職業生涯都在為美國指引國際貿易政策，擔任關稅暨貿易總協定（GATT）的代表。GATT是二次戰後規範國貿的規章，也是WTO的前身。

格林沃德之前曾為貿易爭議的兩方都辯論過，不過在這個案子裡，他顯然跟父親是站在同一陣線，尤其他一開始就主張反傾銷的申訴是徹頭徹尾的騙局。

此後，格林沃德的用語變得愈來愈尖刻，他把申訴者塑造成偽君子，說他們自己也在進口家具。格林沃德播放麗雅實業公司（Lea Industries）某位業務員的電話留言。麗雅是拉茲男孩旗下的子公司，那通留言建議居家快捷公司的經理別擔心反傾銷的案子。萬一政府對中國製造商課徵關稅，他會確保零售商仍可以跟他買到同樣的產品——透過越南的工廠購買，就不會被課徵關稅了。

「我們一直在準備這個備援計畫……所以你只要跟我們買家具，就不會遇到麻煩。」麗雅公司的業務員在留言裡這麼說。

「我希望金凱先生、貝賽特家族、逢恩家族對於他們在第三國採購方面提出的證詞有點羞恥心。」格林沃德說，「那段電話錄音顯示，他們的證詞確實令人誤導。來自中國和其他地方的進口家具之所以增加，是因為根本的業務需求，而不是傾銷。」[303]

接著，他開始嘲諷品質。他主張，本土生產的貝賽特家具品質不良，而且公司高層拒絕改變。貝賽特的執行長羅伯出面為公司辯護，他說即使貝賽特家具重新設計商品，也大幅削價三分之一，潘尼百貨依舊停止向貝賽特採購，直接買中國進口家具。

羅伯說完，潘尼百貨的營運經理吉姆．麥卡利斯特（Jim McAlister）隨即上場，大肆抨擊昔日的供應商：客戶投訴貝賽特家具有缺陷的案例大增。他們對貝賽特家具做了品檢，發現缺陷率高達五〇%，缺陷包括塗裝凹痕、抽屜無法平順拉開等等。進口家具的缺陷率才一．九%。

潘尼百貨早就要求貝賽特和其他廠商提出修正方案，以避免更多缺陷。「直到今天，我們還沒收到任何本土廠商提出修正方案。」麥卡利斯特說。

羅伯只差沒直接罵他滿口謊言，他提醒麥卡利斯特，貝賽特曾獲得潘尼百貨一九九九年的年度供應商大獎。「潘尼百貨不曾告訴貝賽特，他們對我們的品質或服務有疑慮……我們的業務之所以都被中國進口家具搶走，就只是因為價格問題。」

進口商比爾．坎普（Bill Kemp）為新成立的家具自由貿易委員會（Committee for Free Trade in Furniture）發言，他顯示兩張投影片，說：「反傾銷的申訴者居心叵測，因為他們跟我做的事情一樣：都是從其他國家進口家具。」

第一張投影片是逢恩—貝賽特在《今日家具》上刊登的廣告，那一期也刊登了「Ohhh ship」的諷刺畫。那張廣告是一男一女穿著西服和套裝，拿著公事包和手機，佩戴防毒面具。那是在SARS恐慌的高峰期，刊登在專業雜誌上的廣告，標題寫著：「你們的買家穿這樣上班嗎？」

「這個廣告令我感到不安，也讓我和許多在全球各地工廠工作的人都很不解。我想講的重點是，廣告左下角有個標誌寫著：『逢恩—貝賽特家具，美國製』。」坎普說。

接著，坎普亮出他的攻擊重點，下一張投影片是一個家具紙箱，上面印著逢恩—貝賽特的商標及中國製的明顯字樣。懷亞特後來說，那張照片是幾年前拍的，在公司把進口貨砍到一%到二%之前（二〇一三年，逢恩—貝賽特已經完全不進口了）。

坎普也引用公司提交給證管會（SEC）的文件，來攻擊聯盟裡最大的上市公司：史丹利家具和貝賽特家具。史丹利「持續採用結合本土製造和擴大境外採購的混合策略……那可降低成本，增加設計靈活性，為顧客提供更好的價值」。貝賽特家具向證管會提交的報告寫道，他們「正在減少可從海外更有效率採購的國內製造商品」，以順應產業的變革。

居家快捷當時是全國最大的零售連鎖家具商，執行長傑弗瑞．西門（Jeffrey Seaman）指出，反傾銷申訴其實是因為製造商發現「零售業者很精明，可以自己進口」，他們因此覺得自己失去了掌控權和獲利。

「所以，如果你是逢恩—貝賽特，假設你進口臥室家具組的成本是一千美元，你以一千五百美元轉賣給零售客戶，那個零售業者再以三千美元出售。另一個零售業者對你說：『逢恩—貝賽特，我們不需要你為我們進口了，我們自己以一千美元或一千一百美元進口，再以兩千美元賣出。這樣一來，那個賣三千美元的零售業者也會想要自己進口。』」[304]

在後續的聽證會上，格林沃德從一九六〇年代的英國電視節目《邊緣之外》（*Beyond the Fringe*），引用下面的段落來總結他的反方論點：

> 老上校把熱情年輕的詹金斯中尉叫進了昏暗的戰情室，「詹金斯，我們將把你放到敵後三百英里的地方，我們希望你從後方攻擊德國。」詹金斯說，「是的，長官，但我們為什麼要這樣做呢？」上校回答：「詹金斯，這是黑暗時期，英國現在只需要做出徒勞的姿態。」[305]

格林沃德懇求委員，不要干預全球化的自然經濟走向，他說：「我希望你們不要跟著做徒勞的姿態。」

多恩幾乎每個週六早上都和JBIII通電話，早就把一些關鍵細節排練與調整妥當了。面對反方的攻擊，他的第一個反擊是指出，反方組成的「美國家具零售商」組織根本無法代表全美所有的家具店，甚至無法代表大多數。為了證明他的說法，他慎重地把七百多家零售業者的信件放在ITC的桌上。那些信件放到桌面時，發出一聲砰然大響。

過去一年間，JBIII打電話給這七百間家具店（大都是獨力經營的小店），並請他的業務人員去收集支持申訴的信件。那些零售業者和VBX事業現在是逢恩—貝賽特的業務大宗，那些客戶因規模不夠大或沒有財力採購整個貨櫃的家具，所以商品售價較貴，乏人問津。

多恩提醒委員堅守法令條款，法令要求委員會思考進口對國內生產者以及美國工廠和勞工的影響。二〇〇〇年到二〇〇二年間，申訴者已經失去一半以上的營業收入。在短短三年裡，已經有六十八家臥室家具廠關門大吉。[306]

「家具品牌國際公司比聯盟裡的任一成員受到中國進口的傷害還大，但他們是不會承認的。」多恩說，「他們擔心，要是不反對聯盟的申訴，中國工廠會斷絕供貨。」也擔心主要零售業者會基於同樣的理由，不再跟他們下單。

「更重要的是，家具品牌國際公司之所以擔心，是因為他們已經把公司的未來押在中國傾銷的進口商品上了。」多恩說，「他們沒辦法告訴投資人，他們的策略靠的是定價不公的進口貨。」

多恩也提出八份《貿易調整協助方案》（TAA）的申請文件作為證明，那八份文件分別代表家具品牌國際公司關閉的八家工廠。他說：「在每個案子中，勞工部證實進口增加是導致裁員的主因後，都確認這些失業勞工有資格獲得調整補償。」

換句話說，ITC 如果想找家具品牌國際公司的員工受到中國進口家具傷害的證據，其實勞工部就有證據，不需要再去找聯邦政府的其他機構。

◆

第一次聽證會後，多恩的事務所請了加長禮車在外頭等候接送 JBIII 和他的成員。第二次聽證會後，中訴聯盟面臨需要籌募更多法律費用的窘況。為了回到多恩的辦公室，同一批人可以選擇搭計程車或走路。走出 ITC 時，JBIII 微笑看著懷亞特，問他覺得他們雇用的頂尖律師如何。他真的值得他們付出目前努力籌募的那些經費嗎？

他們父子倆一起走過史密森尼博物館時，懷亞特回答了父親的問題：「如果我是因為謀殺案受審，而我是無辜的，我會希望多恩當我的辯護律師。」

但如果他是真的涉案有罪，他會希望格林沃德當他的律師。格林沃德讓他想起自己的母親派翠莎。小時候全家人出遊，週六晚上回到家裡發現食物櫃都空了時，他的母親總是有辦法用吐司、培根，以及乳酪和啤酒調出來的醬汁，變出豐盛的一餐，令他大為驚奇。

多年後，他笑著跟父親提起當年那段父子對話。他坐在逢恩—貝賽特的辦公桌前，上面堆滿了木材樣本和抽屜鉸鏈，那些是他幫忙設計的新家具組件（他才剛從樓上和工程師麥米蘭討論完下來，身上都是麥米蘭的萬寶路菸味）。

懷亞特說，格林沃德沒有關稅法案當靠山，但他還是設法弄出「四十五分鐘充滿娛樂的內容……那些東西可能在法律上不是很完備，但他是無中生有嗎？沒錯，他確實是」。

一個月內，商務部就啟動調查，以確定中國工廠是否真的傾銷。在一個月後公布的調查結果中，ITC一致投票通過，聯盟申訴有理，並宣布國內勞工和製造商確實因非法傾銷的進口貨而受害——其實只要有人願意看，貝賽特鎮的人都可以證明這點。

在博德修正案依舊有效下，中國傾銷的業者必須付出賠償。不過，二〇〇四年開徵的初步關稅，令JBIII和他的兒子都很失望：才一四%，本來多恩預計可達三五%至四〇%。

不過，多恩還有備用計畫，他認為那個計畫可以幫聯盟獲得應得的補償。聯盟有權利參與商務部對業者傾銷幅度的年度審查。那個流程既複雜又有爭議，但是成功的話，可望為聯盟創造公平的競爭環境，那肯定會讓懷亞特埋首在試算表和律師費的計算裡好幾年。

Chapter 21

Factory Requiem

工廠輓歌

我該為了膚色而恨某個民族，還是為了他們的眼睛形狀或我自個兒的處境而恨他們？

我該恨他們搶了工作嗎？

不，我恨那些把工作外移的人。

——詹姆斯．麥默崔（James McMurtry），〈我們無法在此製造〉（We Can't Make It Here）

◆

在初步聽證會舉行的前夕，貝賽特家具正要關閉喬治亞州都柏林鎮的家具廠，執行長羅伯正準備公布消息。他要搭機飛往喬治亞州之前的週末，帶著裝了五分之一單一麥芽蘇格蘭威士忌的酒瓶，出現在菲爾波特的住家門口。

「他說：『我有個壞消息，週一早上就必須關掉那間要命的工廠。』」退休的製造資深副總裁菲爾波特回憶道，「感覺像在喪禮上喝酒。」

亨利郡曾是維吉尼亞州製造業比例最高的縣郡，現在變成全州失業率最高的地方，高達一三．三%，是全州平均失業率的三倍。[307]這兩位高階管理者正準備為工廠辦第一次的守靈會。

那週菲爾波特的堂弟才跟他賭一百美元，貝賽特家具會在五年內關閉每一家工廠。菲爾波特搖著頭提起這件往事，笑看自己的天真，當時他不願打賭，只告訴堂弟：「你真是瘋狂！」

那是二〇〇三年，當時貝賽特在北卡羅來納州和維吉尼亞州還有六家工廠，包括公司的金雞母：貝賽特優越線。菲爾波特管理那家工廠數十年了，把它視同心肝寶貝一般。

「我不能跟你賭它關廠。」菲爾波特說。

◆

但羅伯不是那麼樂觀，他在中國親眼看過他們對抗的是什麼狀況。他第一次去中國是一九九四年，以貝賽特家具副總裁的身分前往。那個年代，一些亞洲管理者還是騎著單車，戴著草帽。後來他又去了中國三十幾次，有一次，台昇家具的老闆郭山輝騎著摩托車載著他遊東莞，「他想賣產品給我，他當時建造的工廠之大，令我大開眼界。」羅伯回憶道，「我們的美國工廠也很大，但是他的比我看過的最大工廠大了三倍。許多工人圍在家具旁邊，像工蜂一樣。」

「我心想，『天啊，這些傢伙想接掌整個世界。』當然，那正是他們在做的事，他們就像我們五、六〇年代一樣。」他說，「像我的外曾祖父貝賽特……而且天啊，他們真的很拚。」

羅伯回到美國後，向父親報告東莞的塗裝間缺乏安全措施，沒有風扇，沒發面具，什麼都沒有，他的父親聽了以後，覺得很不可思議。羅伯其實還挺喜歡塗裝的味道，但是連他都覺得那裡的氣味太濃，難以呼吸，他邊咳邊問廠長：「他們怎麼受得了？」

「他們噴兩年就掛了。」廠長說。

到時候，還有二十多人排隊等著接替那個掛掉的勞工。[308]

◆

「你跟我外甥處得怎樣？」JBIII 問我。這本書寫到一半時，我已經帶著筆記型電腦和筆記本進駐貝賽特鎮好幾週了，但從未踏入泰姬瑪哈陵，所以我跟他的外甥沒有處得很好。二〇一二年，我為報社寫了一系列全球化的餘波報導，羅伯仍為了那些報導生我的氣，最初我多次提出訪問要求時，他都對我置之不理。

背地裡，他的親戚一直在幫我談。那個親戚對羅伯說，無論他願不願意合作受訪，我的書都會出版。接著，那位要求匿名的親戚指導我，再次寫電子郵件給羅伯，向他說明：沒錯，這是我的第一本著作；我不是商管書的作家，但我得過十幾次全美的新聞獎，二〇一〇年獲得一整年的哈佛大學尼曼學人獎學金（Nieman Fellowship）。

「他不把妳當回事。」那位親戚說。

所以，在百般無奈下，我只好使出撒手鐧。

一天之後，他終於答應見我了，而且只限一個小時，最好約在下班以後，也就是說，他不想浪費上班時間在我這種人身上。

◆

第一次見面時，我們談了近三個小時。我馬上瞭解，為什麼業界人士會說他比父母和舅舅加起來還要討喜，「我這輩子承受的壓力夠多了，那不是每個人都受得了的。」他說。

他剛升任執行長時，老爸經常打電話給他，從來不先打招呼，劈頭就罵他的決策，通常開場白都是：「你他媽的在想什麼？」

這樣持續了幾個月後，某天史皮曼打電話來，那天羅伯過得特別不順。史皮曼罵到一半，羅伯打岔問道：「爸，我們是朋友嗎？」

「呃……嗯……算吧，我想我們是朋友。」

「爸，既然是朋友，那就他媽的別再煩我了。」

沒想到，羅伯這樣一嗆，他老爸就真的不再煩他了。

羅伯解釋，二〇〇〇年他升任執行長後，為什麼關廠的任務會落到他的肩上。部分原因在於批發策略變成偏向進口和零售店，但那也導致數千人遭到裁員。他本來對於加入舅舅的聯盟感到樂觀，希望反傾銷可以阻止最後幾家工廠關閉，甚至讓貝賽特優越線（當時貝賽特鎮最後一間家具廠）的煙囪繼續冒煙。

但是貝賽特家具和逢恩—貝賽特不同的是，它是上市公司，由董事會主導，董事會都是傀儡（莫頓的說法），都是在南方企業界位高權重的執行長。「我們從一九三〇年就是上市公司，有股東要求獲利。」羅伯說，「說到底，我們不是社會實驗。」

◆

第一次反傾銷關稅（或稱博德補貼金）是在二〇〇六年發放給申訴者，貝賽特家具的市價在後續六年達到了一千七百五十萬美元。「那些關稅補貼確實不無小補，但我收到那筆錢時，覺得亡羊補牢，為時已晚。」羅伯說。

國際貿易委員會的決議使課徵關稅變成可能的方案，但ITC不能規定獲得補償金的業者如何運用那些錢。貝賽特家具把博德補貼金投資在零售事業「貝賽特家飾」上。「那些錢大都是亞洲人靠著不公平的優勢獲得的。」羅伯說，「我們的客戶興高采烈地去亞洲，直接向他們採購，以便用更便宜的價格取得商品，就像沃爾瑪那樣。

「改變我們採用數十年的營運模式，並非我們所願。」他補充，「是世界改變了，但我們身為一家公司難以改變，那一直是情感上的煎熬。」

貝賽特公司關閉某間工廠後的當晚，羅伯把仍在就學的孩子都找來看地方有線電視的新聞。那個電台以民粹傾向著稱，羅伯知道電台的報導會讓他很難堪。他告訴孩子：「別管功課了，坐下來，今晚跟我一起看新聞，因為老爸就快被公然處決了。」

他的女兒哭了，兒子看了很生氣，羅伯告訴他們：「大家都很害怕，他們失去了工作。我希望你們知道，我們為什麼不得不這麼做，以及這有多嚴重。你們在學校裡會聽到這些事，你們必須對這裡發生的事情更加敏感，必須瞭解事實，知道你們都是幸運的孩子，這是很嚴重的事。」

◆

在都柏林鎮，退休的廠長蓋爾看到以前的員工最後一次魚貫走出工廠，心情跌到了谷底。他已經退休兩年，之前都柏林廠在他的管理下，每年為貝賽特賺進七位數的獲利，甚至超越了貝賽特優越線。蓋爾說，他自己為貝賽特的低階商品重新設計生產流程，但是當時公司突然對高階商品感興趣，再加上受到伊莎艾倫啟發的零售事業日益擴大，所以他設計的流程受到阻礙（二〇〇三年，貝賽特家具已經在五年內讓零售門市增加一倍，達到一百零一家）。[309]

「我們的產品定價，比貝賽特的其他臥室商品低很多，不太符合貝賽特想要的形象。」蓋爾說，「請原諒我爆粗口，我想找個人踹斷他的牙。」

蓋爾是在貝賽特鎮成長，在家鄉仍有土地。小時候他穿過JBIII的二手衣，那些衣服都是JBIII的母親拿到波卡杭特絲貝賽特浸信會轉送出去的。

「他們輸了戰爭，但他們之所以輸了，不是因為工廠裡的勞工不如人，而是因為貪婪。」蓋爾說。我兩次打電話訪問他，他都氣憤不已，好像快氣哭了。富爾頓在羅伯足以獨當一面之前，擔任貝賽特家具的執行長三年，那三年間他關閉或出售了二十八間工廠。

富爾頓迴避以前的管理者所採用的效率模式，例如週末上班，關注一切細節，雇用「跟雞一樣早起早睡的人」（套用道格先生的說法）。他以強調短期股市收益及毛利的行銷人員取代那些人，非常相信經濟學家、銀行家、商學院所提倡的「創造性破壞」。

蓋爾如今已經退休十二年了，他說他很喜歡羅伯，就像自己的孩子一樣。但是對於關廠的事，他每天起床還是「氣得要命」，他認為那是刻意放棄競爭，而且完全不顧世世代代為貝賽特家族及股東賣命、幫他們致富的工廠勞工。「富爾頓連一根牙籤都做不出來！」蓋爾憤怒地對著電話吼道，「小人物就只能遭到利用和踐踏。」

北卡羅來納州立大學的家具專家史蒂夫．沃克（Steve Walker）回憶道，貝賽特家具和其他的家具公司並未為了維持工廠效率而現代化，或採用精實製造的原則，他們「是採用比較省事的作法。除了靠政府保護產業以外……如果你是上市公司，直接關廠改去採購別人的產品省事很多」。

在此同時，規模較小的私人企業逢恩—貝賽特則是花了數百萬美元購買新的機具，以維持工廠的效率和先進。當然，那也是一種賭注，因為JBIII眼看著業績一直下滑，從二〇〇〇年的一．六八二億美元，到二〇一一年只剩八千三百九十萬美元。那段期間，公司收到的博德補貼金是兩千一百萬美元，JBIII把那些錢大都用於添購電腦化的刨槽機和窯爐，以及新的備料間。

那本身並不像羅伯說的是個社會實驗。不過，羅伯和業界的其他觀察者都說，JBIII已經把許多個人財富都投資到事業上了，他其實別無選擇，只能奮戰到底，以保護家人和公司的財產。

「如果我握有四〇％的公司股權，沒有品牌，又只做一種產品（臥室家具），而我的另一種選擇是關掉所有的工廠，直接進口，那對我來說等於是判了死刑。」羅伯說，「但如果我想保有私人企業的價值，我會拚老命奮戰到底，想辦法讓美國政府及其他人都來幫我保住公司價值，所以每個人都是兩害相權取其輕。」

二〇〇四年，羅伯仍認為他能保住最後一家工廠：公司的金雞母「貝賽特優越線」。我問他，他的父親怎麼看待一九九七年退休後發生的多次關廠事件，「他只說：『我為你感到難過，我自己也受不了。我在公司的時候，錢實在太好賺了。』」

羅伯喜歡笑稱他老爸是「史上最強的訓人高手」，他對任何人事物總是毫無保留地表達意見，從古怪的企業專機飛行員到自大的小舅子，他講話向來毫不保留。不過，二〇〇四年，一種罕見的白血病讓這位向來強勢火爆的企業家失去了活力。

我和很多史皮曼的屬下一樣，難以理解史皮曼究竟是怎樣的人。他到底是個強勢的天才，擅長交易，對牌搭子相當忠誠？還是他只是個自私的自戀狂，童年的不快記憶讓他的個性有所缺陷，所以想要掌控周遭每個人的一舉一動？

我只去過泰姬瑪哈陵一次，當我問起羅伯那些問題時，他笑著搖頭說：「天啊，他真的很嚴苛。不過，隨著年事增長，他確實變得比較圓融。」他說，「他有他討喜的一面，那魅力會觸及他接觸的每個人，從幫他加油的加油站員工到華爾街的人士都可以感受到。」

接著，他講了兩個故事為例。

第一個是和桌子工廠的廠長迪克．羅森堡（Dick Rosenberg）有關，他的妻子住慣了城市，不願住在貝賽特鎮，她要求羅森堡週末回到他們位於亞特蘭大市的住家，這點讓史皮曼很不滿。

史皮曼甚至刻意不讓羅森堡週五提早下班，即使他那週已經工作超過四十小時了。史皮曼週五下午四點都會打電話給羅森堡的秘書，以確定他還沒下班。某個週五，史皮曼打電話來時，羅森堡已經偷溜了，史皮曼怒吼：「羅森堡死去哪了？」

當秘書回答羅森堡已經離開時，史皮曼又打了一通電話，要求維吉尼亞州警察局的巡警在維吉尼亞州和北卡羅來納州的交界設一個路障，擋住羅森堡的去路。巡警把那個可憐的傢伙帶回了泰姬瑪哈陵，史皮曼就站在他的辦公室裡，刻意裝出看錶的樣子。

「嗯，現在是五點，可以走了！」他微笑說，「週末愉快！」

史皮曼很精明，也很有趣，只不過他通常是以犧牲他人為樂。他也擅長表演，羅伯提到一九九〇年代末期，史皮曼曾在高點市的招待會上誇張演出。

他把對中國進口家具的不滿，發洩在無辜的烤乳豬上，拿起切肉刀，大喊：「莫若愚！」大力刺進那隻烤乳豬，力道之大，連豬嘴裡的蘋果都搖晃了。

他已經聽膩了莫若愚的名字。

◆

他可能是幕後操縱關廠的人，先安排富爾頓接替自己的位置，等兒子獨當一面時，才讓兒子接掌家業。不過，貝賽特家具不是唯一面對關廠挑戰的業主，接著遭遇裁員命運的是JBIII在薩姆特鎮的三百八十五位勞工。那些製作膠合板家具的勞工在過去近二十年間，為JBIII的公司創造了大量的獲利，直到二〇〇一年才由盈轉虧。如果說中國的進口家具重創了美國的木製臥室家具市場，那麼中國的家具更是殺得膠合板家具片甲不留。既然同樣的價格可以買到中國的木製家具，那又何必買膠合板家具？連一般普羅大眾也知道要選比較好的。

JBIII在二〇〇四年六月底關閉薩姆特鎮的V-B／威廉斯廠。為了阻止虧損繼續擴大及維持其他工廠的營運，JBIII別無選擇。他告訴薩姆特鎮當地的報紙：「政府已經判定中國犯規了，但是決議來得太遲，無法拯救薩姆特廠。」310

儘管如此，他還是擔心像普洛克那樣的人。普洛克長年擔任維修工，不能就這樣退休，毫無收入。他還很健康硬朗，渴望工作。但是在薩姆特，誰願意雇用六十四歲的人呢？尤其附近兩家汽車供應商把營運移到墨西哥，導致更多人失業，當地的就業市場已經供過於求了。

上次羅斯．佩羅（Ross Perot）提醒美國人注意北美自由貿易協定（NAFTA）的「巨大吸氣聲」已經是十二年前的事了，現在大家才親眼看到，幾年前在遙遠的華盛頓特區、多哈（Doha）、烏拉圭等地簽署的貿易協定，最後波及到南卡羅來納州的薩姆特和維吉尼亞州貝賽特之類的小鎮。

在加萊克鎮，人心惶惶達到了新高點，大家都充滿疑惑。JBIII 的助理希拉必須安撫緊張的員工，他們下班後等著找 JBIII 談話。他們希望聽到老闆保證，加萊克這間旗艦廠不會是下一個關廠的目標。

「他晚上都睡不著。」希拉告訴我，「妳可以看得出來他的壓力很大。」

接下來發生的事，原本可能要了他的命。如果你看了他那台凌志轎車撞爛的照片，你會很懷疑他是怎麼活下來的。他在藍嶺山路上開車，開到睡著了，撞上大樹，結果只有手扭傷和淤青，一些玻璃碎片扎進皮膚表層而已。

撞車不久後，他就醒了過來，安全氣囊打開了。他第一個注意到的是無煙火藥的味道，那是把安全氣囊推出來的壓縮氣體，聞起來跟霰彈槍的彈藥一模一樣。那段期間 JBIII 一直處在嚴陣以待的緊繃狀態，實在太累了，他很擔心憤怒的零售商、法律費用、聯盟成員有異議，所以完全沒想到他早上開車上班開到睡著了。

他當下以為有人想要殺他。

Part 7

Chapter 22

Million-Dollar Backlash

百萬美元的逆襲

你會看到業績開始下滑，有一天他們就不再跟你下單了，你通常不知道到底是誰取代了你。311

——懷亞特・貝賽特

◆

二〇〇四年四月，七萬五千多位零售商、進口商、家具製造商都聚集到高點市參加家具展。現場沒有人理會JBIII，但一如既往，大家到處參觀展示區，決定為自己的商店採購什麼家具。這時 JBIII 意識到懷亞特的預言很準：大家先是嘲笑他們，現在大家都生氣了。有人當面嘲笑他，不僅很多業者不再跟他的工廠下單，還有些人別著圓形徽章，上面印著垂耳的巴吉度獵犬（basset hound）圖案以及「你的關稅多少？」字樣。

在進口商來思達模仿北京故宮的展示區裡，買家受到熱烈的歡迎，進口商毫不掩飾其家具的來源。來思達是由台灣出生的謝貞德所擁有，他是莫若愚的朋友及提攜的後進。謝貞德的公司和亞洲各地的工廠簽約（尤其是東莞的工廠），以製造低階的促銷家具。

那個模仿北京故宮的家具展示間，就像以前JBIII搭建的貓王故居「優雅園」，極盡裝潢華麗之能事，還有傾斜的屋頂，入口擺著兩隻金獅子，笑容可掬的女性穿著刺繡的旗袍招呼來賓[312]（不過，現場提供的北京烤鴨，確實比逢恩—貝賽特提供的貓王最愛——花生醬、香蕉、培根三明治——高了一級）。

反傾銷申訴反而為來思達帶來了意外的效益，來思達的美國分公司執行長詹姆斯·瑞多記得當年春天來思達的業績大漲，其中最暢銷的是售價三九九美元的四柱床「帝寢」，滾著真皮邊，還有手工雕飾。「真要說那起爭議的影響，反倒是對我們有利。」瑞多說，「零售商都找我們這種公司採購，因為我們的東西物美價廉。他們都很氣約翰，對我們敞開大門。」

◆

現在零售商的憤怒已經升到了全新的層級：報復。二〇〇四年六月，全美十五家零售業者不再向逢恩—貝賽特採購，使訂單一下子就少了八百多萬美元。[313]

美國家具零售商的發言人表示，他們不是用**抵制**那個字眼，不過他們確實買了兩頁的廣告，列出參與反傾銷申訴的每家公司，每個人都知道申訴的領導者是誰，即使廣告沒指名道姓——就是圓形徽章上面諷刺的那隻獵犬：約翰·貝賽特。一張廣告上問道：「為什麼這些公司要把手伸入你顧客的口袋？」[314]

就連佛蒙特州的家具製造商科普蘭家具（Copeland Furniture）也感受到零售商的怒氣。科普蘭家具因進口家具的競爭，業績萎縮了四分之一。公司創辦人提姆·科普蘭（Tim Copeland）付了大筆權利金購買法蘭克·洛伊·萊特（Frank Lloyd Wright）的設計，但亞洲廠商直接仿製，再以比他們低三分之一的價格批發。最後科普蘭裁了三十名員工，約是公司近四分之一的勞力。

在密西西比州的強斯頓／湯畢格比家具（Johnston/Tombigbee Furniture），執行長羅・貝瑞（Reau Berry）裁了一半以上的員工。貝瑞是第三代的密西西比家具製造商，他這輩子年年造訪高點市。強斯頓／湯畢格比家具是一九三二年他的祖父創立的，他們的家具展區就設在拉茲男孩的正上方。零售商和他們家族做生意已經四十幾年了，他都把他們當成朋友看待。

參與申訴聯盟的每家業者都受到同樣的衝擊。貝瑞有半數客戶不再跟他訂貨，很多客戶連一句話都沒說就停止往來了。多年的朋友和客戶經過他設在家具展的展場時，就只是揮手路過，直接走向隔壁的中國製造商展場。「中國加入WTO時，他們買了要價一百美元的床頭櫃，直接仿製，再以五十美元販售。」他說，「我無法跟一個政府對抗，尤其是共產黨的政府。」

二〇〇三年，貝瑞已經從中國進口一些居家家具。一家和中國政府合作的進口代理商威脅他，他要是支持JBIII的聯盟，就要砍他的單，所以貝瑞乾脆切斷和那家代理商的關係。

他重整商業模式，捨棄居家家具系列，改做旅館業家具，主要是販售給一般飯店和汽車旅館。旅館家具就像鋪墊家具和廚房櫥櫃，通常是訂製的，比較不受海外競爭的影響。

貝瑞曾是忠實的共和黨員，後來變成大力抨擊小布希總統自由貿易政策的反對派。他的直率批評，導致他最愛的《金融時報》（*Financial Times*）也禁止他在該報網站上發表評論。

「我親身見證了這一切的發展，也許我不是最聰明的人，但我知道，當我們的員工在密西西比州哥倫布市失去工作時，他們就永遠失業了。」他告訴我，「他們即使再接受訓練，這裡也沒有工作等著他們。」

二○○四年秋季和春季的高點市家具展期間，對峙的兩邊各據一方，謀劃對策。零售商和進口商思考減少關稅衝擊的方法，例如到越南和馬來西亞設廠，來思達就是如此（事實上，美國海關署的資料顯示，二○○四年一至三月，從越南進口的臥室家具已大增三倍）。

格林沃德對滿場三百多位業者建議，他們需要組織起來。美國家具零售商（FRA）的發言人接著指出，他們應該把錢寄到哪裡。FRA已經籌募了五十萬美元，以對抗反傾銷聯盟，現在需要更多資金。他們在專業雜誌上登了更多廣告，主題都是把申訴者塑造成進口家具、卻又要求關稅保護的偽君子及貪婪的保護主義者。

FRA的律師比爾·西弗曼（Bill Silverman）指控申訴者對零售商「發動戰爭」，譴責官方對傾銷者課徵關稅的初步決策。西弗曼為所有的關係人列出可能的財務負擔：每年的調查費、每年為年度審查提前支付的保證金、持續累積的法律費用。

分析師艾伯森告訴《今日家具》的記者，雙方為了籌募更多的資金以支應遊說和法律費用，都誇大了威脅和各自的論點。

當城市家具公司的執行長基思·科尼格（Keith Koenig）起身告訴現場觀眾，JBIII的聯盟大體上「不是業界最頂尖、最優異、最精明的一群人」[315]時，全場歡呼鼓掌。科尼格是JBIII多年的老友、球友和客戶，但他也取消了許多逢恩—貝賽特的訂單。

科尼格說明，即將展開的調查可能出現的最糟結果：要是商務部調查的那七家中國企業，在年度審查過程中被課徵很高的關稅，那會大幅提升美國每間家具店的進口成本。那可能使平均關稅達到二○%或三○%，最終會阻礙多數中國的臥室家具工廠出口到美國。

「那樣的失衡會顛覆整個家具業的供應鏈，並不會讓工作回到美國，只會讓中國少數幾家關稅較低的工廠，在臥室家具的領域裡，獲得近乎獨占的利益。」他說。「那就像在停車場裡放了一顆中子彈。」[316]

◆

艾伯森的辦公室位於里奇蒙市，他從那裡為其投資公司的資料庫，仔細追蹤家具業偏向進口的轉變。他也參加了正反兩方的所有會議，並為《今日家具》撰寫詳盡公平的專欄。他在文中預測，關稅將「對消費者造成些微的通膨效果」。

專業雜誌後來也雇用他為中文版的月刊撰稿，他告訴我：「我不會惡意批評中國。」他也補充，他常會提起他剛接觸亞洲時的一些幽默軼事，例如一九八二年他對台灣企業家的演講。口譯員聽完艾伯森的笑話，覺得觀眾不可能理解，所以沒翻譯出來，直接請觀眾禮貌地回笑幾聲。

艾伯森坦言，JBIII和他的兒子確實有權追究到底。他說：「很多工廠都拿到中國政府的獎勵補貼。」包括大連華豐，「以前他們可以在毫無利潤下販售，再從中國政府收到『感謝你出口』的現金補償。」

那種作法在二〇〇八年房市開始陷入蕭條以及工資每年以兩位數的百分比飆升之後就停止了。「現在他們把獎勵補助挪給了高科技業，以提升人民的生活水準。」艾伯森說。[317]

那轉變持續促使一小群、但愈來愈多的業者把製造移回美國。奇異和開拓重工（Caterpillar）都在美國開了新的工廠，甚至愛室麗家居（Ashley Furniture）也在溫斯頓—塞勒姆的南方設立巨大的鋪墊工廠和配銷設施，[318]但這其中並未見到大型木製家具的業者回流。艾伯森說：「切記，家具一向是用來教育農工如何用重型機具在工廠內工作。」

當初ＪＤ先生搶走密西根和紐約家具製造業者的生意，密西根和紐約業者更早以前搶走波士頓業者的生意，波士頓業者再更早之前搶走英國業者的生意，就是採用那種方式。他們都是在找最便宜的勞工和木材。

自由貿易的支持者喜歡提醒保護主義者上述的趨勢流轉。全球化迫在眉睫，抵擋那股浪潮只是徒勞的姿態，猶如用手指堵住滲漏的水壩。

◆

二〇〇四年春季的高點市家具展期間，在另一個承租的會場上，JBIII召集了他的主要零售客戶。那些都是跟他共患難的獨立家具行，亦即簽署七百多份信件，讓多恩遞送給國際貿易委員會時在桌上發出砰然大響的那些人。

JBIII先是提醒他們，逢恩—貝賽特有快速遞送的ＶＢＸ計畫，接著他開始說明新點子。其中一個是幫零售商廣告，另一個是合作推出消費者信用計畫，他會親自跟銀行協商。「我們稱之為零售三冠王。」他說，「我們會生你、餵你、養你！」

對羅安諾克的第二代零售商喬治．卡特列吉二世（George Cartledge Jr.）來說，那計畫聽起來不錯。卡特列吉擁有十八家盛大家具連鎖店（Grand Furniture），從五十年前JBIII的岳父掌管逢恩—貝賽特時，他就開始銷售逢恩—貝賽特家具了。盛大家具的規模夠大，可以直接進口數個貨櫃的家具，他們有自己的分店信用計畫。不過，現在廣告協助是直接來自逢恩—貝賽特業務員的佣金，可以變成家具店的折扣。

更重要的是，卡特列吉很欣賞JBIII的奮力不懈（「以他的年紀，他其實沒必要那麼拚命」），以及動員全體共同拯救事業的氣魄。工廠薪資凍結（包括管理高層在內），業務員的佣金也砍了。

愛室麗家居公司要求盛大家具加入FRA，一起反對JBIII的聯盟時，卡特列吉馬上回絕了。他說：「其實我們不是那麼在意中國家具會不會增加六％或八％的成本。」即使盛大家具進口約七〇％的臥室和飯廳家具。卡特列吉盡其所能販售美國製的家具，但他也擔心美國消費者已經迷上進口家具，他稱那些進口家具是「拋棄式家具」。

DIY裝潢節目的興起，復辟家具和陶坊家飾（Pottery Barn's）之類的目錄，愛室麗家居推出的二四九美元超級杯躺椅特惠方案（在各地超市販售，包括沃爾瑪和大量家飾量販店（Big Lots））等等，都助長了那股趨勢（JBIII怒批：「那張躺椅要是出了什麼問題，你覺得克羅格連鎖超市（Kroger）的人知道怎麼修理嗎？」）。

卡特列吉的兒子喬治・卡特列吉三世現在擔任公司總裁，他感嘆，現代人買沙發，已經不會想要把沙發留給孩子和孫子了。盛大家具銷量最好的軟墊沙發是什麼顏色？米色。「因為米色就像空白的畫布，消費者可以買米色沙發，搭配他們想要的任何東西。」他說，四到六年後（幸運的話可撐八年），那張有污漬的沙發就被拖到路邊淘汰，再到家具行買新的。《紐約時報》的記者最近寫道：「你從來沒聽過兒孫爭搶組合式家具的新聞！」[319]

逢恩—貝賽特的業務員邁克・米克朗（Mike Micklem）說，當旗下有五十一家分店的舒威爾家具幾乎砍光逢恩—貝賽特的訂單時，盛大家具連鎖店彌補了多數的業績。JBIII為了挽回舒威爾家具做出了最後努力，他親自去拜訪第四代的執行長馬克・舒威爾，以聆聽對方的想法。

「約翰很有心。」米克朗回憶道，「他讓舒威爾充分表達意見，比他平常願意聆聽任何人的時間還長。」他也罕見地閉嘴，寫下很多筆記。他向來不太注意聽工作上的客套話，但是遇到攸關金錢的討論時，聽力就敏銳起來了。

舒威爾建議 JBIII 去讀米爾頓・傅利曼（Milton Friedman）的《選擇的自由》（*Free to Choose*）。舒威爾那天的說法應該會讓《世界是平的》的作者佛里曼引以為傲。舒威爾解釋，當低薪的家具工作成為最後一批外移的產業時，各地的美國人都付較少的錢買進口家具，就像他們也付較少的錢買進口服飾和鞋子一樣，使整體的生活水準都提升了。

以他的商店為例，進口的臥室家具通常比本土製的家具便宜二〇％到二五％。由於海外勞力成本較低，幾年前要價兩千五百美元的家具組，如今只要一千五百美元，舒威爾喜歡把這種效益稱為「較高的感知價值」。

舒威爾講完時，JBIII 提出了自己的觀點，他把焦點放在傅利曼和佛里曼積極提倡產業外移時所忽略的地方：數千位失業勞工太窮困，根本無法享受到全球化帶給消費者的效益。JBIII 說：「我們想保護的人，正是到你店裡消費的人，他們是工廠的勞工。」

到最後，舒威爾和 JBIII 聊開了，他們笑著握手，尊重彼此不同的觀點。後來舒威爾告訴我，導致他不向逢恩—貝賽特採購更多家具的原因，並非反傾銷爭論，而是因為進口家具更有價值。他的店裡仍販售一種逢恩—貝賽特的家具組。

「那感覺很不好受，坦白講，從業務員的觀點來看，我們只希望爭議趕快結束。」米克朗說，「你實在已經厭倦了走進店裡，不管對方是支持你，還是反對你，大家開口閉口都是談那個議題。」

JBIII 一直沒公開點破一點：他認為零售商吞了多數的利潤，並未把太多的利益回饋給顧客。不過，我訪問的每位零售商都極力否認那個說法。「約翰真的很會鬼扯。」舒威爾說，「一開始你也許可以賺多一點利潤，但過沒多久，在競爭之下，利潤就會縮小了。」

不過，當舒威爾又說：「那有什麼差別嗎？即使零售商的利潤高一點，消費者還是買到比較實惠的東西」時，他也削弱了自己的論點。

傑布斯以前每年向逢恩—貝賽特採購兩三百萬美元的家具，但後來完全不下單了，他也提出類似的回應。他說，「北卡羅來納州和維吉尼亞州有些比較小的鄉下零售商，可能真的賣進口家具時會吞下較高的利潤，但是在科羅拉多州這裡，我們擁有七〇%的市占率，我們沒有刻意留下更高的利潤不跟顧客分享。我們賣所有的產品都是成本價加三五%，不分國產或進口貨。」

◆

那年秋天，初步關稅開始課徵不久，這場政治戲碼逐漸進入高潮。新聞和《今日家具》的報導比較中立，但許多經濟學家和政客跟零售商一樣憤怒。智庫「卡托研究機構」（Cato Institute）稱這個案子是「反傾銷改革的典型代表」，他們說政客太容易被創造平等競爭環境之類的說法所威嚇，而不去探究法律的複雜。

「這個案子是一群國內生產者的策略計謀，他們試圖利用反傾銷法的大漏洞，在國內競爭中爭取優勢。」貿易分析師丹尼爾．艾肯森（Daniel J. Ikenson）寫道，「此案是漏洞百出的反傾銷法遭到業者濫用，以牟取商業利益的典型例子。」[320]

對JBIII來說，最令人驚訝的一刻，反而跟關稅或零售商毫無關係，而是和另一版便宜的路易腓力收納櫃有關。這次是他自己做出來的仿製品，某家中國製造商認為他們擁有那個設計的權利，覺得JBIII

的仿製品很礙眼。

那家製造商帶著律師來到高點市家具展的逢恩—貝賽特展區，揚言控告JBIII抄襲他們的家具組。「他說：『我們的路易腓力跟你的設計很類似。』我說：『不對，根本就一模一樣，而且我有絕對的權利繼續製造下去。』」JBIII回憶道。

你可以想像那件事要是鬧上新聞，會是什麼樣子：六十幾家美國家具廠因不敵亞洲的進口家具而紛紛關廠，一家中國製造商竟然要告美國碩果僅存的本土廠商逢恩—貝賽特，只因為逢恩—貝賽特抄襲他們的山寨版。

幾位當時在場的逢恩—貝賽特管理者描述，約翰怒嗆：「你們還有什麼要講的嗎？因為我不想浪費時間談這種無聊的事，要告儘管去告！」

無可否認，他已經是眾人眼中的妖魔鬼怪，何不乾脆囂張一點呢？

不過，他和中國人的互動沒那麼火爆。在競爭對手展區外的大廳裡，JBIII注意到一群亞洲業者指著他竊竊私語。他想像他們在說：「**他在那裡，就是他給我們造成那麼多麻煩！**」

他面帶微笑走過去自我介紹，伸手致意。他們咯咯笑了起來，問他能不能一起合照，以便回國展示給朋友和同事看，不然誰會相信？

於是，每個人都露出了笑容，相機閃光燈此起彼落，中國的頭號公敵頓時成了觀光景點。

◆

還記得前面提過的五大重點嗎？第三點是持續不斷地改變及進步。JBIII並未因為看到反傾銷關稅就停下腳步。在加萊克鎮，他把設計師、兒子、老菸槍的工程師全找了過來，他們一起把目標鎖定在那些大量進口的競爭對手上：陶坊家飾、布羅伊希爾家具、史丹利家具等等。不久，他們就開始製作新的貝賽特家具組，名叫「廬舍組合」。外觀隨性自然，線條都很現代，塗裝比以前更講究，不複雜，不太需要手工，停機時間極短。盛大家具店之類的店家，可用陶坊家飾的三分之二價格販售這組家具（陶坊家飾走的路線比較高級，風格時尚的展示區租金較貴）。

這套家具無論是擺在海濱別墅或鄉村小屋，都有居家的舒適感。色調多元，從米白、天藍到暗紅都有——暗紅色是塗裝間的員工建議的。

JBIII大聲說：「你覺得暗紅色好看，就做一個樣本出來給我看看！」接著，他又補充，既然你要做，就用橡木做，因為亞洲人必須從美國進口多數的橡木，做成家具以後，再運回美國銷售，而我們可以直接在這裡做。[321]「橡木是遠東地區難以複製的木材之一。」他說，「有一種東西叫中國橡木（亦即柞木），但樣子很醜。」

接著，他們又推出第二個新系列，名叫「阿帕拉契硬木組合」，推出時的廣告標語是「我們不怕展示背影」。廣告中顯示他站在一個反轉過來的收納櫃後方，讓顧客看到收納櫃背後是真材實料的實心橡木。

當費城的業務人員建議為「廬舍組合」設計青年版時，他們推出有六種飾面選擇及四種尺寸大小的單人床。現在業務人員可以卯起來到全美各地推銷「廬舍組合」了，美國中西部的人比較喜歡樸實的橡木，德州比較喜歡松木，外灘群島一帶喜歡天藍色。那套家具設計簡潔，自然成了進口家具的競爭對手，因為需要的人工較少，刨槽機不需要經常重新設定。

「基本上就是動動商業頭腦，思考我該怎麼做才能在美國競爭。」JBIII一再告訴我，「這是這個國家需要多做的事！需要振作起來！我們是做足球教練做的事，不是企管碩士做的事，別搞得那麼複雜。」

一家精明的工廠重新打造產品線以對抗競爭對手，那跟一支球隊發現對方的四分衛既會扔球、也會衝鋒時，隨即改變防禦策略是一樣的。「廬舍組合」看起來像雅痞從陶坊家飾或復辟家具購買的隨性居家用品，但是由於它需要的勞力很少，再加上VBX快速出貨，可以做得更快、更有效率，所以後來連續六年都是貝賽特最暢銷的家具組。

二〇一三年五月，JBIII發現防守出現另一個漏洞。他得知肯塔基州一家進口娛樂家電置物櫃的業者破產了，即將關門大吉。那家公司一直是落磯山以東唯一做那種生意的廠商。即使逢恩—貝賽特已經多年沒製作那個產品，JBIII思考那家公司關閉及平面電視市場的興起時，看到了商機。

一家經銷商曾經提過，他不喜歡組裝亞洲來的東西，也不喜歡進口的娛樂家電置物櫃只有三種飾面。JBIII那年夏天才剛動了背部手術。如果公司突然要生產那種置物櫃和桌子，他還需要採購全套的新機器，但這些對JBIII來說都不是問題。懷亞特也正在設計新系列的配套桌椅（那是最早外移到海外製造的商品），他說：「我們鎖定的小型家具商，沒有能力進口這種家具整個貨櫃。」

肯塔基州那家公司關閉時，逢恩—貝賽特的業務員已經開始向家具店推銷新產品了，他們的產品是事先組裝好的，而且有六種顏色，可在四十八小時內出貨。二〇一三年八月，米克朗說：「目前為止，還沒有人拒絕過我的推銷。我們的經銷商都覺得，下單時順便採購這個產品很容易，而且賣得相當好。」

◆

JBIII敢公然對抗中國，但他很清楚一點，絕對不能攻擊美國的零售商，至少不能公開講。二〇〇四年夏季，《華爾街日報》刊出一篇報導，文中傑布斯大肆批評JBIII，但JBIII完全沒對傑布斯做任何人身攻擊，只提到自己的工廠現況如何。

他和兒子都一再告訴我：「我們走比較辛苦但正確的路，從不批評任何人的選擇。」那句話彷彿是照著家規念出來似的。他們說，導致整個產業惶惶不安的種種改變——裁員、流失的顧客、斷交的友誼等等——對每個相關的人來說都很痛苦。

那條辛苦但正確的路，表面上看起來崇高，但聽過JBIII荒島論調（亦即一個女人和十二個男人在荒島上）的人都知道，那背後還有一些其他動機。等塵埃落定，他又設法成為美國最後一間家具製造廠時，他就有可能挽回那些憤而離去的零售商了。

Chapter 23

Copper Wires and Pink Slips

銅線和裁員

骨折過的地方永遠會比較脆弱，那些地方會疼，令人痛苦，最好的因應之道是承認，我最受不了的就是有人不想承認。[322]

——美國桂冠詩人娜塔莎・特雷瑟韋（Natasha Trethewey）談記錄沉痛歷史的重要

◆

二〇〇一年到二〇一二年間，美國共有六萬三千三百家工廠關廠，[323]五百萬個工廠工作消失。同一時期，中國的製造業大幅擴張，增加了一千四百一十萬個新工作。

佩羅預測的「巨大吸氣聲」，結果看來不像高速公路上突然出現的大坑，比較像是慢動作的崩垮。媒體一如既往，日益厭倦這種歹戲拖棚的故事。U6失業率包含失業及就業不足的人口，那比率一直徘徊在一四%到一五%之間。但是降低那數字的政治意願，似乎也跟著媒體的興趣一起消失了。

「博德修正案過於複雜，以至於多數記者一知半解，但它又非常重要。」《再造美國》（*ReMaking America*）

的合著者兼編輯以及專業刊物《製造與科技新聞》（*Manufacturing and Technology News*）的編輯理查・麥科邁（Richard McCormack）說，「或是記者寫過一次外包的主題，就覺得他們已經探討過了。」[324]

麥科邁也認為，許多全國性的新聞媒體是由華爾街和零售廣告商資助，他們任由多國企業和主流經濟學家主導全球化的論點。他說：「這些人就只會抱持高傲的理論，放任整個國家完全喪失能力，因為我們實際購買的東西鮮少是國內製造的。」

或者，就像哈佛大學勞動經濟學家理查・弗里曼（Richard Freeman）在大力批評有錢人如何占盡自由貿易的效益後告訴我的：「多數經濟學家其實不食人間煙火，拜託，妳在書裡一定要引述我這句話！」

◆

然而，在馬汀維爾和貝賽特這樣的小鎮上，家族積極抵擋多元經濟的發展以便壓低薪資，失業成了小鎮上的主要故事，這裡的失業率高居全州之首。大家都在納悶：如果你根本沒錢買便宜的消費品，你能買到再多便宜的商品有什麼用？

就連全球化大師佛里曼在《世界是平的》裡，也簡短承認了產業外移所引發的痛苦：「當你自己失業時，失業率不是五・二%，而是一〇〇%。」[325]

佛里曼所指的五・二%，比較接近馬里蘭州貝塞斯達（Bethesda）的失業率。他和繼承家業的妻子就住在當地一棟占地一萬一千四百平方英尺的豪宅裡。[326]但是那數字和馬汀維爾及亨利郡高達兩位數的失業率相比，有如天壤之別，完全無法凸顯出失業對這兩個地方造成的問題，例如，糧票、學校免費供餐、醫療補助計畫（Medicaid）的需求增加，少女懷孕和家暴比率也持續上揚。

華盛頓特區的局內人可能住在類似貝塞斯達那樣的舒適郊區裡，但是在五小時車程外的地方，如今開車進入貝賽特鎮，會經過拖車公園和很多老舊的小型療養院。從羅安諾克往南到貝賽特鎮，內行人在行經布恩磨坊（Boones Mill）的測速照相裝置時，都會在四線道的高速公路上放慢速度〔布恩磨坊是以雅各・布恩（Jacob Boon）的名字命名，他是著名拓荒者丹尼爾・布恩（Daniel Boon）比較鮮為人知的堂弟〕，接著蜿蜒穿過克利布魯克（Clearbrook）〔二〇〇八年，這裡有位曾到伊拉克打仗、罹患創傷後壓力症候群（PTSD）的二十四歲退伍戰士，因就業前景渺茫而抑鬱，在遭到警方低速追趕後，對著縣警開槍，迫使警員當場將他擊斃。[327]路邊有個臨時搭建的紀念物：塞滿碎石的水泥磚，插著美國國旗和十字架，退伍戰士的父親用簽字筆在十字架上寫了USAF（美國空軍）及兒子的名字麥卡・史沃德（Micah Sword）〕。

這些小鎮故事鮮少登上《紐約時報》和《華盛頓郵報》。我平常供稿的那些小媒體和地方報紙仍報導每則關廠消息及最新的失業率，但是隨著網路的爆炸性成長，我們的資源已經大幅縮減。此外，小媒體向來沒有權限或機會，更別說是資源，去追蹤WTO發生的事。

◆

現在開車穿過亨利郡，你一定猜不到這裡曾是該州的工業重鎮，是一些州長、財星五百大企業的執行長、眾議院議長發跡的地方。一九六三年，《羅安諾克時報》的記者來到馬汀維爾，撰寫三篇有關工業新興城市的系列報導，當時的失業率僅一％。貝賽特家具投資兩百萬美元，興建新的企業總部泰姬瑪哈陵。史丹利家具和馬汀維爾美國家具（American of Martinsville）各自投入一百萬美元擴建，杜邦也投資兩千八百萬美元到占地五百英畝、位於史密斯河馬蹄灣的尼龍絲工廠。

「這裡，你可以拿失業開點玩笑。」那個系列報導一開始就如此寫道，「一家餐廳的老闆老是找不到櫃台人手，他說：『我們這裡需要的，其實是讓一些人失業。』」[328]

近半個世紀後，二〇一二年我抵達當地時，這個一度標榜有四萬二千五百六十個工作的地方，如今只剩二萬四千七百三十三個工作，近半數勞動力遭到全球化消滅。雖然多數消失的工作和家具或紡織品有關，數十家餐館、原物料供應商、獨立小店家也跟著消失了。取而代之的，通常是折扣零售店美元樹（Dollar Trees）、家元（Family Dollars）、支票兌現所等等。更糟的是，有時店面一直空著，沒有替代的商家。當地的失業率是全州最高，一直在一五%到二〇%之間徘徊。[329]馬汀維爾有三分之一的家庭靠糧票為生，七五%的公立學校學生有資格享有免費午餐或減免費用。現在沒有人拿失業開玩笑了。[330]

◆

但復職或重新就業的真實狀況，是無法以簡單的數字傳達的。裁員個案中，確實有一些令人更積極面對人生的成功案例。很少人比下面這個例子更激勵人心：一位八年級輟學生在紡織廠打零工二十三年後，遭到裁員，於是她去念了大學，持續努力，讓自己和家人晉升到中產階級。十年間，凱．裴根絲（Kay Pagans）從不會使用電腦變成科技課程的老師。

一九九九年貝賽特—沃克紡織廠（Bassett-Walker Knitting，當時名為ＶＦ紡織廠）關廠時，裴根絲申請了貿易調整協助方案（ＴＡＡ）的再訓練資金，兼職當服務生，並在丈夫的穩定薪水支持下，去派翠克亨利社區大學（Patrick Henry Community College）就讀。她五十五歲時，已經當上教授，工作是指導失業勞工，教他們使用電腦，協助數學補救教學，提供輔導。「我之所以分享我的故事，是因為我覺得有必要讓他們知道，被判死刑之後還有人生。」她告訴我，「但他們很恐懼，失魂落魄。「有些人無法做到像我這樣，也許是因為心理障礙或數學問題。面對那些人，你除了說『上大學就能找到更好的工作』以外，你還能做什麼，尤其現在即使你再接受培訓，也沒有那麼多工作等著你。」

裴根絲算是異數，在窮人上大學的機會迅速減少下，[331]她順利獲得了高等教育，而且那還是在經濟大蕭條以來最嚴重的經濟衰退開始之前。「我四十歲時上大學，那時我嚇死了。」她說，「但我知道，再不把握機會就沒了，這是我做不同事情的唯一機會。」

絕大多數的失業勞工，並未利用裴根絲用來接受教育的聯邦補助計畫。我問一些人原因是什麼，多數人指出，TAA條款要求他們必須當全職生，那概念對十八歲就進工廠裝配線工作、還有房貸要繳、沒有信心或數學技巧重塑自己的人來說，實在難以理解。

◆

那些長期失業的人到哪裡去了？那是當初促使我和攝影朋友索雷斯到馬汀維爾的第一個問題。要回答這個問題，感覺很像把煙霧裝進瓶裡一樣困難。你可以去州立的就業輔導中心，訪問去那裡的人，但是你只會對當天去申請失業補助或TAA補助的一些人有個簡單的印象，並未考慮到愈來愈多的殘疾失能人士。此外，已經停止找工作或失業補助早就過期的人，也不會出現在就業輔導中心。還有，如今該區的就業人口中（二萬五千四百一十四人），有近半數是開車去外縣市打零工，你也不會在就業輔導中心看到他們。[332]

有錢搬家的人大都早就搬走了，例如杜邦的化學家和會計人員、中階的工廠主管等等。剩下的人口比較窮困、老弱、多元。二〇一〇年的人口普查記錄顯示，馬汀維爾有史以來第一次出現黑人和西裔人口比白人還多。[333]

哥倫比亞大學精神病學家敏蒂・芙里勞（Mindy Fullilove）指出，沒有一個地方可以顯示失業勞工的衛星圖，根據定義，遭到裁員就是從就業市場中移除了。「工廠關廠後，人脈就此斷裂，大家都失聯了。」芙里勞說，「他們以往的聯繫方式消失了。」

那些人似乎就此失去了蹤影，像丟入碎木機的廢棄木料一樣。

◆

還記得電影《綠野仙蹤》（*The Wizard of Oz*）裡從黑白變成彩色的那一刻嗎？有時候，我感覺自己也看到那個變化的過程，只不過順序剛好相反。我追蹤報導這個故事近兩年，一開始是為我的報社做系列報導，之後是為了撰寫這本書。那段期間，我試著去瞭解以前那裡的感覺，四處走動及開車遊走以觀察留下的遺跡，有時走來走去都看不見半個人影。

我跟很多人共乘過，從政治人物、牧師到活動分子，從青少年到退休人員都有。亨利郡的助理檢察官韋恩・威瑟斯（Wayne Withers）開著我的車，讓我做筆記，他一邊開車，一邊指出銅管遭竊的教會，以及遭到竊賊闖空門偷竊麻醉藥和抗焦慮藥物的住家。

我們開車經過老舊的商業街和布滿雜草的停車場，只看到一個人開著汽車的後車廂，叫賣運動衫，整區都是空蕩蕩的。我們也開車經過廢棄的電話客服中心，那裡二〇〇四年雇用了數百位失業的勞工，八年後也因為業務外移到菲律賓而關閉。[334]

「我目前在法院看到很多人跟妻子打官司。」威瑟斯說，「他們失業以前是中產階級，過去我沒見過那種情況。」

氣候溫暖的月份，我看到有些人在院子裡拍賣東西，一攤接著一攤，有的是擺在隱秘的小巷子裡。「大家把家具搬出來，放在院子前，決定拍賣的收入究竟是要拿來買食物，付帳單，還是去買藥。」退休的瑪麗．湯馬斯告訴我。

有幾次採訪算是打氣之旅，有些人勸我要樂觀，報導不要太沉重。「別寫得好像我們市區雜草叢生，宛如空城似的。」馬汀維爾的市長金．艾金斯（Kim Adkins）如此懇求。不過，當我請她估計實際的失業率時——包括官方公布的失業數和失業補助早就過期的人——她毫不猶豫地回我：三分之一。

艾麗森．羅絲洛克（Allyson Rothrock）開著她的富豪房車載著我到處參觀時，刻意避開了令人沮喪的地方。她是豐收社群基金會（Harvest）的會長，基金會是二〇〇二年出售一．五二億美元的馬汀維爾公立醫院後創立的，她堅稱這一區必須走出過去的陰影，才能再次蓬勃發展。但她也坦言，很少人不受目前經濟的影響。她噙著淚水，回憶先生遭到裁員時是工廠的中階管理者，後來他們離婚了。大家都承受很大的壓力，某晚一家小企業的業主含著淚，在辦公室的停車場找到她，懇求她貸款讓他支付員工的薪資。[335]

豐收基金會投注數百萬美元提升高中畢業率、大學入學率、在地的旅遊觀光業——這一切都是為了支持最重要的目標：吸引新事業進駐當地，最好是高科技或高技術的製造業。羅伯也為社區大學的實習生親自籌募資金，讓他們學習操作貝賽特的電腦設備，他說：「我們這裡不需要有人來經營Google，但我們需要有能力又能幹的人才。」

羅絲洛克載我去幾個豐收基金會贊助的專案，包括耗資九百萬美元興建的先進足球場，當地第一所提供學士學位的學院「新大學院」（New College Institute，簡稱ＮＣＩ），以及史密斯河畔的林蔭道路，旁邊還附設單車租借站和划艇站。

「這條河總不能移到中國吧！」她熱切地說。

◆

有工作又快樂的導遊和我自己找的那些失業者之間，有種明顯、近乎突兀的脫節感。失業者大都覺得豐收基金會是有錢人的工具，跟那些關廠的大老闆沆瀣一氣。很多遭到裁員的人不願意接受我的訪問，有些人約好受訪後又取消，擔心被報導引述後，就再也沒有人找他去面試，或是危及當下有幸還能找到的零工。

一位失業者偷偷告訴我，她把房子分租給別人及烘焙蛋糕（她的妹妹拿蛋糕去上班地點分片販售）以貼補失業補助金，她擔心我在報導中提到她的名字，可能導致失業補助消失。二〇〇一年，一位信用合作社的經理因分行關閉，公司以自動提款機取代人力而失業。遭到資遣後，她比六年前四十七歲的丈夫因心臟病過世還要難過。她說：「因為我知道公司掌控裁員與否，而我先生過世至少是上天的安排。」

◆

最初幾次我要求 JBIII 跟我約在貝賽特鎮見面時，他回絕了。他說，他擔心我把他塑造成看到家鄉落愧至此、卻幸災樂禍的傢伙。難道我在他眼裡也是一條蛇，需要先宰了，拉直看有多長、多危險嗎？

我們幾乎每次交談都會起爭執，一位觀察者聽我們唇槍舌劍，緊張地問道，等這本書出版時，我們還會聯繫嗎？這問題問得很好。

「別擔心，我們每次都這樣。」他說。

◆

我想參觀約翰．貝賽特眼中的貝賽特鎮——去他第一次理髮的理髮院，去他被姊夫發放邊疆的小辦公室，去看印著他姓氏的許多煙囪（一些煙囪仍在，其他的只存在記憶裡）。我自己看過很多次了，但我希望透過他的眼睛，觀看全球化的結果，瞭解他的感受，因為他記得貝賽特鎮比較輝煌繁華的年代。

二〇一二年六月，JBIII終於答應我的要求（先決條件是我不能拍照）。我們約在停車場碰面，那裡曾是他祖父留下的家業之一：貝賽特第一國家銀行。現在已經變成富國銀行（Wells Fargo）的分行，那棟方正的磚造建築就坐落在貝賽特家具總部的附近，那裡是鎮上唯一還停滿汽車的停車場。

當時，貝賽特家具的執行長羅伯還不願意接受我的訪問，幾個月後，他才答應接受我兩次長時間的專訪，以及多次透過電話和電子郵件確認細節。二〇一二年三月，我寫了一篇報導，探討豐收基金會為什麼會引爆當地醞釀已久的種族緊繃關係，它為何在白人社群裡建立美式足球場，為什麼在不景氣衝擊當地以後，違背之前說要在傳統黑人區裡建立籃球館的承諾。當地全美有色人種協進會（NAACP）的會長哈吉——繆斯說：「豐收基金會和地方上有權有勢的人關係非常密切。」

批評者認為，豐收基金會忽視那些受到關廠衝擊最深的人。他們也覺得那個基金會只採用有錢人的親屬，例如羅伯目前在豐收基金會資助成立的ＮＣＩ裡擔任校董。（羅伯自從擔任校董後，已經讓貝賽特家具的基金會捐助二十萬美元贊助ＮＣＩ大樓的新建，那棟大樓將用來傳授高階製造、醫療保健、創業課程）。

「我們永遠無法再像以前那樣，但我們現在以豐收基金會和ＮＣＩ重建這個城鎮。」當時羅伯這麼說，「再繼續自怨自艾下去，無濟於事。」[336]

我相信他不是故意說得那麼直白殘酷，但他似乎不明白，那些話聽在仍四處碰壁、找不到工作的人耳裡有多難受，那感覺就像對聽障大學的學生需求充耳不聞一樣。

「自怨自艾？」失業後去社區大學進修的史丹利家具前員工麗莎・賽利芙（Lisa Setliff）質問，「我想告訴他，你還能在位置上怨嘆已經夠幸運了。」

◆

在阿帕拉契山麓上，那是個溼熱的六月上午，JBIII和我展開了旅程，我們離開史密斯河，開車到布滿野葛的山區。沿著蜿蜒的山路往上行駛，最後我們抵達了山上的貝賽特家族墓園。

即使此時還在世的貝賽特後代不願跟我說話，至少我們可以從造訪作古的先人開始。

JBIII把他的凌志汽車停在墓園車道的尾端，我們跨過擋住去路的柵欄，行經「禁止入內」的標誌，走上陡峭的私人道路。在覆蓋苔蘚的橡樹和維吉尼亞闊葉樹的樹蔭下，我們先對墓園中央ＪＤ先生的大理石陵墓致意，那陵墓上裝飾著簡單的彩色玻璃十字架。

我們走到陵墓階梯的最上層，那裡的門輕輕一推就開了。

終於到了拜謁大老——ＪＤ先生和ＣＣ先生，以及他們的兒子ＷＭ先生和艾德先生——的時刻。他們的靈柩連同妻子的靈柩是堆放在不同的墓室裡，後代與遠親的墓室圍在旁邊。這個陵墓放滿時，又建了第二個陵墓，有些人是擺放在第二陵墓裡。陵墓邊緣的草堆上還有一些墓碑，那是很久以前的工廠勞工因家人無力購買墓地，ＪＤ先生大發慈悲讓他們在那裡安息。

鳥兒啁啾囀鳴，JBIII走起路來有點蹣跚，幾個月前他才去紐約特殊外科醫院動了腳部手術，那裡是美國首屈一指的骨科醫院，像洋基強棒A-Rod那種名人需要看骨科時，都是去那個地方。

「看到沒？」他半露微笑地展開手臂，「妳上來這裡，還是在貝賽特家具的煙囪底下。」

是啊，直到那些煙囪逐一倒下為止。

◆

「妳想看美國產業不做該做的事情時，會發生的情況嗎？」JBIII問道，接著他要求我關掉錄音機。在整趟旅程中，他的情緒反覆在憤怒、哀傷、以及痛苦地理解親戚的抉擇之間切換，時而欲言又止，時而坦率直言。

「對每個人來說都是痛徹心扉。」這可能是他第三十四次對我講這句話了，我終於明白他的意思：他可能贏了那場反傾銷戰爭，讓加萊克的工廠繼續營運，但這次返鄉之旅令他心如刀割，「妳要記得，我已經十五年沒開車穿過這些道路了。」他說。

ＪＤ先生的維多利亞式豪宅很久以前就夷為平地了，ＣＣ先生的豪宅（後來由兒子艾德先生居住）仍屹立著，但年久失修，如今住在裡面的人稱之為錢坑，說他的家人幾乎負擔不起暖氣（一年後，我們又見面時，那個人和兒子正在修補私人車道尾端的磚牆。那堵磚牆距離以前ＣＣ先生從山上豪宅走去上班的水泥階梯不遠。某個酒醉的駕駛人開著贓車撞倒了磚牆）。

在貝賽特鎮的郊區，JBIII和我停在他和派翠莎住過的屋子前面（那時他們的孩子都還小），檢查花園（如今雜草叢生），以及以前養獵犬辛蒂和吉兒的狗屋。「這棟房子以前很美。」他描述這棟四房四衛的白磚建築。他們把它命名為河濱之家，因為那裡緊鄰著史密斯河，占地二十四英畝。

但現在鏽蝕的簷槽歪斜，長滿青苔的屋頂瓦片上冒出了洋槐樹苗，看不出來這屋子究竟是廢棄了，還是住在裡面的人沒錢修繕。

開車穿過市區時，JBIII試圖喚醒這個他曾經熟悉的地方。他指出以前的旅館、宿舍、餐廳、零售店，還有黑人必須坐在頂樓的電影院。

在歇業的貝賽特暢貨商店對面，我們停下來看一塊修剪整齊的矩形草地，草坪的周邊圍著全新的鐵網圍欄，在整個環境中完美得有些突兀。

史皮曼關閉原始的貝賽特家具廠（亦即老鎮）幾年後，一九八九年羅伯負責把那間工廠夷平。那片修剪整齊的草地是羅伯下令在老鎮原址上栽種的。

二〇〇九年公司拆除工廠時，羅伯的表弟傑布·貝賽特（Jeb Bassett）對《馬汀維爾公報》說：「那樣做是為了改善社群，每天來上班看到拆廠的遺跡實在難以振奮起來。[337]」傑布目前在貝賽特家具擔任副總裁。

在同一條路上的ＪＤ一廠和ＪＤ二廠（JBIII最早負責經營的工廠），穿著危害性物料（HAZMAT）工作服的包商正以鏟子和怪手清理火災的殘骸——把磚塊集中成堆，把殘骸裝進垃圾箱。幾週前，三十四歲的克蘭因偷竊銅線，意外導致電線走火而被判入獄。大火不僅摧毀了大部分的廢棄工廠，也燒光了非營利機構存放在工廠內價值數十萬美元的救濟物資。[338]

清理殘跡的包商告訴我們，我們是站在私人地產上，那裡禁止外人擅自闖入。

「我經營這家工廠二十五年了。」JBIII爭辯。

但工人搖頭，指向道路。我們不發一語，按照指示離開。

◆

有些公司處理關廠的方式比較細心入微，我們開車經過馬汀維爾的胡克家具時（二〇〇七年關閉旗艦工廠），我提到我訪問五十一歲的蘭恩・南利（Lane Nunley），他在胡克家具擔任採樣師傅十四年（採樣師傅負責把設計圖轉變成實品）。那份工作讓南利引以為傲，他還記得胡克家具的前執行長克萊德・胡克二世直呼每位員工的名字，以及關廠那天他老人家老淚縱橫地看著每位員工。

「非常悲傷，幾乎就像參加葬禮一樣，現場的人你都認識。」南利說，「但胡克對我們不錯，他們對待員工的方式，總讓你覺得你是受到重視的。」

為了表達對員工的敬意，胡克這家高階家具製造商甚至讓北卡羅來納州的電影製作人麥特・巴爾（Matt Barr）來工廠，為紀錄片《巧手藝匠》（*With These Hands*）拍下廠內最後一批家具製作的流程。二〇〇八年該片首映時，數百位前員工都出席觀賞，他們甚至送當時已退休的克萊德・胡克二世刷新的工廠汽笛。

一九二七年，他的父親在貝賽特家族的資助下建廠，當時他才七歲。工廠開工那天，小克萊德獲准鳴放汽笛，啟動第一批家具的生產。

「大家都起立鼓掌，有些人還哭了。」巴爾告訴我，「我覺得他們並不怨恨他把工廠關了，因為他向來待員工不薄。他們都理解他不是壞人，全球化才是罪魁禍首。」

執行長湯姆斯是胡克的姪子，他完全理解工人的痛苦，他告訴巴爾：「我覺得我們讓大夥兒失望了。」

南利在胡克家具的時薪是十八美元，外加福利和分紅。他的做工非常精緻，連代表中國工廠的獵人頭公司都來挖角，找他去海外培訓師傅（「去訓練那些取代我朋友的人嗎？門兒都沒有。」南利回應挖角者）。二〇一二年我見到他時，他已經運用TAA補助，考取車體維修證照。

現在他在北卡羅來納州的史東維爾（Stoneville）工作，時薪是九美元，也沒有健保。「我已經三年沒看醫生了。」他說，「萬一我感冒或生病，就只能用家庭療法設法撐過去。」

南利還沒找到那份工作以前，他到馬汀維爾美國家具打零工。那是做旅館家具的業者，二〇一〇年無預警關閉，最後宣告破產。多數員工事先都不知道公司關閉的消息，週一早上上班才發現大門深鎖，由警衛告知噩耗，兩百二十八位失業的員工也失去數週的假日津貼。339

JBIII把車開進馬汀維爾美國家具的停車場，我們在那裡看到一個諷刺的破銅爛鐵：歪七扭八的標示，告訴老早就消失的求職者，求職表該投到哪裡。JBIII看了以後，大嘆一口氣。

「想到過去是怎樣，現在又是怎樣，就令人沮喪。」他說，「我們不得不關閉很多工廠，我自己也關了幾家。」當下的感覺很罕見，一派真情流露，毫無設防，更帶出了JBIII的主要想法：

「但我們其實沒必要把所有的工廠都關了。」

我們走回去取我車子的路上，經過菲戴爾，那裡曾是菲葵康能公司（Fieldcrest Cannon，後來的枕織公司）的所在地，該公司從美國東南部到中大西洋地區，總共開了二十一家紡織廠。[340]菲葵毛巾曾是亨利郡的繁華象徵，維吉尼亞州的議長菲爾波特還送過每位議員菲葵毛巾，並特別送了一套淡藍色的毛巾組給副州長，以搭配他妻子的藍眼睛。[341]

二〇〇三年，這間曾經雇用上千人製造毛毯與毛巾的紡織廠關閉了，目前這裡是教會的食物救濟站，名叫勝利國際服務處（Victory International Ministries）。這裡似乎很適合作為我們這次參訪的終點。[342]

只不過這一切尚未結束。

◆

幾天後，JBIII 打電話給我。他說他剛打電話給貝賽特鎮的親戚，發現通往 J D 先生陵墓的門那麼容易打開是有原因的。我們並未發現裡面有東西遺失，但小偷把 J D 先生墓裡的所有黃銅和青銅都取走了，包括門把、花瓶、裝飾用的格柵、窗框等等。顯然，他們本來連門都要偷走，但門太重了才作罷。

在前州長邦森．史丹利的豪宅「麗石莊園」裡，銅製的排水管也遭到竊取。「所以他們闖入墓地偷竊，放火燒毀關閉的工廠，偷那些東西賣給經銷商，因為那些物資現在很值錢。」JBIII 在電話上告訴我。

「大家會怨恨嗎？」幾週前他問過我。

我遇到的很多人都滿腹苦水，包括六十歲的薩繆爾．沃金斯（Samuel Watkins）。沃金斯曾在史丹利鎮的史丹利家具擔任模具師傅三十四年，後來到馬汀維爾一家半訂製的櫥櫃廠「主牌櫥櫃」（MasterBrand Cabinets）工作，做了十個月，那家工廠就在二〇一一年九月關閉了，導致三百三十五人失業。[343]二〇一三年某個悶熱的八月天，我碰巧遇到沃金斯，那一週美聯社正好公布一份新資料：五分之四的美國成人將一輩子貧困。[344]那是我讀過的全國性新聞報導中，率先把貧困漸增和經濟日趨全球化及工廠工作消失直接連在一起的文章。一個月前，麻省理工學院的教授大衛．奧特（David Autor）與其他學者一起發表一份研究，他們指出了更令人擔憂的統計數據：[345]每年面對中國商品的競爭時，美國低薪廠工的薪水比高薪廠工多降二．六%。像馬汀維爾這樣受到嚴重衝擊的城鎮裡，失能率提升了三〇%。[346]奧特告訴我：「那些主張貿易對每個人都好的人，論點並不正確。」

◆

在全球化的衝擊下，首當其衝的，顯然是低薪的美國勞工。現在連學者和華府的記者也終於瞭解到這項事實，其實沃金斯早在四年前就可以告訴他們這點了。他不知道我在寫一本書探討全球化的影響，但我們有一次偶遇時，他把我拉到一邊，詳細地告訴我，他失業期間所經歷的傷害、痛苦和恥辱。當他告訴維吉尼亞州就業委員會（Virginia Employment Commission）的社工人員，他遲遲找不到全職工作時，「她告訴我別太挑了，她說我再也找不到時薪一三．九美元的工作了。」

他補充提到：「我們整個社會都在退步。」他的妻子六十一歲，以前也是家具廠的勞工，正在申請聯邦失能補助。他們已經用光退休積蓄，沃金斯現在幫人修剪草坪，當園丁，每週工作六天，時薪是八．五美元。他沒有健保，最近才為了拔一顆發炎的牙齒而刷爆信用卡。他開著一九九九年份的破爛福特探險家，載著工具和汽油到處打零工。

毫無疑問，大家依舊心存怨恨，有些人甚至超越了怨恨的層次。

他們已經絕望到鋌而走險，淪為縱火、盜墓之徒。

Chapter 24

Shakedown Street

獅子大開口

一如優秀的飛行員應該隨時注意降落的地點，律師也應該注意哪裡有大量的資金即將易手。

——馮內果（Kurt Vonnegut），《金錢之河》（*God Bless You, Mr. Rosewater*）

◆

二○○七年，羅伯帶了另一瓶威士忌到長年擔任貝賽特優越線廠長的菲爾波特家中。

他說：「菲爾波特，我有壞消息。」菲爾波特一聽，就知道是什麼噩耗了：他們又要為另一家工廠辦守靈會，那也是貝賽特鎮上最後一家工廠，著名的貝賽特優越線即將關閉。

「我跟嬰兒一樣嚎啕大哭。」菲爾波特告訴我，「我很愛那些人，即使現在我去食獅連鎖超市（Food Lion），都會遇到四五個認識的人，我們都會擁抱親吻，不分黑白膚色，我還是會流淚。」

四年前都柏林廠關閉時，菲爾波特的堂弟跟他賭一百美元，說五年內貝賽特家具會關閉旗下的每家工廠，當時菲爾波特不願打賭，因為那聽起來很荒謬：名叫貝賽特鎮的地方竟然沒有貝賽特工廠？

即使二〇〇六年貝賽特家具從反傾銷關稅中獲得一百五十四萬美元的補償（那補償是為了提振國內生產和保護就業），但公司目前是靠進口、家具店、訂製組合國內產品來維持營運。二〇〇六年到二〇〇七年間，進口增加了一〇%，而且未來還會再繼續增加，龐大又老舊的臥室家具廠逐漸遭到淘汰。347

這下子一切都確定了。貝賽特確實仍是企業鎮，就像羅伯對股東和董事會證明的那樣，但已經不再是工廠鎮了。

泰姬瑪哈陵裡，仍有男男女女上班（他們是設計師、行銷人員、管理高層），只不過一百三十名員工裡，有二十五人如今是從格林斯伯勒以及其他沒那麼蕭條的地方通勤來上班，他們大都是最近才雇用的。貝賽特優越線的輸送帶上，不再有低階家具運行，工廠裡不再有木屑飛揚，那條曾是公司金雞母的輸送帶也不再隆隆作響，不再每小時製造兩百個床頭櫃。

如今，貝賽特鎮裡唯一還在製造東西的工廠，名稱聽起來像殘留下來的產物：十一號廠（Plant No. 11）。那是位於馬汀維爾的工業園區「愛國中心」，價值九百萬美元。JBIII稱之為組裝廠，不是真的工廠，但羅伯強烈否認那種說法。他們表兄弟的關係還算和睦，不過家族喜宴時，老一輩女性對羅伯說「約翰．貝賽特，你一點都沒變」時，羅伯聽了還是覺得很不是滋味。

十一號廠裡可能沒有木屑飛揚，但有一百零二位員工把進口組件按照客戶訂製的規格組裝起來。以前需要十六位女性完成的工作，現在由兩名員工操作一台義大利製的塗裝機就能完成。以前需要六到八週生產的產品，現在十天就能完工出廠。

人力搭配機器為公司提供獨到的「耐久」（Indurance）塗裝（一種防熱防刮的飾面），貝賽特優越線的量產優勢早就消失了。如今每件家具是由消費者運用貝賽特家具店裡的電腦，從四十二種顏色和上千種面料中挑選，完成大致的設計。「我們甚至可以只做一件家具就關機。」羅伯興奮地說，「三十天內就可以把完成的家具送到顧客家中。」

◆

貝賽特家具在北卡羅來納州牛頓市的鋪墊廠內，也是採用精實製造的原則。四百五十名工人聚在工作間裡，使用電腦操控的刨槽機和預先裁切的進口面料，製作鋪墊沙發和椅子。二〇一三年，貝賽特家具旗下共有八十九間家具店和企業辦公室，雇用一千五百人，家具銷售額達到三・二一億美元，那個金額大約是業績巔峰期的三分之二。[348] 貝賽特家具的業績萎縮，反映了整個家具業的萎縮——先是受到全球化的衝擊，接著是六十年來最糟的房市修正，使家具業績少了一半左右。當現金緊絀時，可以慢一點再推出新的收納櫃。羅伯說：「局勢改變時，你也必須變得更靈活。」

貝賽特家具現在和HGTV合作，由HGTV播放全國性的電視廣告，宣傳「貝賽特HGTV居家設計室」（HGTV Home Design Studio at Bassett）。它的主打服務是派貝賽特家具店的顧問到顧客家中，重新設計整個房間。翻新／改裝（makeover）是HGTV愛用的關鍵字，大公開（big reveal）和見證者（validator，又稱一家之主，亦即買單的人）也是熱門關鍵字。家具店裡反覆播放著紀錄片形式的影片，凸顯出美國製的精神。片中訪問在貝賽特剩下的兩家工廠內工作的勞工，以及羅伯談論家族的家具業傳承，包括他的外曾祖父JD先生。

二〇一三年，羅伯帶我參觀馬汀維爾廠時說：「我們重新設計了這裡的一切。」幾週後貝賽特家具公布季度業績成長了三一%，[349]「那感覺就像一邊以時速七十英里開車下州際公路，一邊更換輪胎一樣。」

目前零售家具店的業績占總業績的三分之二，是支撐整體營運的主軸。「我們的家具店向企業總部反應，我們需要更好的飾面，更多的高級家具，所以我們沒有空間銷售貝賽特優越線製造的低階促銷家具。」羅伯說，「老工廠都很龐大，全是為了量產而設計。」主要是生產臥室家具。但貝賽特的臥室家具現在都是進口的，只占貝賽特整體業績的一六%。

他說：「最終我們賣的是家具，貝賽特家具，而不是貝賽特臥室家具。」而且零售家具店確實有助於淨利的提升。

在這個非正式的企業鎮裡，一如既往，企業經營還是優先於一切。

◆

當然，競爭最後比的是什麼，那是見仁見智的問題了。在維吉尼亞州的貝賽特鎮裡，可以預見這主要分成兩派論點，一派是勞工派，另一派是管理派。不過，就連偏公司派的退休行銷副總裁米鐸斯都認為，貝賽特優越線其實可以在有獲利下持續製作臥室家具，只要股東願意等景氣好轉就行了。米鐸斯說：「他們在股東會上大吵大鬧。」以前每季股利約每股二十美分，在二〇〇九年和二〇一〇年房市跌至谷底時，公司砍了股利，二〇一一年底又恢復發放。

公司的財務狀況本來還可能更糟，因為二〇〇三年到二〇〇七年間，公司的營收每年減少一〇%，但由於公司投資五千一百七十萬美元於避險基金，[350]賺了數百萬美元，可用來填補營運上的虧損。「如果你們賣沙發和椅子都虧損了，哪來的錢發股利？」《財星》雜誌質問，「你們是在耍弄市場。」

貝賽特在高點市的國際家具中心（ＩＨＦＣ）擁有四六．九％的持股，那也幫忙帶進六百多萬美元的獲利。羅伯說，ＩＨＦＣ的投資是「老爸為股東做的最大貢獻」，幫公司在經濟不景氣期間，撐過了從製造商轉變成零售商的轉型期。

二〇一一年，貝賽特家具以二．七五億美元出售ＩＨＦＣ的多數持股，淨賺七千四百萬美元。那筆錢讓貝賽特得以發放兩千一百五十萬美元的股利，隔年買回七百萬美元的庫藏股。[351]

◆

一九九七年，貝賽特家具在舌粲蓮花的顧問說服下，轉往零售業發展。我訪問的工廠勞工似乎都不認為，那個決定是造成他們失業的原因之一。

他們怨恨嗎？JBIII想知道答案。他們確實心有所怨，但他們怨恨的，主要還是遠方模糊的敵人——**他媽的中國佬！**其次是怨恨聯邦政府不像日本和德國那樣，推行保護產業和促進就業的政策。[352]

接下來才是羅伯，他收了數百萬美元的反傾銷關稅，卻依然把工廠幾乎全關了。在羅伯看來，不關廠就死定了，他說：「如果我們維持原狀，不改做零售，我自己都不確定這家公司今天還能不能存在，就那麼簡單。我們身為一家公司，必須掌控配銷才能生存。

「二戰結束，大兵返鄉時，我們有優異的大廠為他們製作家具。」他補充，那些工廠擅長迅速製造「消費者不再喜歡的陽春家具」，而不是亞洲手工雕刻的家具。

曾任貝賽特廠長的蓋爾說：「羅伯在瞭解產業和不懂產業的人之間，始終難以拿捏平衡。他主要是依賴零售那邊的人，不太瞭解在地的廠工為了讓貝賽特家具繼續營運下去的熱情。」

所以他才會覺得米妮．威爾森（Minnie Wilson）和瑪克辛．布朗（Maxine Brown）等人的工作已經落伍過時了，就像零售顧問畫的煙囪一樣。威爾森因陸續關廠而不斷轉換工作地點，一九九〇年她從WM廠的塗裝間開始工作，WM廠關閉時她在養育孫子，她和很多優秀的員工一樣轉往貝賽特優越線繼續工作。

當貝賽特優越線也關閉時，她勉強靠失業補助、資遣費（十七年的年資，資遣費約折合三週的週薪），以及社會福利為生。她找了三年才找到兼職的工作：在沃爾瑪發送優惠券和試吃品。

失業令她抑鬱，孫子又派駐伊拉克讓她更加抑鬱。她的孫子十八歲從軍，剛好在貝賽特優越線關廠一個月後，她說：「因為找不到其他工作。」

二〇一二年三月，拆除大隊夷平工廠時，突然冒出火花，導致工廠起火。傳奇的貝賽特優越線——曾經像印鈔機的地方——像一年前的JD廠那樣付之一炬，連隔壁廢棄的桌子工廠也一併焚燬了。

貝賽特優越線的前員工瑪克辛因罹患氣喘，無法像在地的許多員工一樣，把車子開到工廠對面的停車場，近距離旁觀火海。

她的先生華萊士．布朗（Wallace Brown）曾在桌子工廠做了三十五年，衝到現場去看大火，彷彿是去致哀。一九六七年，他們舉家從西維吉尼亞州搬來貝賽特鎮，那時工作機會很多，早上出去找工作時，「最好帶著午餐隨行，因為你很可能當天就找到工作，開始上班。」她的妻子回憶道。

瑪克辛告訴我，失火前原本有謠傳指出，貝賽特優越線將會整個清除，搬到中國發展。「中國可能搶了我們的工作、我們的木材、我們的一切，但是當工廠失火時，我心想：『至少你們拿不到這一塊了。』

「很難過。」她說，「像老友過世一樣。你和朋友在那棟建築裡做了三十幾年，如今，轉眼間，燒得一乾二淨，感覺就像失去了家園。」

工廠關閉時，布朗夫婦已近退休的年紀，可以在用光失業補助前，領取社會福利金，但他們的子女就沒有那麼幸運了，她說：「現在每間工廠陸續關閉，所以我們的孩子和孫子必須一直換工廠，找工作。」五個孫子去從軍，其中四人無端被派駐阿富汗和伊拉克。

一個孫子外派十八個月回國後，申請學生貸款，拿到機械系的學位。但畢業後在本地找不到工作，只好搬到華盛頓特區——就像當初他的祖父母離開西維吉尼亞州的蕭條礦業區，來到貝賽特鎮就業一樣。

布朗夫婦僅存的貝賽特紀念，是一件貝賽特家具，亦即史皮曼家族和貝賽特家族從來不擺在家裡的那種家具：瑪克辛在貝賽特優越線的備料間裡幫忙製作的五斗櫃。她也有一張JD廠生產時稍微毀損，註記為淘汰品，折扣出清的桌子。「孩子說我應該丟掉那張桌子，但我想留下來做紀念，看到時就會想起：『這是我幫他們做的。』」

二〇一二年夏天，退休的副總裁米鐸斯回到已經拆除的工廠原址。他的職業生涯一開始就是幫貝賽特的桌子工廠銷售產品，他想在怪手清除殘跡以前，留一塊磚頭做紀念。

◆

貝賽特優越線的關閉，讓反對JBIII申訴的公司有了把柄。二〇一〇年舉行五年的期終覆審聽證會時，反方律師強調，許多採用混合策略的公司拿了數百萬美元的博德補助金，依然把工廠關了。

律師直指他們是偽君子，格林沃德表示：「即使實施反傾銷命令，貝賽特和拉茲男孩依舊關閉了美國工廠，改以進口方式採購大量貨源。」[353]

JBIII一年前以房市蕭條為由，「封存」北卡羅來納州的艾爾金廠，他說目標是等經濟復甦後再重開。

不過，他留下了一些艾爾金廠的勞工，把他們移到附近的倉庫工作，其餘四百名該廠勞工則失業了。[354]

反方先是祭出「偽君子」的指控，接著又打出「越南」牌，目的是點出一九三〇年關稅法引發了許多意想不到的後果，導致最大的贏家變成別的外國出口商。批評者指出，對中國的臥室進口家具課徵關稅以後，多數的臥室家具工廠將會移到越南。二〇〇三年第一次ＩＴＣ聽證會上，律師就已經預言了這種情況，後來的發展確實如此。

格林沃德和其他的反方律師描述，數十家台灣業者關閉中國工廠以迴避關稅，轉往勞力更便宜又沒有關稅的越南設廠（工人月薪八十美元，比中國的一百七十美元還低）。中國加入ＷＴＯ以前，印尼的家具業曾一度興旺，如今又再度興起。[355]

不過，《今日家具》、《華爾街日報》、《華盛頓郵報》等各大媒體報導期終覆審聽證會時，都把焦點放在「協議金」上，那並不在多恩原本設計的備援計畫中。商務部最初評估的關稅很低，聯盟裡有些業者懷疑商務部的評估是出於政治動機，以尊重付錢的中國人。多恩為了大幅提升商務部評估的關稅，設計了備援計畫。

多恩告訴JBIII，年度的行政覆審可望讓關稅調到他早先研究的水準：許多中國公司的傾銷率高達三五％到四〇％。

那流程是這樣運作的：每年聯盟（及任何的美國臥室家具製造商）都可以向商務部請願，要求商務部調查他們懷疑在傾銷的中國廠商，以評估個別公司的傾銷率。商務部官員飛到中國，搜尋兩三家違規傾銷最嚴重的廠商記錄。

至於清單上的其他廠商，則根據他們自己填寫的問卷，計算他們的平均傾銷率，作為新年度課徵的關稅。每家受到審查的公司都要提供大量的資料，讓商務部判斷它實際的勞力、管銷、材料成本。由於中國是非市場經濟體，商務部使用菲律賓作為替代國（最初是用印度），來衡量每個項目的成本。

這個過程錯綜複雜，最重要的一點是：很少中國工廠想登上審查名單，更沒有人想高居名單之首。多數廠商都想維持平均關稅（二〇〇五年是七・二四％），他們把那個關稅視為和美國生意往來的成本。

年度稽查「極其痛苦、繁瑣、費時，結果可能改變你的關稅」，一位中國廠商告訴我，「你要付法律費用，付出時間，付出關稅，你必須根據你在美國銷售什麼來改變事業結構……大家最討厭的就是不確定性，要是關稅變了，那會左右你所有的未來業務，那確實會造成很大的影響。」

替代方案呢？付五位數、六位數，甚至七位數美元的金額給金與斯柏丁法律事務所，請他們把你的工廠從潛在的審查名單中移除。這一切賦予名單的保管者——多恩旗下那些和懷亞特合作的律師——極大的權限。

某位維吉尼亞州家具公司的高管對於這個審查過程相當憤怒，對協議金更是憤恨不平。他的公司很早就開始進口家具，關閉了所有的工廠。他說：「我喜歡懷亞特，但是他利用數字打擊中國家具廠商，反傾銷行動已經變成私下協議敲詐。」

上述的中國執行長和維吉尼亞州的高管答應我引述他們的話，唯一的條件是不揭露他們的名字及公司名稱。他們確實都喜歡懷亞特，但擔心高關稅的威脅，他們認為懷亞特在背後操縱，也對整個運作缺乏透明度感到困擾（即使所有的協議都會以保密的方式向ＩＴＣ提報）。

「那對我們未來的發展毫無助益，凸顯這點以後，申訴者可能會要求我們做更多的事。」中國的執行長在後續的電子郵件聯繫中如此解釋。

對JBIII和聯盟成員來說，由於他們被迫在官僚及不完美的系統中運作，協議仍是確保嚴重傾銷的業者受到稽查或覆審的最好方法。但是在期終覆審會上對聯盟做出不利證詞的人則不以為然。

代表零售商的律師說，協議金是「精明的敲詐」。

某家喬治亞州的零售商在上海附近開了一家小型的手工雕刻臥室家具廠，但是在關稅不確定下關廠，他憤指協議金是「敲詐勒索」。萊斯麗．湯普森（Leslie Thompson）告訴委員會，她沒有錢請律師處理商務部的覆審，經過冗長的審查程序後，她被課徵了三〇％的關稅。她告訴ＩＴＣ的委員，如果她能說服多恩的公司從行政覆審清單中移除她的公司，她也許可以免除後續的覆審。她也在證詞中，轉述她和多恩之間的通話內容：[356]

多恩對她說：「妳能為我做什麼？」多恩說他不記得有那通電話了，他後來告訴我：「她不瞭解程序，我不怪她，因為那非常複雜。」他也強調，美國的法院系統鼓勵商業訴訟私下協議。

格林沃德律師把協商比喻成中世紀的天主教會販賣「贖罪券」。他代表幾家比較大的中國廠商，他說那些廠商為了讓自己不列入覆審名單，支付的金額高達五十萬美元；公司愈大，付得愈多。格林沃德說：「對中國廠商來說，只要它夠大，絕對值得花七位數美元進行協議。」以避免被課徵更高的關稅，「中國廠商整體來說比較喜歡這個方式，而不是替代方案。」

格林沃德在位於華府賓州大道的律師事務所裡，接受我九十分鐘訪問。訪談間，他時而稱讚JBIII對美國勞工的真誠關心，時而批評他的申訴引發的意外後果。二〇一〇年的期終覆審聽證會後，ＩＴＣ投票，結果還是六比零，聯盟獲勝，格林沃德受挫。

多恩再次獲得法律當靠山，這一次爭辯的主要問題是：中國廠商仍在傾銷嗎？要是傾銷法令消失，國內產業會受損嗎？多恩再次完美出擊，證明這兩個問題的答案都是肯定的。

格林沃德拿起桌上一本有摺角標示的烏拉圭回合協議法案（Uruguay Round Agreements Act），朗讀修訂的一九三〇年關稅法第七章：**委員會審查進口價格和數量的影響時，應評估影響產業狀況的所有相**

關經濟因素。

「我認為委員會錯在不瞭解這個案子的實際狀況。」格林沃德告訴我，「他們做了兩件事，他們使大量生產從中國轉往亞洲其他地方，那是無可否認的事實。第二，他們變成金與斯柏丁法律事務所的印鈔機。」

他坦承，那最後也避免一些私有企業關廠或外移，JBIII就是其一，逢恩—貝賽特已經完全不再進口了。「但我認為，聯盟裡的上市公司，包括拉茲男孩、史丹利、貝賽特家具等等，只在乎自己的股價，他們覺得這只是短期治標不治本的作法。」

格林沃德說，越南真的應該為JBIII樹立一座雕像致敬：「我其實很喜歡約翰．貝賽特，他有一種溫文儒雅的南方魅力。你觀察本土產業的業者，會發現他比多數業者正派，他是在想辦法挽救就業機會，而不是把工廠遷到中國。

「約翰變成這個產業的頭號公敵，那並不公平，因為他是真的關心他的勞工，關心在地社群。

「他想拯救美國家具業剩餘的東西，只不過結果不是他希望的那樣。」

不過，加萊克鎮的勞工並不那樣想，JBIII在當地已經快變成大夥兒眼中的英雄了。在加油站和餐廳裡，民眾會主動走上前，謝謝他如此賣力地奮鬥。一位退休的家具廠勞工還為他寫了一首詩：

你不得不欽佩約翰．貝賽特，
他在加萊克，比誰都獨特……

一位曾經賣木材給貝賽特家具的退休勞工，最近在餐廳裡認出他來，打斷了我們的訪問，盛讚他在華盛頓特區的努力。加萊克鎮的觀光局正討論做一個全球最大的床鋪，大學的商管課程也邀請他去當客座講師，發表五大重點的演講。

「連我都想親吻約翰．貝賽特了。」全美有色人種協進會（NAACP）的會長哈吉—繆斯說，「我很高興看到，貝賽特家族裡還有人瞭解他對社群的責任，而不是只會轉身離開！」

◆

但是在家具業，尤其是在某些零售商之間，關稅的爭議確立了JBIII在業界遭到排擠的困窘。就像傑布斯說的，中國廠商中關稅最低的，都是有錢請律師幫忙打理麻煩的業者，例如台昇家具和美克國際（Markor International）。

「至於我們採購的那些手工雕刻小廠，他們被課了二〇〇%的關稅。」美國家具倉儲（American Furniture Warehouse）的執行長傑布斯說，「他們請不起律師，不會講英語，不知道怎麼處理文件。」城市家具公司的執行長科尼格對於他常去的東莞工廠，也提出類似的描述。那些工廠的老闆都是幹勁十足的企業家，科尼格說他們是「牛仔」、「小蠻人」。但牛仔不擅長會計，當他們填錯商務部的問卷時，工廠就被課徵一九八%的關稅。科尼格說：「他們乾脆放棄生產臥室家具，現在為好市多（Costco）供應大量的其他家具。」有五十幾家公司都被課了類似的關稅，只好盡速遷廠或更改產品，不再做中國製的臥室家具。

停止出口到美國的業者中，有一家專門製造手工雕琢的「莫里諾寓所」四柱床（Casa Mollino）。傑布斯相當喜歡那組床具，自己家裡也擺了一套。許多工廠開始偏重飯廳和客廳家具的製作（因為反傾銷聯盟只鎖定木製臥室家具），把臥室家具出口到歐洲和亞洲的其他地區。傑布斯則是改由越南進口更多的家具。

製造商紛紛轉往越南設廠時，有些廠商鎩羽而歸，其中包括一家在當地建廠及搭建宿舍的台灣廠商。那家廠商不知道，多數越南勞工不像中國勞工那樣離鄉背井，而是跟著家人一起住在工廠附近的村落。換成是莫若愚，絕對不會犯下那種文化上的誤解。[357]

「反傾銷申訴出現後，你現在到中國，可以感受到他們對美國人的敵意。」傑布斯說，「我們真的不需要惹毛中國人。」

傑布斯的母親是俄羅斯出生，父親是波蘭出生，他是家族中第一代在美國土生土生的後裔，如今八十三歲，去過五十幾個國家，從三十幾國進口家具。他是以自由貿易者的長期觀點看待全球化：他認為，馬歇爾計畫和關稅暨貿易總協定（GATT）等等所催生的貿易政策，讓全球的生活水準出現前所未有的提升，他說：「你很難跟有貿易往來的人為敵。」

他肯定JBIII不斷投資自家工廠的作法，但他也認為，JBIII和「那些北卡羅來納州的鄉巴佬根本不知道現在是全球化的世界，不曉得自由貿易對大家有利，不瞭解孤立主義既傷害國家，也傷害消費者」。

科尼格自己是南方人，也是JBIII多年的老友兼球友，他也同意傑布斯的看法，只不過他從來沒講得那麼直白。他以JBIII的用語表示：「反傾銷的關稅把乳酪從中國移到了越南，對約翰來說，競爭依舊相當激烈。每個人就只是想辦法換個方式做該做的事，律師受益最多，口袋飽飽。」科尼格指的是協議金和律師費，「那些多出來的價差由誰買單？美國的消費者。」

我為本書採訪的經濟學家——如今主宰主流經濟論述的新古典經濟學家——也都提出同樣的觀點。哈佛大學的格里高利．曼昆（N. Gregory Mankiw）主張，反傾銷關稅對窮人傷害最大，因為生活必需品的價格上漲占窮人開支的比例較大。他引述俄勒岡大學經濟學家布魯斯・布隆尼根（Bruce Blonigen）的說法。布隆尼根哀嘆反傾銷申訴造成始料未及的後果（例如協議金），而且公司在加入申訴以前，可能有不自然的誘因，刻意表現不佳。

我訪問布隆尼根時，他暗指，JBIII在加萊克鎮的七百位員工，絕對無法彌補美國消費者如今為臥室家具支付的較高價格。反傾銷法「不適合用來幫助那些人」。[358]他說，「事實上，美國不該再繼續製造臥室家具了，我們不是應該想辦法教育那些勞工的孩子，讓他們找到技術更高的工作，離開那個基本上很古老的行業嗎？」

他的言談間，對威爾森和布朗之類的貝賽特優越線勞工，毫無半點同情心。對多數的經濟學家來說，工廠的工作就是落伍，在醫療保健、零售、娛樂、保險、旅館、理髮等行業的工作還可以，但是實際製作東西的工作就不酷了。

彼得森國際經濟研究院（Peterson Institute for International Economics）的蓋瑞・哈福鮑爾（Gary Hufbauer）分析美國和中國之間的反傾銷紛爭，並利用商務部提供的數據計算出，每拯救一個工廠工作所付出的關稅是八十萬美元。[359]

「那個算法是把美國消費者為了買輪胎或任何東西而多付給西爾斯、凱馬特或沃爾瑪的錢，除以工作的數量。那些錢都到哪裡去了？通常是進了公司的口袋，而不是勞工的口袋。」

但是把博德補貼金用於維持工廠運作的公司，確實會讓那些錢流到勞工的手中，因為那些錢會讓公司持續雇用他們。而且那些認為製造業的技術太低、不值得在美國先進經濟中占有一席之地的經濟學家還忘了一點：美國公司也失去許多製造高科技產品的能力。二〇一二年，記者麥科邁在《再造美國》裡指出，全球生產十七億五千萬支手機，沒有半支是在美國製造的。[360]

「美國之所以成為超級大國，是因為美國積極接納所有的製造業。」他寫道，「中國也是依循類似的途徑，成為世界強權。」

鮮少經濟學家特地去衡量中國進口對本土經濟帶來的衝擊，或是納稅人負擔失業救濟、糧票、失能補助的成本，不過麻省理工學院的奧特教授是少數花心思去研究的人。他在二〇一一年的開創性論文中提到，我們都因為進口而享有便宜一點的物資，那效益大約是介於每人平均三十二到六十一美元之間。但是貿易帶來的效益是淺薄又分散的，帶來的不利對失業者來說則是集中又長期的。361

他主張政府應該提供設計更好的職業訓練計畫，幫失業者重返勞力市場，習得技能，避免他們永遠退出勞力市場（在受到進口衝擊的產業裡，很多勞工就是如此）。根據他的計算，在馬汀維爾之類的地方，光是失能給付的增加，就比貿易調整協助方案（TAA）的增加多了三十倍。

奧特告訴我：「大家陷入絕望，找不到工作，卻又非常需要收入來源。」他解釋，現在社會福利的殘疾補助，變成許多長期失業者的保險計畫，他們罹患難以驗證的疾病，例如背痛、精神異常。「我贊成協助失業者調適，但遺憾的是，現在最大的問題出在殘疾方案，那是最糟的幫助方式，那使他們永久退出勞力市場。」

◆

直到二〇一二年初，政府仍收了數百萬美元的博德補貼金，只是還沒發放。多數補貼金因受到上訴牽制而無法動用，有的甚至擱放在保留帳戶裡長達七年才發放。

不過，這時博德補貼金的發放已經接近尾聲了。二〇〇六年，鮮少經濟學家從人的角度計算貿易成本時，國會就在美國幾個產業、審計署、WTO的政治施壓下，廢除了博德修正案。WTO認為博德修正案違反其規定。歐盟貿易委員帕斯卡爾·拉米（Pascal Lamy）指出，博德修正案「與WTO不相融」，所以「必須廢除」。[362]他認為，把關稅發給製造競爭商品的美國廠商，對進口商而言是二度懲罰。

博德修正案廢除後，傾銷的中國廠商還是要付關稅，但那些關稅不再發給受損的國內廠商，而是直接進入美國國庫。[363]

至於，博德修正案的廢除要多快生效，那仍是大家激烈協商的問題。一如既往，JBIII希望他對這件事情有發言權，他去拜會眾議院的議長丹尼斯·哈斯特德（Dennis Hastert）和參議院多數黨領袖比爾·費利斯特（Bill Frist）的副手。

二〇〇七年春天，幾個曾經成功提出反傾銷申訴的產業（包括蝦業、滾珠軸承業、鎂合金業、水泥業等等）指派JBIII代表他們去演講。這些產業的成員從眾多產業的執行長中，挑了一個意念堅定、講話不疾不徐的加萊克鎮家具製造商來替他們爭取權益。

美國貿易代表羅伯·波特曼（Rob Portman）當時在日內瓦，所以是由他的助理主持會議，他以整整四十分鐘的時間，詳細說明反對博德修正案的每個國家所關切的議題，以及這些國家大都想立即廢除那個修正案，尤其是中國（波特曼擔任美國貿易代表的十三個月期間，美國對中國的貿易赤字增加了近兩千兩百八十億美元）。[364]

JBIII的筆記本上寫得密密麻麻，他趁著每天洗澡的時間，練習這次演講已經好幾天了，但是輪到他發言時，他只剩十分鐘可用。

現場敏銳的觀察者都應該注意到他的臉逐漸脹紅，不時翻著白眼，腳跟和膝蓋不斷地上下打拍，口袋的零錢撞擊著銀製鈔票夾，還頻頻察看懷錶（那是妻子送他的禮物，上面刻著他最愛的電影《北非諜影》

（*Casablanca*）的台詞：萬物基本法則永恆不變〕。

JBIII 現在想發表一些基本法則，眼看著時間就快結束了，他怒不可抑。

他拿起筆記本，翻轉過來，用力地拍在桌上。接著，他要求現場的每個人都轉過頭去，看門上的美國國徽。這時多恩一臉看來快要昏倒的樣子。

「你是代表什麼國家？」JBIII 質問貿易代表處的律師。

他回應：「呃，美國。」

接著 JBIII 就發飆了：「我們來這裡四十五分鐘了，你沒提到我們國家半次。聽好，你領薪水不是為了關照其他國家，你的職責是關照我們。」

對方提出異議：「從來沒有人這樣對我說話。」JBIII 馬上打斷他的話。

「先生，應該要有人這樣跟你說話。中國有自己的貿易代表，我相信那個人有能力顧好中國的利益，而你的職責是看顧我們。」

他們兩人到後面的辦公室私下討論，不久，雙方就達成妥協：博德補貼金的發放會再延長九個月。

「附帶一提，那可是不少錢耶！」JBIII 後來談及博德補貼金的延長發放時這麼說，「但我們必須打醒他們才能要到。」

◆

就像華盛頓特區很多涉及貿易的案子一樣，媒體並未報導他們關起門來的協商。儘管製造業承受史上最大的打擊，十年間消失了五百萬個工作，鮮少報導把產業外移和勞工階級的萎縮連結在一起，或是把產業外移和領取糧票的人數增加連在一起（二〇〇〇年到二〇一二年間，領取糧票的人數翻了三倍，遠多於新增的就業機會）。[365]

佛里曼和自由貿易的鼓吹者所信奉的原則，始終是大家關注的焦點。對懷亞特來說，這些都不是什麼新鮮事。二〇一二年公司舉行聖誕聚餐派對後，我問他怎麼看待經濟學家批評他的家族這十年來為了讓旗艦廠繼續營運所花的心力。他坐在鋪著試算表的桌前，聳聳肩，要笑不笑地說：「每個人都該當經濟學家，愛怎麼講都行吧？

「只要消費者能買到稍微便宜一點的東西，別人想以掠奪的方式扼殺你的產業、搶走市占率也沒關係嗎？他們先毀了你的產業，等你的工廠都不見時，再提高價格三〇％，那會是什麼情況？

「我們在意的是，我們應該區分公平合法的競爭者和作弊的業者。對我們來說，兩者是不同的。我們應該讓中國刻意壓低匯率嗎？另外，教育大家的錢要從哪裡來？」

他連珠砲似地丟出幾個問題，嘴巴忙著跟上腦袋運轉的速度，顯然他已經反覆思考那些學術論點很多次了，最後腦中總是浮現同樣的影像：他那任性頑固的老爸穿著New Balance的網球鞋（美國麻州製造的，他檢查過了），在工廠內大步穿梭，抱怨機器停機太久，問候雪莉·強森（Shirley Johnson，他們稱她為「熱膠夫人」）孫子還好嗎。換句話說，他關心的是這些真實的人。

懷亞特受訪時態度懇切，但不是很放鬆，除非是妻子打電話來要他回家時順便買漢堡，或是希拉打岔問他想看哪場《胡桃鉗》（*Nutcracker*）的表演時，他才放鬆下來（道革的女兒在溫斯頓—塞勒姆的假日演出節目中扮演一隻老鼠）。他穿著破舊的卡其褲，褶縫已經脫線，繫著雕花皮帶（粉紅色，帶著藍鯨圖案）。

我向工廠勞工問起他時，一名女子說，以前工廠的人都覺得他有點「自大」，她已經快退休了，所以膽子比較大，某天當面嗆他：「你那個樣子好像你比我們優越似的。」

懷亞特聽了大笑，並告訴她，他會更努力學習怎麼跟大家說話，他也真的那樣做了——不過坦白講，他面對試算表時似乎比較輕鬆自在（他母親告訴我：「如果你能讓懷亞特放鬆，他其實很滑稽」）。二〇一二年秋天，我看他主持一場管理會議，他的父親坐在旁邊，盡量不說話，除非有人問他意見才開口。懷亞特看起來自信堅定，聽到下面的管理者沒好好陳述事實時，他會打岔說：「我們還有什麼沒做的？」

◆

面對「協議金」的爭議，他比我原本想的還要坦然。JBIII和多恩都未對媒體透露那件事，專業刊物和全國性的商業記者問起協議金時，他們都是口徑一致，回答：「無可奉告。」當我試探性地提到，那過程聽起來幾乎就像家具業的《魔球》（*Moneyball*）時，懷亞特的表情突然亮了起來，彷彿我經過數個月的訪問，終於會講他的語言似的。

「我很喜歡《魔球》，原著和電影都很喜歡。」他說。

也許懷亞特是保羅．迪波斯塔（Paul DePodesta），那個在電影中由喬納．希爾（Jonah Hill）扮演的總經理助理、數字奇才。在麥可．路易士（Michael Lewis）的暢銷書中，奧克蘭運動家（Oakland Athletics）球隊的總經理比利．比恩（Billy Beane）在大聯盟中完成了一件罕見的創舉：他以超低預算組成一支超強的棒球隊。在電影中，希爾的角色（耶魯經濟系畢業生）所設計的電腦試算表，變成球探物色人才的工具。他們運用統計數據，以便宜的價碼挖掘沒人聽過的優秀球手。比恩以業界沒人做過的方式（例如把捕手移到一壘；不理會資深球探，改採耶魯畢業的菜鳥所給的意見），創造出近乎神奇的賽季佳績。

如果把故事中的棒球換成家具，懷亞特就是在場邊運籌帷幄的數字奇才。他運用試算表計算，然後跟父親〔類似電影裡由布萊德．彼特（Brad Pitt）扮演的比恩〕交換意見。JBIII是總經理，他是那個為了捍衛自己的組織，改派捕手去當游擊手的人——亦即花數百萬美元對抗中國。

他們父子並未在全球事業的發展史中改變遊戲規則，但是對加萊克鎮的地主隊來說，那已經是滿壘全壘打了。

每年的家具延長賽，亦即「協議金」的支付，是從二月開始，在中國廠商遞交成本資料到商務部之後。多恩手下的經貿律師篩選資訊，想辦法判斷中國人是否準確填寫問卷，還是想要矇騙系統，例如挑選最便宜的膠合板或鏡板玻璃（中國廠商要是真的使用或宣稱他們使用最低價的材料，就比較不會看起來像傾銷）。

在長達數個月的過程中，新的資訊不斷匯入，包括前一年中國廠運送的家具量（以貨櫃及金額計算）。金與斯柏丁法律事務所的律師計算每具貨櫃的金額，接著按金額排出公司清單。通常每具貨櫃金額最少的廠商，就是傾銷最嚴重的業者。

但是，比較高階的家具以及前一年公司販售的家具量也要納入調整，以便找出不規則的定價趨勢。在一整年間，要是聯盟的成員發現家具店裡出現異常便宜的家具（例如大連的收納櫃），聯盟的律師就會註記下來，以便下次海關申報出現時，可以檢查那家公司的數據，懷亞特說：「你必須隨時眼觀四面，耳聽八方。」

二月一日左右，金與斯柏丁法律事務所的電話就會開始響個不停，代表數十家中國廠商的律師開始來電協議。懷亞特表示，要是公司提議的協議金過高，可能還會弄巧成拙。「如果有人打電話來說：『只要把我從名單上移除，我願意付你五十萬美元。』他顯然就是有什麼不可告人的事情想要隱匿。」於是，懷亞特和律師再次討論，看要不要把那家公司放在行政覆審名單上。也許那家公司會因此被移到名單的前面，尤其是數字明顯比前一年還低的情況。也許隨著新資訊的匯入，會出現更多大規模傾銷的證據，名單的排序又會變動。

有些中國廠商被發現冒用其他低關稅廠或進口商的名稱出貨的現象，「例如，一家公司去年運送兩千萬美元的家具，今年卻只運一百萬美元，他肯定是借用他人的名義出貨。」懷亞特解釋，「但你知道他不會變成提交給商務部稽查的『強制應訴廠商』（mandatory respondent）」，因為已經有充分的證據顯示，其他公司傾銷的情況更嚴重（強制應訴廠商是指涉嫌傾銷美國市場中最嚴重的兩三家工廠）。

懷亞特說，如果對方提議的協議金可以支付兩個月的法律費用，而且懷亞特和多恩也已經知道那個人的工廠不在名單的最前面，何不乾脆收下他提議的協議金，反正隔年他們會再仔細檢查他提出來的數字。他的意思是說：別為了追求完美而放棄不錯的東西。

多恩和旗下的律師隨著新議價和新資訊的不斷匯入，持續調整試算表四個月。「有六、七位律師代表六十幾家中國公司。」懷亞特說，「除了我們的名單以外，其他的美國公司也會提交他們自己的名單。有些中國公司希望降低前一年的關稅，也會主動要求受檢。」

「感覺就像棋盤遊戲一樣。」懷亞特說，「你在移動桌面上的棋子，你想把這個棋子移到這裡，但中間擋著很多棋子。」你需要調整中間那些棋子，才能完成你想要的走法。

五月底，金與斯柏丁法律事務所把篩選過後的名單提交給商務部，商務部才開始審查強制應訴廠商。

基本上，這是《魔球》結合「四子棋」（Connect 4）再結合「二十一點算牌」的遊戲，就像玩大富翁一樣，轉手的金額高達數百萬美元，而且完全是合法的。當然，多恩率先聲明，庭外和解的協議金在之前幾個案子中（例如蝦業、水泥業）已經很常見，更何況九〇%的美國商業訴訟也是以庭外和解收場。[366]多恩說：「我認為經貿律師不選擇和解，通常是缺乏想像力及創意。」

◆

有些中國家具廠商宣稱，博德補償金逐漸消失後，協議金變成了聯盟成員的替代收入來源。但懷亞特堅稱，「幾乎所有的」協議金都用來支付聯盟的法律費用了。「我完全可以理解對方不滿的原因。」懷亞特說，「他們消滅我們的一種方式是靠財力取勝，只要我們沒錢支付年度審查就行了。

「偏偏我們不僅有能力持續支應年度審查，那些錢還是他們給的！而且是他們主動找上我們談和解金！我相信他們一定恨得要命，基本上他們是在資助我們這邊。」

協議金已經變成確保ＩＴＣ的命令確實執行的方式了——一種間接、複雜的方式，確保至少有人（即使那個人是按小時計費）管理全球商店後方的密室。協議金是用來聘請金與斯柏丁法律事務所的律師，請他們整理替代國的數字，向商務部質疑可疑的冒名出貨廠商，篩檢每份提交的文件和每件申訴案。

聯盟付錢請他們提交資訊自由法案（Freedom of Information Act）申請，雇用私家偵探去碼頭察看及搜出冒名出貨的廠商。在道革的協助下，律師遊說政府官員強迫尚未繳納關稅的工廠和進口商遵守規範。多恩指出，欠繳的關稅多達三．六九億美元，遭到拖欠的對象大都是申訴公司。

金與斯柏丁法律事務所的經濟學家邦妮．拜爾斯（Bonnie Byers）說：「欠繳關稅的金額非常龐大。」拜爾斯處理臥室家具的案子多年了，有些積欠關稅的公司會突然消失，之後再以不同的名稱從另一個地方冒出來，「這時你想查的是，他們在美國有沒有資產可以扣押。」

總之，律師事務所聘請了五個人整年處理那個案子，所以律師費用才會那麼高。

「我們把錢拿去支應及執行ＩＴＣ的法令，可見我們的意圖很明顯：我們希望落實那個法令，以免中國向美國傾銷。」懷亞特說，「難道批評者寧可我們拿那些錢去度假嗎？為了執行法令，我們無論如何都要繼續撐下去。」

格林沃德估計，這整個案件目前為止總共為雙方的律師創造了五千萬到六千萬美元的律師費。我提起那個數字時，JBIII 就動氣了，接著反駁格林沃德的說法，要求我別把格林沃德的數字放進書裡。不過，幾個月前，他提到他去了一場晚宴，席間一位女律師猜測聯盟每年支付的法律費用約五萬美元。「她猜的數字至少差了五十到一百倍！」他大嘆，「大家都不曉得司法程序運作得多緩慢，每年我們都要花好幾百萬美元的律師費。」

總之，拿 JBIII 的寬鬆估計值來看（一年五百萬美元），付給多恩的律師費算是還不錯的投資，因為聯盟從反傾銷關稅中獲得了二・九二億美元。[367]如今關稅是直接進入國庫，而不是申訴聯盟，那些關稅持續打擊中國木製臥室家具進口商，使他們的出口量大幅縮減了七〇％，從二〇〇六年七月開始執行ＩＴＣ命令時還有十八・五億美元，到二〇一三年六月只剩五・三八億美元。[368]懷亞特指出，近兩百家中國廠商中，四分之三提交行政覆審的廠商，後來被課徵的關稅都比最初的七・二四％高。由此可見執行命令的效果，當初促使 JBIII 遠赴大連查明真相的直覺也很準：許多中國廠商確實以違規的方式取勝。

「我覺得我們做得很好。」ＩＴＣ的前委員蘭恩說，「在期終覆審中，我們可以看出執行法令是否奏效，我們發現大都是有效的。」

當我問為什麼那麼多家具廠商依舊關廠時，她也不清楚原因。她臆測可能是申訴時間晚了，再加上房市蕭條，讓已經困頓的產業雪上加霜，美國人難以和環保法規不嚴或健保成本不高的國家競爭，至於勞力成本的差異或操縱匯率的說法就更不用提了。

蘭恩說：「我在ＩＴＣ做了八年，一再聽到本土產業提及，只要競爭市場是公平的，美國公司都有能力跟任何人競爭。」

格林沃德指出，在送交審查的嚴重傾銷名單中，大連華豐是其中一家，最後被課了四一・七五％的關稅，而且追溯適用於二〇〇九年的出貨。於是，名列中國四百大富豪的何雲峰只好削減美國的出口量，並關閉美國倉庫。[369]

何雲峰告訴《今日家具》的記者，他現在主要是為中國新興的中產階級製造家具，原因在於反傾銷稅及中國取消出口獎勵。[370]為了撰寫本書，我向大連華豐聘請的華盛頓律師，多次提出訪問華豐高層的要求，但始終收不到回音。

我問JBIII，對於大連華豐被課那麼高的關稅有何感想。他說，經過多次聽證會、會議、作證之後，才得出那樣的結果，感覺「虎頭蛇尾」。距離上次他親眼看到何雲峰及那個一百美元的收納櫃已經十一年了。

如今在美國製造家具需要依賴律師、協議和解金，還要派私家偵探到碼頭偵察，「根本不該那麼大費周章的。」他嘆氣說，「但現在就是這樣。」

◆

博德補貼金是拆分成一大疊支票寄出，因為某條詭異的法規禁止聯邦政府開金額一百萬美元的支票。「你可能會收到面額九九九九九九・九九美元的支票十二張，另外還有一張支票是二・一三美元。」

某天下午JBIII在羅靈口的住家告訴我。

「這種事要硬掰還掰不出來。」派翠莎搖頭說。

「至少沒有跳票。」JBIII面無表情地說。

逢恩—貝賽特投資兩千三百萬美元添購新的工廠設備，把其中一〇％投入員工分紅計畫，並使用其中一些錢來啟用全公司免費的醫療診所，為員工眷屬提供醫療服務。那些錢拯救了加萊克鎮七百多個工作，有些人認為那也等於拯救了整個城鎮。那讓逢恩—貝賽特從十年前還擠不進全美五大木製臥室家具製造商，現在變成全美第一。

經濟學家可能說這是惡搞，中國人可能會抗議。

但就像JBIII說的，他的語氣日益激動：「批評者從來不需要像我那樣，站在五百人面前，告訴他們工廠要關了，工作沒了，看著女人因為不知道家人會怎樣或怎麼養活孩子而落淚。那可不像華爾街的人直接拿起電話就說：『關掉阿拉巴馬州第三十六號工廠』那麼簡單，那些都是我們天天正眼看到的人！」

Part 8

Chapter 25

Mud Turtle

泥龜

我猜，我們的工作可能是拿去換取世界上某個地方的人過更好的生活吧，我也不曉得。

——提姆．路波（Tim Luper），鋸木場業者

◆

二〇〇六年，JBIII交派主計長布蘭納一個任務：想辦法壓抑工廠日益增加的醫療保險費。即使公司為每個勞工支付七五%的保費，有半數的員工還是無力負擔剩餘的保費，完全沒有醫療保險。加入保險的員工也都拖到病得很嚴重才就醫，以避免支付二十五美元的自付額。有些有高血壓的員工乾脆停藥，因為他們負擔不起藥錢。

JBIII很擔心這個問題，他給布蘭納三個月的時間，去跟保險業者及當地的內科醫療單位協商。布蘭納最後提出一套全新的概念：成立逢恩—貝賽特免費醫療診所，由公司每年支付三十五萬美元，在週一到週五的下午及週六提供免費門診，以服務工廠兩組輪班的勞工（病情不嚴重的勞工還是可以領出勤獎金）。診所的地點是設在離工廠幾

個街區的地方，那裡原本就有診所，有常駐的護理師，醫生隨傳隨到。

從預防性體檢到疾病就醫，任何不需要專科醫師的一切醫療都不收任何費用，員工不需要負擔任何自付額。員工眷屬也可以免費使用，布蘭納說：「連我母親想去也可以，只要她能掛到號碼就行。」因為公司已經為所有的看診時間付費了。每個員工都可以免費取得一系列在沃爾瑪可買到的三美元學名藥。

人稱「熱膠夫人」的雪莉・強森多年來第一次開始服用高血壓的藥。與一般醫療計畫相關的醫療成本也大幅下降了，因為多數勞工選擇定期去看免費門診，如此一來也就減少了昂貴的急診，比每年三十五萬美元的診所成本還要划算。二〇一三年春季，製造技術長吉姆・史托特（Jim Stout）在公司為全體員工免費提供的例行檢查中，發現未察覺的心臟病。經過幾次檢查後，他才知道他有兩條冠狀動脈都阻塞八〇％了，一週內馬上安排手術，以防發生更嚴重的心臟病。

「要不是例行體檢，我不會發現異狀。我只是劈木材時覺得有點累而已，我以為是年紀大了。」他說，「我可能就這樣掛了。」

史托特指出，換了新的醫療保健計畫以後，醫療費用並未馬上下降，所以很少雇主想要嘗試這種作法。「我們過了一年到十八個月後，才看到預防保健對保險理賠的效果。不過，JBIII 並不擔心那種事。

「他只要有信念，就會堅持到底。」

在診所開始營運以前，有些年輕的工廠勞工在成年以後從未看過醫生，史托特不是唯一因為診所檢查而撿回性命的人。逢恩—貝賽特每年花一百四十五萬美元在醫療保健上，同一期間全國每年的保費成長一二％到二〇％時，他們則維持不變。

但是 JBIII 和兒子都堅稱，那不是促使他們決定設立診所的原因，他們是真的擔心員工及員工眷屬不去看醫生，這點需要有人採取行動改變。

一年前報紙報導，溫斯頓—塞勒姆的浸信會醫院及北卡羅來納州的藍十字藍盾保險公司（Blue Cross and Blue Shield）因醫療償付起了糾紛，可能阻止兩萬五千名病患（包括JBIII的員工）使用當地最好的醫院，當時JBIII就已經找那兩個組織的執行長談過了。[371] 他從辦公桌對著辦公隔牆大喊：「希拉，幫我打電話聯繫他們！」

根據道革的描述，他老爸以傳統貝賽特式訓人的方式，把那兩個執行長臭罵了一頓。「我不管細節是怎樣，反正你們兩個像小孩子吵架一樣。我有七百個員工，你們現在的作法可能影響到三千條人命，你們兩個今天下班以前自己把事情解決，不然的話，我會幫你們解決。」

那天下班前，新聞稿已經擬好了：那兩家公司仍僵持不下，但逢恩—貝賽特的員工不受紛爭的影響。

「他打電話給他們，把他們當成調皮搗蛋的小四學生訓了一頓。」道革回憶道，「就是那種『約翰．貝賽特一天內就要把事情搞定』的典型作風。」

我向JBIII問起那件事時，他引用莎士比亞戲劇裡布魯圖（Brutus）的話，他說他愛凱撒，但還是殺了他，因為他更愛羅馬。JBIII想要表達的意思是：深愛美國的領導人不夠多，大家比較關心一己私利。

「如果我們不出面談，誰為那些人發聲？」他說，「你覺得那些操作鋸木機的人可能打電話給藍十字藍盾的董事長嗎？怎麼可能！」

這就是大家長作風的最佳展現，就像以前JD先生叫那個種族歧視的醫生打包走人一樣。總要有人出面告訴那些人，他們的職責是什麼。

◆

逢恩─貝賽特免費診所只有一個問題。他們積極鼓勵每位員工去做免費的預防健檢，但仍有幾十位員工不願前往，他們幾乎都是男性。其中有很多人是老菸槍，不想聽人碎念。有些人擔心自己罹患糖尿病或更糟的疾病，不想面對現實。

有幾個人是抱著頑固的自由意念，老菸槍工程師麥米蘭就是一例，她認為公司想扮演老大哥的角色，討厭有人干預她的私生活。「大家太在意健康了。」她告訴我，「我身體不舒服時才去看醫生。」

道革和懷亞特都對此束手無策。他們請人事經理向不願做年度健檢的人保證，聯邦隱私法禁止老闆察看健檢結果。布蘭納描述那六十位斷然拒絕健檢的人：「他們以為：公司想知道我週末在做什麼。」

於是，JBIII 拿了那份抵死不從的員工名單說：「讓我來處理吧！」

他拿起筆記本，擬了一封信給那些不願服從的員工。要是三十天內那些人仍不願去健檢，他揚言取消他們眷屬免費使用診所的權利。

他指示希拉在週五下午寄出那些信，目的是讓員工在週六收到，而且他特別要求信件署名寄給那些男性員工的妻子。「我讓家裡的媽媽來處理！」他自豪地說，「讓那些媽媽念他們一頓！」

隔週一的下午，已經有五十三個男人報名健檢。他們讓 JBIII 想起玩具兵，在診所的門口排了一長列。健檢後，兩個男人發現自己有糖尿病，最後還來感謝他逼他們去檢查。

◆

住在加萊克鎮及周遭的人，很多家族世世代代都從事鋸木業及挑揀木材。他們常講一些俗語，不少俗語和家具及工廠有關，那些都是以前流傳下來的。以往，家具業是該區的主要產業，加萊克鎮有六間家具廠，不像現在只剩一間。「我們的市場很好」是指半年一次的高點市家具展後，大量訂單湧入，工人不需要放無薪假，甚至每週還要工作「五天半」，而且週六上午上班的薪水是一倍半。

二〇〇八年還有一種說法也經常聽到，那時逢恩家具公司（一度雇用兩千兩百人）關閉加萊克鎮的最後一家工廠，即使他們才剛收到三百三十萬美元的反傾銷關稅。[372] 執行長比爾．逢恩（Bill Vaughan）說：「關廠不是逢恩家具公司員工的錯。」他認為問題出在顧客「持續喜歡」進口家具。[373]

逢恩家具公司最近在鎮外興建了一棟三層樓的磚砌建築，作為企業總部，現在專門做進口業務，內有四十名員工（連線上網？有！傳真機及工廠改裝的倉庫？有！額外的辦公空間，以便日後出租？有！）。

「為什麼他們要在關廠前蓋那個東西？」鎮上的史學家納恩質問，那個問題也呼應了每個人內心的想法，「我覺得逢恩家族慌了陣腳，恐懼讓他們心想：如果其他人都做同樣的事情，他們想必是對的。」

退休的逢恩家具業務高管麥吉解釋，逢恩家具對便宜的中國家具相當驚艷，尤其是裝飾華麗的高級家具，所以他們都沒料到他們和零售商之間會出什麼問題。他回憶道：「他們一開始的想法是：如果我們走高級家具的路線，可以賺更高的利潤。於是大家只看到價格，都覺得很興奮。」

但後來逢恩家具的零售客戶也做了同樣的計算，他們自己飛去中國採購家具。他補充：「中國吸引我們去採購家具，哄騙我們教他們怎麼做。」那也是零售商唯一做不到的事。

「結果誰受害了？我們自作自受！」他說，「中國人幾乎把我們生吞活剝了。」

◆

比爾．逢恩現在是加萊克鎮的律師，他拒絕接受採訪，只寫了一封電子郵件表示「不想重提舊聞」。

但是，那些因關廠而失業的人仍一直在重提往事。就像附近弗里斯鎮（Fries）的鋸木廠業者提姆・路波說的：「逢恩家族的加萊克工廠仍有獲利，但他們還是決定關廠，依賴那些工廠為生的人都很生氣。「但他們都知道，約翰・貝賽特會一直撐到毫無利潤才會關閉逢恩—貝賽特工廠，他就像住在小溪裡的泥龜。你要是被那種泥龜咬了，牠會死咬著你，直到太陽下山都不肯鬆口。貝賽特先生就是那樣，他會一直堅持到底。」

路波自己也變成某種泥龜，在加萊克鎮的家具廠陸續關閉後，想辦法讓自己的事業撐下去。他現在為木造屋鋸木材，那些木造屋大都是不需要申請房貸的人建造的度假屋。他需要投資數萬美元添購新設備，以便為榫槽地板生產木材。在此同時，木材價格也因需求減少而大跌。

加萊克鎮一千三百位失業的家具勞工中，五六十歲的人最難在關廠後重返就業市場。路波有一些同年紀的朋友找割草、清理家園、洗車、製作工藝和食品之類的零工，想辦法在領到社會福利救濟金之前活下去。一位管理救濟食品中心的牧師告訴我，她也會去輔導在林間搭帳棚為生的人。

二十九歲的旅館夜班櫃台人員在臉書上開了一個二手拍賣社團，全鎮七千多人幾乎都去過那個社團。二〇一三年一月，那個網頁共有一萬一千多個成員，包含附近城市的居民，有人以時薪四美元的低價提供居家打掃和洗衣服務。該網頁有個持續不斷的爭議是，有些人想在上面轉售當地救濟中心捐贈給他們的飲料沖泡粉、能量補給棒和罐頭食品。「那樣做究竟是對，還是錯？不是我說了算。」群組管理員潔西・薛如斯柏里（Jessy Shrewsbury）告訴我，「有些人真的急需現金繳帳單。」

聯合勸募（United Way）和善念機構（Goodwill）的聯合計畫，訓練五十歲以上的勞工重新就業。過去三年，這個古怪山間小鎮的觀光業，拜原創音樂、道地手工藝（包括家具木工）、自然山路所賜，成長了三分之一。[374]在市鎮外圍的郊區，有一家結合牛仔靴店和歷史博物館的複合景點，裡面主要的展示重點是供在玻璃箱裡的雙頭小牛標本、卡哈特外套（Carhartt jacket），以及弗萊皮靴（Frye boots）。

提琴大會——全球各地的懷舊樂手都簡稱它為「加萊克」——現在每年吸引四萬名訪客前來朝聖。加萊克鎮也有維吉尼亞州最多人參觀的州立公園以及全州燒烤比賽。維吉尼亞州的燒烤冠軍可獲得一座獎盃，贏家可選擇在獎盃上放一把由當地的製琴師湯姆．巴爾（Tom Barr）親手打造的真正小提琴或斑鳩琴。巴爾在市區一處燒烤店的舊址開了樂器店，知名的鄉巴佬四重奏就是從那裡發跡的。有些人稱這一帶是「維吉尼亞的屋頂」，這裡有六家知名的樂器製造商，事實上，附近拉格比鎮（Rugby）的吉他之神韋恩．亨德森（Wayne Henderson）讓知名歌手艾瑞克．克萊普頓（Eric Clapton）等了十年，才幫他完成吉他。知名音樂廳「大奧普里」（Grand Ole Opry）裡，有許多固定班底的樂手都是彈奏加萊克製琴師吉米．艾德蒙茲（Jimmy Edmonds）製作的吉他。民俗學者威爾森說：「這裡有多達四分之一的人口都會彈奏樂器。」

週五夜晚，你可以在WBRF的FM電台節目《藍嶺旁道》（*Blue Ridge Backroads*）聽到現場直播的音樂，[375]或是在市中心修復的雷克斯戲院（Rex Theater）裡觀賞現場演出。還有一種懷舊晚餐，直接簡稱為「燒烤」，無論你點什麼，最後結帳都是五美元。年老的黑人鞋匠史林（Slim）正在指導隔壁開西裔理髮店的荷西（Jorge）怎麼修鞋，等他退休後，荷西就可以接手他的生意。

不過，加萊克鎮仍有四〇%的鎮民有資格領取糧票，三分之二的學童可享午餐減免，近四分之一的人口過著貧困的生活。[376]加萊克的警長瑞克．克拉克指出：「我實在不願向新聞記者坦承，加萊克鎮的犯罪率是維吉尼亞州第五高的。」他說墨西哥販毒集團在當地有據點，加萊克鎮「是個大家眼不見為淨的地方，他們可以低調運作」，而且那裡又接近兩條州際公路，成了毒品的主要中轉區。

「大家在這裡無法發財，但可以維生，開個菜圃，甚至自己養豬。」克拉克補充，「現在的悲劇是，以前待在這裡的優秀人才都待不住了。現在頂多就是到政府單位、醫院或逢恩—貝賽特家具上班，其他就沒什麼工作了。」

就像鋸木廠業者路波說的：「我猜，我們的工作可能是拿去換取世界上某個地方的人過更好的生活吧，我也不曉得。」

民俗學者威爾森是來自以前紡織廠林立的弗里斯鎮，他也認同上述的說法。美國國會圖書館封他為「當代傳奇」，他也是國家藝術基金會（National Endowment of the Arts）的國家傳承學者，他從未見過JBIII。在加萊克鎮，JBIII的社交圈不大，他每天中午只和兒子到專賣平價特餐的郡界餐廳（County Line Café）談生意。他覺得在那裡用餐，就像他的父親及叔父和JD先生共進午餐的傳統一樣（只是少了波姬小姐的餐後「午覺」）。

不過，威爾森就像加萊克鎮近來一些新發展的幕後創意天才（例如彎路（Crooked Road）音樂傳承之旅），他比多數人都瞭解阿帕拉契在世界上的地位，他相信後代會記得JBIII的過人氣魄。

「那些抄捷徑的人，眼中只看到未來兩三年的淨利，約翰則是著眼於這裡的勞工，他對這些山地及山地間的林木有信心。」威爾森說，「自由貿易的真正意涵是沒有人看顧小人物……他很聰明，知道全球化的獲利只是一時的，政府盲目支持全球化的發展，他必須趁早防患未然。」

貝賽特鎮的人也喜歡說：小約翰終於熬出頭了。

Chapter 26

The Replacements

替代者

我希望妳去印尼一趟，回來告訴我，為什麼我們不能繼續在這裡做同樣的事？

——汪達．波度，失業的史丹利家具勞工

◆

從貝賽特到馬汀維爾，再到加萊克鎮，JD先生在美國五十八號國道附近出資成立的每家維吉尼亞家具工廠都成了「五八病毒」的受害者，只有逢恩—貝賽特家具是例外。就連目前為止收到最多反傾銷關稅（八千萬美元）的史丹利家具公司，也在二〇一〇年底關閉了位於史丹利鎮的旗艦廠。兩年後，他們把企業總部從史丹利鎮遷到高點市，又裁撤了四十五個史丹利鎮的工作，把企業總部和新裝修的展示空間整合在一起（史丹利家具保留了兩座位於亨利郡的倉庫，共雇用約七十人）。377

雖然史丹利仍從印尼和越南進口成人用的家具，二〇一一年他們開始採用新的混合策略：在關閉史丹利鎮工廠的同時，拿八百萬美元的博德補貼金，為北卡羅來納州羅賓斯維爾（Robbinsville）的老廠添購新設備，把「青春美國」兒童家具線移回美國生產。[378] 促成這番改變的部分原因，在於美國連續發生多起嬰兒床召回事件，大都和中國進口的嬰兒床有關（不過，史丹利主動召回最多嬰兒床的那次，和「習以為長」嬰兒床（2nd Nature Built to Grow）有關，那是斯洛維尼亞製造的）。[379]

史丹利迅速轉變國內製造的東西，他們認為那些緊張的中高階層家長及溺愛孫子的祖父母，應該會願意花更多的錢，購買美國製的嬰兒床（美國製是八百美元，幾乎一樣的進口嬰兒床是四百美元）。美國製的嬰兒床有獨立的公衛非營利組織「綠色衛士」（Greenguard）的認證，通過空氣品質和化學物質排放的檢查，而且有上百種飾面薄板可選，從衝浪藍到辣椒紅，選擇多元。

史丹利也指派擁有達特茅斯學院（Dartmouth）企管碩士學位的麥卡·戈爾斯坦（Micah Goldstein）擔任營運長。戈爾斯坦四十三歲，曾管理液壓設備拖車和紙箱的製造。他很熟悉精實製造，但是對家具幾乎一無所知，而且他對家具業的有限瞭解使他對這個產業更加歧視。「世界一流的公司向員工諮詢意見，但是在家具業裡，家族總是主導公司的運作。」

這位常春藤聯盟的畢業生來到這家位於北卡羅來納州鄉野間的公司，如魚離水，頗不自在。某天我和史丹利的行銷長尼爾·麥肯齊（Neil McKenzie）一起搭車從阿什維爾（Asheville）到羅賓斯維爾，戈爾斯坦要求麥肯齊幫他從阿什維爾的星巴克帶一杯豆漿拿鐵。我們搭了兩小時的車後，那杯豆漿拿鐵早就冷了，但是冷掉的星巴克永遠比羅賓斯維爾的麥當勞淡咖啡要好。

重建羅賓斯維爾老廠的挑戰令戈爾斯坦振奮。一九八〇年代初期，史丹利家具收購那家工廠以前，那裡原本是伯林頓的地毯工廠。先進的設備讓他可以減少備料間裡切割木材的人力，從四十二人縮減為十一人。戈爾斯坦說，效率有部分是來自於人力縮編策略，從四六〇人縮減為三四〇人，不是以裁員方式達成，而是遇缺不補（二〇〇七年以後就不再裁員了）。[380]

從天花板懸掛而下的平面電視讓員工追蹤每片木板，提高木材的利用率。在斥資三百五十萬美元興建的新備料間裡，技術是由二十幾歲的高中畢業生切斯．帕特森（Chase Patterson）操作，戈爾斯坦說他是「操控中心」。

他把帕特森從包裝部門調來這裡，因為帕特森不怕新技術，並讓製造機器的德國人訓練他。在一個俯瞰廠房的工作室裡，帕特森在三台電腦螢幕和耳機的協助下管理訂單和庫存。在這裡，高技術勞工的年薪可達三萬兩千美元，史丹利生產線勞工的平均薪資是兩萬六千美元，其中最優秀的員工可加入戈爾斯坦的持續改善小組（CI）。

CI小組的成員艾爾．瓊斯（Al Jones）說：「一開始大家抱持懷疑的態度。」一些長年在那裡工作的勞工發現公司拿走他們的釘槍和螺絲起子時很不滿，「但如今大家都在救亡圖存的狀態，他們知道自己別無選擇，羅賓斯維爾已經沒有別的工作了。」因為史丹利是方圓數英里內最大的雇主。葛蘭郡（Graham County，北卡羅來納州失業率最高的地方）的人現在知道，這個手拿冷掉的豆漿拿鐵、身材消瘦的企管碩士，很可能就是他們繼續在美國存活下去的最大希望。

◆

我想起遭到裁員的史丹利勞工波度，我訪問她一年多後，她仍在找工作。即使她利用貿易調整協助方案（TAA）的補助，費盡心力取得副學士學位（一位曾經也是資遣勞工的善心數學家教也在過程中幫助她），五十八歲的她在史丹利鎮工廠關閉近三年後，仍在找全職的工作。這段期間，她只能靠沃爾瑪的兼職工作及先生的失能救濟金勉強為生。她在史丹利工作三十七年後，不再有健保，只能買超商自製品牌的食品及便宜的肉品部位。生病要拖到快掛了才看醫生，因為付了醫療費就付不出水電費。

失業後遇過最難忘的事情是什麼？某天她拉下臉，打電話給史密斯山湖教會，詢問她能不能去領救濟的食物。

「抱歉，妳不在我們的轄區內。」教會的書記回應。

「我可能不在你們的轄區內，但我仍在上帝的轄區內。」她說，她向那位女士道謝後就掛了電話。

波度希望我去一趟印尼泗水，去那些取代她的人工作的地方，那裡不止一家工廠，而是十家工廠，都是印尼人所有，他們承包了史丹利和多家競爭業者的業務，包括陶坊家飾、貝賽特家具、伊莎艾倫。

她似乎真的對那些取代她及其他同事的亞洲人很好奇，美國共有三十萬家具業勞工因產業外移而失業，先是移到中國，接著移到越南，如今隨著廉價勞力的流轉，移到了全球人口最密集的穆斯林國家，對此我也相當好奇。

印尼人的生活比她好嗎？他們也難以養家糊口，生病無法就醫，沒有能力送孩子上學嗎？她以前在史丹利的那些老闆如今在世界的另一端做什麼？

我花了好幾個月，說服史丹利家具讓我去參觀那些製造成人用家具的工廠。我是二〇一二年春季開始提出要求的，那個時機很糟，剛好在中國富士康的武漢工廠因勞工抗議工作環境而揚言集體跳樓之後。當時戈爾斯坦清楚表明了立場：他不想看到印尼工作環境的報導。他一再說：「我們在那裡沒有工廠。」

二〇一三年三月我抵達泗水時，已經透過 Skype 和史丹利的亞洲營運副總裁理查．雷傑（Richard Ledger）聯繫過了。雷傑是英國出生的工廠管理者，他的職業生涯完全反映了全球化在開發中國家的發展歷程。一九九七年他在菲律賓認識現在的妻子，那時他在當地管理的家具業勞工，每月工資是二十五美元。二〇〇五年，他在中國競爭白熱化的東莞市管理物流，那裡的移工每週工作七天，住在宿舍裡，每月工資八十美元。

二〇〇八年，當中國工資上漲，侵蝕到獲利時，史丹利家具派他到越南。雖然史丹利仍透過當地十五人組成的分公司，把家具製造外包給胡志明市的工廠，但如今成人用家具大都是在泗水外的詩都阿佐（Sidoarjo）和周圍製造。印尼有上百年製作家具的歷史，政府管理的紅木林，還有全球最低的工資。

雷傑在印尼的生活是什麼樣子？他住在有高爾夫球場的社群裡，有私人司機隨傳隨到，需要就醫時，搭機就能迅速抵達曼谷，他兩個年幼的孩子都是在曼谷出生的。夜晚離開家門，也有兩位貼身的武裝保鏢守護，那些保鏢是某晚深夜有人闖入他家以後才配置的。某天，他的司機載我們去泗水的香格里拉大飯店吃午餐，入口的警衛檢查我們那部休旅車的底盤是否藏有炸彈。二〇〇二年峇里島發生爆炸事件，導致一百六十四名外國遊客喪生後，當地的高級飯店就把檢查炸彈列入標準的程序。

我想起羅伯．史皮曼回憶他幾年前第一次到印尼的情況，那時還沒有迎合西方企業家的五星級飯店。羅伯對峇里島爆炸事件記憶猶新，他說他穿戴整齊睡覺，夜晚還把旅館房間的收納櫃移到門前擋住。

二〇一二年我第一次訪問雷傑時，印尼的家具勞工每月工資約一百美元。一年後我抵達泗水時，拜雅加達的罷工所賜，印尼的最低工資已經升到與越南差不多的水準，如今的每月工資約一百八十美元。

史丹利的進口辦公室是設在名叫希特拉地（Citra Land）的蓬勃郊區，當地以「泗水的新加坡」自居。史丹利的辦公室裡有二十幾位穿著黃色馬球衫的工程師和物流人員，其中包括兩位菲律賓人，負責接收來自高點市企業總部的電子郵件，為他們的家具設計製作零組件。他們都工作到很晚，以便透過 Skype 和時差十二小時的總部聯繫。白天，他們去十家幫他們製作產品的工廠解決問題。

他們大都坐在一排電腦前面，周遭圍著插滿海芋的玻璃花瓶。那個辦公室是由一位非常有效率的管理者帶領，他名叫迪尼（Dini），他讓我想起希拉（兩人都打扮得利落有型，接近中年，把時間都奉獻在工作上。不過，迪尼是騎摩托車上班，希拉是開舒服許多的謳歌汽車）。

我跟著史丹利的採購主管吉姆・費布里恩（Jim Febrian）走訪每家工廠。費布里恩是三十歲的印尼人，曾在美國受過教育，經常使用智慧型手機查資料，依賴司機穿梭在狹窄的農村小道，偶爾要繞過人力車，還有成群的摩托車，有些摩托車上載了一家子的人。這裡每天下午都下大雨，隨處可見稻田，大雨使悶熱的農村散發著柴火和狗兒淋溼的味道。

費布里恩的司機是個開朗的二十幾歲青年，名叫艾可・哈迪（Eko Hadi），原本在香格里拉飯店當行李員。費布里恩解釋，因為哈迪的態度友善又會說點英文（勉強算吧），他們就找他來當司機了。（他來機場接我們時，我問他：「你要載我們去飯店嗎？」他說：「是的。」我又問：「還是我們應該先去史丹利辦公室，和雷傑見面？」他也回我：「是的」）。

摩托車是印尼的熱門經濟指標，每年成長六％。[381]只要付五十美元定金，就可以牽一台回家，摩托車通常是印尼鄉下人第一個以分期付款方式購買的商品。有時候勞工會兩人騎一台摩托車上班，就像以前貝賽特的勞工一起造船及划船渡過史密斯河去上班一樣。

在辦公室裡，迪尼和費布里恩很習慣和西方人共事，尤其是維吉尼亞州的人。但是工廠就不同了，工廠位於瑪提曼納歐（Multi Manao），占地廣大，裡面有兩千五百位勞工，我是許多工廠勞工這輩子第一次對話的白人。工廠裡除了製造史丹利家具以外，也製造陶坊家飾、西榆家具（West Elm）、一號碼頭

（Pier One）的家具。工人圍著工作台，幾個人做一張椅子，大都沒有傳送帶或機器，那狀況讓我想起貝賽特鎮的理髮師給我看的史丹利鎮老照片（約一九二五年拍的）。我訪問一位以前是農工、現在操作粗齒鋸的工人，他叫庫斯努．艾尼（Kusnun Aini），他是騎摩托車來上班。艾尼四十三歲，以前在田裡務農時，每月工資是四十美元。

二十六歲的伊羅科．安椎雅（Elok Andrea）在工作上也有類似的轉變，雖然這理論上是她的第一份有薪工作。她本來是在家裡的小田地，種植稻米和玉米，最近才被工廠錄用，在備料間裡負責把木板送進鋸子，現在她有能力送六歲的孩子去上學，以前沒辦法，因為每月學費三十美元。印尼的口譯員說：「她希望將來能讓孩子上大學。」同時拍手表示贊成。

我問安椎雅，為什麼喜歡工廠的工作更勝於務農，她回答：「這裡是在室內工作。」萬一她生病了，工廠裡就有免費診所，還有一間小屋讓他們在午餐後祈禱。

一小時車程外的潘卡旺納（Panca Wana）是另一家先進的工廠，正在為伊莎艾倫製作家具，廠長說伊莎艾倫是他們的最大客戶，不過他們也幫萊星頓、史丹利、世紀家具，以及其他的美國品牌製作。那家工廠是印尼的地產大亨所有，他覺得花七十萬美元買義大利製的刨槽機沒什麼大不了的。想當然耳，業界許多人都說，這裡是全世界最現代化的家具工廠。

「當這裡的其他業者雇用兩百位雕刻師傅時，他在買機器。」雷傑說，「他很喜歡機器，他也知道依賴廉價勞工不是明智的作法。」

潘卡旺納的品管經理艾倫．朱稟（Allen Jubin）告訴我，到潘卡旺納應徵工作的大批村民都要先做心理測試，以評估其穩定性和思辨技巧。朱稟是北卡羅來納州的本地人，曾在布羅伊希爾家具、金凱家具、亨利登家具任職，後來才轉調亞洲工作，先去中國，後到越南。

這裡來自北卡羅來納州和維吉尼亞州的家具業外籍人士愈來愈多，他們常和他們打高爾夫球，他們住的地方大都不太美式，也不太像印尼。例如，朱稟的球友傑瑞．霍爾（Jerry Hall）四十五歲，在史丹利家具負責品管，為人親切。霍爾在亞洲各地輪調了九年，從來不曾自己開車。他逐漸愛上辛辣的食物，除了早餐以外。他在越南和印尼都有住家，比較喜歡在印尼打高爾夫球，但偏好越南的食物。在越南，他可以上網點家鄉的炸雞排配肉汁，直送他位於胡志明市的公寓，只要三十分鐘就到了。

峇里島爆炸事件發生後，霍爾發誓絕對不到印尼，那時他還不知道費布里恩在蘇拉威西島（Sulawesi）基督教區的老家在一九九六年遭到伊斯蘭激進分子燒毀。不過，現在霍爾有時住在印尼，距離雷傑住的希特拉地不遠，他比較喜歡印尼。

他告訴我：「我真的很懷念比司吉的風味。」他沒結過婚，擔心住在維吉尼亞鄉下的高齡父親（八十八歲）。他送父親 iPad 當聖誕禮，希望他能學習使用 iPad 上的 Skype。史丹利家具的菲律賓工程師一年可以回家探親幾次，他們對於離鄉背井也有類似的感覺。

我想，波度可能還在找全職的工作，但至少她的家人都在附近。

◆

儘管有關產業回流（reshoring）的討論日益增溫，而且福特、蘋果、奇異、開拓重工等公司確實把一些生產移回美國了，但經濟學家和家具分析師都認為，低技術的家具製造不太可能恢復往日榮景。[382]有哪些例外？高級家具、飯店家具、室內裝潢、家具鋪墊、櫥櫃製作等小眾市場，這些通常是訂製特殊的規格。[383]

例外也包括少數幾家以前就不曾把製造外移的公司，例如逢恩—貝賽特、密西西比州的強斯頓／湯畢格比家具，以及愈來愈多的小型阿米希（Amish）家具製造商。阿米希家具製造商主要是位在俄亥俄州、賓州、印第安那州，他們是利用自家人的低廉勞力，亦即家人和孩子（開家具店的友人雪佛也賣一些阿米希的家具，他說現在他有六〇%的存貨是美國製的）。

二〇一一年十月，北卡羅來納州的家具製造商布魯斯．科克倫（Bruce Cochrane）試圖跟上產業回流的風潮，重新啟用他們家族擁有四個世代的高級家具廠。那舉動不僅吸引了媒體報導，也獲得讚許。美國總統發表國情咨文時，他受邀坐在第一夫人旁邊。但是，林肯頓家具（Lincolnton Furniture）開了一年多以後，科克倫就以經濟不景氣、中國進口家具的價格競爭、翻新舊廠的成本太高為由，把那間工廠關了。[384]

◆

我問雷傑和霍爾，他們如何因應反傾銷申訴的政治燙手山芋。他們說，他們支持JBIII的努力，但覺得權宜之計是不去過問細節。「坦白講，我從來沒問過那件事。」霍爾說，「我希望永遠處在一種狀態，那就是亞洲的工廠老闆問起那件事時，我可以誠實地說：『我不知道。』」

二〇一三年我造訪印尼時，雷傑預測印尼應該可以「整整發展十年」，之後才因其他開發中國家的勞力更低廉而送走家具製造業。他補充：「印尼有二．四億人口，這些人總得想辦法填飽肚子。」

反傾銷申訴進行時，朱稟正在中國工作，他說那是「一堆鬼扯」，毫無建樹，只刺激了越南、馬來西亞、印尼的家具製造業。「很多人靠那申訴賺了很多錢，但據我所知，沒有人因此把工作追討回來。」

當我冒昧回應，幾家美國工廠的工人確實保住飯碗了，他還是貶抑申訴，說大部分的家具製造還是注定會移到勞力比較低廉的國家。

朱稟顯然沒把泥龜及他旗下七百位勞工放在眼裡，也覺得密西西比州到佛蒙特州那二十家提出申訴的小型家具製造商微不足道。

朱稟堅稱：「家具業也許會回到美國，但規模會變得小而精實，且可能不會在我們有生之年發生。」

我訪問的印尼勞工都不願想像家具製造移回美國的情況。在一家名叫羅米拜奧萊塔（Romi Violeta）的工廠裡，赤腳的男人為尼曼馬庫斯百貨（Neiman Marcus）把設計蝕刻到鏡子上，還有幾位揀選木材的勞工赤腳站在易裂椿的木材堆上。工人蹲在地上為史丹利家具雕刻結合木材、金屬、皮革的家具。工廠裡的溫度超過攝氏三十八度，但好像只有我滿頭大汗。

他們製作的一件家具，看起來很像一年前我在高點市家具展上欣賞的某件作品。那時史丹利家具位於亞特蘭大的公關顧問帶著我參觀公司展示區，她停下來解說一件仿古的傳家餐具櫃，加裝了皮帶和黃銅把手，零售價是二千零七十九美元，她說：「我們希望它給人一種你在巴黎的古董市場看到它的感覺。」

你需要飛到印尼才知道那種仿古設計是怎麼做的。羅米拜奧萊塔工廠的行銷經理告訴我，為了以人工方式讓木材變老，工人把木材放在「災難泥」池裡浸泡數個月，那些黑泥來自附近的泥火山。火山爆發是二〇〇六年天然氣鑽井事故造成的，導致十四人喪生，三萬人無家可歸（氣井的營運商謊稱，火山爆發是地震造成的）。[385]

那個浸泡過程讓木材的色澤更加飽滿，泥土中的小蟲也會在木材上鑽出許多小洞。「一開始我們覺得很怪，竟然要刻意把好的家具搞成這樣。」工廠的採樣工程師法屈魯丁（Fachrudin）聳肩說，「但如果美國人就是要那種東西……」

我問法屈魯丁，他是否想過他取代的阿帕拉契工人，他馬上回我沒想過。接著，他緊張地偷笑，不想表現得太明顯。

「我每年真正擔心的是這家工廠的未來。」他說，「我擔心別的地方有人開始以更便宜的價格製作家具，那我們就完了。」隔天我去辦公室，迪尼也說了類似的話。

在潘卡旺納工廠，管理者已經開始以機器取代一些工人，全國各地的最低工資預計在年底前會再上漲二〇%，沒有人知道下一份工作究竟在哪裡？

那些出口製成家具的阿帕拉契硬木接下來會運到哪裡？大家會淘汰那種讓木材產生小洞的泥土浸泡法嗎？這確實是個全球化的世界，小至詩都阿佐那些腐蝕凹痕的蟲子也是全球化的一部分。

我從印尼返國十個月後，二〇一四年一月，雷傑說印尼的最低工資又漲了，變成每月兩百美元。[386]大選將至，他擔心當地可能政局不穩。公司正打算再次增加在越南的投資，但是那裡的產能有限，許多越南工廠正忙著供應中國日益成長的中產階級。他說，中國人「出價高，比較不挑剔，物流較容易管理」。

他現在認為，家具製造業可能不到十年就會離開印尼，並預測家具業的工作回流到美國，只不過這次回流的是高技術的精實製造和更高的技術。他說：「希望史丹利和貝賽特之類的家具公司能設法保住他們的工廠，充分掌握這番優勢。」

◆

我敢確定的兩點是什麼？第一，那個餐具櫃後面印的史丹利標記，不會標明出處。第二，我從亞洲返國後，我的手機馬上就響了。

「他們運作得多快？」JBIII想知道答案。

幾個月前我造訪羅賓斯維爾後，他也問了我同樣的問題。他和戈爾斯坦是友好的競爭對手，會參觀彼此的工廠，交換對機器的看法。

我沒用碼表算過羅賓斯維爾的生產線，但我回他，他們的工廠似乎運作得很順。

「切記，」他說，「只有木屑飛揚時才是在賺錢，停下來設定機器都不是。」

當我冒險提到羅賓斯維爾的工廠似乎看起來比逢恩－貝賽特更高科技時（至少在我這種外行人的眼裡是如此），他就抓狂了，本來已經很洪亮的聲音變得更大聲，讓我的手機都晃了起來：「聽好！我們隨時都知道我們每件存貨在哪裡，不需要掃過電腦螢幕上的每一行，才知道我們有什麼。」

之後我再到逢恩－貝賽特參觀時，泥龜已經動起來了，動不動就提起他最愛的字眼：**敏捷**。他非常注重速度和數量，在工廠的每個角落都想盡辦法提高生產力。「我想改變大家對於美國製造的態度。」他說，接著就劈哩啪啦大談JBIII理念，「在有生之年，我想讓大家稍微改觀。

「每個人都以為，所有的卓越點子都是來自麻省理工學院，但是我告訴妳，很多創新都是來自廠房。「要是我們關閉了一切，創新也會跟著工廠移到別的地方。我們應該投資美國，而不是外移！

「我們遲早需要回頭，再和敵人對決一次。我做了，妳知道我發現什麼嗎？他們不像每個人所想的那麼強大。」

那是二〇一二年秋季，那時他剛滿七十五歲。

他說，他打算在年底「半退休」，但他只要離開工廠幾天，就焦躁了起來（他到佛羅里達度假，而不是親自進工廠時，逢恩－貝賽特的中階管理者反而接到更多電話遙控）。後來他坦承，除非罹患某種殘疾，否則要他完全退休的唯一方法是「把我拖到木材堆後面斃了我」。

◆

在此同時，他想把五大重點中的第三點灌輸到每位員工的腦中：不斷改變及進步的意願。

那年秋天，他在機具室裡掛上鏡子，不是為了讓女士們補口紅，他覺得工人把木板推進排鋸的速度不夠快，房市回溫的速度也不夠快，訂單萎縮。人的本性就是這樣，員工知道要是做得太快，可能很快又要放無薪假了。

JBIII 必須想辦法加快切割木板的速度，送料機長久以來都是依靠人力監督機器，在放進下一塊木板前先打信號。所以他搬來幾塊十美元的鏡子，從天花板上的水管懸掛下來。鏡子讓送料機可以更快預測傳遞時間，因此加快流程二〇%。

接著，他把焦點放在三台義大利製的五軸刨槽機上，那是斥資一百二十萬美元購入的。JBIII 不願像史丹利那樣花大錢添購電腦顯示器，而是要求技師把沃爾瑪買來的壁鐘掛在每台機器的兩邊。每個班次開始後，只要機器停下來重新設定或沒吐鋸屑，時鐘就開始計時。那是他衡量機器停機時間的「常理」作法（換言之，就是「平價之道」）。

下班時，要是時鐘顯示其中一台機器的生產遠不如另外兩台，操作那台機器的人就要親自面對懷亞特或 JBIII。另一個促進機器持續運作的誘因：路過機器的人都可以看到那個計時鐘，知道進度多少或落後多少。

對此，機器操作員頗不以為然，但也不覺得意外。「他很受工廠勞工的愛戴。」製造技術長史托特說，「但他們也知道，他偶爾會想辦法提高生產力，因為他出身貝賽特，貝賽特家族向來都會做那種事。」

當三個機器操作員開始相互競爭時，生產力跟著大增，一如JBIII的預期。那就像狩獵松雞的獵人又恢復當年勇一樣，他用的方法跟他以前說服妻子戒菸的方式差不多。多年來他一直希望妻子戒菸，某天他們夫妻倆一起去參加某位中年親戚娶妙齡新娘的婚禮。新娘緩緩地走在教堂的走道上，身材纖細，一身古銅色的肌膚，細緻無痕。JBIII把身體靠向派翠莎，輕聲說：「等妳因肺癌死了，我就去娶一個那樣的老婆。」兩天後，派翠莎就完全戒菸了。

JBIII確實很煩，甚至可能就像競爭對手說的，是個「混蛋」，但鮮少員工大聲抱怨，因為他們知道：他確實是最後一個堅持到底的工廠老闆，他正想盡辦法幫他們保住飯碗，從掛鏡子提高生產力及提供免費的診所，到對付中國人的百元收納櫃，他能做的都做了。

「我們花很多時間訓練員工使用電腦，但你知道嗎？他們習慣簡單的壁鐘以後，就不想換了。」他說，「我實在不想又拿性愛打比方，但有些事情大家以同樣的方式做久了，感覺還是很讚！」

Chapter 27

'Sheila, Get Me the Governor!'

「希拉，幫我聯繫州長！」

約翰重新打造公司時，幾乎就像第一代重現一樣。

——道格．貝賽特．藍恩（Doug Bassett Lane），JD先生的曾外孫及前藍恩家具高管（藍恩家具現已納入家具品牌國際公司的旗下）

◆

這位年邁的大家長穿著卡其褲和毛背心，爬上咯吱作響的輸送帶，露出一臉得意的勝利笑容。他正要宣布隔壁的韋伯家具廠（Webb Furniture）重新啟用的消息，那家工廠二〇〇六年關閉時，有三百人失業。

他說，未來的三年間，他會投資八百萬美元為老廠升級，從鎮上一千三百位遭到裁員的家具業勞工中雇用一百一十五人，他將把那個事業命名為逢恩—貝賽特二號（Vaughan-Bassett II）。現在他不僅是加萊克鎮最大的雇主，更是美國最大的木製臥室家具製造商。

有人把講台搬了進來以便宣布消息，上面裝了麥克風，前方排了幾排讓政客和媒體入座的椅子。為媒體準備的便當（道革的點子），以及為逢恩—貝賽特員工準備的便當（JBIII的點子）都送到了，員工不僅可以享用雞肉三明治，也不需要打卡出去用餐。

JBIII和兒子的面前擺了好幾排摺疊椅，當地的大人物都坐在上面，旁邊站著數百位逢恩—貝賽特的勞工，穿著牛仔褲、T恤、法蘭絨的衣服。但整個場面和他們後方會議室的牆上釘的巨大國旗相比，顯得迷你。周邊還擺放了幾台價值數百萬美元的高科技機器（大都是用博德補貼金購買的），以及成排的收納櫃、床頭櫃和床鋪。

很少人知道JBIII的團隊為了這次宣布的成果，突破了多少障礙。這次他們費盡心力，才獲得州政府和市政府的經濟發展獎勵，外加二十萬美元的菸草委員會資助（那是為了促進菸草依賴社群的經濟成長，使用國家菸草協議金推動的計畫）。[387]他想要那些錢並不是因為他需要，而是因為那些錢為他想做的事情賦予了正當性。

很少人知道他打了多次電話給州長，當時州長正在南卡羅來納州幫羅姆尼拚總統選戰。布蘭納曾在公司的管理高層會議結束時，不經意地提到：「我猜，要拿到補助金可能太遲了。」

「你他媽的在跟我開什麼玩笑！」JBIII怒斥。

布蘭納忘了JBIII五大重點裡的第一要點：**你要是認為你贏不了，你就輸定了！**

為此，布蘭納會後跟州議員比爾・斯丹利（Bill Stanley）傳了六十六則簡訊，才讓這一切成真。

接下來的八天，跟這個區域有關的每位官員或經濟發展人員，都看到了全力以赴的JBIII是什麼樣子，他的作戰計畫是**堅韌＋迅速＝勝利**。他吼道：「各位，我們必須敏—**捷**—運—作！」

當初斯丹利競選參議員時，JBIII甚至沒投票支持他。斯丹利是來自富蘭克林郡的共和黨人，他的競爭對手（競選連任的議員）是JBIII多年的好友。但二〇一一年秋季選戰期間，斯丹利特地來逢恩—貝賽特一趟，聽JBIII的五大重點演講。他向JBIII承諾，即使他得不到JBIII的選票，但他要是當選了，他會幫忙保護他的利益。

JBIII聽了以後，看著斯丹利說，他要是贏了選戰，他願意支持他——只要斯丹利願意留下私人的手機號碼，而「不是某個十八歲女孩接聽的電話號碼」。

JBIII並未忘記承諾，也從未弄丟電話號碼（因為他把號碼交給希拉保管了）。當他打電話給斯丹利，要他兌現選前承諾時，他對這位新科議員說：「你們要繼續呆坐在里奇蒙市？還是把事情完成？」

「一定要把州長找來，這樣才能把面子都做給他。」

結果平常州政府需要策劃兩三個月的事情，在大家努力討論下八天就搞定了。參議員親眼看到逢恩—貝賽特的管理團隊幾年前從幾位成員身上學到的事（包括台灣籍口譯員轉做商業間諜、徹底改造企業醫療保健的主計長等等）：大家喜歡身為活力進取組織的一分子。有些人甚至喜歡為只把辦不到視為髒話的人效勞。就像柏希格說的：「他可能是混蛋，但是當他是幫你出氣的混蛋時，那是好事。」

◆

在講台上，JBIII靠向沒必要使用的麥克風，他那宏亮的聲音傳過了木材堆，越過了國會議員和州議員以及矽光室的員工，透過他拿抵抗中國人並光明正大打敗他們所獲得的錢去購買的高科技機器，迴盪在整個會場中。

他調降產品價格，重新設計生產流程的每個細節，得知國際貿易法可以助他一臂之力時，毫不猶豫地要求政府宣判對手犯規。

由於他勇於對抗中國，逢恩—貝賽特在經濟恢復成長時，已經準備好跟著擴充了。

這次他引述億萬富豪巴菲特（Warren Buffett）的話：「如果你想等到知更鳥報春，山茱萸開花，那已經太晚了。」

「各位，現在是一月。」他演講的語氣只有最憤世嫉俗的人才聽不下去，「知更鳥還沒到，山茱萸還沒開，但四月一到，我們會在這裡報到！」

◆

那番行動不見得能拯救加萊克鎮，因為加萊克鎮向來產業多元，不像東方那幾個企業鎮只有家具製造業。但是少了逢恩—貝賽特作為企業骨幹，鎮上的其他雇主——包括統一鏡子玻璃公司（Consolidated），以前為該區的家具廠商製作鏡子，但現在專門製作防風和防彈玻璃——可能也無法生存或蓬勃發展。社群的領導者說，要不是有逢恩—貝賽特，密西西比州的奧爾巴尼家具鋪墊公司（Albany Furniture）可能也不會在逢恩家具的老廠內營運。超市巨擘勞氏公司（Lowe's）和沃爾瑪要是少了那些家具勞工的消費，也難以繼續經營下去。

沒有逢恩—貝賽特家具的加萊克鎮是什麼樣子？

「那會很像馬汀維爾。」維吉尼亞州就業委員會的加萊克鎮負責人比爾．韋伯（Bill Webb）說。

「那會很像貝賽特鎮。」加萊克鎮的觀光局長雷．科爾（Ray Kohl）說。科爾想在加萊克鎮展示全球最大的床鋪，作為觀光景點，就像高點市的全球最大收納櫃，或托馬斯維爾的全球最大椅子那樣。

這類全球記錄還有其他先例，例如二〇〇九年，貝賽特家具在馬汀維爾的住宅區，豎立一張高二十英尺的布道院風格椅，名為「大椅」（Big Chair）。那是二〇〇二年為了慶祝公司創業一百週年製造的，那張椅子在全美各地巡迴展出七年，用來預告每間貝賽特家具店的開幕，後來才「運回這個家具業重鎮，永久駐留」，羅伯．史皮曼在新聞稿中如此寫道。[388]

羅伯把大椅捐給當地的「深根」（Deep Roots）傳承觀光活動，活動負責人把椅子放在廢棄的馬汀維爾美國家具辦公室旁邊。那時貝賽特家具已經關閉貝賽特鎮的最後一間工廠兩年了，美國家具和史丹利家具也關閉附近的工廠一年了。那張椅子豎立在馬汀維爾時，該區家具業的員工共有三千人。到了二〇一三年，人數已縮減至六五一人，大都是辦公室及倉儲員工。[389]

馬汀維爾的食物救濟所志工崔普．史密斯（Tripp Smith）說：「他們要是在椅子上披件巨型毛衣，那故事就更完整了。」他投書《馬汀維爾公報》，傳達那種無奈的心境：「我覺得我們應該拆了那張巨型怪椅，把它裝箱送到中國，我相信我們一定可以找到一個運往當地的空貨櫃。」（那張重達三噸的椅子後來拆下來修理，隨後二〇一四年二月的新聞指出，大家決議讓那張椅子「就此退役」。）

史密斯的投書原本只是想要嘲諷，沒想到那句玩笑話竟然一語成讖：兩年內，維吉尼亞港務局的出口第一大項就是原木和木材。至於進口第一大項呢？就是那批出口木材做成的收納櫃和桌椅，上面印了貝賽特、史丹利、胡克、逢恩家具的名稱，再飄洋過海運回維吉尼亞。[390]

◆

JBIII 不需要豎立全球最大的床鋪來確立自己的傳承地位，他的工廠——以及他和聯盟協助拯救的其他工廠——就是最好的證明。密西西比州強斯頓／湯畢格比家具的老闆貝瑞把他收到的博德補貼金一千三百萬美元，拿來採購設備，以加速製造的前置時間，在二十四小時內製作一件旅館家具，而不是兩週才製造一件。他也拿補貼金付清了供應商和其他帳單。

「要是我以後上天堂見不到博德參議員，我會很失望。」他說，「那筆錢讓我跟中國競爭，也救了我的工廠。」他的工廠目前雇用一百五十人，以前巔峰時期是雇用四百人。「我們無法富有，但也不至於關門大吉。而且我付給別人的每塊錢——無論是員工薪資或是供應商的帳款——你都可以乘以七。

「製造業的真正價值在於創造一個現金流動的社群。要是美國人知道現金流動的真相，他們就不會再到沃爾瑪消費了。」

JBIII 的說法沒那麼強硬，他講得比較圓融一些。說到那些選擇不同方向的親戚，或是不再跟他採購的零售商，他通常不會口出惡言，反正他一直以來都是超前多數業者三步。

以二〇一三年冬季為例，那是反傾銷紛爭發生十年之後，生意清淡，工廠又開始停工，放無薪假。二〇一二年，公司淨利兩千五百萬美元，那金額剛好就是最後一筆博德補貼金。換句話說，公司剛好損益兩平，不賺不賠。不過，資產負債表是穩健的，股東權益有一．一四五億美元。[391]

一群以愛室麗家居為首的「反 JBIII 團體」訴請上訴法院，要求獲得部分的博德補貼金。他們主張，即使他們在國際貿易委員會是作證反對聯盟，聯盟提出申訴時，他們仍在國內製造家具，根據憲法第一修正案的言論自由權，他們也有權獲得一部分已經發放的博德補貼金。[392]那個案子一直卡在聯邦上訴法院，JBIII 只好聘請華盛頓的頂級律師處理。「這一切都是為了錢。」他說，「律師都是按小時計費，他們喜歡把案子一直拖下去。」[393]

為了避免法院做出不利他的判決，要求他歸還部分金額，JBIII 把剩下的博德補貼金大都轉為大額存單。他又說了那句老話：「你要宰了蛇，把它拉直，才會知道那條蛇有多長。」

接著，他就繼續回頭工作了。他指派自己、道革、懷亞特到美國的不同區域。在三十六小時內，這個七十五歲的老人跑到南達科他州、聖保羅、鹽湖城等地招攬生意，跟多年來批評他反對進口的零售業者懇談。

他說，他下面的業務員都很能幹，「但是頂著『貝賽特』姓氏的人坐在你面前，那種推銷效果不是任何人能取代的。」

有些業者（例如城市家具公司的科尼格）在停止往來多年後，首次跟他下單。有些業者答應跟他見面，但立場依舊堅定。「我們就是不要跟他進貨。」JBIII 造訪傑布斯後，傑布斯這樣對我說，「我喜歡他這個人，他很有風度，但我們還是很生氣。」

有些業者向逢恩—貝賽特採購是出於必要，而不是因為推銷奏效。一家紐約零售商在桑迪颶風過後，以「更便宜的產品已經從亞洲出口、正在運送途中」為由，拒絕透過 VBX 下緊急訂單。但貨櫃抵達時，二十套臥室家具組全都長了黑黴（畢竟是來自熱帶的印尼），於是他們只好訂了九十組逢恩—貝賽特的「廬舍組合」。

「我明天就能派卡車送過去。」JBIII 告訴那家零售商，「我們在維吉尼亞州加萊克鎮有很多東西，就是沒有黑黴。」

至於他以前常帶著到處跑的「五大重點」海報，那張後來貼在後方密室的櫥櫃上，擺在貓王人形立牌旁邊的海報呢？現在已經轉為 PowerPoint 投影片，每次他出去演講時，就由年輕的 IT 人員幫他操作——亦即「付錢請人幫他使用 iPad」，讓他把時間花在怎麼賺錢上。

其實那五大重點可以濃縮成簡單的八個字：比別人更拚命奮鬥。

他的推銷辭令總是從開點黃腔著手，他說那是因為「性無所不銷」。

所以他每次面對零售商時，都講同一個笑話：想像你是荒島上唯一的女人，周遭圍著十二個男人……

他已經講那個笑話很多次了，如今駕輕就熟，要讓人發笑輕而易舉。講那個笑話就像每晚他和妻子以超大音量收看布萊恩．威廉斯（Brian Williams）主持的《NBC晚間新聞》（*NBC Nightly News*）時，允許自己喝的那杯雞尾酒一樣稀鬆平常（他的耳朵因數十年來獵鳥及家具廠的噪音而重聽）。以荒島笑話開場的推銷辭令是JBIII的典型風格，因為那笑話平易近人又機巧。一位JBIII常在週六下午打電話聯繫的業務員說：「他真正厲害的地方是，他就是有本事讓你相信，你要是看法跟他不同，你就是白痴。」

「當妳是那個跟十二個男人一起困在荒島上的女人時，妳不需要多美，總會有人愛上妳！」

零售商通常很吃荒島笑話那一套，每次都能收到效果。以那個笑話開場，就像大洪水來襲時含著金湯匙出生，有私人司機載送，出生的醫院費用全由富有的祖父買單一樣穩當可靠。

逢恩—貝賽特二號舉行記者會的前幾天，他又跟我說了一次那個笑話，但這次他又加入一點新花樣：**「逢恩—貝賽特不僅是荒島上的最後一個女人，而且剛好長得挺美的，那女人還會弄皺襯衫。」**只不過他從來沒對零售商那樣說過。

在五個小時的車程外，歐巴馬總統說他想把製造業從亞洲拉回本土，講得口沫橫飛，他甚至從群眾中挑了北卡羅來納州的家具製造商科克倫，讓他坐在第一夫人的旁邊——唉，只是他沒料到，一年後科克倫重振家具製造事業的心血竟然會付諸流水。

「但是當你絕不屈就街上那些便宜的女人時，」他透過蒙塵的眼鏡看著我說，「你不必把自己搞得那麼落魄。」

◆

我為這本書開始做研究時，曾想像我跟著JBIII去獵松雞，結果那並沒有發生。他的背痛問題使他無法再去打獵。此外，他也臭屁地說，即使他還能打獵，他猜我的體力也跟不上他。

跟他一起去打高爾夫球也不可能，因為他和我都知道，不會打高爾夫球的人是不會妄想到他所屬的私人俱樂部揮桿的。

我最接近高爾夫球場的那一次，是某個秋日。我和派翠莎及他們解救的小獵犬艾維斯（Elvis），沿著羅靈口的球場漫步。那時多數富豪已經轉往氣候溫暖的度假屋避冬了，但七十歲的派翠莎仍留在那裡，因為她最好的朋友住在隔壁，而且JBIII只要一離開工廠超過幾週，就會把大家逼得雞飛狗跳。

我問派翠莎怎麼容忍JBIII的伶牙利嘴及工作狂傾向，她說：「我真的很迷他，當我受不了時，我會直接去佛羅里達。」她會開車載著小狗艾維斯（狗兒坐在乘客座上，頭部擱在他們之間的汽車排檔邊），開十一小時的賓士轎車南下，中間只停一次上洗手間。

她指向一片松樹林，她和JBIII傍晚繞著高爾夫球場散步時，常鑽進那片樹林裡玩捉迷藏。她逗趣地說：「那感覺確實很可笑，躲著不讓狗找到。」

他們夫妻倆都有自然的幽默感，都愛開點黃腔，經常笑談言情小說《格雷的五十道陰影》（*Fifty Shades of Grey*）。派翠莎非常沉迷那套書，甚至還買了惡搞那本書的食譜《烤雞的五十道陰影》（*Fifty*

Shades of Chicken）。

◆

JBIII 和我算是關係友好，但我們對話常唇槍舌劍。有一次我跟他確認一些事實，他強烈要求我不要把一些財富相關的事實放入書裡。我覺得我就像艾里山那個坐在凳子上工作的勞工，被他一腳踢開了凳子。

不過，我們為此爭論後，不到四十八小時，他又送了鮮花過來，為之前對我的斥責道歉。他對這本書的撰寫確實幫助很大，運用他的人脈讓我順利訪問到幾位難訪的對象，包括幾位對他可能評價沒那麼好的人。

他的妻子相當機靈熱情，兩度邀我住在他們位於羅靈口的住家。我和 JBIII 在廚房爭辯時，派翠莎就在一旁烹飪。JBIII 每天早上五點起床為廚房的灶爐生火，接著就坐下來看世界各地的報紙。派翠莎在一旁聆聽過我們的訪問內容幾次，有時會打岔翻譯一下 JBIII 囉唆的商業論點，她憑直覺就可以看出我聽不太懂，所以主動提出更好的說法。

我曾要求旁聽逢恩—貝賽特的董事會議，以及跟著業務人員去拜訪客戶，但 JBIII 都馬上回絕了，他說那會讓大家覺得很不自在，還說我提出那些要求很唐突。在春季家具展的兩個月前，我問他們會在家具展推出什麼新的設計，JBIII 的反應好像我想洩漏公司的商業機密似的，即使這本書是在二〇一三年家具展舉行一年後才會出版。

他通常是打電話給我，每次我接聽時，他從來不先打招呼。有時他會對我大吼大叫，有時則是令我發笑。我發問時，偶爾他不會拐彎抹角或帶著情緒回應。

他想打電話時，隨時拿起電話就打，不分晝夜及週末。聖誕假期的最後一天，他打來（「我打電話給妳，就表示我也在工作！」）。傍晚我和丈夫及小狗去米爾山（Mill Mountain）健行時，他打來（「妳怎麼那麼喘？」）。他動背部手術兩天後，仍在服止痛藥，口齒還不清晰，他也打來（「我覺得好無聊」）。

週一上午，我把手機留在家裡的另一個房間，沒聽到手機鈴聲。等我拿起手機時，發現有四通未接來電是他從霍布海灣打來的，以及一則上午八點十四分留下的語音留言，劈頭就大聲吼道：「我猜妳今天是睡過頭了。」

◆

不過，他每次打電話來，沒有一次打破他長年謹守的規矩：對於他這輩子的死對頭，那個促使他如祖父所願做大事的姊夫（只不過不是在貝賽特家具裡完成祖父心願），他從來沒說過他半句壞話。二〇〇九年史皮曼以八十二歲高齡過世時，他的家人辦了兩場葬禮，一場在馬汀維爾，另一場在里奇蒙市。JBIII是少數兩場都出席的人，但他堅稱，他那樣做不是像業界一些觀察者所說的，是去「確認他真的死了」，而是去給姊姊一些支持。

但我發現一點，二〇一二年高點市的春季家具展期間，在一場盛讚JBIII是業界台柱的晚宴上，他的直系親屬在現場三百位賓客之間閒聊，裡面包括幾位來自競爭對手的人、產業分析師，以及一些拋棄他的零售商（「他們看到我的反應，好像我有體臭似的！」），但家族裡沒有人來致意〔二〇一三年JBIII獲選加入美國家具名人堂時（那是家具業公認的最高榮譽），羅伯．史皮曼和傑布．貝賽特確實出席了典禮〕。

業內人士，包括一些大家族的親戚，認為他之所以反擊中國，是因為他喜歡戰鬥，而不是因為關愛加萊克廠的勞工。最憤世嫉俗的人甚至說，他是因為懊悔一九九○年代中期錯過了大撈一筆的機會——趁國內產業重挫以前讓公司公開上市（JBIII 強烈否認這種說法）。

CC．貝賽特的孫女羅珊．迪容現年八十歲，她談起貝賽特家具並語帶貶抑地談反傾銷案子時說：「我們沒使用他的策略。」儘管貝賽特家具加入反傾銷聯盟，也因此獲得一千七百五十萬美元的關稅補助，「約翰．貝賽特不需要迎合股東，他是經營家族企業，股東很少。

「妳要搞清楚事實。」她厲聲說道。

也有一些人堅信他之所以拯救工廠和小鎮，是因為那不僅對事業有利，也因為那是正確的事。支持與反對他的兩派陣營當晚都到場了。

活動主持人是舒威爾，他在進口家具可以便宜取得時，大幅削減了逢恩—貝賽特的訂單。活動一開始，他先稱讚 JBIII 是「積極進取、逆勢生存、獨立思考、勢不可擋的奮鬥者，也是國內家具製造商的表率，讓美國製不再只是口號，而是信條。

「但我做了一些幕後調查。」舒威爾繼續說，「我發現約翰的西裝是印度製的，襯衫是斯里蘭卡製的，領帶是泰國製的，鞋子是中國製的，電視是韓國製的，手錶是瑞士製的，眼鏡是德國製的……」

登楞！這個活動就在舒威爾的尖酸挖苦下拉開序幕，最後 JBIII 以一個故事作結。他說一週前他在加萊克鎮的加油站，有個陌生人走向他，感謝他讓這個城鎮繼續發展下去。「大家的步伐又恢復了活力，大家是真的相信，他們在全球化的世界裡能再度占有一席之地。」

他的兒子可能沒遺傳到他那種強烈的衝勁，但是當JBIII過世後，加萊克鎮的多數人都相信，他們會延續父親的傳承。一位前管理者說，他們不敢關閉工廠：「他們怕老爸陰魂不散。」

我們一起回他的家鄉參觀那天，他告訴我，以後他會安葬在羅靈口教會旁邊的墓地。我們曾到馬汀維爾的墓園探視他雙親的陵墓。陵墓的一邊是他父母的摯友，一對膝下無子的夫妻。家族墓園的遠端有個女人的墓碑，上面刻著瑪姬·歐泊·西斯摩·勞森（Mazie Opal Sizemore Lawson）。JBIII也不知道那是誰，顯然是因為家人無力買墓地安葬才埋在那裡。但是就像JD先生一樣，JBIII的母親告訴那女人的家人：沒問題，就把她安葬在山茱萸樹下。

我走向他父母陵墓的另一端，發現史皮曼的墓碑，「他就葬在你父母的旁邊？」我驚訝地問道。

他說：「沒錯。」我們默默地站在那裡幾秒，一旁的鳥兒啁啾，松鼠跑來跑去。

接著，他告訴我另一場頒獎典禮的故事，那是二〇〇八年表揚他外甥羅伯的典禮。JBIII寫了一封信，支持羅伯獲得美國家具製造協會的「傑出服務獎」提名。整個大家族都到場支持，包括他的父親史皮曼。當時史皮曼雖然病了，但還能行動。

「史皮曼對我很好，我感謝他，接著他開始談到本來應該可以怎樣。我說：『史皮曼，別再說了，我的錯可能跟你的一樣多。』」

那時道歉為時已晚，再談任何假設狀況也於事無補，那也是他們兩人最後一次見面，如果JBIII無意和姊夫回顧昔日的種種，四年後他肯定也不會想和我回顧那些往事。

Epilogue

The Smith River Twitch

史密斯河癮頭

我越過界線，進入往昔依舊活靈活現的地區，昔日的幽魂仍主宰這裡的一切。

——亨利．文賽克（Henry Wiencek），《海爾斯頓家族》（*The Hairstons*）

◆

我趁著最後幾次造訪貝賽特鎮的機會，終於跟著貝賽特歷史文化中心的圖書館員羅斯一起參觀當地。JD先生在貝賽特鎮發跡不久，她的家人就遷來這裡定居了。她的祖父就是那個負責關閉鍋爐的電箱開關，使全鎮的電燈都為之閃爍的人。

我為本書採訪時，羅斯比任何人都在意我把正確的細節收錄到書中，以及肯定勞工及創辦人的貢獻。每次我問起令人不安的事實時，她總是說：「那是歷史，妳既然發現了，又確有此事，妳的職責就是把它陳述出來。」

羅斯七十歲，一年前已正式退休，但現在仍來中心擔任志工。志工通常會帶巧克力來，如果有人開四十五分鐘的車去丹維爾市購物，通常會順路去一家以雞肉沙拉出名的中城市場（Midtown Market）採買（雞肉沙拉的美味關鍵在於鮮嫩雞肉，少量蛋黃醬，不放雞蛋）。歷史中心的廚房裡有好幾盒雞肉沙拉，有如天賜美味，那是志工為研究人員和記者免費準備的。

JD 先生的女傭瑪麗・亨特的故事，是羅斯的女兒安・馬莉（Anne Marie）在七年級時寫的。為了那篇故事，馬莉訪問了接替瑪麗・亨特擔任女傭的葛蕾希・韋德，那時葛蕾希已近九十歲，仍為史皮曼家族準備聖誕大餐，仍自己整理卡弗巷的小園圃。孫子堅持她一定要用手杖，她喜歡把手杖放在園藝推車裡，推著小推車到菜圃裡幹活。那樣一來，孩子意外來訪時，她就可以馬上抓起手杖，假裝一直在用。

葛蕾希過世前不久，JBIII 正好撞見她那樣做。JBIII 鮮少返鄉，他回貝賽特鎮時，通常是去貝賽特鏡子公司開董事會，每次都一定會順道去葛蕾希家，抱抱她並留下「一點錢」。

他告訴我：「等我抵達天國之門，聖彼得問我『這裡你認識誰？』時，我一定會先報上葛蕾希的名字，因為我知道她會幫我說好話。」

像貝賽特那樣的地方是需要時間才能瞭解的，那裡混雜了地理和歷史，鐵絲網和大藍鷺，搖搖欲墜的龐然磚砌建築，以及在山坡上屹立不動的小拖車。

這裡需要耐心地明察暗訪，才能找到社群裡的人。幸運的話，會有羅斯那樣的人提供協助。她幫我看清全球化對她心愛的家鄉產生的影響，細膩到連夜晚照亮歷史中心的路燈也為我說明。自從貝賽特家具不再提供鎮上的公共照明，居民開始募款支應那些費用——每年每支路燈的花費是七百二十美元——不過，有些事業後來放棄捐助，移除了路燈。

當我終於找到機會請羅斯帶我走一趟貝賽特鎮時，其實已經有許多人開車載我參觀過那個城鎮了。我搭過莫頓的老舊賓士車，也曾經請喬尼爾開著我的速霸陸（Subaru）載著我參觀（多年來他還是比較喜歡自己開車，而不是搭車）。我也曾站在我的車頂，請七十歲的理髮師科伊抓住我的腳踝，以避免我和相機一起跌到鐵軌上，只為了幫一九三〇年代貝賽特鎮繁華的市區拍出如今有如廢城的版本。

那是二〇一三年五月，羅斯想帶我去看她家附近的一個東西。她開車時，經過母校約翰貝賽特高校（一九六〇年畢業班）。現在那裡是一位老同學經營的病歷儲藏中心，他把以前學校的健身房開放給老年人復健，每週開放兩個上午（他也從那個校區經營食物和衣服救濟站）。我們經過小型的公司宿舍，如今有些宿舍是租給來這裡垂釣鱒魚的人，或是來看馬汀維爾賽車的NASCAR車迷。眾所皆知，馬汀維爾的冬季仍有個令人趨之若鶩的區域象徵：瑞仕威老爺鐘（Ridgeway grandfather clock）。不過，那些鐘已經不在亨利郡的瑞仕威小村裡製作了。[394]

它們跟多數的東西一樣，也是在中國製造。[395]

途中，羅斯先開車到黑人教會後方的黑人墓園，教會隔壁的回收中心就是瑪麗亨特小學的舊址。我一直想探訪瑪麗·亨特的墳墓好幾個月了。羅斯在車上等我，我自己沿著雜草叢生的小路和坍倒的墓碑往裡面走去，看到很多海爾斯頓、費尼、巴伯家族的墓碑，偏偏就是沒看到瑪麗·亨特的。

一九二〇年羅塞拉·強森（Rosella Johnson）過世時還不到三歲，她的墓碑倒在地上，碑上印著**逝去但不遺忘**，上面覆蓋了常春花蔓藤和枝條。

看到摩西·穆爾牧師（Moses E. Moore，1866-1929）的墳墓時，我想起許多重建時期的家具勞工從教會及來生的承諾中獲得慰藉。牧師的父母是在亨利郡的蓄奴區成長，他母親的最後一位主人是喬治·德夏洛（George DeShazo），父親的最後一位主人是貝西·穆爾（Betsy Moore）。[396] 一九二〇年，他是五十六歲的黑白混血家具勞工，住在馬場，兼任牧師，和妻子及六個孩子住在租賃的農舍裡。[397]

我突然想到，我可能在老鎮早期的照片中看過他時（當時老鎮是當地唯一有家具廠的地方），全身起了雞皮疙瘩。他可能就是那個站在一群黑人中膚色較淡的人，穿著工作服，拿著帽子。

他的墓碑上覆蓋著苔蘚，沒被擋住，保存完好，頂部刻著聖經，下方以半草書刻著：上天能療癒世間一切悲苦。

◆

那是個美好的五月天，羅斯和我看著穿著防水褲的男人站在史密斯河的潺潺流水中垂釣。羅斯的家在俯瞰小鎮的山脊上，我們從那裡看到了目的地。

哈利．弗格森（Harry Ferguson）正要回到挖土機上，他是專門清除工廠廢墟的人員。穿著危害性物料（HAZMAT）工作服的包商和拆除大隊離開貝賽特優越線後，換他上場。他的任務是把剩下的一切清除掩埋。

卡車已經把那些混凝土和磚塊運來這裡，總共四萬五千噸，讓某個地主（貝賽特的親戚）用來填充屋後的山溝。貝賽特優越線的殘留物，最後是用來拓展有錢人的草坪。

弗格森說：「十年前，如果你告訴貝賽特鎮的人，我今天會來這裡掩埋這家工廠，他們會說你瘋了。」

弗格森把地填平以後，那裡就會撒上牧草種子，就像貝賽特優越線的原址那樣。羅伯告訴我，他也不知道公司要如何處理工廠夷平後栽種出來的新草坪。公司已經讓鎮上的志工每週在老車站開農夫市集了，老鎮的草坪則是辦秋季貝賽特傳承節的地點。[398] 也許貝賽特優越線後方的土地因靠近史密斯河，可以和鎮上日益蓬勃發展的林蔭道路及划艇站結合。羅伯說：「或許將來可以把這裡變成小巧雅致的景點，用來訴說我們的品牌故事。」那說法讓我想起豐收社群基金會一再提到的一句經濟發展宣言：

這條河總不能移到中國吧！

◆

兩週後，我搭著船往史密斯河而去。上一週那裡才剛下過大雨，上游的菲爾波特水壩正處於洩洪發電的狀態。我的船在支流上飄盪約三十秒，就抵達了史密斯河。原本想像的悠閒划水，頓時變成了泛舟。我的導遊是吉姆·弗蘭克林（Jim Franklin），七十三歲，在貝賽特膠合板廠工作了三十四年，現在是浮舟漁民。

我們經過仍屹立的廢棄工廠時，他一一指出那些工廠的名稱。他說他親自去貝賽特優越線和老鎮廠撿回一些混凝土和磚塊，把那些硬塊放在河岸以防止河岸受蝕，並指出那些硬塊的所在。

他撐著獨木舟前進，我划著皮筏。當水流不急，不需要我們全神貫注划行時，他在梧桐樹和灌木組成的樹蓬下講述故事。那裡充滿了野生動物，一隻加拿大雁帶著三隻小雁在河岸漫游，一隻大藍鷺跟著我們移動，每隔幾分鐘就飛到我們前面，停在新的監視點。氣溫是攝氏十八度，水溫一如既往是五度，那是大家常在史密斯河釣魚，但鮮少游泳的原因；也是鱒魚覺得這裡是理想環境的因素。

我完全泡在史密斯河裡，接受河水的洗禮，是在繞過史丹利老家具廠附近的彎道之後。一支巨大的樹幹擋住了大部分的水路，弗蘭克林熟練地划過左邊狹窄的水道，我則因錯誤的遲疑，划向錯誤的方向，導致皮筏和樹幹平行，水流朝我湧來。

一切來得太突然，泡入水裡的感覺冰冷刺骨。我卡在樹幹和皮筏之間一下子，冒出水面時猛咳，接著涉過冰水，走向弗蘭克林的獨木舟。我們一起划完剩下的急流，他在舟上，我在舟外，胳膊勾著舟。「沒事了，沒事了！」弗蘭克林安慰我。

不久，我已經不行了，雙腳發麻。擔心身體失溫，我連忙轉向陡峭泥濘的河岸，那裡布滿了有毒的常春藤。

吉姆繼續往下游前進，在湍急的水流中無法停下獨木舟。他大喊：「我跟妳在路上會合！」接著就消失在彎道後了。

我渾身刮痕，瑟瑟發抖，約莫十分鐘後，我從史丹利鎮購物商場附近的樹林間走了出來，來到家元折扣零售店的後方。我的雷朋太陽眼鏡和綁馬尾的髮圈，連同我的尊嚴，都沉到河底了。當我頂著糾結的亂髮，拖著扯破的褲子和泥濘的涼鞋從樹叢裡冒出來時，從店裡拿出垃圾的女人嚇了一跳。我看起來像瘋婆子，也像報紙上刊登的吸毒犯，她不禁搖了搖頭。

「我不會過問的。」她只丟下一句就匆匆回到店內。

羅斯帶著毛毯，來隔壁的CVS藥局接我。不久我們就找到弗蘭克林，他請一小群工廠的老夥伴沿著河流找我。他們拉起皮筏，以免它漂到下游太遠。弗蘭克林甚至幫我撿起了掉在河岸的泡水筆記本，裡頭的草寫字跡仍可辨識。

◆

貝賽特鎮的人希望有人訴說他們的故事。

企業高管可以自顧自地繼續在鎮上開車（有些人是從外州通勤來上班），但貝賽特鎮的本地人把那些拆廠後留作紀念的磚塊擺在書架上，把以前工廠的地基硬塊堆在河岸上。他們用這種小小的標記，來紀念十年來逐一消失的煙囪及生活方式。

世界不是平的，他們希望有人見證這點，希望有人描述北美自由貿易協定（NAFTA）、WTO，以及無能的貿易調整協助方案（TAA）等等逐漸屠殺美國小鎮的過程，這些都是遙遠的人們促成，但那些人從來沒用心想過全球化造成的完整結果。

所以才會有個局外人為了找瑪麗．亨特的墳墓，特地跑來貝賽特鎮三趟。羅斯幫我打了好幾通電話，最後終於找到有人確切知道該往哪裡找：在教堂的另一端，陡峭的河岸上，覆蓋著雜草，裡面充滿了恙蟎和野蛇。

羅斯擔心地在車上等候，我爬上河岸，吹哨子以打出安全信號。我攀爬五分鐘後，發現生鏽的鐵絲網包圍著瑪麗．亨特的墳墓。那是裝飾較多的老式風格，頂端扇形邊緣有波狀金屬線纏繞著，四面裡的其中一面已經往裡頭的石頭塌陷，彷彿倚著楞杖。

最近的大雨沖了一層泥在灰色大理石碑的底部，石碑上方刻著她的名字，名字兩旁有雛菊雕飾。姓氏Hunter裡的 u 上有黃蜂築起的厚實泥巢。

名字下方是逝世日期，整個墳墓隱藏在這個雜草叢生的墓地，可能離 JD 先生遭到竊盜的陵墓有一英里。墓碑上刻著：

紀念瑪麗．亨特

J．D．貝賽特夫婦的忠僕

這是美國的歷史，遺忘在藍嶺山麓間，埋藏在侵略性的亞洲進口風潮中，有如一片蔓生的野葛。

◆

幾週前，我說我想從貝賽特優越線的掩埋區拿一塊紅磚做紀念，弗格森從掩埋堆裡抽出一塊，煞有介事地剝除上面的灰泥，才小心翼翼地交給我，就像捧著熟睡嬰兒或發酵麵包一樣細心。他和我都知道，這塊紅磚並不代表從史密斯河畔到詩都阿佐泥坑的家具製造世界。

但磚塊在五月陽光的照射下，捧在手心裡感覺格外溫暖，而且扎實。不久，弗格森正眼看著我，我們都不發一語，彼此心知肚明：「要是能挽回這一切，有些人說什麼也願意像蛇一樣爬著回去。」

Appendix

A Virginia Furniture Dynasty

維吉尼亞州的家具王朝

維吉尼亞州的家具公司，大都是在大家長老約翰・貝賽特的贊助下成立。他自己創造了業界競爭，也對每家關係企業握有些許的掌控權。他讓這些關係企業與族譜緊密交錯，促成了貝賽特家具、胡克家具、史丹利家具、逢恩家具、逢恩—貝賽特家具等公司，以及世世代代的家族財富。

左圖從家族的綿延顯示事業的拓展。

查爾斯・貝賽特
Charles Columbus Bassett（CC）
與 JD 是事業夥伴。妻子為羅希・航德利（Roxie Hundley），與波卡杭特絲（CC 的大嫂）是姊妹。

CC 是 JD 的弟弟

老約翰・D・貝賽特（1866-1965）
John D. Bassett（JD）
妻子為波卡杭特絲・航德利（Pocahontas Hundley），1902 年和 CC 及妹婿共創貝賽特家具公司。

梅柏・胡克
Mabel Hooker
嫁給克萊德・胡克（Clyde Hooker），1924 年克萊德・胡克創立胡克家具公司。

艾薇絲・魏弗
Avis Weaver
嫁給 R.E. 魏弗（R.E. Weaver）。1932 年 R.E. 魏弗創立魏弗鏡子公司。

約翰・艾德・貝賽特
John Ed Bassett
1966-1979 年，艾德先生經營貝賽特家具。

布蘭奇・逢恩
Blanche Vaughan
嫁給泰勒・逢恩（Taylor Vaughan）。1923 年泰勒・逢恩在加萊克鎮創立逢恩家具。

邦洋・逢恩
Bunyan Vaughan
泰勒・逢恩的哥哥，1919 年創立逢恩—貝賽特家具。

小約翰・D・貝賽特
John D. Bassett Jr.（道格）
1960-1966 年擔任貝賽特家具執行長，也是貝賽特—沃克紡織董事長。

安・貝賽特 Anne Bassett
嫁給 T・B・史丹利（T.B. Stanley）。1924 年 TB・史丹利創立史丹利家具。

弗瑞德・史丹利
Fred Stanley
T・B・史丹利的姪子，1955 年創立普拉斯基家具（Pulaski）。

威廉・貝賽特
William Bassett（WM）
經營 WM 貝賽特家具，後併入貝賽特家具。

米莉・藍恩 Minnie Lane
嫁給 B.B. 藍恩（B.B. Lane）。B.B. 是藍恩家具（Lane Furniture）董事長。

珍・史皮曼 Jane Spilman
嫁給鮑勃・史皮曼（Bob Spilman）。1979-1997 年鮑勃擔任貝賽特家具執行長。

鮑勃・史皮曼
Bob Spilman

約翰・D・貝賽特三世（JBIII）
妻子為派翠莎・逢恩・艾克審（Patricia Vaughan Exum）——波卡杭特絲・航德利的妹妹，瑪麗・珍・航德利・柏吉（Mary Jane Hundely Burge）的曾孫女，也是邦洋・逢恩的孫女。1962-1982 年 JBIII 在貝賽特家具擔任管理者；1983 年轉到逢恩—貝賽特家具，2007 年起擔任執行長至今。

羅伯・史皮曼
Rob Spilman
珍和鮑勃・史皮曼之子。2000 年起擔任貝賽特家具執行長。

道革・貝賽特
Doug Bassett
逢恩—貝賽特家具總裁。

懷亞特・貝賽特
Wyatt Bassett
逢恩—貝賽特家具執行長。

法蘭西絲・逢恩・貝賽特・普爾
Frances Vaughan Bassett Poole
逢恩—貝賽特家具董事。

Acknowledgments

謝辭

這本書的靈感，來自於攝影師索雷斯發現、探索、記錄下來的一套影像，他不僅注意到多數人只會開車經過的事情，還停下來瞭解五百多萬名因全球化而失業的老百姓。我原本是按照《羅安諾克時報》的編輯卡羅・泰倫（Carole Tarrant）和布萊恩・凱利（Brian Kelley）的指示，在執行編輯邁克・史托（Michael Stowe）和發行人黛比・米德（Debbie Meade）的支持下，配合索雷斯的攝影撰寫報導，本書就是從那個系列報導延伸出來的。

任職於鑄造文學媒體公司（Foundry Literary + Media）的經紀人彼得・麥魁根（Peter McGuigan）在同仁布雷・惠特（Bret Witter）、麥特・懷斯（Matt Wise）、克斯登・紐豪斯（Kirsten Neuhaus）的協助下，以熱情、智慧、幽默塑造了這本書的所有元素。此外，我也要感謝以下諸位記者、作者、朋友在過程中提供的鼓舞、試讀或睿智建議：羅蘭・拉贊比（Roland Lazenby）、羅夫・貝瑞爾（Ralph Berrier Jr.）、安榷雅・彼策（Andrea Pitzer）、傑夫・豪（Jeff Howe）、蓋瑞・奈特（Gary Knight）、瑪莎・貝賓潔（Martha Bebinger）、艾利莎・夸特（Alissa Quart）、安妮・雅各森（Annie Jacobsen）、吉姆・斯蒂爾（Jim Steele）、瑪麗・畢夏普（Mary Bishop）、瑪格麗特・紐柯克（Margaret Newkirk）、山卡・沃單坦（Shankar Vedantam）、馬賽拉・瓦德斯（Marcela Valdes）、約翰・貝克曼（John Beckman）、龐德・尼克斯（Bond Nickles）、蕾・安妮・凱利（Leigh Anne Kelley）、喬許・梅爾澤（Josh Meltzer）、凱特琳・波蘭茲（Katelyn Polantz）、迦瑪・德喬希（Gemma de'Choisy）、凱文・賽特（Kevin Sites）、麗莎・穆林斯（Lisa Mullins）、奧德拉・昂（Audra Ang）、喬・威爾森（Joe Wilson）、喬登・菲弗（Jordan Fifer）、史蒂芬妮・克萊—戴維斯（Stephanie Klein-Davis）、邁克・哈德森（Mike Hudson）、達西・史坦克（Darcey Steinke）、蘇・林賽（Sue Lindsey）、雪倫・拉波伯（Sharon Rapoport）、威爾・弗萊徹（Will Fletcher）、丹・克勞福（Dan Crawford）、艾達・羅傑斯（Aida Rogers）、喬・史汀奈（Joe Stinnett）、喬納森・科爾曼（Jonathan Coleman）、依芙里歐・康垂拉斯（Evelio Contreras）、克雷・薛基（Clay Shirky）。

在立透與布朗出版社（Little, Brown and Company），執行主編約翰・帕斯利（John Parsley）帶著好奇心、疑惑與善意，編輯整本書的字字句句。出版社的其他熱情支持者也包括以下幾位：馬林・馮・悠拉—霍根（Malin von Euler-Hogan）、莎拉・墨菲（Sarah Murphy）、阿曼達・布朗（Amanda Brown）、菲奧娜・布朗（Fiona Brown）、崔西・羅伊（Tracy Roe）、邁克・皮耶屈（Michael Pietsch）、茱蒂・克蘭（Judy Clain）、珍妮・雅菲・坎布（Jayne Yaffe Kemp）、海倫・托賓（Helen Tobin）、米瑞恩・帕克（Miriam Parker）。

在出差、財務、以及其他協助方面（例如飛到亞洲採訪再回來），我非常感謝歐赫柏創傷新聞協會（Ochberg Society for Trauma Journalism）的慷慨贊助，尤其感謝迪爾德・史托洛—葛瑞菲斯（Deirdre Stoelzle-Graves）、法蘭克・歐赫柏醫生（Frank Ochberg）、傑夫・凱利・洛溫斯坦（Jeff Kelly

Lowenstein），以及盧卡斯獎專案（Lukas Prize Project，哥倫比亞新聞學院和哈佛大學的尼曼新聞基金會合辦），尤其是麗莎・瑞德（Lisa Redd）、吉恩・弗曼（Gene Foreman）、鮑伯・吉爾斯（Bob Giles）、南希・吉爾斯（Nancy Giles）、雪耶・阿哈特（Shaye Areheart）、詹姆斯・吉爾利（James Geary）、艾倫・圖托（Ellen Tuttle）、安・瑪麗・利平斯基（Ann Marie Lipinski）。我也想感謝維吉尼亞創意藝術中心提供寫稿場地。

這一路走來，衷心感謝以下諸位親友的支持。他們肯定聽我談家具業的故事都聽膩了，但通常都不好意思當面拒絕我：克里斯・亨森（Chris Henson）、康妮・亨森（Connie Henson）、安吉拉・查爾頓（Angela Charlton）、珍娜・史汪（Jenna Swann）、查特・懷斯（Chet Weiss）、艾德・沃克（Ed Walker）、凱瑟琳・沃克（Katherine Walker）、貝西・班南（Betsy Bannan）、蓋瑞・班南（Gerry Bannan）、弗朗西斯・韋斯特（Frances West）、李・韋斯特（Lee West）、珍・惠泰克（Jean Whitaker）、史考特・惠泰克（Scott Whitaker）、莎拉・梅西・史雷克（Sarah Macy Slack）、提姆・梅西（Tim Macy）、克里斯・蘭登（Chris Landon）、比爾・蘭登（Bill Landon）、芭芭拉・蘭登（Barbara Landon）、弗洛斯提・蘭登（Frosty Landon）、克羅耶・蘭登（Chloe Landon）。維吉尼亞州帕克威釀酒公司（Parkway Brewing Company）的雷斯利・施奈德（Lezlie Snyder）和奇諾・施奈德（Keno Snyder）值得在此特別提起，他們為了慶祝本書的出版，推出美國製佳釀：工廠女孩淡啤（Factory Girl Pale Ale）。我兒子邁克斯・蘭登（Max Landon）和威爾・蘭登（Will Landon）通常很包容我不常下廚烹飪，他們在我需要時，總是給我即時的擁抱。

承蒙以下多位專家的指導，我才瞭解家具製作的專業：喬爾・雪佛（Joel Shepherd）、邁克・米克朗（Mike Micklem）、傑瑞・艾伯森（Jerry Epperson）、史蒂夫・沃克（Steve Walker）、阿特・雷蒙

（Art Raymond）、喬・米鐸斯（Joe Meadors）、巴克・蓋爾（Buck Gale）、史班塞・莫頓（Spencer Morten）、羅伯・史皮曼（Rob Spilman）、大衛・威廉斯（David Williams）、魯本・史考特（Reuben Scott）、已故的鮑勃・梅里曼（Bob Merriman），以及史丹利家具公司駐印尼那幾位大方分享的員工理查・雷傑（Richard Ledger）、吉姆・費布里恩（Jim Febrian）、傑瑞・霍爾（Jerry Hall）、迪尼・馬塔里尼（Dini Martarini）。衷心感謝也誠摯希望史丹利家具羅賓斯維爾廠的勞工能順利重新就業，他們二○一四年四月得知工廠很快就會重新啟用了。

身為貿然研究某個產業的記者，寫的又是商業媒體與專業雜誌關注已久的產業，我特別感謝《今日家具》今昔的記者〔尤其是鮑威爾・斯洛特（Powell Slaughter）、托馬斯・羅素（Thomas Russell）、克林・恩格爾（Clint Engel）〕，《華爾街日報》的提摩西・艾佩爾（Timothy Aeppel）和詹姆斯・哈格蒂（James R. Hagerty）、《馬汀維爾公報》的吉妮・沃瑞（Jinny Wray）和黛比・霍爾（Debbie Hall）、《羅安諾克時報》的梅根・施納貝爾（Megan Schnabel）、鄧肯・亞當斯（Duncan Adams）、喬治・凱格里（George Kegley）、傑夫・史德俊（Jeff Sturgeon）、麥特・奇屯（Matt Chittum），以及優秀的班・比格（Ben Beagle）、《加萊克公報》的查克・布瑞斯（Chuck Burress）、《維吉尼亞商業》雜誌的艾斯特爾・傑克森（Estelle Jackson）。感謝美國家具名人堂分享他們的口述歷史，以及杜根撰寫的《家具大戰》，那本書是我摺頁註記最多的參考資訊之一。

羅安諾克的史學家克恩對貝賽特家具裡早期黑人勞工的研究，以及陶樂熙・克里爾（Dorothy Cleal）和希朗・賀伯特（Hiram H. Herbert）合著的《先見、創業者與堅毅：維吉尼亞州馬汀維爾與亨利郡的家具業成長》（*Foresight, Founders, and Fortitude: The Growth of Industry in Martinsville and Henry County, Virginia*）都對我幫助極大。張彤禾（Leslie T. Chang）的《工廠女孩》（*Factory Girls: From Village to City in a Changing China*）幫我從地球的彼端瞭解產業外移的人文面。關於維吉尼亞州皮得蒙區南部及美國整體的種族複雜狀況，找不到比亨利・文賽克（Henry Wiencek）的《海爾斯頓家族》（*The Hairstons: An American Family in Black and White*）更詳細的著作了。

感謝約翰・貝賽特夫婦、理查・史丹利・雀坦（Richard Stanley Chatham）、戴斯蒙・肯德里克（Desmond Kendrick）、貝賽特家具的羅伯・史皮曼、約翰・納恩（John Nunn）、約翰・哈里斯（John B. Harris）、娜歐米・哈吉—繆斯（Naomi Hodge-Muse）、多瑞莎・艾斯提茲（Doretha Estes）、科伊・洋（Coy Young）分享的資料，尤其感謝貝賽特歷史中心的協助。在熱情款待及展現社群意識方面，沒有人比長年居住在貝賽特鎮的喬尼爾和瑪麗・湯馬斯夫婦待我更和善，每次他們都會協助我開車經過門前的小橋。二〇一三年十一月十九日，瑪麗過世，享年八十一歲，她的喪禮擠滿了弔謁的人群，場面莊嚴。上台緬懷致詞的人驚嘆她的「萬能包」（「不管你需要什麼，那個包包裡都有」）以及家傳療法，尤其是紓解燒燙傷的秘方，她可以親自幫你療癒，透過電話療癒也行（「你可以感受到灼熱感離你而去」）。

在萬能圖書館員方面，美國國際貿易委員會的比爾・畢夏普（Bill Bishop）教我如何查閱臥室家具反傾銷案的數千份文件。《羅安諾克時報》的貝琳達・哈里斯（Belinda Harris）找出老照片和舊報導，幫忙整理裁員的資料。馬汀維爾—亨利郡經濟發展公司（Martinsville-Henry County Economic Development Corporation）的史賓塞・強森（Spencer Johnson）及加萊克鎮的雷・科爾（Ray Kohl）幫忙翻找了大量關於勞力變更型態的資料。謝謝貝賽特歷史中心的志工和員工的熱情招待，二〇一二年夏季，他們讓我占用了研究室的大部分空間。至於最佳事實查證及人口調查獎，貝賽特歷史中心的館長派特・羅斯當之無愧。羅斯有直言不諱的助理安・科普蘭（Anne Copeland）從旁協助，科普蘭那天看我泡入史密斯河後全身溼透、瑟瑟發抖，不禁扮了鬼臉。那時我裹著羅斯的毛毯，坐在羅斯的車內，車內的暖氣開到最強。

我知道科普蘭一定會走到停車場來看我的模樣。果然，她瞪大眼睛走出來說：「現在妳不得不把這本書獻給她了吧？」

在逢恩—貝賽特，懷亞特花了數個小時為我解說反傾銷案子的複雜細節，道革、布蘭納、史托特、喬伊絲・菲利普斯（Joyce Phillips）、石玫瑰、派翠莎、希拉跟我分享了許多見解。感謝約翰・貝賽特三世不分晝夜打了三百多通電話給我，以獨特的宏亮嗓門跟我對話，來電時從來不先打招呼及報上大名。你雖然不是最容易交談的對象，但總是相當有趣，也充滿樂趣。不是每個人都有他那個本事，一邊解釋獵鳥的細節和中國的外匯操縱，一邊開黃腔。

感謝每位對我掏心掏肺的失業工廠勞工以及如今尚未充分就業的前工廠勞工，尤其是汪達・波度，這本書是為你們寫的。

最後，我要感謝我先生湯姆・蘭登（Tom Landon）給我的支持鼓勵及一切。

Notes

註釋

序幕——通往大連的滾滾塵路

訪談：JBIII、懷亞特、石玫瑰。

1 張彤禾的《工廠女孩》指出，截至二〇〇八年，共有一．三億中國人從鄉村遷居城市。根據陳玉宇（Yuyu Chen）、金哲（Ginger Zhe Jin）、岳陽（Yang Yue）合撰的〈Peer Migration in China〉（NBER Working Paper Series, vol. w15671〔二〇一〇年一月〕），截至二〇一〇年，那數字增為一．五億人。二〇一二年，近一．六億移工住在中國的城市裡（〈The Largest Migration in History〉，《經濟學人》，二〇一二年二月二十四日）。

一　警訊

訪談：哈吉—繆斯、萬普勒、雪佛、索雷斯、波度、裴根絲、托馬森、韓邁克、魏雀、瑞德、威瑟斯、瑪莎．貝利（Marcia Bailey）。

2 http://jaredsoares.com/index.php?/project/martinsville/。

3 〈Covering the Great Recession〉，皮尤研究中心的「新聞卓越專案」（Project for Excellence in Journalism），二〇〇九年十月五日。

4 無記錄，但當地普遍這麼認為，維吉尼亞州的媒體也經常如此報導，從《馬汀維爾公報》、《藍嶺戶外》（*Blue Ridge Outdoors*）到《里奇蒙快報》（*Richmond Times-Dispatch*）都提過。

5 維吉尼亞州就業委員會和馬汀維爾—亨利郡經濟發展委員會的馬克．希斯（Mark Heath）接受筆者採訪，二〇一二年二月九日。

6 克蘭認罪，二〇一二年六月定罪，判處一年一個月的徒刑，罰款近九十七萬美元。艾利森・帕克（Alison Parker），〈Silas Crane Pleaded Guilty in Court Wednesday Morning〉，二〇一二年六月十三日，WDBJ7.com。

7 亨利郡助理聯邦檢察官威瑟斯提到，愈來愈多從廢棄工廠，甚至教會，竊取銅線的案件。商店偷竊和毒品相關的非法闖入案件也持續增加。

8 在一九六〇年代的巔峰，位於維吉尼亞州阿塔維斯塔的藍恩家具公司在五個州經營十七家工廠。他們推廣的迷你杉木櫃計畫一度非常熱門，近三分之二的美國高中畢業女性獲得他們的證書。

9 http://www.ebay.com/itm/1948-Lane-Cedar-Hope-Chest-Wanda-Hendrix-vintage-2pg-ad-/150536985049?pt=LH_DefaultDomain_0&hash=item230cb419d9。

10 約瑟夫・熊彼得（Joseph Schumpeter, 1883–1950）創造這個詞，以描述自由市場追求進步的混亂方式。他稱資本主義是「創造性破壞的永恆風暴」。

11 全球化的效益出現在佛里曼的著作《世界是平的》第一四三頁。他是引用摩根士丹利一篇刊在《財星》雜誌上的研究（二〇〇四年十月四日）。

12 漢威聯合宣布把電路板業務外包時，它的前員工在厄巴納市創立了電路板組裝供應商薩里卡製造公司（Sarica Manufacturing Company）。厄巴納經濟發展協調員貝利指出，薩里卡總共雇用九十名員工。

二　最原始的外包者

訪談：羅斯、珍・史皮曼、克恩、瑪麗・伊麗莎白・莫頓、史班塞・莫頓、JBIII、派翠莎。

---

13 貝賽特鎮是一八〇〇年代末期劃分基層司法管轄區以前，在「馬場」上建起的。貝賽特鎮的土地現在屬於瑞德溪區（Reed Creek）的一部分。

14 一九三五年北卡羅來納州梅奧丹（Mayodan）的梅波・柯曼（Mabel Coleman）在信裡的描述。該信收藏在馬汀維爾—亨利郡博物館裡。柯曼為了學校作業寫信給ＪＤ先生，請他送一台單車給她，作為聖誕禮物。不確定ＪＤ先生是否買了單車，但他把小女孩的信留下來了。

15 霍華德・懷特（Howard White）在貝賽特鎮成長，長年擔任廠長，一九三九年開始在聯邦調查局工作，二〇一二年七月三十日接受筆者採訪。

16 Malcolm Donald Coe 編輯的《Our Proud Heritage》（Bassett, VA: Bassett Printing Corporation, 1969）。

17 一八四〇年的人口普查資料顯示，亨利郡有兩千八百五十二名奴隸，占人口的四一%。四分之一的維吉尼亞州人擁有奴隸，州裡最大的蓄奴者（也是當時南方的一大蓄奴者）是亨利郡的薩繆爾·海爾斯頓。文賽克的《海爾斯頓家族》指出，他的家族在數個菸草園裡有一千六百名奴隸。

18 克恩接受筆者採訪，二〇一二年六月十五日。

19 梅西，〈Lingering Racial Divide Clouds Foundation's Efforts〉，《羅安諾克時報》，二〇一二年三月十八日。

20 〈馬汀維爾和亨利郡史觀〉（Martinsville & Henry County—Historic Views），馬汀維爾—亨利郡婦女會，一九七六年。

21 取自二〇一〇年美國普查，那是第一次人口普查的資料，馬汀維爾的白人是少數，拉美裔人口占三·九%。

22 詳見安·貝賽特·史丹利·雀坦（Anne Bassett Stanley Chatham）撰寫的《新世界及西遷的潮水家族》（*Tidewater Families of the New World and Their Westward Migrations*）（Austin, Texas: Historical Publications, 1996），627–30。

23 一八六〇年，維吉尼亞州有四十九萬零八百六十五名奴隸，占人口的三一%。見大衛·芬伯格（David Feinberg）編輯的〈Slavery in Virginia: A Selected Bibliography〉（維吉尼亞圖書館，二〇〇七年）。

24 雀坦，《新世界及西遷的潮水家族》。

25 一八六〇年亨利郡的蓄奴時間表及人口普查記錄。

26 雀坦，《新世界及西遷的潮水家族》。

27 斯考金（J. L. Scoggin）在一九三二年的《貝賽特期刊》（*Bassett Journal*）裡對 JD 先生工作態度的描述。

28 雀坦，《新世界及西遷的潮水家族》，665。

29 〈馬汀維爾和亨利郡史觀〉指出，一九〇〇年有四家菸草工廠在城市裡製造嚼菸。

30 亨利郡在富蘭克林郡的正南方，是麥特·邦杜然（Matt Bondurant）的小說《溼地傳奇》（*The Wettest County in the World*）及改編電影《無法無天》（*Lawless*）的靈感來源，兩者都是談該區的非法釀酒活動。

31 瑪麗·伊麗莎白·莫頓記錄的〈祖父母的回憶〉，由雀坦收錄於《新世界及西遷的潮水家族》。原始的郵局證書把那個地方稱為 Bassetts（加了 s），最早的郵政局長是約翰·亨利·巴塞特，不是他的兒子。

32 〈Big Oaks Prompted Industry〉，《馬汀維爾公報》，一九六四年。

33 JD 先生的訃文，《馬汀維爾公報》，一九六五年三月一日。

34 安・喬伊斯（Ann Joyce），〈J. D. Bassett Sr. Notes His 92nd Birthday〉，《馬汀維爾公報》，一九五九年。

35 JBIII、派翠莎、珍・史皮曼、瑪麗・伊麗莎白・莫頓，以及多位孫子接受筆者採訪。

36 一八八八年托馬斯・伍仁（Thomas Wrenn）創立高點家具公司（High Point Furniture Company），一九〇〇年高點市已有十二家家具製造商。北卡羅來納州勒努瓦的邦賀家具（Bernhardt Furniture）是創立於一八八九年，北卡羅來納州萊星頓鎮的萊星頓家具是創立於一九〇一年。約翰・詹姆斯・卡特（John James Cater），〈The Rise of the Furniture Manufacturing Industry in Western North Carolina and Virginia〉，《Management Decision》43 (2005): 906–24。

37 雀坦在《新世界及西遷的潮水家族》中引用瑪麗・伊麗莎白・莫頓的說法，675。

38 陶樂熙・克里爾（Dorothy Cleal）和希朗・賀伯特（Hiram H. Herbert）合著的《先見、創業者與堅毅：維吉尼亞州馬汀維爾與亨利郡的家具業成長》（*Foresight, Founders, and Fortitude: The Growth of Industry in Martinsville and Henry County, Virginia*）（Bassett, VA: Bassett Print Corporation, 1970）。

39 雀坦，《新世界及西遷的潮水家族》，666。

40 史學家李斯頓・波普（Liston Pope）提到，工人認為「全家人盡早工作是理所當然的事……他們的家族成員繁多，人數甚至超過東部移民，所以有許多勞力人口。」參見波普，《Millhands and Preachers》（New Haven: Yale University Press, 1942）。

41 克里爾和賀伯特，《先見、創業者與堅毅》。

42 貝賽特歷史中心和羅伯・史皮曼接受筆者採訪，二〇一三年五月二日。

43 克里爾和賀伯特，《先見、創業者與堅毅》。退休的業界高管及企管教授杜根在《家具大戰》裡寫道：「在沒有工會、資金又充裕的環境裡，南方因勞力成本便宜，吸引了數百家紡織廠進駐。」（Conover, NC: Goosepen Press, 2009）。

44 莫頓接受筆者採訪，二〇一二年六月二十九日。

45 一九一七年十二月原始的老鎮廠起火時，全鎮的人排成一列，到史密斯河提水灌救，但火勢太大，工廠付之一炬。公司馬上以磚頭重蓋工廠。《亨利公報》（*Henry Bulletin*）報導，一九一八年。

46 《維吉尼亞州的歷史》（*History of Virginia*），有關 JD 先生的條目（Chicago and New York: American Historical Society, 1924）。

47 克里爾和賀伯特，《先見、創業者與堅毅》。

48 JBIII 接受筆者採訪，二〇一三年四月二十六日。

49 JD先生的孫女米莉・藍恩・貝賽特（Minnie Lane Bassett）回憶，收錄於雀坦的《新世界及西遷的潮水家族》。

50 信件的日期是一九三八年六月十四日，那封信現在是掛在加萊克鎮逢恩—巴塞特家具的JBIII辦公室牆上。

三 兔爸爸打造的城鎮

訪談：JBIII、湯姆・沃德、弗洛斯提・蘭登（Frosty Landon）、沃德・阿姆斯壯、萬普勒、莫頓、菲爾波特、艾伯森、羅伯・吉倫奈克、珍・史皮曼、卡薩迪、貝蒂・艾利（Bettie Alley）。

---

51 杜根在《家具大戰》裡提到南方幾間家具廠在戰爭時期的因應策略，例如邦賀家具生產飛機零件，基廷格公司（Kittinger Company）生產魚雷快艇。

52 克里爾和賀伯特，《先見、創業者與堅毅》。

53 貝蒂・艾利接受筆者採訪。

54 《羅安諾克時報》的記者弗洛斯提・蘭登追蹤報導了數十年（他是我先生的叔叔）。一九七〇年史丹利過世時，弗洛斯提是年輕的社論主筆，他寫道：「史丹利在任時期，將會是史書中可恥的歲月，他以刻意或非刻意的方式，『讓大家對永遠的種族隔離產生錯誤的期待』（套用傳記作家威爾金森的說法），藉此壓制（民主黨和共和黨中）反博德組織的勢力。」弗洛斯提的尖銳評論在史丹利屍骨未寒前刊登，亨利郡的家族紛紛打電話到報社抗議，導致弗洛斯提被轉調到編輯部擔任夜班編輯，多年後才設法重升為社論主筆。

55 參議員博德創造出**大規模抵制**（massive resistance）一詞，他說：「如果我們能號召南部幾州大規模抵制這項命令，我想，全國其他地區都會瞭解南方無法接受種族融合。」（《Brown v. Board of Education: Virginia Responds》, exhibition, Library of Virginia, 2003）。

56 見WDBJ7.com民權檔案，一九五六年八月。

57 萬普勒接受筆者採訪，二〇一二年八月二十四日。

58 莫頓接受筆者採訪；克里爾和賀伯特，《先見、創業者與堅毅》，49-51頁也呼應這說法。

59 亥克・福特的外曾祖父約瑟夫・馬汀上校在獨立戰爭時期領導該區的殖民勢力（馬汀維爾就是以馬汀命名）。克里爾和賀伯特的《先見、創業者與堅毅》指出，福特從二十一歲開始經營房地產，三十歲時促成第一家紡織廠到該區設廠。

60 莫頓接受筆者採訪。

61 《三十年成果：巴塞特家具實業的歷史》（*Thirty Years of Success: A History of Bassett Furniture Industries*）（Bassett, VA: Bassett Furniture Industries, 1932）。

62 克里爾和賀伯特，《先見、創業者與堅毅》，51。

63 在馬汀維爾—亨利郡博物館的戴斯蒙．肯德里克（Desmond Kendrick）檔案中發現。

64 威爾森是軍用物資生產局的副局長，後來在艾森豪總統任內擔任國防部長。

65 菲爾波特接受筆者採訪，二〇一二年六月二十九日。

66 記錄在馬汀維爾—亨利郡博物館的戴斯蒙．肯德里克檔案照片中。

67 艾伯森寫給筆者的電子郵件，以及〈The Forty Year Styling Study with a Review of Changing Merchandising Concepts〉，《家具文摘》（*Furnishings Digest*），二〇〇二年二月。

68 奧茲．奧斯本（Ozzie Osborne），〈Family-Owned Firm Has Had Many Good Years of Business〉，《羅安諾克時報》，一九八三年七月三十一日。

69 羅伯．吉倫奈克接受筆者採訪，二〇一二年九月十七日。

70 卡洛琳．布魯接受筆者採訪時，一再提起這個故事。

71 托馬斯．歐漢隆（Thomas O'Hanlon），〈5,350 Companies = a Mixed-Up Furniture Industry〉，《財星》，一九六七年二月。

72 珍．史皮曼接受筆者採訪，二〇一二年六月十八日。

73 美國名媛，一九四九年至一九五三年是美國駐盧森堡大使。常在華盛頓特區舉辦奢華的政治社交派對，而有「極致女主人」之稱。

74 貝賽特家具實業公司的企業史，一九五二年；員工人數是取自克里爾和賀伯特的《先見、創業者與堅毅》，55。

75 奧茲．奧斯本，〈Family-Owned Firm Has Had Many Years of Good Business〉，《羅安諾克時報》，一九八三年七月三十一日。

四　山頂階級

訪談：喬尼爾．湯馬斯、瑪麗．湯馬斯、約翰．瑞德．史密斯（John Redd Smith Jr.）、克恩、珍．史皮曼、羅斯、科伊．

洋、莫頓、瑪麗・伊麗莎白・莫頓、懷特、布魯、瑪麗・賀福德（Mary Herford）、麥吉、哈吉—繆斯。

76 Nabs 是南方對納貝斯克（Nabisco）的橘色花生醬夾心餅乾及其他塑膠包裝餅乾的俗稱。

77 〈馬汀維爾和亨利郡史觀〉以及當地史學家約翰・瑞德・史密斯接受筆者採訪（二〇一一年十二月十一日）時指出，雷諾茲菸草（R. J. Reynolds）收購許多馬汀維爾的菸草公司並加以搬遷時，鎮上大老有足夠的錢把老菸廠轉變成紡織廠。

78 克恩，〈貝賽特歷史背景〉（Bassett Historic Context），羅安諾克區域保存處（Roanoke Regional Preservation Office），訪問時間是二〇〇八至二〇一〇年。

79 比爾・班貝格（Bill Bamberger）和凱西・戴維森（Cathy N. Davidson）合著的《關廠》（*Closing: The Life and Death of an American Factory*）指出，北卡羅來納州的黑人只能做低薪的貯木場工作（New York: W. W. Norton, 1998），31。

80 貝賽特歷史中心收藏的薪資條顯示，同一時間白人勞工的時薪是二十二美分。

81 克恩接受筆者採訪。

82 《費耶特街，一九〇五—二〇〇五年：馬汀維爾黑人生活的百年史》（*Fayette Street, 1905–2005: A Hundred-Year History of African American Life in Martinsville Virginia*）（費耶特歷史計畫和維吉尼亞人文基金會，二〇〇六年）。雖然賈柏絲褲子公司最初設立的兩間工廠裡有白人女性和一些黑人男性，第三間工廠設立後才開始雇用黑人女性。當地人因第三間工廠有個木材爐，稱之為肺癆館。

83 克恩，〈Jim Crow in Henry County, Virginia:'We Lived Under a Hidden Law'〉，在維吉尼亞論壇的演講，二〇一〇年四月十六日。

84 莫娜・克拉克（Mona Clark）和安・瑪麗・羅斯（Anne Marie Ross）為學校的研究報告，收集貝賽特家僕葛蕾希・韋德的口述歷史，〈In Search of Mary Hunter〉，貝賽特歷史中心的館藏，一九七八年。

85 珍・史皮曼和羅斯受訪時指出，瑪麗亨特小學建立時，道格先生是亨利郡校董會的會長。瑪麗・亨特的出生記錄介於一八六一至一八六八年間，不同普查記錄的日期互異。〈瑪麗亨特小學〉，貝賽特歷史中心的館藏檔案顯示，瑪麗亨利小學的首任校長約翰・哈里斯手寫記下四萬美元的捐贈金。

86 布魯和瑪麗・賀福德接受筆者採訪時（二〇一三年八月十四日），談到陶樂熙・曼納菲（Dorothy Menefee）和貝賽特家族的關係。羅伯・史皮曼也證實珍・史皮曼贈屋給家僕的說法。

87 筆者訪問多位亨利郡今昔的居民，包括哈吉—繆斯（其父親是貝賽特家族的司機，外祖母是貝賽特家族的廚師）、科伊・

洋、羅斯、莫頓、米克朗、湯馬斯夫婦。

88 《馬汀維爾公報》，一九九三年十二月十二日。

89 科伊接受筆者採訪，二〇一二年七月六日。

90 喬尼爾．湯馬斯接受筆者採訪，二〇一四年一月二十八日。

91 莫頓夫婦的房子失火時，JD先生親口說這句話的錄音也跟著焚燬，但他們兩人在分開受訪時，都逐字提過這句話。莫頓夫人補充提到：「我在家裡從來沒聽過黑鬼這說法。」

92 懷亞特接受筆者採訪。

93 這個故事收錄在雀坦的《新世界及西遷的潮水家族》中，由該書作者的兄長湯姆．史丹利（T．B．史丹利與安．貝賽特．史丹利的兒子）訴說。

94 珍．史皮曼接受筆者採訪。

五　關係企業

訪談：納恩、懷特、派翠莎、JBIII、提格

---

95 加萊克葉在國際花卉貿易裡的價格是一片葉子逾一美金。國家公園管理局的資料顯示，全球非法天然產物業的產值高達兩千億美元，加萊克葉屬於其中一部分。

96 藍嶺音樂中心和莎拉．懷德曼（Sarah Wildman），〈On Virginia's Crooked Road, Mountain Music Lights the Way〉，《紐約時報》，二〇一一年五月二十日。

97 納恩接受筆者採訪，二〇一二年七月二十六日。

98 《加萊克公報》（*Galax Gazette*），一九三七年凹版印刷特刊。

99 艾德．考克斯（Ed Cox），五十週年紀念小冊，〈Pioneers, Ghosts, Bonaparte and Galax,"1956〉，一九五六年。

100 二〇一一年美國人口普查估計，黑人占加萊克鎮人口的六．七％。

101 納恩和朱迪思．納恩．艾利（Judith Nunn Alley）在《美國形象：加萊克》（*Images of America: Galax*）裡都指出，郵局裡設有學校、棺材店、家具店。雪佛蘭經銷商銷售富及第（Frigidaire）冰箱並提供居家電路安裝服務（Charleston, SC:

Arcadia, 2010）。

102 大衛．托馬斯（David N. Thomas），〈Getting Started in High Point〉，《森林史》（*Forest History*）11（一九六七年七月）。

103 威廉．史蒂文斯（William Stevens），《逆境考驗：家具先鋒傳》（*Anvil of Adversity: Biography of a Furniture Pioneer*）（New York: Popular Library, 1968）。

104 法蘭克．瑞森（Frank E. Ransom），《The City Built on Wood: A History of the Furniture Industry in Grand Rapids, Michigan, 1850–1950》（Ann Arbor: University of Michigan, 1955）。

105 懷特接受筆者採訪。

106 派翠莎接受筆者採訪時表示（二〇一二年八月二日），羅伯．史塔克（Robert Stack）和約翰．羅德尼（John Rodney）主演的電影《戰鬥機中隊》（*Fighter Squadron*）據說就是參考艾克審的二戰搶救事蹟改編的。

107 同上。

108 同上。

109 楊濤（Dennis Tao Yang），〈China's Agricultural Crisis and Famine of 1959–1961〉，《比較經濟學研究》（*Comparative Economic Studies*）50 (2008): 1–29。

110 〈High Tide of Terror〉，《時代》雜誌，一九五六年三月五日。

111 威明頓地區（Wilmington district）的美國陸軍工兵部隊指出，一九五三年菲爾波特大壩完工後，估計防止了約三．五億美元的水災災害。

112 提格接受筆者採訪，二〇一二年八月十三日。

113 尼奇．施瓦布（Nikki Schwab），〈At Mock Convention, Washington and Lee Students Showcase Their Uncanny Knack for Picking Presidential Candidates〉，《美國新聞與世界報導》，二〇〇八年一月十七日。

114 提格接受筆者採訪。

六　企業風雲

訪談：羅斯、科伊、米鐸斯、瑪麗．伊麗莎白．莫頓、納夫、萬普勒、JBIII、吉倫奈克、莫頓、米克倫、謝爾頓

115 貝賽特宣布建立造價兩百五十萬美元、占地十五英畝的貝賽特桌子廠時，《亨利郡報》宣稱：「超大新廠沒有建築師，也沒有承包商，W·M·貝賽特親自設計和監督新廠的建造」（《亨利郡報》，一九五七年十一月七日）。

116 根據員工的訪談以及傑瑞·布萊索（Jerry Bledsoe）寫的《卡羅來納州騎士》（*Carolina Cavalier*），貝賽特宿舍是以每週一房二十五美分的租金出租，從員工薪資中扣除租金和水電費。每位白人員工每年只要付十二美元，就可以使用WM先生建造的社群中心，裡面有游泳池、遊樂場、保齡球館。後來貝賽特家具也為黑人勞工建造了規模較小的獨立設施（《馬汀維爾公報》，一九六〇年六月十日）。

117 理髮師科伊和長年擔任業務經理的米鐸斯接受筆者採訪，二〇一二年八月十六日。

118 瑪麗·伊麗莎白·莫頓和納夫接受筆者採訪，二〇一二年八月六日（莫頓）及二〇一三年四月二十四日（納夫）。

119 〈Bassett: Furniture Giant of Virginia〉，《聯邦》（*Commonwealth*），一九六一年十二月。〈Bassett Deals in Mass Production for the Mass Market〉，米爾頓·艾略特（Milton J. Elliott）引用道格先生的話：「我們每天生產兩千多個房間的家具，希望能這樣維持下去。」一九五九年《維吉尼亞記錄》（*Virginia Record*）的文章刊登了不同的數字，那篇文章寫貝賽特家具在三萬五千家店裡銷售。

120 羅斯接受筆者採訪，二〇一二年七月二十六日。

121 〈Death of W.M. Bassett Mourned Throughout Va.〉，《馬汀維爾公報》，一九六〇年七月十八日。

122 萬普勒接受筆者採訪，二〇一二年八月二十七日。

123 莫頓接受筆者採訪。

124 我問仍為貝賽特家族擔任司機的喬尼爾·湯馬斯，為什麼JD先生住在醫院那麼多年，他說：「他想要無微不至的專屬服務。」

125 我說JD先生的魚是別人釣的，JD先生的外孫道格·貝賽特·藍恩（藍恩家具的前高管，後來改行做釣魚用品零售商）強烈反駁我的說法。我告訴他，JD先生在照片裡穿著三件式西裝，他堅稱：「我不管，反正魚是他抓的！」

126 珍·史皮曼接受筆者採訪。

127 《財星》雜誌的歐漢隆說它是第二大，僅次於布羅伊希爾家具，但他也說貝賽特的種子資金占整個產業總量的八分之一（把關係企業及分拆事業也算進去）（歐漢隆，〈5,350 Companies = a Mixed-Up Furniture Industry〉，《財星》一九六七年二月）。

128 《家居擺設日報》（*Home Furnishings Daily*），一九六一年七月十九日。

129 一九五八年 JD 先生的女婿史丹利擔任維吉尼亞州的州長時，那張椅子從貝賽特運到華盛頓特區。

130 貝賽特的主要產品線是梅菲爾德（Mayfield）。廣告說那是美國早期設計，「融合美國新時代和欲望，但代表所有的恩典及傳承的魅力。」

131 歐漢隆，〈5,350 Companies = a Mixed-Up Furniture Industry〉。

132 韋恩・莫里森（Wayne M. Morrison），〈China's Economic Rise: History, Trends, Challenges, and Implications for the United States〉，國會研究服務，二〇一三年九月五日。

133 班傑明・瓦倫蒂諾（Benjamin A. Valentino），《最終方案：二十世紀的大屠殺和種族滅絕》（*Final Solutions: Mass Killing and Genocide in the Twentieth Century*）（Ithaca, NY: Cornell University Press, 2004）。

134 吉倫奈克接受筆者採訪。

七　親上加親

訪談：派翠莎、珍・史皮曼、JBIII、萬普勒、米鐸斯、法蘭西絲・貝賽特・普爾、莫頓、米克朗、托馬森。

---

135 萬普勒說的故事，他聽 JD 先生的外孫喬治・逢恩和小湯姆・史丹利說的。

136 艾瑟兒・摩根・史密斯（Ethel Morgan Smith），《幫助來自何方：霍林斯學院的黑人社群》（*From Whence Cometh My Help: The African American Community at Hollins College*）（Columbia: University of Missouri Press, 1999）。現在那所學校更名為霍林斯大學，以藝術課程著稱，尤其是創意寫作、戲劇和舞蹈。

137 仙納度俱樂部（Shenandoah Club）是白人男性俱樂部，一九八〇年代末期以前不收女性、黑人、猶太人。賈斯汀・麥勞德（Justin McLeod），〈Woman Who Helped Change Roanoke Club's Racist History Is Retiring〉，WDBJ7.com。

138 〈Red China: The Arrogant Outcast〉，《時代》雜誌，一九六三年九月十三日。

139 賓州大學華頓商學院校友雜誌（二〇〇七年）。

140 米鐸斯接受筆者採訪。

141 瑪麗・珍・奧斯本（Mary Jane Osborne）接受筆者採訪，二〇一三年五月十五日。

142 喬治雅・威特（Georgia Witt）在一九六六年的報紙上回憶：「你來這裡工作，就是一直在工作，一週六天，每天十個小

143 時。」當時她已經加入公司五十幾年了，使用編號第一號的停車位，還不打算退休。〈John David Bassett Sr. Leaves Great Heritage to Our People〉，《馬汀維爾公報》，一九六五年三月一日。

八　縱橫新領域

訪談：安娜・羅根・勞森、科伊、珍・史皮曼、比爾・楊、施奈德、米克朗、莫頓、哈吉、JBIII、萬普勒。

---

144 《紐約時報》報導，一九八八年三月；賈斯・拉克伯（Jace Lacob），〈ABC Family's 'Switched at Birth' ASL Episode Recalls Gallaudet Protest〉，《Daily Beast》，二〇一三年二月二十八日；〈A New President Signs on a Gallaudet as Deaf Students Make the Hearing World Listen〉，《時人》雜誌，一九八八年三月二十八日。

145 羅伯・史皮曼與筆者的電子郵件聯繫，二〇一四年一月二十七日。

146 班・比格（Ben Beagle），〈Gallaudet Decision Defended〉，《羅安諾克時報》，一九八八年三月十七日。

147 史皮曼接受布里格斯（E. L. Briggs）採訪，美國家具名人堂基金會口述歷史，二〇〇五年四月四日和七日。

148 施奈德接受筆者採訪，二〇一二年九月二十一日。

149 美國證管會記錄；歐漢隆，〈5,350 Companies = a Mixed-Up Furniture Industry〉，《財星》，一九六七年二月；艾斯特爾・傑克森（Estelle Jackson），〈Sweet Ole Bob: The Furniture Industry Is No Game for Patsies〉，《維吉尼亞商業》雜誌，一九八七年二月。

150 史皮曼接受布里格斯採訪。

九　親愛老鮑

訪談：施奈德、韓邁克、哈吉—繆斯、史考特、柏希格、梅里曼、艾替澤、喬・菲爾波特、吉姆・菲爾波特、喬尼爾・湯馬斯、比爾・楊、科伊、瑞多、羅伯・史皮曼、艾伯森、布魯。

---

151 貝賽特不是唯一採用種族隔離作法的企業。根據一九九八年哈佛大學社會學家法蘭克・多賓（Frank Dobbin）對當時的

研究，只有二〇%的美國雇主落實平權措施。國家事務通訊社（Bureau of National Affairs）的資料顯示，一九七六年，八〇%以上的大公司都有平等就業政策。

152 德韋恩・燕西（Dwayne Yancey），〈Hey, Sugar, She's No Average Republican〉，《羅安諾克時報》，一九九一年十月二十日。

153 她的丈夫威廉・繆斯（William Muse）在尼克森執政時期，因為認識白宮的御廚，而獲得帝國儲貸銀行（Imperial Savings and Loan）聯邦保險（哈吉—繆斯接受筆者採訪，二〇一二年九月十八日）。

154 〈Richard Nixon, Remarks Upon Returning from China, Feb. 28, 1972〉，取自南加州大學—中國研究院的檔案。

155 貝賽特家具早在一九一五年就有違反童工法的記錄，當時遭罰款二十五美元（維吉尼亞州勞動和工業統計局，一九一六年）。

156 柏希格接受筆者採訪，二〇一二年十一月二十二日。

157 梅里曼接受筆者採訪，二〇一二年十一月二十六日。

158 施奈德、艾替澤、喬・菲爾波特接受筆者採訪，二〇一二年十一月二十七日（艾替澤）。

159 比爾・楊接受筆者採訪，二〇一三年七月二十五日。

160 吉姆・菲爾波特接受筆者採訪，二〇一二年十月十五日。

161 米鐸斯接受筆者採訪，二〇一二年九月十二日。他說有些囚犯是非常優秀的勞工，出獄後，公司隨即雇用。

162 史皮曼接受布里格斯採訪，美國家具名人堂基金會口述歷史，二〇〇五年四月四日和七日。

163 傑克森，〈Sweet Ole Bob: The Furniture Industry Is No Game for Patsies〉，《維吉尼亞商業》雜誌，一九八七年二月。

164 當時擔任貝賽特家具董事會書記的施奈德接受筆者採訪。

十　艾里山計策

訪談：史考特、卡里克、菲利普斯、艾徐本、米克朗、弗里克、沃爾、JBIII、派翠莎、泰勒、羅伯森、施奈德、梅里曼、哈吉、麥米蘭、莫頓、艾伯森。

---

165 二〇〇五年十一月貝賽特關閉那家工廠，導致三百人失業（《今日家具》，二〇〇六年七月二十三日）。

166 一九八四年，貝賽特—沃克紡織廠以二・九三億美元出售給ＶＦ紡織廠。ＶＦ紡織廠是當時亨利郡的最大雇主，旗下

167 有兩千三百名員工，二〇〇一年關廠（當年美國有九萬一千名紡織工人失業）。二〇一二年九月在貝賽特福克斯商店街的麥當勞喝咖啡時，退休的律師施奈德為我畫了JBIII去艾里山廠任職前後，泰姬瑪哈陵裡的辦公室簡圖。

十一　家族角力

訪談：施奈德、克伯勒、JBIII、珍·史皮曼、艾伯森、莫頓、萬普勒、喬尼爾·湯馬斯、米鐸斯、懷特、派翠莎。

---

168 一般普遍認為這句話是鄧小平說的，但無證據為憑。〔艾芙林·艾麗塔尼（Evelyn Iritani），〈Great Idea But Don't Quote Him〉，《洛杉磯時報》，二〇〇四年九月九日〕。

169 張彤禾，《工廠女孩》。

170 丁慶芬（Ding Qingfen），〈Evolving Export Strategy〉，《中國日報》，二〇一一年六月一日。

171 〈Bassett Expects No Business Increase〉，《羅安諾克時報》，一九八五年一月五日。

172 傑克森，〈Sweet Ole Bob: The Furniture Industry Is No Game for Patsies〉，《維吉尼亞商業》雜誌，一九八七年二月。

173 〈Bassett Reports Sales and Income Gains〉，《羅安諾克時報》，一九八一年十二月三十日。

174 查克·布瑞斯（Chuck Burress），〈Crib Deaths Haunt Bassett〉，《羅安諾克時報》和《世界新聞》（*World-News*），一九七八年十二月十日。

175 安德森，聯刊專欄〈Baby Cribs Investigated〉，一九八〇年四月三十日；傑克森，〈Sweet Ole Bob〉。

176 美國消費品安全委員會（U.S. Consumer Product Safety Commission）的新聞報導，一九八〇年二月和一九八四年二月。

177 梅格·珀芙（Mag Poff），〈Bassett Beginning Campaign to Warn of Dangerous Cribs〉，《羅安諾克時報》，一九八〇年二月十四日。

178 美國消費品安全委員會的新聞報導，二〇〇一年六月二十一日修訂。

179 葛雷格·瓊斯（Gregg Jones），〈A Long Slowdown? Bassett Furniture Chief Strives to Minimize the Effects of Recession〉，《羅安諾克時報》，一九八二年三月十四日。

180 〈Bassett Resigns Posts〉，《馬汀維爾公報》，一九八二年十二月二十九日。

十二　指導華人

訪談：艾伯森、秦佩璵、莫仲沛、米鐸斯、杜根、蓋爾、吉姆．菲爾波特、富爾頓、金凱、喬．菲爾波特、沃德、史考特、班寧頓。

---

181 二〇一〇年七月十五日《經濟學人》的文章〈End of an Experiment: The Introduction of a Minimum Wage Marks the Further Erosion of Hong Kong's Free-Market Ways〉再次引用該刊一九七七年的報導。

182 聯合國開發計畫署，《Rapport mondial sur le développement humain 1999》，Paris: De Boeck Université, 1999，198。

183 馬丁．賈克斯（Martin Jacques），《When China Rules the World: The End of the Western World and the Birth of a New Global Order》修訂版（New York: Penguin, 2012），176。一九五一年，聯合國對中國實施類似的冷戰禁運，美國在一九七九年以前不承認中華人民共和國是正統的中國。

184 一九五〇年代，由於人民逐漸從農地移往工廠，維吉尼亞州歷史上第一次出現多數人住在城市或市郊的情況。查爾斯．布萊恩（Charles F. Bryan Jr.），〈Manufacturing a New Virginia, One Box at a Time〉，《里奇蒙快報》，二〇一二年六月十七日。

185 李．布坎南（Lee Buchanan），〈Man of the Year: Laurence Moh〉，《家具業內》（*InFurniture*），二〇〇二年十二月。勞工統計局數字，〈International Comparisons of Hourly Compensation Costs for Production Workers in Manufacturing〉，一九九七年。

186 喬治．凱格里（George Kegley），〈Bassett Upgrades Products, Enters Motel and Office Markets〉，《羅安諾克時報》，一九八七年二月五日。

187 同上。

188 傑克森，〈Sweet Ole Bob: The Furniture Industry Is No Game for Patsies〉，《維吉尼亞商業》雜誌，一九八七年二月；吉姆．菲爾波特接受筆者採訪。

189 杜根，《家具大戰》。

190 詹姆斯．弗拉尼根（James Flanigan），〈Merger Mania Strikes Again in Furniture Field〉，《洛杉磯時報》，一九八七年

二月二十七日。

191 〈Bassett Denies Takeover Rumors〉，《羅安諾克時報》，一九八八年九月九日。

192 凱格里引用美國家具製造協會的資料，〈Furniture Outlook Drab, Prospects Worst in 35 Years, Bassett Stockholders Told〉，

193 《羅安諾克時報》，一九九〇年二月八日。

十三 獵犬啟發

訪談：派翠莎、JBIII、沃德、柏希格、安東諾芙、納夫、梅里曼、沃爾、希拉、莫頓、菲利普斯、泰勒、萬普勒、柏強、米鐸斯、菲爾波特、麥米蘭。

194 《每日秀》（*Daily Show*）記者和其他人都嘲笑美國副總裁想獵鵪鶉，卻開槍射擊七十八歲友人的荒謬事蹟。那些鵪鶉是在圍欄裡豢養，有人來打獵時才釋放出來。

195 《遠方運動》雜誌（*Sports Afield*）把派翠莎評選為一九七三年全美最佳選手，以肯定她名列全美十大頂尖女槍手。在一場州際比賽中，她發射一百發，命中九十九發，〈Bassetts Are Top Guns〉，《馬汀維爾公報》，一九七四年三月三日。

196 逢恩—貝賽特家具的財務報表，一九八三年十二月三日。

197 約翰．逢恩接受羅伊．布里格斯（Roy Briggs）的採訪，美國家具名人堂基金會口述歷史，二〇〇一年十一月二十六日。

十四 賣給大眾

訪談：柏希格、JBIII、梅里曼、懷亞特、秦佩璵、莫仲沛、麥拉蒂

198 沃德，《The Price of Admission: Reflections on Some Personal Heroes》，（自費出版，二〇一一年）。

199 薩姆特是戰後發生連串波特突襲（Potter's Raid）的地方（但停戰的消息尚未傳到該鎮）。薩姆特離一八六五年遭到聯邦軍隊焚燬的哥倫比亞約一小時的車程，一般仍認為那起事件反映了北軍的惡意，尤其是在南卡羅來納州中部地區。

200 杜根，《家具大戰》，第九章。

201 根據理查・班寧頓（Richard R. Bennington）撰寫的《家具行銷：從產品開發到配銷》（*Furniture Marketing: From Product Development to Distribution*），Borax一詞是源自於為了解救柯克曼硼砂皂（Kirkman's Borax Soap）的包裝工而收購的家具。

202 柏希格接受筆者採訪；加萊克的工資資訊是由道革・貝賽特提供，業界平均值是由北卡羅來納州立大學的家具專家史蒂夫・沃克（Steve Walker）提供。

203 每年四月和十月在北卡羅來納州高點市舉行的家具展。在家具展上，業務員和業務經理努力爭取全國家具店的訂單。零售業者則是努力在不必割捨太多寶貴的展示空間下，盡可能取得最多種的產品線（杜根，《家具大戰》所述）。

204 根據一九九六年逢恩—貝賽特的財報，當年公司的營業額是一・〇八億美元，淨利是五百七十萬美元。

205 安東尼・德帕瑪（Anthony DePalma），〈Clear Today, Tomorrow, Who Knows?; Culture Clash〉，《紐約時報》，一九九四年一月二日。

206 理查・伯克霍德（Richard Burkholder）和羅克沙・阿羅拉（Raksha Arora），〈Is China's Famed 'Work Ethic' Waning?〉，蓋洛普，二〇〇五年一月二十五日。

207 一九八六年，中國加入國際貨幣基金和世界銀行；一九八二年，中國獲得GATT觀察員的地位。一九九〇年代初期，美式資本主義的影響力逐漸增強，蘇聯的崩解及矽谷的崛起亦促進了美式資本主義的影響；參見賈克斯，《When China Rules the World: The End of the Western World and the Birth of a New Global Order》修訂版第十一章。

十五　海嘯前的風暴

訪談：柏希格、JBIII、派翠莎、懷亞特、普里拉曼、莫仲沛、道格・貝賽特、藍恩、米鐸斯、澤口、梅里曼、萬普勒。

---

208 〈Hurricane Hugo Today Would Cause $20 Billion in Damage in South Carolina〉，《保險期刊》（*Insurance Journal*），二〇〇九年九月二十二日。

209 傑西・費瑞爾（Jesse Ferrell），〈Remembering Hugo from 1989〉，AccuWeather.com，二〇一一年九月二十二日。

210 關於港口之間的競爭愈來愈激烈以及全球運送的經濟狀況，詳見馬克・李文森（Marc Levinson）的《箱子：貨櫃造就的全球貿易與現代經濟生活》（*The Box: How the Shipping Container Made the World Smaller and the World Economy Bigger*）。

211 取自北卡羅來納州中區美國地方法院《Lexington Furniture Industries v. Vaughan-Bassett Furniture Co.》訴訟案的結辯陳詞，

一九九六年六月三日。

212 史考特・安卓倫（Scott Andron），〈Lexington Furniture Loses Lawsuit〉，《格林斯伯勒新聞》（*Greensboro News and Record*），一九九六年六月六日。

213 瑪斯科旗下由家具公司和紡織公司組成的「家飾事業」，總價值是十一億美元。一九九六年瑪斯科出售該事業下的大部分持股（傑・麥金托什（Jay McIntosh），〈LifeStyle Value Plummets〉，《今日家具》，二〇〇一年十一月四日）。

214 懷亞特接受筆者採訪，二〇一二年十二月十八日。法庭記錄顯示，萊星頓的家具組售價比逢恩—貝賽特高三一%。

215 道格・貝賽特・藍恩接受筆者採訪，二〇一二年十月八日。他是米莉・貝賽特・藍恩（JBIII的姊姊）的兒子。米莉是道格・貝賽特的女兒，嫁給藍恩家具公司的執行長。藍恩的叔叔小艾德華・藍恩（Edward Lane Jr.）是藍恩家具的資深高管，二〇〇四年他臨終躺在羅安諾克醫院的病榻時，告訴藍恩那句話。

216 米鐸斯接受筆者採訪。

217 安卓倫，〈Furniture Copying Still Unclear〉，《格林斯伯勒新聞》，一九九六年六月九日。懷亞特接受筆者採訪。

218 後來法官認為，陪審團在不判定實際的損失下，無法判定恰當的懲罰性賠償，所以推翻一美元的判決。逢恩—貝賽特並未提出萊星頓在不公平的競爭下確切損失的銷售數字（〈$1 Judgment Against Company Overturned〉，《格林斯伯勒新聞》，一九九六年七月二十四日）。

十六　城鎮麻煩

訪談：JBIII、懷亞特、莫頓夫婦、羅伯・史皮曼、菲爾波特、富爾頓、米鐸斯、科伊、菲利普斯、米克朗、施比曼、齊昔、蓋爾。

---

219 這是總統候選人佩羅在一九九二年和總統老布希及州長柯林頓辯論時發明的說法。他反對NAFTA，並預測那會導致公司移往其他國家，公司只要付最低薪資雇用那些地方的年輕勞工，不必在乎員工健康或環保規範。辯論的逐字稿可見http://www.nytimes.com/1992/10/16/us/the-1992-campaign-transcript-of-2d-tv-debate-betweenbush-clinton-and-perot.html。

220 〈CalPERS Seeks to Divide Top 2 Posts at Bassett〉，《彭博新聞社》（*Bloomberg News*），一九九七年五月十三日。

221 約翰・伯恩（John A. Byrne），〈The Best & Worst Boards: Our New Report Card on Corporate Governance〉，《商業週刊》，

一九九六年十一月二十五日。

222 〈Natural Born Leader〉，《高點》（*High Points*），一九九七年三月。

223 艾爾・羅伯茨（Al Roberts），〈The Men Who Put the Port on Track〉，《維吉尼亞領航報》（*Virginian-Pilot*），一九九〇年十一月二十六日。

224 道格拉斯・麥吉爾（Douglas C. McGill），〈At Sara Lee, It's All in the Names〉，《紐約時報》，一九八九年六月十九日。

225 安卓倫，〈Furniture Imports the Talk of Market〉，《格林斯伯勒新聞》，一九九八年五月三日。

226 〈Sales Guru to the Stars〉，《Inc.》，一九九九年十月。

227 詹姆斯・哈格蒂（James R. Hagerty），〈Showing Furniture Makers the Softer Side〉，《華爾街日報》，一九九九年七月十八日。

228 吉妮・沃瑞（Jinny Wray），〈Bassett to Close City Plant〉，《馬汀維爾公報》，一九九七年五月二十二日。

229 梅根・施納貝爾（Megan Schnabel），〈Bassett Takes a $19.6 Million Beating in 1997〉，《羅安諾克時報》，一九九八年一月十日。

230 馬克・米托豪社（Mark Mittelhauser）的〈Employment Trends in Textiles and Apparel, 1973–2005〉指出，一九七六年到一九九六年間，總共消失近一百萬個工作，主要是因為進口成長；交通、通訊、生產的進步；以及到全球各地尋找市場。《勞工評論月刊》（*Monthly Labor Review*），一九九七年八月。

231 沃瑞，〈Amid Shock, Few Expected Plant Closing〉，《馬汀維爾公報》，一九九七年五月二十二日。

232 施納貝爾的〈Bassett Takes a $19.6 Million Beating〉指出，一九九六年貝賽特的營業額是四・五〇七億美元，淨利是一千八百五十萬美元。

233 施納貝爾，〈Bassett Furniture Industries Has a New Chief Executive Officer, But He's an Old Hand at the Company〉，《羅安諾克時報》，二〇〇〇年三月二十九日。

234 政府問責局研究（Government Accountability Office Studies），以及梅西，〈The Reality of Retraining〉，《羅安諾克時報》，二〇一二年四月二十二日。

235 傑西・韋斯頓（Jessie Weston），〈Plant Razing Tops $840,000〉，《馬汀維爾公報》，一九九八年三月十一日。

236 傑夫・史德俊（Jeff Sturgeon），〈Hampton Plant Cuts 120 Jobs〉，《羅安諾克時報》，一九九九年十二月三十日。

十七　把蛇拉直

訪談：懷亞特、JBIII、麥米蘭、艾倫・法默（Allen Farmer）、道革、普里拉曼、梅里曼、潘蜜拉・盧艾克（Pamela Luecke）、布蘭納、石玫瑰。

---

237 麥健陸，〈Advantage, China〉，《華盛頓郵報》，二〇〇五年七月三十一日。

238 美國國際貿易委員會，公開會議，二〇〇三年十一月二十一日。國內臥室家具生產商提升進口量，從二〇〇〇年只占國內出貨量的六%，到二〇〇二年增至一九・六%。《中國出口的木製臥室家具：美國國際貿易委員會的初步聽證會》（*Wooden Bedroom Furniture from China: Preliminary Hearings Before the U.S. International Trade Commission*）17，二〇〇四年一月。

239 懷亞特指出，獲利從一九九九年的一千四百萬美元，跌至二〇〇〇年的六百四十萬美元。

240 飾面薄板工廠的前廠長艾倫・法默接受筆者採訪，二〇一二年十一月十三日。

241 取自證管會的公開聲明，經過彙整後，二〇〇一年七月三十日在維吉尼亞州加萊克鎮舉行的家具供應商會議上提出。

242 鄧肯・亞當斯（Duncan Adams），〈Bassett Furniture to Eliminate 280 Jobs〉，《羅安諾克時報》，二〇〇〇年十一月二十九日。

243 佛里曼，《世界是平的》，137-39。

244 麥肯維爾、托馬斯・度恩寧（Thomas Duening）、約翰・伊凡瑟維其（John Ivancevich），《Always Think Big：經營公司這樣想就對了》（*Always Think Big: How Mattress Mack's Uncompromising Attitude Built the Biggest Single Retail Store in America*）（Chicago: Dearborn, 2002）。

245 羅伯・考利（Robert Cowley）和杰弗瑞・帕克（Geoffrey Parker）編輯的《軍事史指南》（*The Reader's Companion to Military History*）（Boston: Houghton Mifflin, 1996）。

246 〈Furniture Veterans Bear Witness to How Trade Spats Split Industries〉，《華爾街日報》，二〇〇四年六月十七日。進口細節是懷亞特接受筆者採訪時提供，二〇一二年十二月十四日。

247 〈Furniture Veterans Bear Witness〉。

248 一個中國政策是從一九四九年蔣中正迫遷來台開始，蔣中正和毛澤東各自堅持其領導的政府才是正統的中國，才有權掌管大陸和台灣。台商雖和中國維持深厚的經濟關係，但鮮少台灣民眾想受到中國政府的共產統治。中國始終把台灣視為叛離領土。

249 伍潔芳（Sheryl WuDunn），〈Taiwan's Mainland Efforts Widen〉，《紐約時報》，一九九〇年四月十四日。

十八　大連的邀舞卡

訪談：石玫瑰、懷亞特、JBIII、道革、塔希爾、莫仲沛、菲利普斯、希拉、多恩、米鐸斯。

---

250 丹尼斯·貝克（Denise Becker），〈Chinese Imports Talk of Market〉，《格林斯伯勒新聞》，二〇〇二年十月十七日。

251 愛德華·科恩（Edward Cone），〈Against the Grain〉，《基線》（*Baseline*）21（二〇〇三年八月）：55-57。

252 二〇〇〇年二月，成都經濟技術開發區批准為國家級開發區，比大連晚十六年。

253 第一家進駐當地的外資是摩托羅拉，一九九五年在當地建立半導體廠。〈Motorola Leads Foreign Investors in Development of Western China〉，China.org.cn，二〇〇一年三月二十八日。

254 斯洛特，〈China Plant Impresses Retailers: FFDM Has Eye on $100M Mark〉，《今日家具》，二〇〇二年十二月一日。

255 德克斯特·羅伯茲（Dexter Roberts），〈A Princeling Who Could Be Premier〉，《彭博商業週刊》，二〇〇四年三月十五日。

256 吉密歐·安德里尼（Jamil Anderlini），〈Bo Xilai: Power, Death, and Politics〉，《金融時報》，二〇一二年七月二十日。

257 張大衛（David Barboza），〈As China Official Rose, His Family's Wealth Grew〉，《紐約時報》，二〇一二年四月二十三日。

258 〈Attention Wal-Mart Shoppers〉，環境調查機構（ＥＩＡ）二〇〇七年報告。ＥＩＡ的臥底調查員也證實有此作法；參見 Raffi Khatchadourian，〈The Stolen Forests: Inside the Cover War on Illegal Logging〉，《紐約客》，二〇〇八年十月六日。幾個月後，根據二〇一一年五月十七日 cbsnews.com 的〈What Not to Buy at Walmart〉報導，沃爾瑪宣布他們會更嚴格地調查供應商，並加入全球森林與貿易聯盟（Global Forest & Trade Network）。

259 遼寧省人民政府的鄉鎮企業局研究室，〈大連華豐家具有限公司的歷史／成長／發展〉，《遼寧日報》，二〇〇三年八月九日（石玫瑰翻譯）。

260 〈Ju Qian (Capable) Furniture Factory Report〉，中國勞工觀察，二〇〇七年四月。

261 懷亞特的證詞，美國國際貿易委員會，公開會議，二〇〇三年十一月二十一日。進口家具對逢恩—貝賽特造成的傷害摘要：JBIII的證詞，美國國際貿易委員會聽證會，二〇〇四年十一月九日，可上usitc.gov取得。

262 理查·克雷佛（Richard Craver），〈Designer Will End Ties with Company〉，《溫斯頓—塞勒姆報》（*Winston-Salem Journal*），二〇一二年十二月十一日。

263 反傾銷訴訟導致墨西哥水泥公司承受五八％的關稅，見大衛·貝倫（David P. Baron）和賈斯汀·亞當斯（Justin Adams）的〈Cemex and Antidumping〉個案研究，《哈佛商業評論》（一九九四年一月一日）。

264 貝賽特家具執行長羅伯·史皮曼的證詞，美國國際貿易委員會，公開會議，二〇〇三年十一月二十一日。

265 羅伯·史皮曼及潘尼百貨品質與採購營運經理麥卡利斯特的證詞，美國國際貿易委員會，公開會議，二〇〇三年十一月二十一日。

十九　招兵買馬

訪談：布蘭納、懷亞特，JBIII、希拉、鮑徹、道革、多恩、金凱、斯洛特、石玫瑰。

---

266 引自〈Where America's Jobs Went〉，《週報》（*The Week*），二〇一一年三月十八日。

267 特拉維斯·費恩（Travis Fain），〈McCrory Shifts—No Cuts for High Point Market Funding〉，《格林斯伯勒新聞》，二〇一三年四月二日。

268 二〇〇七年，Congress.org在美國眾議院權力排名中，把鮑徹列為第十名。二〇一〇年，共和黨的摩根·格瑞菲斯（Morgan Griffith）擊敗他，取得議員的席次，分析家把他的敗選歸因於他的政黨支持「總量管制與交易制度」能源法案，以及對煤田日益保守的態度。

269 反傾銷申訴及洛徐福的〈The Yankee Trader〉，《洛徐福報告》（*Rushford Report*）（二〇〇三年十二月）皆引述此數據。

270 強·希爾森拉斯（Jon Hilsenrath）、彼得·萬納卡（Peter Wonacott）、丹·莫爾斯（Dan Morse），〈Competition from Imports Hurts U.S. Furniture Makers〉，《華爾街日報》，二〇〇二年九月二十日。

271 莫爾斯，〈In North Carolina, Furniture Makers Try to Stay Alive〉，《華爾街日報》，二〇〇四年二月二十日。

272 都鐸·洛斯（Tudor N. Rus），〈The Short, Unhappy Life of the Byrd Amendment〉，《紐約大學立法與公共政策期刊》（*New York University Journal of Legislation and Public Policy*）10（二〇〇七年冬季號）：427-43。

273 〈Issues and Effects of Implementing the Continued Dumping and Subsidy Offset Act〉，美國政府問責局，二〇〇五年九月。

274 根據伊麗莎白．奧爾森（Elizabeth Olson）的報導〈U.S. Law on Trade Fines Is Challenged Overseas〉（《紐約時報》，二〇〇一年七月十四日），二〇〇一年歐盟和其他八國質疑博德修正案的權限，說它「明顯違反WTO法規的文字和精神」。

275 根據加州大學聖克魯斯分校的經濟學家洛利．可蘭澤（Lori Kletzer）的研究，刊於〈Globalization and Its Impact On American Workers〉，加州大學聖克魯斯分校和彼得森國際經濟研究所，作為會議前論文〈Labor in the New Economy〉，二〇〇七年五月（修訂）。

276 貝克，〈Workers Rally in Fight Against Chinese Imports〉，《格林斯伯勒新聞》，二〇〇三年七月三十日。

277 貝克，〈Furniture Industry Looking to D.C.〉，《格林斯伯勒新聞》，二〇〇三年七月十六日。

278 〈Chinese Furniture Faces U.S. Tariffs〉，《華爾街日報》，二〇〇四年六月十七日。

279 愛咪．多米雷洛（Amy Dominello），〈The Committee Battling Against Chinese Furniture Loses Two Manufacturers But Gains One〉，《格林斯伯勒新聞》，二〇〇三年九月十日。

280 斯洛特，〈Hooker Exits Antidumping Group; Five Others Join〉，《今日家具》，二〇〇四年二月二十二日。

281 洛徐福，〈The Yankee Trader〉。

282 二〇一二年全國製造商協會和勞動統計局的資料顯示，製造業雇用近一千兩百萬個美國人，相當於總勞力的九%。

283 喬治．派克（George Packer），《解密：新美國的深度歷史》（*The Unwinding: An Inner History of the New America*）（New York: Farrar, Straus and Giroux, 2013），104–5。

284 斯洛特，〈Lawyers Tip Hands on Antidumping〉，《今日家具》，二〇〇三年十二月十四日。

285 斯洛特，〈Suppliers Urged to Support Petition〉，《今日家具》，二〇〇三年八月十七日。

286 同上。

287 斯洛特，〈Antidumping Clears Hurdle〉，《今日家具》，二〇〇三年十二月十四日。

288 斯洛特，〈We Should Acknowledge Human Cost of Imports〉，《今日家具》，二〇〇三年六月二十九日；斯洛特接受筆者採訪，二〇一三年一月二十八日。

289 艾米．馬丁內斯（Amy Martinez），〈As Layoffs Mount, Import Relief Sought〉，《羅利新聞與觀察報》（*Raleigh News and Observer*），二〇〇三年八月二十七日。

290 彼得森國際經濟研究院的資深學者蓋瑞・克萊德・哈福鮑爾（Gary Clyde Hufbauer）接受筆者訪問，二〇一三年一月二十四日。

291 WTO判定鋼鐵關稅是非法的，小布希在課徵關稅二十一個月後，以經濟改善及國內鋼鐵廠削減成本有成為由，宣布停止課徵關稅。貝克，〈W.T.O. Rules Against U.S. On Steel Tariff〉，《紐約時報》，二〇〇三年三月二十七日。

292 在高點市扶輪社發表的演講，二〇〇三年十月十六日。

293 〈Ten Years After Mercedes, Alabama Town Still Pans for Gold〉，《薩凡納早報》（*Savannah Morning News*），二〇〇二年十月九日。

294 斯洛特，〈Antidumping Petition Filed〉，《今日家具》，二〇〇三年十月三十一日。

295 吉姆・莫里爾（Jim Morrill）和提姆・放克（Tim Funk），〈Job Losses Strain Loyalty of Bush Allies〉，《夏洛特觀察報》（*Charlotte Observer*），二〇〇三年十一月七日。

296 JBIII的證詞，美中貿易關係，眾議院歲計委員會貿易小組，二〇〇七年二月十五日。逐字稿可見http://www.c-spanvideo.org/videoLibrary/transcript/transcript.php?programid=170038。

二十　前進華盛頓特區

訪談：蘭恩、法蘭西絲・貝賽特・普爾、多恩、懷亞特、JBIII、傑布斯、羅伯・史皮曼、斯洛特、格林沃德。

---

297 懷亞特的證詞，ITC聽證會，二〇〇四年十一月九日；數字是從〈Furniture Veterans Bear Witness to How Trade Spats Split Industries〉報導裡的財務資料彙整而來，《華爾街日報》，二〇〇四年六月十七日。

298 克林・恩格爾（Clint Engel），〈Retailer Views Mixed on Antidumping Effort〉，《今日家具》，二〇〇三年八月十七日。

299 威廉・畢夏普（William Bishop），聽證會和會議協調員，美國國際貿易委員會。

300 家具業分析師及投資銀行家艾伯森接受筆者採訪，二〇一二年六月十九日。

301 貝琪・史翠珊（Betsy Streisand），〈Need Change for a $20 Bill? Call Hollywood〉，《紐約時報》，二〇〇三年九月二十八日。

302 羅伯・史皮曼接受筆者採訪，二〇一三年五月二日。

303 取自美國國際貿易委員會公開會議的逐字稿，二〇〇三年十一月二十一日。

304 同上。

305 取自美國國際貿易委員會的聽證會逐字稿，二〇〇四年十一月九日。

306 〈Petitioners' Final Comments〉，致美國國際貿易委員會的備忘錄，金與斯柏丁法律事務所撰寫，二〇〇四年十二月七日。

二十一　工廠輓歌

訪談：菲爾波特、羅伯・史皮曼、JBIII、蓋爾、富爾頓、沃克。

307 〈October Unemployment Rate〉，《羅安諾克時報》，二〇〇三年十二月六日；全州的失業率取自勞工統計局。

308 史皮曼接受布里格斯採訪，美國家具名人堂基金會口述歷史，二〇〇五年四月四日和七日。羅伯・史皮曼接受筆者訪問時亦證實此說法。

309 羅伯・史皮曼的證詞，美國國際貿易委員會，公開會議，二〇〇三年十一月二十一日。

310 〈Furniture Plant Closing Its Doors〉，《薩姆特新聞》（*Sumter Item*），二〇〇四年六月二十九日。

二十二　百萬美元的逆襲

訪談：懷亞特、瑞多、科尼格、格林沃德、科普蘭、貝瑞、艾伯森、JBIII、卡特列吉、米克朗、舒威爾、傑布斯、史托特、安東諾芙。

311 懷亞特的證詞，美國國際貿易委員會的聽證會，二〇〇四年十一月九日。

312 〈Furniture Veterans Bear Witness to How Trade Spats Split Industries〉，《華爾街日報》，二〇〇四年六月十七日。

313 〈Chinese Furniture Faces U.S. Tariffs〉，《華爾街日報》，二〇〇四年六月十七日。

314 同上。

315 恩格爾，〈Antidumping Issues Aired at Market〉，《今日家具》，二〇〇四年五月二日。

316 恩格爾和斯洛特，〈Retail Groups Says Antidumping Costs May Rise〉，《今日家具》，二〇〇四年十月十四日。

317 根據哈羅德・西爾金（Harold L. Sirkin）等人合寫的〈U.S. Manufacturing Nears the Tipping Point〉，二〇〇〇年到二〇〇五年間，中國工資每年上漲一〇％，二〇〇五年到二〇一〇年間，每年上漲一九％。《BCG洞見》（*BCG Perspectives*），二〇一二年三月二十二日：https://www.bcgperspectives.com/content/articles/manufacturing_supply_chain_management_us_manufacturing_nears_the_tipping_point/。

318 《經濟學家》二〇一三年一月十九日的〈Coming Home〉指出，多數跨國企業把生產移回美國的原因是亞洲工資上漲，以及發現生產遠離企業總部的隱性成本。亦見雷娜・芙露哈（Rana Foroohar）和比爾・薩波瑞托（Bill Saporito），〈Made in the USA〉，《時代》，二〇一三年四月二十二日。

319 史蒂芬・克魯茲（Steven Kurutz），〈Analyzing the Couch〉，《紐約時報》，二〇一三年二月二十七日。

320 丹尼爾・依肯森（Daniel J. Ikenson），〈Poster Child for Reform: The Antidumping Case on Bedroom Furniture from China〉，卡托研究機構，二〇〇四年六月三日。

321 維吉尼亞港務局的資深副執行長傑夫・基佛（Jeff Keever）接受《維吉尼亞對話》（*Virginia Conversations*）的梅—麗麗・李（May-Lily Lee）採訪時指出，維吉尼亞州的第一大出口品是木材，第一大進口品是家具，大都是由出口的木材製成。WVTF公共廣播電台，二〇一二年八月三日。根據二〇一四年三月六日州長農業貿易會議上的資料，二〇一三年維吉尼亞的第一大出口品是大豆，其次是木材。

二十三　銅線和裁員

訪談：麥科邁、李・蓋兒（Lee Gale）、裴根絲、波度、科伊、強森、芙里勞、威瑟斯、瑪麗・湯馬斯、金・艾德金斯（Kim Adkins）、羅絲洛克、羅伯・史皮曼、齊昔、金・惠勒（Kim Wheeler）、魏雀、瑞德、JBIII、南利、巴爾、珍・史皮曼、布朗、奧特、弗里曼。

---

322 引自艾利森・格洛克（Allison Glock）的〈Natasha Trethewey: Poet in Chief〉，《花園和槍》（*Garden and Gun*），二〇一二年十月／十一月。

323 麥科邁編輯，《再造美國》（華盛頓特區：美國製造聯盟，二〇一三年）。

324 傑森・林金斯（Jason Linkins），〈The Media Has Abandoned Covering the Nation's Massive Unemployment Crisis〉，《赫

芬頓郵報》（*Huffington Post*），二〇一一年五月十八日。

325 佛里曼，《世界是平的》，264。

326 彼得・紐科姆（Peter Newcomb），〈Thomas Friedman's World Is Flat Broke〉，《浮華世界》（*Vanity Fair*），二〇〇八年十一月十二日。二〇一三年三月，馬里蘭州貝塞斯達的失業率是四・九%。

327 梅西，〈A War Within〉，《羅安諾克時報》，二〇一一年十月二十三日。

328 比格，〈Boom Wipes Out Unemployment in Henry County〉，《羅安諾克時報》，一九六三年二月二十四日。

329 根據「勞力市場統計—就業與薪資季度普查」，一九九〇年馬汀維爾和亨利郡的就業數幾乎是二〇一〇年的兩倍。維吉尼亞就業委員會的資料顯示，二〇一〇年一月，馬汀維爾的失業率為二一・九%。

330 維吉尼亞州教育局的統計：http://www.doe.virginia.gov/support/nutrition/statistics/free_reduced_eligibility/2011-2012/divisions/frpe_div_report_sy2011-12.pdf。

331 史丹佛大學社會學家尚恩・里爾登（Sean F. Reardon）指出，二〇〇一年出生的貧窮子弟和富家子弟的成績差距，比二十五年前出生的差距大三〇%到四〇%（引自約瑟夫・史迪格里茲（Joseph Stiglitz）的〈Equal Opportunity, Our National Myth〉，《紐約時報》，二〇一三年二月十六日）。

332 史班瑟・強森（Spencer Johnson），〈2010 Commuting Patterns in Martinsville-Henry County〉，馬汀維爾—亨利郡經濟發展公司，強森以電子郵件寄給筆者，二〇一三年二月十五日。

333 二〇一〇年由梅西彙整的美國人口普查資料，〈Lingering Racial Divide Clouds Foundation's Efforts〉，《羅安諾克時報》，二〇一二年三月十八日。

334 梅西，〈The Reality of Retraining〉，《羅安諾克時報》，二〇一二年四月二十二日；阿曼達・巴克（Amanda Buck），〈Trade Act OK'd for StarTek〉，《馬汀維爾公報》，二〇一二年二月二十九日。

335 梅西，〈Lingering Racial Divide〉。

336 同上。

337 沃瑞，〈Bassett Furniture Relic Coming Down〉，《馬汀維爾公報》，二〇〇九年八月二十七日。

338 帕克，〈Henry County Man Sentenced for Starting November Fire at Bassett Furniture Warehouse〉，WDBJ7.com，二〇一二年六月十三日。克蘭被判處一年一個月的徒刑，罰款九十七萬美元。

339 亞當斯，〈228 Lose Jobs in Henry Co. After Factory Shuts Down〉，《羅安諾克時報》，二〇一〇年四月二十八日。

340 克里爾和賀伯特合著的《先見、創業者與堅毅》。

341 〈Henry County Presents Towels to Legislators〉，《羅安諾克時報》，一九六二年三月二日。

342 傑米・拉夫（Jamie C. Ruff），〈Pillowtex Closing 16 Plants, One in Virginia—Files for Bankruptcy〉，《里奇蒙快報》，二〇〇三年七月三十一日。枕織公司關閉旗下所有的工廠共十六間，共一萬六千四百五十人失業（亨利郡亦在其中）。

343 黛比・霍爾（Debbie Hall），〈MasterBrand Cabinets to Close Here〉，《馬汀維爾公報》，二〇一一年八月三日。

344 霍波・嚴（Hope Yen），〈AP Exclusive: 4 in 5 in US Face Near-Poverty, No Work〉，《美聯社》，二〇一三年七月二十八日。

345 威廉・莫爾丁（William Mauldin），〈China Imports Punish Low-Wage U.S. Workers Longer〉，《華爾街日報》，二〇一三年七月二十二日。

346 奧特接受筆者採訪，二〇一三年十月一日。奧特也在《美國生活》（*This American Life*）中的〈Trends with Benefits〉受訪，二〇一三年三月二十二日：http://www.thisamericanlife.org/radio-archives/episode/490/trends-with-benefits。

二十四　獅子大開口

訪談：菲爾波特、羅伯・史皮曼、蓋爾、威爾森、布朗、蘭恩、多恩、格林沃德、懷亞特、傑布斯、科尼格、JBIII、雷傑、布隆尼根、馬克・追瑟（Mark Drayse）、吟福鮑爾、強森、拜爾斯、道革。

---

347 羅伯・史皮曼接受筆者訪問，以及希思・康姆斯（Heath E. Combs），〈Duties Often Reinvested〉，《今日家具》，二〇〇七年四月二十二日。

348 二〇一三年二月，羅伯・史皮曼表示二〇一三年公司可望達到三億美元的業績。

349 麥金托什，〈Bassett Rebounds to Profit as Sales Soar 31% in 1Q〉，《今日家具》，二〇一三年四月八日。羅伯・史皮曼說，該公司在二〇一二年會計年度成長二二%。

350 羅迪・博伊德（Roddy Boyd），〈Furniture Company or Hedge Fund?〉，《財星》，二〇〇八年二月二十九日。

351 羅伯・史皮曼說，賣出ＩＨＦＣ後，季度股利降至比較低的五美分。

352 德國和瑞士有複雜的學徒制，德國和日本有保護產業和鼓勵創新的政策；參見唐納・巴雷特（Donald L. Barlett）和詹姆斯・斯蒂爾（James B. Steele）的《美國夢的背叛》（*The Betrayal of the American Dream*）（New York: PublicAffairs,

2012）：諾貝爾經濟獎得主邁可・史賓斯（Michael Spence）在《經濟大逆流》（*The Next Convergence*）裡提到德國在薪資、工資限制、勞工保障方面的優點（New York: Farrar, Straus and Giroux, 2011）。

353 《U.S. International Trade Commission in the Matter of Wooden Bedroom Furniture from China》，二〇一〇年十月五日，http://www.usitc.gov/trade_remedy/731_ad_701_cvd/investigations/2009/wooden_bedroom_furniture/PDF/Hearing%20(05-2010.pdf。

354 德維塔・布朗特（Devetta Blount），〈400 Out of Work, Vaughan-Bassett Furniture Closing Elkin Plant〉，WFMY News2，二〇〇八年十二月一日。隔年，工廠為廠房及配送中心重新聘回五十名員工。

355 安德魯・希金斯（Andrew Higgins），〈From China, an End Run Around U.S. Tariffs〉，《華盛頓郵報》，二〇一一年五月二十三日。

356 美國國際貿易委員會的期終覆審聽證會（2010）：193-99，內容可在 https://edis.usitc.gov 取得。

357 史丹利家具的進口副總裁雷傑接受筆者訪問。

358 格里高利・曼昆（N. Gregory Mankiw）和菲利普・施瓦格（Phillip L. Swagel），〈Antidumping: The Third Rail of Trade Policy〉，《外交事務》（*Foreign Affairs*），二〇〇五年七月／八月。

359 哈福鮑爾和傑瑞・伍拉科特（Jared C. Woollacott），〈Trade Disputes Between China and the United States: Growing Pains So Far, Worse Ahead?〉，彼得森國際經濟研究院的工作底稿，二〇一〇年十二月十三日。

360 麥科邁編輯，《再造美國》，20。

361 奧特、大衛・多恩（David Dorn）、高登・韓森（Gordon H. Hanson），〈The China Syndrome: Local Labor Market Effects of Import Competition in the United States〉，《美國經濟評論》（*American Economic Review*）103（二〇一一年三月）：2121–68：可至 economics.mit.edu/files/6613 取得。

362 保羅・梅勒（Paul Meller），〈WTO approves sanctions on U.S.〉，《紐約時報》，二〇〇四年九月一日。

363 二〇〇六年廢除博德修正案，二〇〇七年十月一日生效，此後收到的關稅都進入美國國庫，而不是發給申訴公司；參見保羅・布盧斯坦（Paul Blustein），〈Senators Vote to Kill Trade Law〉，《華盛頓郵報》，二〇〇五年十二月二十二日。共和黨的加州參議員比爾・托馬斯（Bill Thomas）使該修正案的廢止依附在《二〇〇五年削減赤字法案》上。

364 美國人口普查局，〈Trade in Goods with China〉，www.census.gov/foreign-trade/balance/c5700.html#2005。

365 麥科邁，《再造美國》，30-31。

366 司法統計局，聯邦侵權審判和判決書，二〇〇二至二〇〇三年。經貿律師肯尼斯・皮爾斯（Kenneth J. Pierce）在寫給多恩的備忘錄裡引用了該數據。

367 多恩接受筆者採訪，二〇一二年十二月十九日。

368 懷亞特接受筆者採訪，二〇一三年八月六日；蘭恩接受筆者採訪，二〇一二年九月十七日。跌幅也記錄在〈U.S. Furniture Imports Slump In 2013〉中，刊登在《Import Genius》上，引用木材網（Timber Network）的「市場報告」，二〇一三年七月二日。

369 康姆斯，〈Great River Trading Closing U.S. Furniture Warehouses〉，《今日家具》，二〇一一年七月二十一日。

370 恩格爾，〈U.S. Buyers See Potential, Challenges at Dalian Show〉，《今日家具》，二〇〇七年六月二十四日。

二十五　泥龜

訪談：路波、強森、布蘭納、JBIII、史托特、道革、麥米蘭、希拉、納恩、普里拉曼、薛如斯柏里、科爾、柏強、克拉克、威爾森。

---

371 保羅・傑克森（M. Paul Jackson），〈Doctors' Practice Tries to Ease Fears, Blue Cross–Baptist Clash Has Worried Some Patients〉，《溫斯頓—塞勒姆報》，二〇〇五年四月二十二日。

372 約翰・逢恩，〈History of Vaughan Furniture Company〉，轉載於線上加萊克歷史：galaxscrapbook.com，二〇一二年六月三十日。

373 〈Vaughan Furniture to Close Galax Plant〉，《卡羅爾新聞》（*Carroll News*），二〇〇八年三月十九日。

374 科爾接受筆者採訪，二〇一三年三月二十九日。

375 該節目也可以在 www.blueridgecountry98.com 收聽。

376 加萊克的社會服務處主任克拉克接受筆者採訪，二〇一三年三月二十九日。維吉尼亞州的教育局資料顯示，六二%的加萊克鎮小學生可享午餐減免。

二十六　替代者

訪談：戈爾斯坦、帕特森、瓊斯、尼爾．麥肯齊（Neil MacKenzie）、波度、雷傑、霍爾、羅伯．史皮曼、馬塔里尼、費布里恩、安椎雅、艾尼、朱稟、科克倫、凱蒂．奧尼爾（Katie O'Neill）、法屈魯丁、克里斯坦多．希斯旺多（Kristanto Siswanto）、JBIII、史托特。

---

377 霍爾，〈Stanley Holds Last Local Annual Meeting〉，《馬汀維爾公報》，二〇一二年四月十九日。

378 提摩西．艾佩爾（Timothy Aeppel），〈A Crib for Baby: Made in China or Made in USA?〉，《華爾街日報》，二〇一二年五月二十一日。

379 〈Stanley Furniture Recalls Cribs Due to Entrapment Hazard〉，《家居擺設商業》（*Home Furnishings Business*），二〇〇八年六月。

380 〈Stanley Will Lay Off 200 at N.C. Plant〉，《今日家具》，二〇〇六年十二月十七日。

381 魅德．善塔納（I. Made Sentana）和法瑞達．胡斯納（Farida Husna），〈Indonesia's Economic Growth Slows〉，《華爾街日報》，二〇一三年二月五日。

382 愛室麗家居位於威斯康辛州的阿卡迪亞（Arcadia），是全球最大的居家家飾品牌，正投資八千萬美元於北卡羅來納州艾德萬斯（Advance）新設立的鋪墊製造和進口配銷中心；參見芙露哈和薩波瑞托，〈Made in the USA〉，《時代》，二〇一三年四月二十二日。

383 〈Here, There and Everywhere: Special Report on Outsourcing and Offshoring〉，《經濟學人》，二〇一三年一月十九日。

384 卡梅隆．斯蒂爾（Cameron Steele），〈Lincolnton Company, Praised by Obama for Bringing New Jobs, Closes〉，《夏洛特觀察報》，二〇一三年一月四日；凱倫．科尼格（Karen M. Koenig），〈Lincolnton Furniture Shuts Down〉，《木工網》（*Woodworking Network*），二〇一三年一月四日。

385 〈Scientists Blame Drilling for Indonesia Mud Flow〉，ＮＢＣ亞太新聞及美聯社，二〇〇八年六月十一日。

386 雷傑接受筆者採訪，二〇一四年一月二十八日。

二十七　「希拉，幫我聯繫州長！」

訪談：道格·貝賽特、藍恩、JBIII、斯丹利、布蘭納、希拉、普里拉曼、科爾、克拉克、史密斯、貝瑞、懷亞特、科尼格、傑布斯、米克朗、派翠莎、舒威爾。

387 梅西，〈Vaughan-Bassett to Add 115 Jobs〉，《羅安諾克時報》，二〇一二年一月二十七日。

388 霍爾，〈Big Chair Is at Home〉，《馬汀維爾公報》，二〇〇九年九月二十日。

389 維吉尼亞就業委員會，就業與工資季度普查，二〇一一年第三季。

390 維吉尼亞港務局局長基佛，《維吉尼亞對話》，WVTF公共廣播電台，二〇一二年八月七日。

391 逢恩—貝賽特家具公司的年報，二〇一二年。

392 尼克·布朗（Nick Brown），〈Byrd Amendment Doesn't Hurt Free Speech〉，Law360.com，二〇一〇年十月二十九日。

393 二〇一三年八月，美國第十二巡迴上訴法院以二比一表決，判定愛室麗家居敗訴、申訴者勝訴。法院判定，公司必須當初投票支持反傾銷申訴，才有資格獲得博德補貼金。

尾聲——史密斯河癮頭

訪談：羅斯、弗格森、羅伯·史皮曼、弗蘭克林、JBIII。

394 根據萊恩·麥吉（Ryan McGee）的〈The Timeless Victory: A Victory in Martinsville Means the Most to NASCAR Trophy Lovers〉，一九六四年賽車手弗雷迪·羅倫岑（Fast Freddy Lorenzen）打敗理查·佩蒂（Richard Petty）和喬尼爾·強森（Junior Johnson）時，贏得第一個馬汀維爾鐘，ESPN.com，二〇一四年一月二日讀取，http://sports.espn.go.com/espnmag/story?id=4011608。

395 盛大家具執行長卡特列吉三世接受筆者採訪，二〇一三年五月二十四日。

396 取自一八六六年二月記錄的亨利郡同居名單，當時政府派一位自由人聯合會（Freedmen's Bureau）的成員去維吉尼亞州的各縣郡，登記黑人的名字。如果一家之主帶同居的妻子到法院（當時黑奴不准結婚），那婚姻在名單上就合法化，裡面也包括以前奴隸所有權的資訊。只有一些維吉尼亞州的縣郡同居名單保存下來。羅斯指出，一九七六年一位兼職的貝賽特鎮圖書館員在馬汀維爾監獄外的垃圾箱裡，發現亨利郡的同居名單，他把名單交給黑人教師抄寫。文賽克在《海爾斯頓家族》中也詳細提到這段歷史，176-80。

397 文賽克在《海爾斯頓家族》的第十八頁，引用史快爾・海爾斯頓（Squire Hairston）對其黑白混血祖先的描述：「他們是主人和廚娘所生，主人可以任意拉住我們的母親，生下孩子。」

398 梅西，〈Bassett Is a Factory Town—but with No More Factories〉，《羅安諾克時報》，二〇一三年九月十三日。